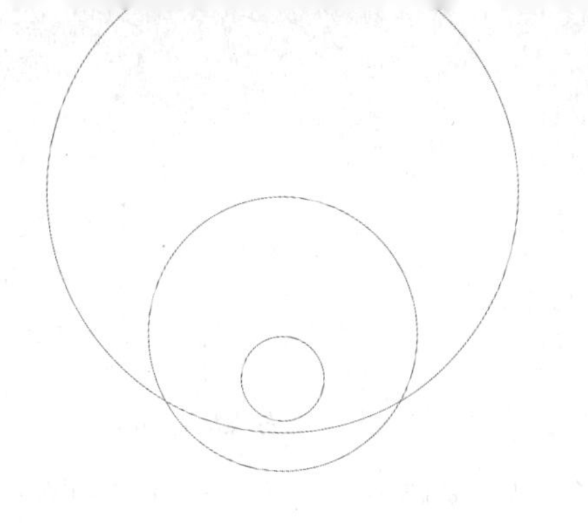

朱林 庄丽 主编
杨平乐 徐新 潘操 高洁 副主编

Web项目开发实践教程

21世纪计算机科学与技术实践型教程

清华大学出版社
北京

内容简介

本书以电子商务平台开发为基础，采用任务分解、案例导向的思路，按照课程内容由简单到复杂，实施难度由易到难的方式编排。每个实践案例分为案例需求说明、技能训练要点以及案例实现三个部分。

本书适合培养应用型人才高校的计算机类、信息类及电子商务类等专业使用，也可作为非计算机专业学生和工程技术人员进行Web编程时的教材及参考书籍。

图书在版编目(CIP)数据

Web项目开发实践教程/朱林，庄丽主编. —北京：清华大学出版社，2017
(21世纪计算机科学与技术实践型教程)
ISBN 978-7-302-45547-9

Ⅰ. ①W…　Ⅱ. ①朱…　②庄…　Ⅲ. ①网页制作工具—程序设计—高等学校—教材　Ⅳ. ①TP393.092.2

中国版本图书馆CIP数据核字(2016)第277355号

责任编辑：谢　琛　李　晔
封面设计：傅瑞学
责任校对：白　蕾
责任印制：王静怡

出版发行：清华大学出版社
网　　址：http://www.tup.com.cn，http://www.wqbook.com
地　　址：北京清华大学学研大厦A座　　**邮　　编**：100084
社 总 机：010-62770175　　**邮　　购**：010-62786544
投稿与读者服务：010-62776969，c-service@tup.tsinghua.edu.cn
质量反馈：010-62772015，zhiliang@tup.tsinghua.edu.cn
课件下载：http://www.tup.com.cn，010-62795954
印 装 者：北京鑫海金澳胶印有限公司
经　　销：全国新华书店
开　　本：185mm×260mm　　**印　　张**：23.5　　**字　　数**：539千字
版　　次：2017年1月第1版　　**印　　次**：2017年1月第1次印刷
印　　数：1～2000
定　　价：45.00元

产品编号：070896-01

《21世纪计算机科学与技术实践型教程》

序

21世纪影响世界的三大关键技术是：以计算机和网络为代表的信息技术；以基因工程为代表的生命科学和生物技术；以纳米技术为代表的新型材料技术。信息技术居三大关键技术之首。国民经济的发展采取信息化带动现代化的方针，要求在所有领域中迅速推广信息技术，导致需要大量的计算机科学与技术领域的优秀人才。

计算机科学与技术的广泛应用是计算机学科发展的原动力，计算机科学是一门应用科学。因此，计算机学科的优秀人才不仅应具有坚实的科学理论基础，而且更重要的是能将理论与实践相结合，并具有解决实际问题的能力。培养计算机科学与技术的优秀人才是社会的需要、国民经济发展的需要。

制定科学的教学计划对于培养计算机科学与技术人才十分重要，而教材的选择是实施教学计划的一个重要组成部分，《21世纪计算机科学与技术实践型教程》主要考虑了下述两方面。

一方面，高等学校的计算机科学与技术专业的学生，在学习了基本的必修课和部分选修课程之后，立刻进行计算机应用系统的软件和硬件开发与应用尚存在一些困难，而《21世纪计算机科学与技术实践型教程》就是为了填补这部分鸿沟。将理论与实际联系起来，结合起来，使学生不仅学会了计算机科学理论，而且也学会应用这些理论解决实际问题。

另一方面，计算机科学与技术专业的课程内容需要经过实践练习，才能深刻理解和掌握。因此，本套教材增强了实践性、应用性和可理解性，并在体例上做了改进——使用案例说明。

实践型教学占有重要的位置，不仅体现了理论和实践紧密结合的学科特征，而且对于提高学生的综合素质，培养学生的创新精神与实践能力有特殊的作用。因此，研究和撰写实践型教材是必须的，也是十分重要的任务。优秀的教材是保证高水平教学的重要因素，选择水平高、内容新、实践性强的教材可以促进课堂教学质量的快速提升。在教学中，应用实践型教材可以增强学生的认知能力、创新能力、实践能力以及团队协作和交流表达能力。

实践型教材应由教学经验丰富、实际应用经验丰富的教师撰写。此系列教材的作者不但从事多年的计算机教学，而且参加并完成了多项计算机类的科研项目，把他们积累的经验、知识、智慧、素质融合于教材中，奉献给计算机科学与技术的教学。

我们在组织本系列教材过程中，虽然经过了详细地思考和讨论，但毕竟是初步的尝试，不完善甚至缺陷不可避免，敬请读者指正。

本系列教材主编　陈明

2005年1月于北京

前　　言

随着网络应用的普及与发展，Web 应用程序的使用越来越广泛，Web 开发技术以其开放性、灵活性、安全性和成熟度赢得了很大的市场，成为 Web 项目开发的重要技术手段之一。

本书是在应用型人才培养的大背景下编写的，全书采用项目案例训练的设计方式，符合人才培养的行动导向，按照静态 Web 开发到动态 Web 开发的逻辑编排课程内容，案例设计时以实践应用能力为主线，强调理论知识学习与实践应用能力培养并存的人才培养思想，将 Web 程序开发的知识点融入案例实践中进行解析与重组，构建 Web 项目开发学习体系。

本书以电子商务平台开发为基础，采用任务分解、案例导向的思路，按照课程内容由简单到复杂，实施难度由易到难的方式编排。每个实践案例分为案例需求说明、技能训练要点以及案例实现三个部分，使学生可以边学边练，达到所学即所得的效果。

本书的最大特色是注重案例实践，体现应用型高校的"理论扎实、拔高实践"的人才培养原则，理论结合实际，有利于读者对相应编程思想和实践案例的理解与掌握。本书还具有以下特色：

(1) 内容广泛、案例丰富，其中的例题、习题及实践案例都来源于一线教学。

(2) 按照读者在学习程序设计中遇到的问题组织内容，随着读者对 Web 开发的理解的提高和实际动手能力的增强，课程内容由浅入深地平滑向前推进。

(3) 每章都给出了相应的任务实践，配以解析和任务实现。这些内容不仅能够与理论知识点无缝对接，而且短小精炼，方便读者自行尝试。

(4) 案例以电子商务平台开发为基础，每章的例题都使用相对独立的例子，并辅以实例输出。

(5) 课后的练习题包括选择题、填空题、简答题和编程题，部分内容在前后章节中具有一定的延续性。

(6) 本书的配套资料包含课件、实例源代码、练习题及编程练习答案。书中的源代码可以自由修改、编译，以符合使用者的需要。

通过本书的学习，读者可以了解 Web 项目开发所需要的基本技术，对完整的 Web 项目的开发有一个具体的了解，减少对 Web 项目开发的盲目感，能够根据本书的体系循序渐进地动手做出自己的实训项目。

本书特别适合培养应用型人才高校的计算机类、信息类及电子商务类等专业使用，可以作为 Web 技术导论、Web 程序设计、互联网与 Web 编程、电子商务平台开发技术等课程的教材，也可以作为非计算机专业学生和工程技术人员进行 Web 编程时的教材及参考书籍。

本书由朱林、庄丽担任主编，杨平乐、徐新、潘操、高洁担任副主编。具体分工如下表所示，全书由朱林进行整理与统稿。

编　者	工作单位	编写内容
朱　林	东南大学成贤学院	第 6、7、8 章
庄　丽	东南大学成贤学院	第 9 章和附录部分
杨平乐	江苏科技大学苏州理工学院	第 1、2 章
徐　新	南京工业大学浦江学院	第 3 章
潘　操	常州大学	第 4 章
高　洁	中国兵器工业第二〇八研究所	第 5 章

本书在编写过程中得到了清华大学出版社以及同行专家、学者们的大力支持和帮助，在此表示衷心的感谢。此外，本书的编写参考了部分书籍和报刊，并从互联网上参考了部分有价值的材料，在此向有关的作者、编者、译者和网站表示衷心的感谢。

本书配有电子教案，并提供程序源代码，以方便读者自学，读者可发送电子邮件至 iteditor@126.com 索取。

由于编者水平有限，书中难免有不妥之处，敬请读者和专家批评、指正。

朱　林

2016 年 10 月

目　　录

第1章　概　　述

1.1　Web简介

Web是Internet上集文本、图像、声音、动画、视频等多种媒体信息于一身的信息服务系统，Web开发技术是一系列用程序设计语言来解决与Web相关的互联网领域问题的技术。一般而言，Web包括Web服务器和Web客户端两部分，Web的开发主要集中在服务器端的开发，且其服务器端的开发技术非常丰富，比如ASP、JSP、PHP、ASP.NET和第三方框架等，这些技术对Web领域的发展注入了强大的动力。

1.2　Web项目开发课程地位

Web项目开发课程在高校信息大类专业课程体系中占有重要的地位，是一门技术性和可操作性都很强的课程，本课程是在学生具备了程序设计知识与面向对象技术的基础上，为进一步提高项目实践能力、开拓创新能力而设置的具有应用型特征的课程。它的先修课程为程序设计、数据库原理以及基本的网页设计基础，在修完本门课程后，学生就可以进一步地去修读企业级应用程序开发、Ajax程序设计、框架开发以及手机端移动开发等后继课程，具体课程位置如图1-1所示。

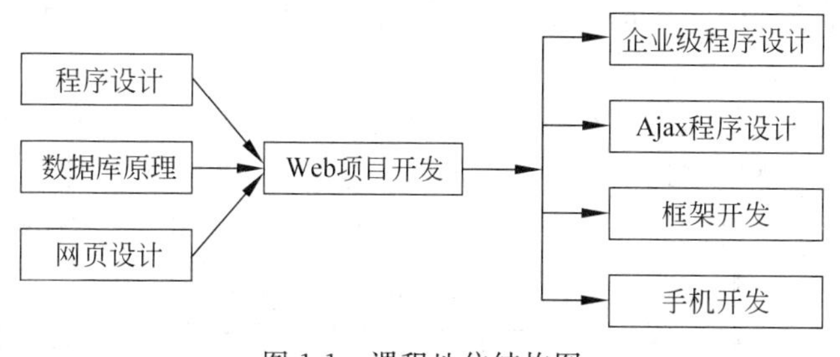

图1-1　课程地位结构图

1.3　Web应用程序开发

1.3.1　Web的概念及发展

Web指的是World Wide Web，简称WWW，也叫3W，中文译名为万维网或全球信息网。Web提供一个图形化的界面,用以浏览网上资源。它是一个在Internet上运行的全球性、分布式信息发布系统。该系统通过Internet向用户提供基于超媒体的数据信息服务。所以,在一定意义上说,Web也是Internet提供的一种服务,是基于Internet、采用Internet协议的一种体系结构。

Web技术是Internet的核心技术之一,它的主要功能是信息发布和信息处理,这也是网上信息系统的一个重要功能,具有以下特点:

(1) Web是一种超文本信息系统。

(2) Web是图形化的和易于导航的。

(3) Web与平台无关。

(4) Web是分布式的。

(5) Web是动态的、交互的。

(6) Web具有新闻性。

由于技术的进步和网络环境的进化,Web应用程序开发的技术也在不断进步,最早,人们为了便于开展科学研究,设计出了Internet,当时只用于连接美国的少数几个顶尖研究机构,之后随着进一步的发展,人们开始应用HTTP协议(Hypertext Transfer Protocol,超文本传输协议)进行超文本(hypertext)和超媒体(hypermedia)数据的传输,从而将一个个的网页展示在每个用户的浏览器上,今天的Web已经从最早的静态Web发展到了动态Web阶段,随之而来的像网上银行、网络购物等电子商务站点的兴起,更是将Web带进了人们的生活和工作之中。

1.3.2 Web应用程序的运行原理

互联网中有数以亿计的网站,用户可以通过浏览这些网站获得所需要的信息。例如,用户在浏览器的地址栏中输入http://www.baidu.com,浏览器就会显示百度的首页,从中可以搜索相关的信息。那么百度首页的内容是存放在哪里的呢?百度首页的内容是存放在百度网服务器上的。所谓服务器,就是网络中的一台主机,由于它提供Web、FTP等网络服务,因此称其为服务器。

用户的计算机又是如何将存在网络服务器上的网页显示在浏览器中的呢?例如,当用户在地址栏中输入百度网址的时候,浏览器会向百度网站的服务器发送请求,这个请求使用HTTP协议,其中包括请求的主机名、HTTP版本号等信息。服务器在收到请求信息后,将回复的信息(一般是文字、图片等网页信息,也就是HTML页面)准备好,再通过网络发回给客户端浏览器。客户端的浏览器在接收到服务器传回的信息后,将其解释并显示在浏览器的窗口中,这样用户就可以进行浏览了。整个过程如图1-2所示。在这个"请求-响应"的过程中,如果在服务器上存放的网页为静态HTML网页文件,服务器就会原封不动地返回网页的内容。如果存放的是动态网页,如JSP、ASP、ASP.NET等文件,则服务器会执行动态网页,执行的结果是生成一个HTML文件,然后再将这个HTML文件发送给客户端浏览器,客户浏览器将其解释为用户见到的页面。

Web应用程序通常由大量的页面、资源文件、部署文件等文件组成,组成网站的大量文件之间通过特定的方式进行组织,并且由一个系统来管理这些文件。管理这些文件的

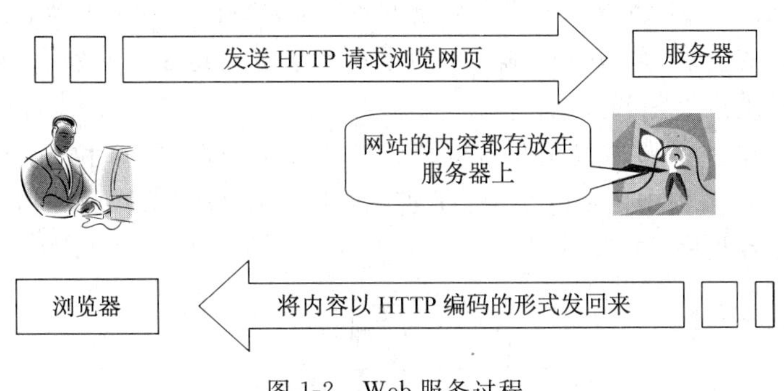

图 1-2 Web 服务过程

系统通常称为应用服务器，它的主要作用就是管理网站的文件。网站的文件通常有以下几种类型：

(1) 网页文件——主要是提供用户访问的页面，包括静态的和动态的，这是网站中最重要的部分，如.html、.jsp 等；

(2) 网页的格式文件——可以控制网页信息显示的格式、样式，如.css 等；

(3) 资源文件——网页中用到的文字、图形、声音、动画、资料库以及各式各样的软件；

(4) 配置文件——用于声明网页的相关信息、网页之间的关系以及对所在运行环境的要求等；

(5) 处理文件——用于对用户的请求进行处理，如供网页调用、读写文件或访问数据库等。

1.3.3 Web 应用程序开发模式

1. 开发模式简介

在传统的 Web 应用程序开发中，需要同时开发客户端和服务器端的程序，服务器端提供基本的服务，客户端是提供给用户的访问接口，用户可以通过客户端的软件访问服务器提供的服务，这种 Web 应用程序的开发模式就是 C/S 开发模式，在这种模式中，由服务器端和客户端共同配合来完成复杂的业务逻辑。例如我们使用的 QQ 和一些需要安装的网络游戏。这些 Web 应用程序都是需要用户安装客户端软件才可以使用的。

在目前的 Web 应用程序开发中，一般情况下会采用另一种开发模式，在这种开发模式中，不再单独开发客户端软件，客户端只需要一个浏览器即可，软件开发人员只需专注于开发服务器端的功能，用户通过浏览器就可以访问服务器端提供的服务，这种开发模式就是当前流行的 B/S 架构，在这种架构中，程序员只需要开发服务器端的程序功能，而无须考虑客户端软件的开发，客户通过一个浏览器就可以访问应用系统提供的功能。这种架构是目前 Web 应用程序的主要开发模式，例如各大电子商务网站、各种 Web 信息管理系统等，使用 B/S 的架构加快了 Web 应用程序开发的速度，提高了开发效率。

2. C/S 与 B/S 对比

C/S 架构(Client/Server，客户端/服务器端模式)是一种传统的开发架构，在这种架构方式中,多个客户端围绕着一个或者多个服务器,这些客户端是安装在客户机上的,负责用户业务逻辑的处理,且可以根据不同的用户需求进行定制。在服务器端仅仅对重要的过程和数据库进行处理和存储。

C/S 开发模式中,需要注意将任务合理分配到 Client(客户)端和 Server(服务器)端,最简单的 C/S 体系架构由两部分组成,即客户应用程序和数据库服务器程序,可分别称为前台程序与后台程序,如图 1-3 所示。

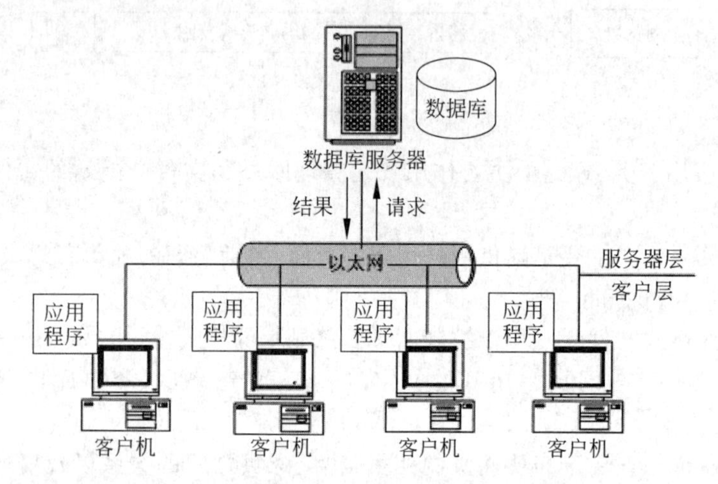

图 1-3　C/S 开发模式结构图

C/S 架构的弊端也很明显。在 C/S 架构中,系统部署时需要在每个用户的机器上安装客户端,这样的处理方式带来了很大的工作量;而且在 C/S 架构中,软件的升级也是很麻烦的一件事情,哪怕是再小的一点改动,都要把所有的客户端全部修改更新,具体有以下的不足之处。

(1) 伸缩性差:客户机与服务器联系很紧密,在修改客户机或服务器的某一方程序时一般还要修改另一方,这使软件不易伸缩、维护量大。

(2) 性能较差:在数据量较大的情况下,数据从服务器端传送到客户端进行处理时,会消耗客户机的系统资源,出现网络拥塞,从而使整个系统的性能下降。

(3) 重用性差:数据库访问、业务规则等都固化在客户端应用程序中,如果客户另外提出的其他应用需求中也包含了相同的业务规则,程序开发者将不得不重新编写相同的代码。

(4) 移植性差:某些处理任务是在服务器端由触发器或存储过程来实现的,其适应性和可移植性较差。因为这样的程序可能只能运行在特定的数据库平台下,当数据库平台变化时,这些应用程序可能需要重新编写。

这些致命的弱点决定了 C/S 架构的命运。在 C/S 架构模式流行一段时间以后,逐渐被另一种 Web 应用系统的架构方式所代替,就是 B/S 架构。

B/S 架构(Browser/Server,浏览器/服务器模式)是 Web 兴起后的一种新型的网络结构模式,它是在客户层(Client)和数据服务器层(Data Server)之间添加第三层——应用服务器层。其中客户层只用来实现人机交互,数据服务器层提供数据信息服务,应用服务器层来完成应用逻辑的实现、数据访问等功能。

在这种模式中，系统功能实现的核心部分集中到服务器上，简化了系统的开发、维护和使用。Web 浏览器是客户端最主要的应用软件，客户机上只需要安装一个浏览器即可，如 Internet Explorer 或 Netscape Navigator，服务器端安装 Oracle、Sybase、Informix 或 SQL Server 等数据库，浏览器通过服务器同数据库进行数据交互。大大简化了客户端计算机的逻辑功能，减轻了系统维护与升级的成本和工作量，降低了用户的总体成本。B/S 架构开发模式结构图如图 1-4 所示。

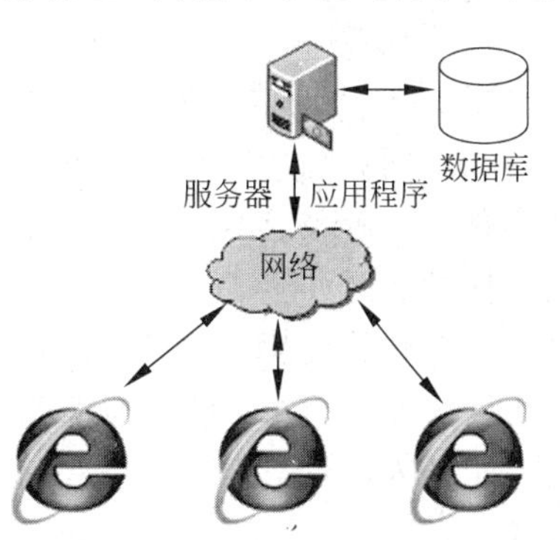

图 1-4 B/S 开发模式结构图

B/S 架构具有以下优缺点。

优点：

(1) B/S 结构最大的优点就是可以在任何地方进行操作而不用安装任何专门的软件。只要有一台能上网的计算机就能使用，客户端零维护。系统的扩展性非常容易，只要能上网，再由系统管理员分配一个用户名和密码，就可以使用了。

(2) 安全性高，隔离了客户端与数据服务器的直接访问。

(3) 易维护，业务逻辑在中间件服务器上，当业务规则发生改变时，客户端无须改动，只升级中间件服务器层的程序即可。

(4) 快速响应，通过中间件服务器层上的负载均衡及缓存数据的能力达到较快的响应速度。

(5) 系统扩展灵活，通过在中间件服务器层上部署新的程序组件来扩展系统规模。

缺点：

(1) B/S 架构在图形的表现能力上以及运行的速度上弱于 C/S 架构。

(2) 受程序运行环境限制。由于 B/S 架构依赖浏览器，而浏览器的版本繁多，很多浏览器核心架构差别也很大，导致对于网页的兼容性有很大影响，尤其是在 CSS 布局、JavaScript 脚本执行等方面，会有很大影响。

在 C/S 和 B/S 两种架构之间，并没有严格的界限，两种架构之间没有好坏之分，使用这两种架构都可以实现系统的功能。开发人员可以根据实际的需要进行选择，例如需要丰富的用户体验(如一些网络游戏)，就选择 C/S 架构，如果更偏重的是功能服务方面的实现，就需要选择 B/S 架构，还有部分管理应用系统采用两种软件架构相结合的方法。

1.4 静态网页和动态网页

1.4.1 静态与动态网页对比

静态网页是指网页的内容是固定的，不会根据浏览者的不同需求而改变。静态网页一般使用 HTML(超文本标记语言)语言进行编写。其文件后缀通常为.htm、.html、.shtml、.xml 等。静态网页的基本特点是除非网页设计者修改了网页的内容，否则网页内容不会发生变化。静态网页在执行过程中不能实现和浏览网页的用户之间的交互。信息流向是单向的,即从服务器到浏览器。

需要注意的是,在HTML格式的网页上,也可以出现各种"动态效果",如.gif格式的动画、Flash、滚动字幕等,但这些"动态效果"只是视觉上的,而不是内容上的动态。

动态网页就是该网页文件不仅包括HTML标记,而且包含一些程序代码。这种网页文件名的后缀依不同的程序设计语言而不同,如JSP文件的后缀为.jsp,除此之外,还有一些动态网页形式,如.asp、.php、.perl、.cgi等形式。动态网页主要用于实现客户端和服务器端的交互。动态网页的内容是当用户请求时由服务器运行程序后返回的。采用动态网页技术的网站可以实现更多的功能,如用户注册、用户登录、搜索查询、用户管理、订单管理等。还需要注意的是,动态网页以数据库技术为基础,可以大大降低网站维护的工作量。

因此,动态网页和静态网页的根本区别在于服务器端返回的HTML文件是事先存储好的还是由动态网页程序生成的。静态网页文件里只有HTML标记,没有动态程序代码,网页的内容都是事先写好,存放在服务器上的;动态网页文件不仅含有HTML标记,并且还含有动态程序代码,当用户发出请求时,服务器由动态网页程序即时生成HTML文件,即动态网页能够根据不同的时间、不同的用户生成不同的HTML文件,显示不同的内容。

1.4.2 动态网页语言

在最早的时候,动态网页技术主要使用CGI,现在常用的动态网页技术有ASP、JSP、PHP、ASP.NET等,下面分别介绍这几种技术。

1. CGI

在互联网发展的早期,动态网页技术主要使用CGI(共用网关接口),CGI程序被用来解释处理表单中的输入信息,并在服务器中产生对应的操作处理,或者是把处理结果返回给客户端的浏览器,从而给静态的HTML网页添加上动态的功能。该技术的基本原理是将浏览器提交至Web服务器的数据通过环境变量传递给其他外部程序,经外部程序处理后,再把处理结果传送给Web服务器,最后由Web服务器把处理结果返回浏览器。

CGI程序的编程比较困难、效率低下,而且修改维护也比较复杂,所以在一段时间以后,CGI逐渐被其他新的动态网页技术所替代。

2. ASP

ASP是微软公司推出的一种动态网页语言,它可以将用户的HTTP请求传入到ASP的解释器中,这个解释器对这些ASP脚本进行分析和执行,然后从服务器中返回处理的结果,从而实现了与用户交互的功能,ASP的语法比较简单,对编程基础没有很高的要求,所以很容易上手,而且微软提供的开发环境的功能十分强大,这更是降低了ASP程序开发的难度。但是ASP也有其自身的缺点。ASP在本质上还是一种脚本语言,除了使用大量的组件,没有其他办法提高效率,而且ASP还只能运行在Windows环境中,这样Windows自身的一些限制就制约了ASP的发挥,这些都是使用ASP无法回避的弊端。

3. JSP

JSP 全称为 Java Server Pages，是原 Sun 公司（现已被收购）倡导、多家公司参与的一种 Web 服务技术标准。它的主要的编程脚本为 Java 语言，同时还支持 JavaBeans/Servlet 等技术，利用这些技术可以建立安全、跨平台的 Web 应用程序。JSP 技术具有以下优点。

1）跨平台性

由于 JSP 的脚本语言是 Java 语言，因此它具有 Java 语言的一切特性。同时，JSP 也支持现在的大部分平台，拥有“一次编写，到处运行”的特点。

2）执行效率高

当 JSP 第一次被请求时，JSP 页面转换成 Servlet，Servlet 本身就是一个 Java 程序，然后被编译成 *. class 文件，以后（除非页面有改动或 Web 服务器被重新启动）再有客户请求该 JSP 页面时，JSP 页面不被重新编译，而是直接执行已编译好的 *. class 文件，因此执行效率高。

3）可重用性

可重用的、跨平台的 JavaBean 和 EJB(Enterprise JavaBean)组件，为 JSP 程序的开发提供了方便。例如，用户可以将复杂的处理程序（如对数据库的操作）封装到组件中，在开发中可以多次使用这些组件，提高了组件的重用性。

4）将内容的生成和显示进行分离

使用 JSP 技术，Web 页面开发人员可以使用 HTML 或者 XML 标记来设计和格式化最终页面。生成动态内容的程序代码封装在 JavaBean 组件、EJB 组件或 JSP 脚本段中。在最终页面中使用 JSP 标记或脚本将 JavaBean 组件中的动态内容引入。这样，可以有效地将内容生成和页面显示分离，使页面的设计人员和编程人员可以同步进行工作，也可以保护程序的关键代码。

4. PHP

PHP 与 JSP 类似，都是可以将动态程序嵌套到在 HTML 中的，不同之处在于，PHP 的语法比较独特，在其中混合了 C、Java 等多种语法的优秀部分，而且 PHP 网页的执行速度要比 CGI 和 ASP 等语言快很多。在 PHP 中，提供了对常见数据库的支持，例如 SQL Server、MySQL、Oracle、Sybase 等，这使得 PHP 中的数据库操作变得异常简单。而且 PHP 程序可以在 IIS 和 Apache 中运行，提供对多种操作系统平台的支持。

但是 PHP 也存在一些劣势，例如 PHP 的开发运行环境的配置比较复杂，而且 PHP 是开源的产品，缺乏正规的商业支持。这些因素在一定程度上限制了 PHP 的进一步发展。

5. ASP. NET

ASP. NET 是 ASP 的. NET 版本，可以创建动态 Web 页面，能将 HTML 的设计和数据检索机制分离。这样，改变 HTML 设计不会影响数据库应用程序。类似地，服务器脚本确保了对数据源进行修改时无须改动 HTML 文档。ASP. NET 可以方便快捷地从 ADO. NET(数据源)访问数据。

ASP.NET 能够使用被称为模板的编程代码集合来创建 HTML 文档。使用模板的优点是可以在 HTML 文档显示给用户之前，将从数据源检索到的内容动态插入 HTML 文档中。因此，在从数据源检索到的内容发生变化时不需要手动修改信息。

总之，各种动态语言都有着自身的优势和劣势，应根据客户的需求来选择具体的语言。只要能够保证系统的性能和功能，选择什么语言是无关紧要的。

本章小结

在本章内容中，对 Web 开发中的一些基本知识进行了简单的介绍，读者通过本章的学习可以了解开发 Web 应用程序的一些基本的概念，了解 Web 应用程序的概念、发展和运行原理，熟练掌握 Web 开发中 C/S 与 B/S 模式的优缺点及两者的区别，熟悉静态网页和动态网页的区别并对几种动态网站的开发技术做初步的了解。

本章习题

一、选择题

1. 早期的动态网站开发技术主要使用的是(　　)技术。该技术的基本原理是将浏览器提交至 Web 服务器的数据通过环境变量传递给其他外部程序，经外部程序处理后，再把处理结果传送给 Web 服务器，最后由 Web 服务器把处理结果返回浏览器。

A. JSP　　B. ASP　　C. PHP　　D. CGI

2. 下列选项中不属于服务器端动态网站开发技术的是(　　)。

A. PHP　　B. ASP　　C. JavaScript　　D. JSP

3. 下列动态网页和静态网页的根本区别描述错误的是(　　)。

A. 静态网页服务器端返回的 HTML 文件是事先存储好的
B. 动态网页服务器端返回的 HTML 文件是程序生成的
C. 静态网页文件里只有 HTML 标记，没有动态程序代码
D. 动态网页中只有程序，不能有 HTML 代码

4. 下列说法错误的是(　　)。

A. 网站一般拥有固定的域名
B. 通信协议包括 HTTP、FTP、Telnet 和 Mailto 等协议
C. WWW，即万维网，是一个基于超级文本的信息查询工具
D. HTML 是一种用来制作网络中超级文本文档的简单标记语言

5. Web 应用程序体系结构可分为三层，不属于这三层的是(　　)

A. 表示层　　B. 业务层　　C. 数据访问层　　D. 网络链接层

二、填空题

1. Web 应用程序开发模式分为________和________两种。
2. Web 应用中的每一次信息交换都要涉及________和________两个层面。

3. 静态网页文件里只有________,没有动态程序代码。

三、简答题

1. 什么是C/S模式?什么是B/S模式?试简述两种模式各层的作用并比较其优缺点。

2. 什么是静态网站?什么是动态网站?试比较它们之间的区别。

3. 设计动态网页的语言都有哪些?试简要比较它们的异同。

第 2 章　HTML 静态网页制作基础

在网站设计中，纯粹 HTML 格式的网页通常被称为“静态网页”，它的文件扩展名是.htm 或.html，可以包含文本、图像、声音、Flash 动画、客户端脚本和 ActiveX 控件及 Java 小程序等。静态网页是网站建设的基础，早期的网站一般都是由简单静态网页制作的。静态网页是相对于动态网页而言，是指没有后台数据库、不含动态程序和不可交互的网页。

静态网页更新起来相对比较麻烦，适用于一般更新较少的展示型网站。人们通常会误认为静态页面都是静止的，实际上静态页面并不一定完全是静止不动的，它们也可以出现各种动态的效果，如 GIF 格式的动画、Flash、滚动字幕等。

2.1　HTML 语言概述

2.1.1　HTML 简介

HTML 的英文全称是 Hypertext Marked Language，即超文本标记语言，是一种用来制作超文本文档的简单标记语言。超文本传输协议规定了浏览器在运行 HTML 文档时所遵循的规则和进行的操作。HTTP 协议的制定使浏览器在运行超文本时有了统一的规则和标准，用 HTML 编写的超文本文档称为 HTML 文档，它能独立于各种操作系统平台，自 1990 年以来 HTML 就一直被用作 WWW(是 World Wide Web 的缩写，也可简写为 Web、中文叫做万维网)的信息表示语言，使用 HTML 语言描述的文件，需要通过 Web 浏览器显示出效果。

所谓超文本，是因为它可以加入图片、声音、动画、影视等内容，事实上每一个 HTML 文档都是静态的网页文件，这个文件里面包含了 HTML 指令代码，这些指令代码并不是一种程序语言，它只是一种排版网页中资料显示位置的标记结构语言，易学易懂，非常简单。HTML 的普遍应用就是带来了超文本的技术——通过单击鼠标从一个主题跳转到另一个主题，从一个页面跳转到另一个页面与世界各地主机的文件链接。

2.1.2　HTML 的基本结构

HTML 语言格式：

```
<卷标名称 属性名称=属性值>数据内容</卷标名称>
```

如：

```
<body bgcolor="# 00FF99">您好</body>
```

一个 HTML 文档由一系列的元素和标记组成，元素名不区分大小写。HTML 用标记规定元素的属性和它在文件中的位置，HTML 超文本文档分文档头和文档体两部分，文档头主要是对这个文档进行一些必要的定义，文档体中才是要显示的各种文档信息。

下面是一个最基本的 HTML 文档的代码：

```
<html>
    <head>
        <meta http-equiv="Content-Type" content="text/html; charset=gb2312" />
        <title>显示 title 的内容</title>
    </head>
        <body>
            内容...
        </body>
</html>
```

<HTML></HTML>在文档的最外层，文档中的所有文本和 html 标记都包含在其中，它表示该文档是以超文本标识语言(HTML)编写的。实际上，现在常用的 Web 浏览器都可以自动识别 HTML 文档，并不强制要求有<html>标记，也不对该标记进行任何操作，但是为了使 HTML 文档能够适应不断变化的 Web 浏览器，还是应该养成不省略这对标记的良好习惯。

<HEAD></HEAD> 是 HTML 文档的头部标记，在浏览器窗口中，头部信息是不被显示在正文中的，在此标记中可以插入其他标记，用于说明文件的标题和整个文件的一些公共属性。若不需头部信息则可省略此标记，良好的习惯是不省略。

<META>设定文件的附加信息。如 charset="gb2312"表示网页内容编码，表示使用国标的汉字编码格式。http-equiv="content-type"和 content="text/html"表示网页的内容格式，表示网页的内容格式为简体网页的形式。

<TITLE>和</TITLE>是嵌套在<HEAD>头部标记中的，标记之间的文本是文档标题，它被显示在浏览器窗口的标题栏。

<BODY> </BODY>标记一般不省略，标记之间的文本是正文，是浏览器要显示的页面内容。属性列表如表 2-1 所示。

表 2-1　body 属性列表

属　　性	说明及举例
bgcolor	背景色，<body bgcolor="#00FF99">
background	背景图案，<body background="url">
text	文本颜色，<body text="#000000">
link	链接文字颜色，<body text="#000000">

续表

属　性	说明及举例
alink	活动链接文字颜色，<body text="#000000">
vlink	已访问链接文字颜色，<body text="#000000">
leftmargin	页面左侧的留白距离，<body leftmargin="20">
topmargin	页面顶部的留白距离，<body topmargin="20">

上面这几对标记在文档中都是唯一的，HEAD、TITLE、BODY 标记是嵌套在 HTML 标记中的。

例 2-1　网页基本结构简单举例。

```
<HTML>
    <HEAD>
        <TITLE>这是标题</TITLE>
    </HEAD>
    <BODY>
        这是文档主体，正文部分
    </BODY>
</HTML>
```

这是一个最简单的静态网页的基本结构，在录入时应注意：<、>、/等字符都是英文半角字符，编辑之后存盘，将文件名定义为 chap2_1. html 或 chap2_1. htm。注意扩展名一定是. htm 或. html，不能是. txt。还要注意存储在哪个目录下。建议读者将文件存储在专门的目录中。在存盘时需要注意：在“文件名”文本框中，输入 chap2_1. html 或 chap2_1. htm；在“保存类型”下拉列表框中，选择“所有文件”；在“编码”下拉列表框中，保留 ANSI 的设置；最后设置完毕，单击“保存”按钮即可。

具体设置如图 2-1 所示。

图 2-1　静态页面的存储

在设置文件名时，有时视操作系统不同，可能需要加上双引号，注意是半角的双引号，这是为了保证文件的扩展名必须是.htm 或.html。

存盘完毕，在当前文件夹中就会有一个 chap2_1.html 文件，双击它，系统自动会用浏览器打开它，如图 2-2 所示。

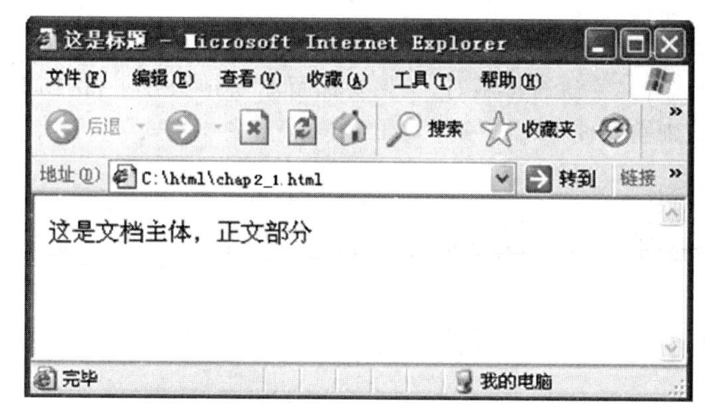

图 2-2　简单静态网页基本结构

2.2　常用 HTML 排版标记

对于 HTML 页面，文字排版标记必不可少，一个美观大方的文字页面能够确切地传达出页面的主要信息。下面介绍常见的 HTML 语言排版标记。

1. <p>标记

文本分段一般以<p>开头、以</p>结尾。段落标记<p>是 HTML 中最常用的标记，虽然</p>可以省略，因为下一个<p>的开始就意味着上一个<p>的结束，但最好还是遵循规范，正规书写。

<p>标记的常用语法格式为

```
<p align=对齐方式>...</p>
```

其中，align 用来定义段落的对齐方式，它可以取以下值：

- center——居中对齐。
- left——靠左对齐，是默认值。
- right——靠右对齐。

**2.
、<nobr>、<pre>和<center>标记**

段落与段落之间一般会空出一行距离。如果不想分段而只想分行，可以使用
标记，常用格式为：

```
<br>
```

一般来说，每当浏览器窗口被缩小时，浏览器会自动将段落右边的文字转折至下一行。所以编写者对于需要断行的地方,应加上
标记。
标记仅仅分行而不分段。需要注意的是,
不是成对出现的,也就是说,没有</br>。

在浏览器窗口缩小时,如果不想自动折行,可以使用<nobr>和</nobr>标记,格式为

```
<nobr>...</nobr>
```

通过各种标记对文字进行排版时,如果要保留原始排版效果,例如文本中的空格、制表符等都要保留,则需要使用<pre>、</pre>标记,主要格式为

```
<pre width=宽度 wrap>...</pre>
```

其中,width用于指明每行的最大字符数,wrap说明可以折行,默认是不加wrap,也就是不折行。

例 2-2 <nobr>和<pre>的用法。

```
<html>
  <head>
<title>itsway --段落与文字</title>
  </head>
  <body>
    <p><nobr>三更灯火五更鸡,正是男儿立志时。
    黑发不知勤学早,白首方悔读书迟。</nobr></p>
    <p>下面是加 pre 标记的效果:</p>
    <pre>
          oo           k     k
      o      o         k   k
     o        o        k k
     o        o        kk
      o      o         k k
        o o            k   k
          oo           k     k
    </pre>
    <p>下面是不加 pre 标记的效果:</p>
          oo           k     k
      o      o         k   k
     o        o        k k
     o        o        kk
      o      o         k k
        o o            k   k
          oo           k     k
  </body>
</html>
```

显示结果如图 2-3 所示。

从图中能明确看出<nobr>和<pre>的用法,另外,如果要把显示的内容居中对齐,

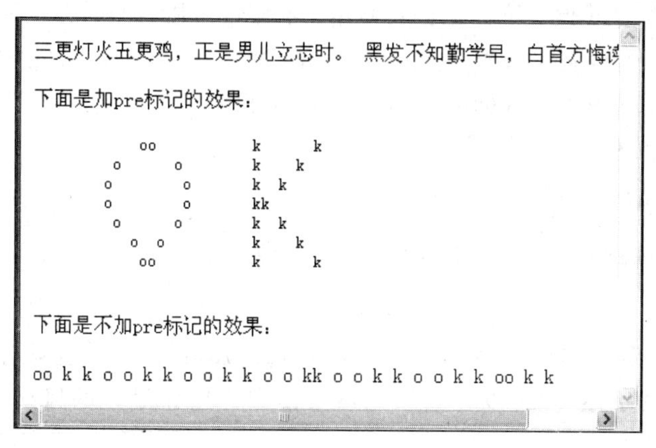

图 2-3　<nobr>和<pre>用法输出

还有一对专门的<center>、</center>标记，它没有属性。可以这样使用：

```
<center>要居中对齐的内容</center>
```

在<center>和</center>中不仅可以放置文本，而且可以放置图像、表格等其他各种对象，如果这些对象自身没有指明对齐方式，那么它们都居中对齐。

3. <hr>标记

为了使网页更有层次感，可以使用水平线标记<hr>，语法为：

```
<hr size=宽度 width=长度 align=对齐方式 color=颜色 noshade>
```

各个属性的说明如下：

- size——用于设置水平线的宽度，以像素为单位，默认为-1。
- width——水平线的长度，可以以像素为单位，如 100；也可以是浏览器窗口宽度的百分比，如 80%，默认为 100%。
- align——水平线的对齐方式，有 left、right、center 三种，默认为 center。
- color——指定线条颜色。颜色值既可以是一个十六进制数(最好用#作前缀)，也可以是颜色名称，默认为灰色。
- noshade——线段无阴影属性，为实心线段，默认为空心线段。

<hr>是一个单标记，也就是说，没有对应的</hr>。

4. <hn>标记

一般文章都有标题、副标题、章和节等结构，HTML 中也提供了相应的标题标记<hn>和</hn>，其中 n 为标题的等级。HTML 一共提供 6 个等级的标题，即<h1>～<h6>。n 越小，标题字号就越大，主要格式为：

```
<hn align=对齐方式>...</hn>
```

其中对齐方式有 left、right、center 三种，默认为 center。

5. 文字标记

在 HTML 标记中，有两个标记可以指定字体大小，一个是前面讲过的<hn>标记，还有一个就是<font>标记。但<hn>标记只能用于有限的范围,而<font>标记的功能则更加强大。另外,还有一些设置字体某个特点的标记,如<strong>、<em>、<u>、<sup>、<sub>、<strike>、<code>等标记,它们都是成对的。

1) <font>标记

<font>标记的主要格式为:

```
<font face=字体类型 size=字体大小 color=颜色值 style=样式>...</font>
```

其中:

- face——指定字体类型,如宋体、Times New Roman 等。但只有对方的计算机中装有相同的字体,才可以在其浏览器中出现你预先设计的风格,所以最好指定常用字体。
- size——设置字号,默认值为 3。可以在 size 属性值之前加上+、-字符,指定相对于当前字号值的增量或减量。
- color——指定字体颜色。颜色值既可以是一个十六进制数(最好用#作前缀),也可以是颜色名称。
- style——指定字体样式。

2) <b>、<i>、<u>、<strong>、<em>、<sup>、<sub>等标记

为了让文字富有变化,或者为了着意强调某一部分,HTML 提供了一些标记产生这些效果,常用文本格式如表 2-2 所示。

表 2-2 常用文本格式

文字标记	显示效果	文字标记		显示效果
<b>	粗体字	<strong>		重要文字(粗体)
<i>	斜体字	<del>		删除线
<u>	底线字	<font>	face	字体样式,如宋体等
<sup>	上标字		color	字体颜色
<sub>	下标字		size	字体大小
<em>	重要文字(斜体)		<font face="宋体"color="green" size="20">内容</font>	
<strike>	加横线			

特殊符号对应代码如表 2-3 所示。

表 2-3 特殊符号对应代码

符号标记	显示效果	符号标记	显示效果
	空一格	"	“
<	<	×	x
>	>		

例 2-3 HTML 常用文本格式。

```
<html>
    <body>
        <p><b>粗体用 b 表示。</b></p><p><i>斜体用 i 表示。</i></p>
        <p><del>想唱就唱</del>这个    词当中划线表示删除。</p>
        <p><ins>唱得响亮</ins>这个词下划线插入。</p>
        <p>X<sub>2</sub>其中的 &lt;2&gt;是下标</p>
        <p>X<sup>2</sup>其中的 &quot;2&quot;是上标</p>
        <p><font face="宋体"color="green" size="20">我是 font,用来设置</font></p>
    </body>
</html>
```

结果如图 2-4 所示。

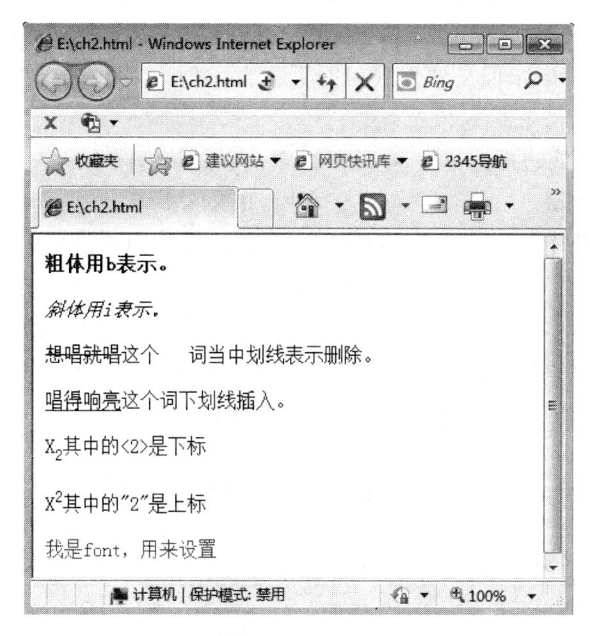

图 2-4 常用文本格式运行结果

2.3 HTML 图片

图片格式有很多种，在网络中使用的图片格式应该能被各种操作系统所接受才行。目前，在网上流行的图片格式以 GIF、JPEG 和 PNG 为主，图片文件一般要经过压缩，否则文件太大不利于在网上传输。它们的简要情况介绍如下：

GIF 格式。GIF 格式的图像文件只包含 256 色，因此色彩表现力不够，但图像文件可以很小，压缩效率高。GIF 格式适合于商标、新闻式的标题，还可以形成简单的动画效果。文件的扩展名为. gif。

JPEG 格式。照片之类的全彩图像一般都以 JPEG 格式来压缩，因此 JPEG 格式常用来保存超过 256 色的图像。但 JPEG 的压缩过程会造成图像数据的损失，是一种“有损压缩”。不过视觉上一般不易察觉。文件的扩展名为.jpg 或.jpeg。

PNG(Portable Network Graphics)格式。PNG 格式是 Macromedia 公司倡导的。PNG 图像格式是一种非破坏性的网页图像文件格式，它提供了将图像文件以最小的方式压缩，却又不造成图像失真的技术。因此它不仅具有 GIF 图像格式的大部分优点，而且还支持真彩色。

有了图像文件之后，就可以使用＜img＞标记把图像插入到网页中了。＜img＞标记的主要语法为：

```
<img src=图像文件的地址 alt=文字 border=边框宽度 width=图像宽度 height=图像高度>
```

各种属性的解释如下：

- src——用来设置图像文件所在的路径。可以是相对路径，也可以是绝对路径。
- alt——当鼠标放在图片上时，显示的小段提示文字，一般用于说明此图片的标题或主要内容。当图像文件无法在网页中显示时，在图像的位置也会显示 alt 所设置的文字。
- border——图像边框的宽度，单位是像素。在默认情况下图像无边框，即 border＝0。
- width 和 height——图像的宽度和高度，单位是像素。在默认情况下，如果改变其中一个值，则另一个值也会等比例进行调整，除非同时设置两个属性。

＜img＞标记还有三个比较常用的属性，它们是：

(1) align 属性——指定图像和周围文字的对齐方式。图像的绝对对齐方式与相对文字的对齐方式不同，绝对对齐方式包括 left、center 和 right 三种，而相对文字对齐方式则是指图像与一行文字的相对位置。align 的取值如表 2-4 所示。

表 2-4 align 的取值

align 的值	含 义
top	图像顶部和同行文本的最高部分对齐(可能是文本顶部，也可能是图像顶部)
middle	图像中部和同行文本的中部对齐(通常是文本行的基线，并不是实际的中部)
bottom	图像底部和同行文本的底部对齐
left	使图像和左边界对齐(文本环绕图像)
right	使图像和右边界对齐(文本环绕图像)
texttop	图像顶部和同行中最高的文本的顶部对齐，仅用于 Netscape
absmiddle	图像中部和同行中最大项的中部对齐，仅用于 Netscape
baseline	图像底部和同行的文本基线对齐，仅用于 Netscape
absbottom	图像底部和同行中的最低项对齐，仅用于 Netscape

(2) hspace 属性——图像与同行文字或对象之间的水平距离，单位是像素。

(3) vspace 属性——图像与上下行文字或对象之间的垂直距离，单位是像素。

例如，在页面中插入如下代码：

```
<IMG SRC="image/myimage.jpg" alt="图片" WIDTH="200" HEIGHT="100" BORDER="10">
```

运行程序后在页面中显示的效果如图 2-5 所示。

图 2-5　图片显示效果

在页面中 image/myimage.jpg 是相对路径，在 HTML 页面中涉及资源文件的地方(如音乐、视频、图片等)就会涉及绝对路径与相对路径的概念。

① 绝对路径。

绝对路径是指文件在硬盘上真正存在的路径。例如 bg.jpg 这个图片是存放在硬盘的"E:\book\HTML\第 2 章"目录下，那么 bg.jpg 这个图片的绝对路径就是"E:\book\HTML\第 2 章\bg.jpg"。如果要使用绝对路径指定网页的背景图片，就应该使用以下语句：

```
<body  background="E:\book\ HTML\第 2 章\bg.jpg">
```

实际上，在网页编程时，很少会使用绝对路径，如果使用"E:\book\HTML\第 2 章\bg.jpg"来指定背景图片的位置，在自己的计算机上浏览可能会一切正常，但是上传到 Web 服务器上当被客户端浏览时就很有可能不会显示图片了。因为上传到 Web 服务器上时，可能整个网站并没有放在 Web 服务器的 E 盘，有可能是 D 盘或 H 盘。即使放在 Web 服务器的 E 盘里，Web 服务器的 E 盘里也不一定会存在"E:\book\ HTML\第 2 章"这个目录，因此在浏览网页时是不会显示图片的。

② 相对路径。

为了避免这种情况发生，通常在网页里指定文件时，都会选择使用相对路径。所谓相对路径，就是相对于自己的目标文件位置。例如上面的例子，网页文件里引用了 bg.jpg 图片，由于 bg.jpg 图片相对于网页来说，是在同一个目录的，那么要在网页文件里使用以下代码后，只要这两个文件的相对位置没有变(也就是说，还是在同一个目录内)，那么无论上传到 Web 服务器的哪个位置，在浏览器里都能正确地显示图片。

```
<body background="bg.jpg">
```

再举一个例子，假设网页文件所在目录为"E:\book\ HTML\第 2 章"，而 bg.jpg 图片所在目录为"E:\book\ HTML\第 2 章\img"，那么 bg.jpg 图片相对于网页文件来说，是在其所在目录的 img 子目录里，则引用图片的语句应该为：

```
<body background="img/bg.jpg">
```

注意：相对路径使用“/”字符作为目录的分隔字符，而绝对路径可以使用“\”或“/”字符作为目录的分隔字符。由于 img 目录是“第 2 章”目录下的子目录，因此在 img 前不用再加上“/”字符。

在相对路径里常使用“../”表示上一级目录。如果有多个上一级目录，可以使用多个“../”，例如“http://www.cnblogs.com/”代表上上级目录。假设网页文件所在目录为“E:\book\ HTML \第 2 章”，而 bg.jpg 图片所在目录为“E:\book\ HTML”，那么 bg.jpg图片相对于网页文件来说，是在其所在目录的上级目录里，则引用图片的语句应该为：

```
<body background="../bg.jpg">
```

2.4 超 链 接

所谓超链接(hyperlink)，就是当单击某个字或图片时，就可以打开另一个网页或画面。它的作用对网页来说极其重要，是 HTML 最强大和最有价值的功能。超链接简称链接(link)。

超链接的语法根据其链接对象的不同而有所变化，但都是基于<a>标记的，主要语法为：

```
<a href=本机上带绝对或相对路径的文件名 target=目标>...</a>
```

或者：

```
<a href=Internet 上的带 URL 的文件名 target=目标>...</a>
```

其中，href 是 hypertext refernce(超文本引用)的缩写。target 用于指定如何打开链接的网页，有以下几个值：

- _blank——打开一个新的浏览器窗口显示。
- _self——用网页所在的浏览器窗口显示，是默认设置。
- _parent——在上一级窗口打开，常用在框架页面中。
- _top——在浏览器的整个窗口打开，将会忽略所有的框架结构。

在<a>和</a>之间，是超链接要显示的文字或图片。当用户把鼠标放在这些文字或图片上时，一般来说鼠标会变成手的形状，此时单击文字或图片，超链接就会发生作用了。

超链接还可以用来发电子邮件，语法为：

```
<a href="mailto:电子邮件地址">链接的文字</a>
```

这就创建了一个自动发送电子邮件的链接，“mailto:”(注意其中有一个半角的冒号)后边紧跟想要发送的电子邮件的地址，例如：

```
<a href="mailto:webmaster@126.com">给站长发 email</a>
```

单击该超链接，系统就会打开电子邮件发送软件（如 Outlook Express 或 Foxmail），就可以写邮件并发送了。

例 2-4　HTML 超链接。

```
<html>
  <body>
    <p><a href="http://www.baidu.com"  title="百度">这是百度的链接</a></p>
    <P><a href="http://www.baidu.com"><img src="baidu.jpg"></a></p>   //图片
超链接
    <a href="mailto:1234567@163.com">邮箱发信</a>
    </p>
  </body>
</html>
```

结果如图 2-6 所示。

图 2-6　超级链接运行结果

在浏览网页时经常会看到一些欢迎信息的界面，在经过一段时间后，这一页面会自动跳转到其他页面中，这就是网页的跳转。使用 http-equiv 属性的 refresh 值可以轻松实现这一功能，格式为：

```
<meta http-equiv="refresh" content="跳转时间; url=链接地址">
```

在该语法中，refresh 表示网页的刷新，跳转时间以秒为单位，url 是在经过若干秒后跳转到的新网页地址。例如：

```
<meta http-equiv="refresh" content="5; url=http://www.baidu.com">
```

会在 5 秒后自动跳转到 www. baidu. com。

2.5　HTML 列表

列表（List）是一种常用的数据排列方式，它以条列式的模式来显示数据，使读者能一目了然。在 HTML 有三种列表，分别是无序列表（unordered list）、有序列表（ordered list)和定义列表(definition list)。

1. 无序列表

无序列表是一种不编号的列表方式,而在每一个项目文字之前,用符号作为分项标识,最常用的符号是圆黑点。常用语法为:

```
<ul type=符号类型>
  <li>第 1 项
  <li>第 2 项
  ...
  <li>第 n 项
</ul>
```

无序列表由<ul>开始,每个列表项由<li>开始,最后由</ul>结束。

在默认情况下,无序列表的项目符号是"●",但通过 type 属性可指定项目符号,其值有三个,分别是:

- disc——默认的项目列表符号"●"。
- circle——空心圆符号"○"。
- square——方块符号"■"。

2. 有序列表

有序列表中的每个列表项使用编号,而不是符号来进行排列,以表示顺序性,一般采用数字或字母作为顺序号。常用语法为:

```
<ol type=符号类型 start=起始数字>
  <li>第 1 项
  <li>第 2 项
  ...
  <li>第 n 项
</ol>
```

有序列表由<ol>开始,每个列表项由<li>开始,最后由</ol>结束。

在默认情况下,无序列表的编号是阿拉伯数字,但通过 type 属性可指定编号,其值有 5 个,分别是:

- 1(阿拉伯数字 1)——用 1、2、3、4、……编号。
- a——用小写英文字母 a、b、c、d、……编号。
- A——用大写英文字母 A、B、C、D、……编号。
- i——用小写罗马数字 i、ii、iii、iv、……编号。
- Ⅰ——用大写罗马数字Ⅰ、Ⅱ、Ⅲ、Ⅳ、……编号。

在默认情况下,有序列表的列表项从 1 开始编号,但通过 start 属性可设置起始数值,它不仅对数字起作用,而且对英文和罗马字母也起作用。

3. 定义列表

定义列表通常用于术语的定义,它包含两个层次的列表,第一层次是需要解释的名词，第二层次是具体的解释。常用语法为：

```
<dl>
  <dt>第 1 项<dd>解释 1
  <dt>第 2 项<dd>解释 2
  ...
  <dt>第 n 项<dd>解释 n
</dl>
```

定义列表由<dl>开始，每个列表项由<dt>开始，列表项的解释由<dd>开始，最后由</dl>结束。

例 2-5　HTML 列表标记。

```
<html>
<body>
<ol type="1" start="50">
  <li>咖啡</li>
  <li>牛奶</li>
  <li>茶</li>
</ol>
<ul type="disc">
  <li>苹果</li>
  <li>香蕉</li>
  <li>柠檬</li>
  <li>橘子</li>
</ul>
</body>
</html>
```

运行结果如图 2-7 所示。

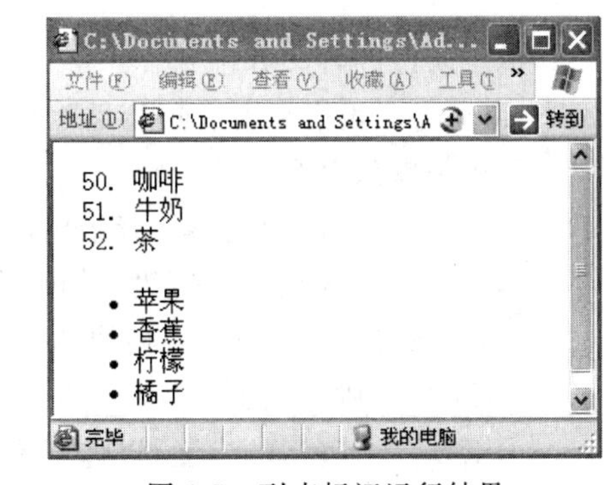

图 2-7　列表标记运行结果

2.6　HTML 表格

HTML 表格用<table>表示。一个表格可以分成很多行(row)，用<tr>表示；每行又可以分成很多单元格(cell)，用<td>表示。这三对标记是创建表格最常用标记，需要统一使用，语法为：

```
<table>
  <tr>
    <td>单元格内的文字</td>
    <td>单元格内的文字</td>
    ...
    <td>单元格内的文字</td>
  </tr>
```

```
  <tr>
    <td>单元格内的文字</td>
    <td>单元格内的文字</td>
    ...
    <td>单元格内的文字</td>
  </tr>
  ...
</table>
```

也就是说，在<table>、</table>标记中嵌套<tr>、</tr>标记，在<tr>、</tr>标记中嵌套<td>、</td>标记。

1. <table>标记

<table>标记中的属性很多，用于控制表格的整体显示。常用语法格式为：

```
<table align=对齐方式 bgcolor=表格背景色 border=边界宽度 bordercolor=边界颜色
height=表格高度 width=表格宽度 cellpadding=n cellspacing=n>
  ...
</table>
```

其中各属性的含义如下：

- align——表格在上一层容器控件中的对齐方式，有 center、left、right 三个值，其中 left 是默认对齐方式。
- bgcolor——设置表格的背景色，默认是上级容器的背景色。
- border——表格线的宽度，单位是像素，默认值是 1。
- bordercolor——设置表格线的颜色。如果没有包含 border 属性，或者 border 属性值是 0，则忽略此属性值。
- height——表格的高度，以像素或页面高度的百分比为单位。但如果表格内容大于设置的高度，则表格会自动扩张，以便容纳所要显示的内容。
- width——表格的宽度，以像素或页面宽度的百分比为单位。但如果表格内容大于设置的宽度，则表格会自动扩张，以便容纳所要显示的内容。
- cellpadding——单元格内部所显示的内容和表格线的距离，单位是像素。
- cellspacing——表格线的“厚度”，单位是像素或百分比。
- background——定义表格的背景图案。一般选浅颜色的图案。此属性不要与 bgcolor 同用。
- bordercolorlight——表格边框向光部分的颜色，只适用于 IE 浏览器。如果忽略 border 属性或 border 属性值为 0，则此属性不起作用。
- bordercolordark——表格边框背光部分的颜色，只适用于 IE 浏览器。如果忽略 border 属性或 border 属性值为 0，则此属性不起作用。使用 bordercolorlight 或 bordercolordark 时，bordercolor 将会失效。

2. <tr>标记

用<table>标记可以设置整个表格的属性。如果要设置表格各行的属性，就需要详细了解<tr>标记的各个属性了。<tr>标记的常用语法格式为：

```
<tr align=对齐方式 valign=垂直对齐方式 height=行高 background=背景图案 bgcolor=背景色 bordercolor=边界颜色 bordercolordark=边界背光部分的颜色 bordercolorlight=边界向光部分的颜色>
  ...
</tr>
```

可以看出，<tr>的很多属性和<table>的相应属性是一样的。所不同的是，<table>的各个属性，设置的是整个表格的显示情况，而<tr>属性只用于设置相应行的显示情况。当<tr>属性值的设置和<table>的同名属性值不同时，以<tr>属性值为准。也就是说，低层的属性设置会"屏蔽"高层属性。

<tr>标记的一些和<table>不同的属性的含义如下：

- align——文本在单元格中的水平对齐方式，有 center、left、justify、right 四个值，其中 left 是默认对齐方式，justify 是指在单元格中合理调整内容，以恰当显示。
- valign——文本在单元格中的垂直对齐方式，有 baseline、top、middle、bottom 四个值，默认值是 middle，即垂直居中对齐。baseline 是指单元格中内容以基线(baseline)为准，垂直对齐，它类似于 bottom(底端对齐)。

和<table>中的相应属性类似，bordercolorlight 和 bordercolordark 属性是 IE 浏览器的独有属性，并且它们会屏蔽 bordercolor 属性。但在其他浏览器中，bordercolorlight 和 bordercolordark 属性不起作用。

3. <td>标记

<td>标记的常用语法格式为：

```
<td width=宽度 height=高度 align=水平对齐方式 valign=垂直对齐方式 height=行高 background=背景图案 bgcolor=背景色 bordercolor=边界颜色 bordercolordark=边界背光部分的颜色 bordercolorlight=边界向光部分的颜色 colspan=跨列数 rowspan=跨行数 nowrap>
  ...
</td>
```

可以看出，<td>的很多属性和<table>、<tr>的相应属性是一样的。所不同的是，<table>、<tr>的各个属性，设置的是整个表格或某一行的显示情况，而<td>属性只用于设置相应单元格的显示情况。当<td>属性值的设置和<table>、<tr>的同名属性值不同时，一般以<td>属性值为准。但也有例外，例如，在<tr>中已经设置了行的高度 height 属性值，则在行的<td>中设置的行高 height 值如果和<tr>中设置的不同，以<tr>中设置的行高为准，除非该行的所有单元格都设置了同一个 height 属性值。

<td>标记的一些和<table>或<tr>不同的属性的含义如下：

- colspan——该单元格在水平方向上跨的列数，默认为 1。
- rowspan——该单元格在垂直方向上跨的行数，默认为 1。colspan 和 rowspan 是为制作复杂表格准备的，具体使用见下面的例子。

- nowrap——如果单元格中的内容超过了单元格的宽度,则用此属性禁止内容折行显示。

例 2-6　HTML 表格应用。

```
<html>
<head>
<title>表格范例</title>
</head>
<body>
<center>
<p><font face="楷体_GB2312" size="5" color="#800080">商品一览表</font></p>
<table border="0" width="291">
<tr>
<th width="112" align="left"><font size="2">商品名称</font></th>
<th width="72"><font size="2">单位</font></th>
<th width="87" align="right"><font size="2">单价</font></th>
</tr>
<tr>
<td width="112"><font size="2">背投电视机</font></td>
<td align="center" width="72"><font size="2">台</font>
<td align="right" width="87"><font size="2">$ 13,699</font>
</tr
<tr>
<td width="112"><font size="2">三门冰箱</font></td>
<td align="center" width="72"><font size="2">台</font>
<td align="right" width="87"><font size="2">$ 2,699</font>
</tr>
<tr>
<td width="112"><font size="2">全自动洗衣机</font></td>
<td align="center" width="72"><font size="2">台</font>
<td align="right" width="87"><font size="2">$ 4,188</font>
</tr>
</table>
<p><font face="楷体_GB2312" color="#0000FF" size="5">员工表</font></p>
<table border="1" width="50%">
<tr>
<th width="25%" align="center"><font size="2">姓名</font></th>
<th width="20%" align="center"><font size="2">性别</font></th>
<th width="20%" align="center"><font size="2">年龄</font></th>
<th width="35%" align="center"><font size="2">联系电话</font></th>
</tr>
<tr>
<td width="25%" align="center"><font size="2">Jerry</font></td>
<td width="20%" align="center"><font size="2">男</font></td>
```

```
<td width="20%" align="center"><font size="2">6</font></td>
<td width="35%" align="center"><font size="2">88765699</font></td>
</tr>
<tr>
<td width="25%" align="center"><font size="2">Bonni</font></td>
<td width="20%" align="center"><font size="2">女</font></td>
<td width="20%" align="center"><font size="2">7</font></td>
<td width="35%" align="center"><font size="2">88562158</font></td>
</tr>
<tr>
<td width="25%" align="center"><font size="2">Kimi</font></td>
<td width="20%" align="center"><font size="2">男</font></td>
<td width="20%" align="center"><font size="2">7</font></td>
<td width="35%" align="center"><font size="2">64322108</font></td>
</tr>
</table>
</center>
</body>
</html>
```

显示效果如图 2-8 所示。

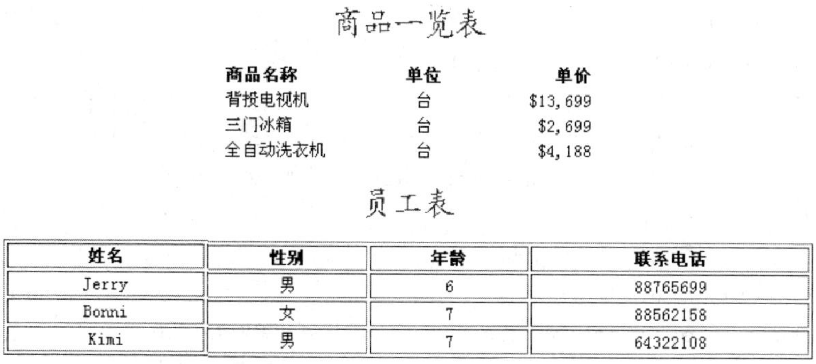

商品一览表

商品名称	单位	单价
背投电视机	台	$13,699
三门冰箱	台	$2,699
全自动洗衣机	台	$4,188

员工表

姓名	性别	年龄	联系电话
Jerry	男	6	88765699
Bonni	女	7	88562158
Kimi	男	7	64322108

图 2-8　table 标记运行结果

2.7　表单的使用

表单(Form)是实现图形用户界面的基本元素,它包括按钮、文本框、单选框、复选框等,它们是 HTML 实现交互功能的主要接口。程序通过表单向服务器提交用户数据。表单的使用包括两个部分:一部分是用户界面,提供用户输入数据的组件;另一部分是处理程序,可以是客户端程序,在客户端的浏览器中执行;也可以是服务器端程序,在服务器端执行,无论是在客户端还是在服务器端处理用户提交的数据,都需要将处理结果返回到浏览器中。本节介绍如何用 HTML 生成用户界面。对于处理用户提交的数据涉及的

JavaScript 和 JSP 程序设计，将在后续章节中讲解和练习。

例 2-7 设计一个表单示例程序，定义一个简单的用户注册界面。

form_1.htm:

```
<html>
    <head>
        <meta http-equiv="Content-Type" content="text/html; charset=GBK">
        <title>表单</title>
    <body>
    <form name="f1" method="post" action="XXX.jsp">
    <table width="100%" borde="0" cellpadding="0" style="font-size:12px;">
    <caption>用户注册</caption>
    <tr>
    <td align="right">用户名:</td>
    <td align="left"><input type="text" name="t1"></td>
    </tr><tr>
    <td align="right">密码:</td>
    <td align="left"><input type="password" name="t2"></td>
    </tr><tr>
    <td align="right">确认密码:</td>
    <td align="left"><input type="password" name="t3"></td>
    </tr><tr>
    <td align="right">性别:</td>
    <td align="left">
  <input type="radio" name="r1" value="男" checked>男
  <input type="radio" name="r1" value="女">女</td>
  </tr><tr>
  <td align="right">爱好:</td>
  <td align="left">
  <input type="checkbox" name="c1" value="音乐">音乐
  <input type="checkbox" name="c2" value="美术">美术
  <input type="checkbox" name="c3" value="旅游">旅游
</td>
</tr><tr>
<td align="right">E-Mail:</td>
<td align="left"><input type="text" name="t4"></td>
</tr><tr>
<td align="right"><input type="submit" value="提交"></td>
<td align="left"><input type="reset" value="重置"></td>
</tr></table></form></div></body></html>
```

form_1.htm 是一个表单示例程序，在该程序中，<form>标记的属性 name="f1"是该表单的名称；method="post"是向服务器提交用户数据的方式，也可以是 method="get"，get 和 post 的区别是，get 是把要上传的数据加到表单 action 属性所指的 URL 中，上传时用户在 URL 地址栏中可以看到提交的内容，因此一些登录信息，如用户名和密码等就会显示在地址栏中，安全性低；post 是通过 HTTP post 机制，将上传的数据放置在 HTML HEADER 内一起传送到 action 属性所指的 URL 地址，用户看不到这个过程，在地址栏中也不会显示这些数据，另一个方面，由于 get 方式传输的数据量非常小，一般限制在 2KB 左右，所以表单提交建议使用 post 方式；action="XXX.jsp"表示数据向服务器提交时，服务器端要执行 XXX.jsp 程序，XXX.jsp 可以获取客户端传来的数据进行应用处理。

<form>标记中上传的数据是用<input>、<textarea>、<select>等标记定义的，这些标记中的属性 name 和 value 的值是成对出现。form_1.htm 程序中，<input>的属性 type="text"定义了一文本输入行；type="password"定义了一个密码文本输入行，输入的文字显示在输入框中以 * 号代替；type="radio"定义的是单选按钮，type="checkbox"定义的是复选框，checked 参数表示初始为选中状态；type="submit"定义的是提交按钮，单击此按钮则上传数据并执行 action 属性指定的程序；type="reset"定义的是清除按钮，单击此按钮则输入的数据全部清空。<input>的 type 属性还可以是 type="button"，这是普通按钮。

当<input>的属性 type="file"时，form 标记的属性 enctype 的值取为 multipart/form-data，表示要上传文件。例如：

```
<form enctype="multipart/form-data" action="XXX.jsp" method="post">
  传送该文件到服务器:<input type="file" name="myfile">
  <input type="submit" value="发送文件">
</form>
```

使用"记事本"输入 form_1.htm 程序并存放在应用目录中。在浏览器中浏览就会显示如图 2-9 所示的页面。

图 2-9 form_1 简单的用户注册界面

例 2-8 编写一个表单示例程序，定义一个如图 2-10 所示简单的员工管理录入界面。

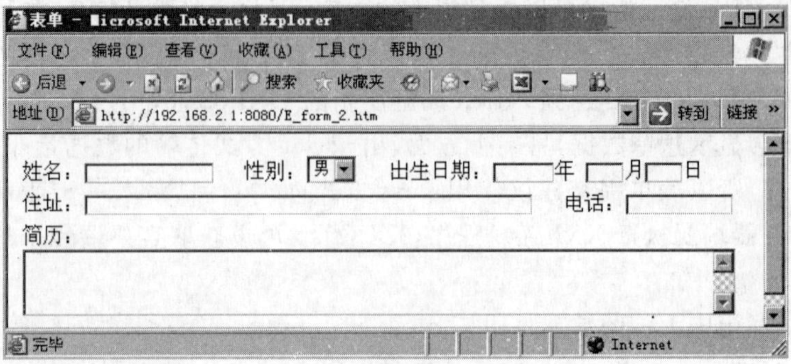

图 2-10 form_2. htm 一个简单的员工管理录入界面

```
form_2.htm:
    <html>
    <head>
    <meta http-equiv="Content-Type" content="text/html; charset=GBK">
    <title>表单</title>
    </head>
    <body>
    <div align="center">
    <form name="f1" method="post" action="XXX.jsp">
    <table border="0" width="100%" align="center" cellspacing="0" cellpadding=
"2"  bordercolor="red">
    <tr>
    <td width="100%">
    姓名:<input type="text" size="15" name="Name" />  
    性别:<select name="S1"><option value="男">男</option><option value="女">女
</option></select>
      出生日期:<input type="text" size="6" name="Y1" />年
    <input type="text" size="3" name="M1" />月<input type="text" size="3"
name="D1" />日
    <td>
    <tr>
    </table>
    <table border="0" width="100%" cellspacing="0" cellpadding="2"  bordercolor=
"red">
    <tr><td width="100%">
    住址:<input type="text" size="56" name="Add1" />  
    电话:<input type="text" size="12" name="Tel1" />
    <td><tr>
    </table>
    <table border="0" width="100%" cellspacing="0" cellpadding="2"  bordercolor=
"red">
    <tr><td width="100%">
```

```
简历:<br>
<textarea name="T1"  rows="3"  cols="76"></textarea>
<td><tr>
</table>
</form></div>
</body>
</html>
```

form_2. htm 也是一个表单示例程序，主要演示了<textarea>文本输入框、<select>下拉菜单（或称“选择框”）标记的使用。在 form_2. htm 程序中

```
<select name="S1">
    <option value="男">男</option>
    <option value="女">女</option>
</select>
```

表示有男、女两个下拉菜单项，以下拉方式显示菜单项，菜单项只能单选。

使用“记事本”输入上面的 form_2. htm 程序并存放在应用目录中。在浏览器中浏览就会显示如图 2-10 所示的页面。

2.8 使用 frame 框架分割浏览器窗口

框架(Frame)最主要的功能是用来分割页面窗口，使每个“小窗口”能显示不同的 HTML 文件。这样的页面结构称为框架结构的页面，而这些“小窗口”就被称为框架的“窗口”。

框架又常被称为帧。利用框架可以将浏览器窗口分割成多个相互独立的区域，每个区域可以显示独立的 HTML 页面。用<frameset>标记划分区域，用<frame>标记定义各区域要执行的程序。框架的基本语法如下：

```
<frameset cols=列划分方式 rows=行划分方式>
  <frame src=HTML 文件 1  name=框架名 1>
  <frame src=HTML 文件 2  name=框架名 2>
  ...
  <frame src=HTML 文件 n  name=框架名 n>
</frameset>
```

框架的外层标志是<frameset>和</frameset>，这对标志用来定义主文档中有几个帧，并且各个帧是如何排列的，定义的方法是使用 cols 属性或 rows 属性，cols 属性值用来垂直分割窗口，rows 属性值用来水平分割窗口。使用<frameset>标志时，这两个属性必须至少选择一个，否则浏览器只显示第一个定义的帧。

rows 和 cols 的属性值可以是百分数、像素值或星号“ * ”，其中星号代表那些未被说明的空间，即除了已说明的部分后的剩下所有的。同时，所有的帧按照 rows 和 cols 的值从左到右、从上到下排列。

<frame>标志放在<frameset></frameset>之间，用来定义某一个具体的框架。<frame>标志具有 src 和 name 属性，这两个属性一般都需要赋值。src 是此框架要显示的 HTML 文件名(包括路径)，name 是此框架的名字，这个名字是用来供超链接标志<a>使用的。

例 2-9 使用 frame 框架技术实现图 2-11 所示页面的内容。

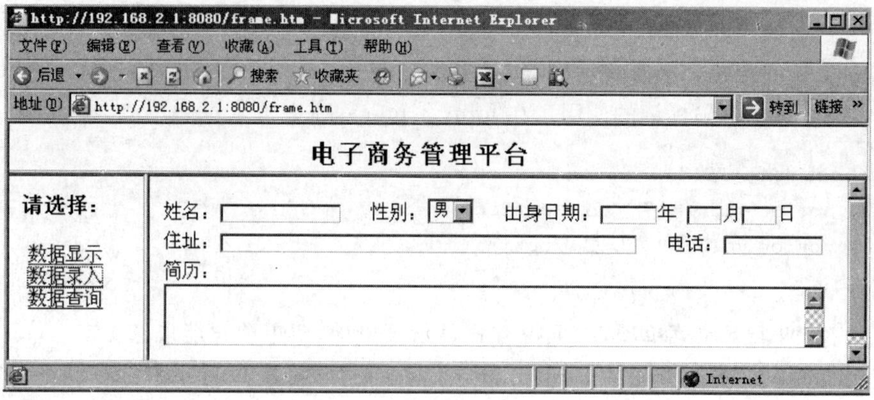

图 2-11 框架分割浏览器窗口

具体实现代码如下：

```
frame.htm:
    <html>
    <frameset rows="40, * " id="FS1" frameborder="1" bordercolor="red" framespacing="1">
        <frame src="Title.htm" name="F1" scrolling="no" noresize>
        <frameset cols="16%, * " id="FS1" frameborder="1" bordercolor="yellow" framespacing="1">
            <frame src="navigator.htm" name="F2" scrolling="auto" noresize>
            <frame src="" name="F3" scrolling="auto" noresize>
        </frameset>
    </frameset>
    </html>
Title.htm:
    <html><head>
    <meta http-equiv="Content-Type" content="text/html; charset=GBK">
    <title>标题</title>
    </head>
    <body>
    <center>
    <span style="font-size:22px;color:#900;font-family:'华文行楷';padding-top:10;">电子商务管理平台</span>
    </center>
    </body></html>
```

```
navigator.htm:
    <html><head>
    <meta http-equiv="Content-Type" content="text/html; charset=GBK">
    <title>功能</title>
    </head>
    <body>
    <center>
    <div><h3>请选择:</h3></div>
    <div><a href="dataDisplay.htm" target="F3">数据显示</a></div>
    <div><a href=".. /form_2.htm" target="F3">数据录入</a></div>
    <div><a href="table.htm" target="F3">数据查询</a></div>
    </center>
    </body></html>
```

上面的一组程序(frame. htm、Title. htm、navigator. htm)演示了框架如何分割浏览器窗口及各窗口中执行的程序。

在 frame. htm 程序中，<frameset rows="40, *" id="FS1" frameborder="1" bordercolor="red" framespacing="1">将浏览器分割成两行窗口：第一行窗口高 40 像素，余下的高度全给第二行窗口，两行窗口之间有边界线(frameborder="1")，边界线的颜色为红(bordercolor="red")，窗口之间的距离 1 像素(framespacing="1")；<frame src="Title. htm" name="F1" scrolling="no" noresize>表示：第一行窗口中要运行程序 Title. htm(src="Title. htm")，该窗口的名字是 F1(name="F1"，该名字可以被<a>、<form>等标记中的 target 属性参考)，该窗口没有滚动条、不能改变大小(scrolling="no" noresize)；第二行的窗口又分为两列窗口：第一列窗口的宽占整个窗口的 16%；第一列窗口中运行程序 navigator. htm，窗口的名字是 F2，滚动条自动显示；第二列窗口初始时无运行的程序(src="")，名字是 F3。

Title. htm 显示标题“电子商务管理平台”。

navigator. htm 是功能选择单。完成各功能的程序被定位到第二列窗口 F3 中。使用“记事本”输入 frame. htm、Title. htm、navigator. htm 程序并存放在应用目录中。在浏览器中运行 frame. htm，并选择功能后，浏览器会显示相应窗口的内容。

2.9 应用音乐与视频标记

使用<embed>标记可以将多媒体文件添加进网页中。但仅仅这样做还不够，还需要在客户端的计算机中安装相应的播放软件，这样浏览器才能顺利播放。

<embed>标记的主要语法为：

```
<embed src=多媒体文件地址 width=播放界面宽度 height=播放界面高度>
</embed>
```

在该语法中，width 和 height 一定要设置，单位是像素，否则无法正确显示播放多媒体文件的软件。

1. 加背景音乐<embed>标记

在页面中加入背景音乐的代码如下：

```
<html>
<head><title>加背景音乐</title></head>
<body>
<embed src="外面的世界.mp3" autostart="true" loop="true" width="m" height="k">
</embed>
</body>
</html>
```

本程序中要素说明如下：

- src——音乐文件的路径及文件名。
- autostart——true为音乐文件上传后自动开始播放，默认为false(否)。
- loop——true为无限次重播，false为不重播，某一具体值(整数)为重播多少次。
- Volume——取值范围为"0～100"，设置音量，默认为系统本身的音量。
- Starttime——"分:秒"，设置歌曲开始播放的时间，如，starttime＝"00:10"，从第10秒开始播放。
- endtime"分:秒"——设置歌曲结束播放的时间。
- width——控制面板的宽。
- height——控制面板的高。

也可以在页面中添加音乐控制器，使用<object>标记，代码如下：

```
<html>
<body>
<object classid="clsid:22D6F312-B0F6-11D0-94AB-0080C74C7E95" id="MediaPlayer1">
<param name="Filename" value="路径">
<param name="AutoStart" value="0">
</object>
</body>
</html>
```

2. 在页面中添加影片

在页面中添加影片也是使用<object>标记，代码如下：

```
<html>
<head><title>添加影片</title></head>
<body>
<object classid="clsid:22D6F312-B0F6-11D0-94AB-0080C74C7E95" id="MediaPlayer1">
<param name="Filename" value="影片名.后缀名">
<param name="AutoStart" value="1">
</object>
```

```
</param>
</body>
</html>
```

说明：

```
<param name="AutoStart" value="a">
              //a 表示是否自动播放电影,为 1 表示自动播放,0 是按键播放;
<param name="ClickToPlay" value="b">
              //b 为 1 表示用鼠标单击控制播放或暂停状态,为 0 是禁用此功能;
<param name="DisplaySize" value="c">
              //c 为 1 表示按原始尺寸播放
<param name="EnableFullScreen Controls" value="d">
              //d 为 1 表示允许切换为全屏,为 0 则禁止切换;
<param name="ShowAudio Controls" value="e"
              //e 为 1 表示允许调节音量,为 0 禁止调节;
<param name="EnableContext Menu" value="f"
              //f 为 1 表示允许使用右键菜单,为 0 表示禁用右键菜单。
```

3. 在页面中插入 Flash

在页面中插入 Flash 可以使用<object>+<embed>标记，简单的示例代码如下：

```
<html>
<body>
<object classid="clsid:D27CDB6E-AE6D-11cf-96B8-444553540000"  width="802"
height="502">
  <param name="movie" value="20160612162414361436.swf" />
  <param name="quality" value="high" />
<embed src="20160612162414361436.swf" quality="high" width="802"
height="502"></embed>
</object>
</body>
</html>
```

2.10　滚动标记

在 HTML 中要设置动态文字，需要使用<marquee>标记，主要语法为：

```
<marquee direction=滚动方向 behavior=滚动方式 loop=循环次数 scrollamount=滚动
速度 scrolldelay=时间间隔 bgcolor=背景颜色 width=背景宽度 height=背景高度 hspace
=水平间隔 vspace=垂直间隔>
  滚动的文字
</marquee>
```

主要属性如下：

- direction——用来设置文字滚动的方向，可以为 left、right、up 或 down，分别表示文字向左、右、上、下滚动，其中 left 为默认值。
- behavior——设置文字的滚动方式，可以为 scroll(循环滚动，默认效果)、slide(只滚动一次)或 alternate(来回交替滚动)。如果设置为 slide，则滚动一次后，文字将会停止不动。
- loop——设置文字的滚动次数，如果为－1(默认值)，则无限次滚动。但此属性只在 IE 中有效。
- scrollamount——用来设置文字的滚动速度，实际上是滚动文字每次移动的长度，以像素为单位，默认值为 1。这个值最好不要太大，否则文字跳动比较厉害，对眼睛有损害。
- scrolldelay——设置文字的滚动延迟，时间间隔单位是毫秒，也就是千分之一秒。这个单位过于精细了，一般都是 10 的倍数，因为过小的值显示效果很晃眼。
- bgcolor——设置滚动文字的背景颜色。
- width 和 height——设置滚动背景区域的宽度和高度，单位是像素。在默认情况下，水平滚动的文字背景与文字同高、与浏览器窗口同宽。
- hspace——滚动背景和周围对象的水平距离，单位是像素。
- vspace——滚动背景和周围对象的垂直距离，单位是像素。

例 2-10 一个垂直滚动的消息提示板。

```
<html>
  <head>
    <title>垂直滚动</title>
  </head>
  <body>
    <table width="120" border="1" cellspacing="0" cellpadding="0"
      bgcolor="#339999" bordercolor="#339999" align="left">
      <tr><td height="17" align="center">
        <font size="4" color="white">全国著名大学</font>
      </td></tr>
      <tr bgcolor="#eeffee"><td height="80">
      <marquee scrollamount="1" scrolldelay="100" direction="up"
        width="100%" height="80" hspace="5">
        <font size="2"><a href="http://www.tsinghua.edu.cn" target="_blank">
        清华大学</a></font><br>
        <font size="2"><a href="http://www.pku.edu.cn" target="_blank">
        北京大学</a></font><br>
        <font size="2"><a href="http://www.ruc.edu.cn" target="_blank">
        中国人民大学</a></font><br>
        <font size="2"><a href="http://www.ustc.edu.cn" target="_blank">
        中国科技大学</a></font><br>
        <font size="2"><a href="http://www.sjtu.edu.cn" target="_blank">
```

```
          上海交通大学</a></font><br>
          <font size="2"><a href="http://www.fudan.edu.cn" target="_blank">
          复旦大学</a></font>
        </marquee>
        </td></tr>
      </table>
    </body>
  </html>
```

显示结果如图 2-12 所示。

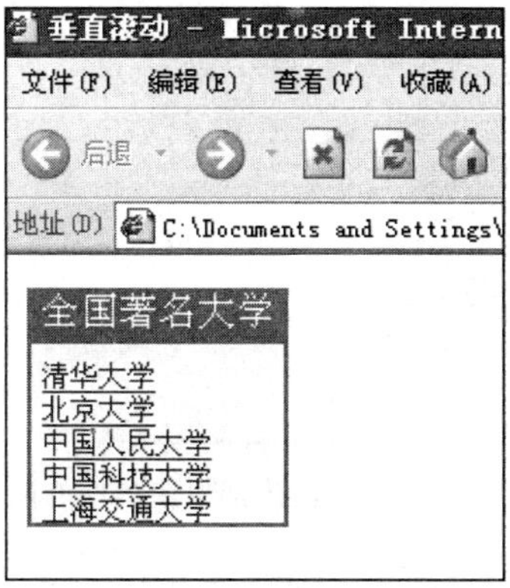

图 2-12　文字垂直滚动示意图

2.11　案例实践

2.11.1　案例需求说明

编写图 2-13 所示的页面,要求能够通过使用<FRAMESET>创建框架页面,并通过指定 target 属性在框架中实现页面的跳转。

2.11.2　技能训练要点

根据本章对于 HTML 页面设计知识的讲解可知,本案例的训练要点有以下三个:

(1) HTML 页面如何设计和实现。

(2) 如何选择创建框架的类型。

(3) target 的属性如何设置,如何指向跳转框架的名称。

2.11.3　案例实现

根据页面的表现形式,可以采取 T 字形的经典框架格式,该框架由三个页面组成,分别为 toplogo. html、left. html、right. html,各个页面的实现可以综合利用前面讲过的表

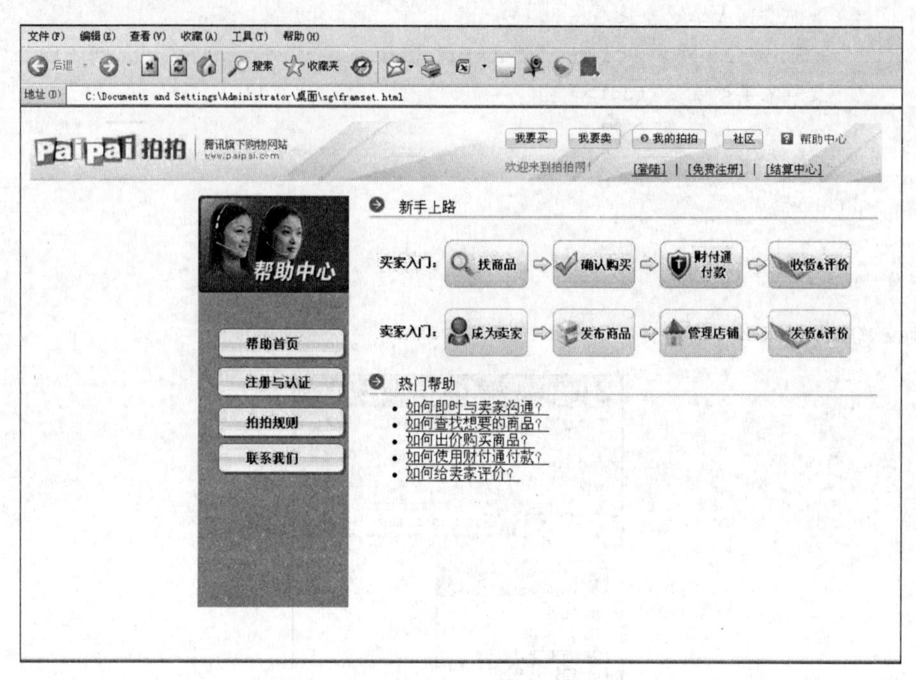

图 2-13 通过创建框架集实现的网页

格、图片、文字排版等知识实现,具体操作的过程中需要单击 left.html 中的超链接来让内容显示在 right.html 中,所以还要注意 target 属性的设置和超链接的跳转。

具体实现代码如下:

(1) 主页面(framset.html)。

```
<!DOCTYPE HTML PUBLIC "-//W3C//DTD HTML 4.01 Frameset//EN" "http://www.w3.org/TR/html4/frameset.dtd">
<HTML xmlns="http://www.w3.org/1999/xhtml">
<HEAD>
<META http-equiv="Content-Type" content="text/html; charset=gb2312">
<TITLE>框架练习</TITLE>
</HEAD>
<FRAMESET rows="80,*" cols="*" frameborder="NO" border="0" framespacing="0">
  <FRAME src="toplogo.html" name="topFrame" scrolling="NO" noresize>
  <FRAMESET cols="30%,*" frameborder="NO" border="0" framespacing="0">
    <FRAME src="left.html" name="leftFrame" scrolling="NO" noresize>
    <FRAME src="right.html" name="rightFrame">
  </FRAMESET>
</FRAMESET>
<NOFRAMES><BODY>
</BODY></NOFRAMES>
</HTML>
```

(2) 框架上方页面(toplogo.html)。

```
<HTML>
<HEAD>
<META http-equiv="Content-Type" content="text/html; charset=gb2312">
<TITLE>TABLE 的美化修饰</TITLE>
</HEAD>
<BODY>
<TABLE width="957" border="0" background="images/naviBg.JPG">
  <TR>
    <TD width="529" rowspan="2"><IMG src="images/logo.JPG" width="290" height=
"60"></TD>
    <TD width="67" height="33"><IMG src="images/buy.gif"  width="58" height=
"22"></TD>
    <TD width="67"><IMG src="images/sell.gif" width="58" height="22"></TD>
    <TD width="98"><IMG src="images/mypp.gif" width="83" height="22"></TD>
    <TD width="61"><IMG src="images/bbs.gif" width="45" height="22"></TD>
    <TD width="109">
        <IMG src="images/help.gif" width="13" height="13" align="absmiddle">
        <FONT size="-1" color="#FF0000">帮助中心</FONT>
    </TD>
  </TR>
  <TR>
    <TD height="28" colspan="2"><FONT size="-1" color="#FF6262">欢迎来到拍拍
网!</FONT></TD>
    <TD colspan="3">
        <FONT size="-1"><A href="#">[登录]</A>| <A href="#">[免费注册]</A>|
<A href="#">[结算中心]</A></FONT>
    </TD>
  </TR>
</TABLE>
</BODY>
</HTML>
```

(3) 框架左侧页面(left.html)。

```
<HTML>
  <HEAD>
    <META http-equiv="Content-Type" content="text/html; charset=gb2312" />
    <TITLE>左侧导航页面</TITLE>
  </HEAD>
  <BODY>
    <TABLE height="400"  border="0" background="images/background.jpg" align=
"right">
    <TR>
```

```
            <TD width="166" height="140"></TD>
        </TR>
        <TR>
            <TD align="right"><A href="right1.html" target="rightFrame">
            <IMG src="images/help_1.JPG" width="146" height="35" border="0"></A>
            </TD>
        </TR>
        <TR>
            <TD align="right"><A href="right2.html" target="rightFrame">
            <IMG src="images/help_2.JPG" width="146" height="35" border="0"></A>
            </TD>
        </TR>
        <TR>
            <TD align="right"><A href="#"><IMG src="images/help_3.JPG" width="146"
height="35" border="0"></A>
            </TD></TR>
        <TR>
            <TD align="right"><A href="#"><IMG src="images/help_4.JPG" width="146"
height="35" border="0"></A>
            </TD>
        </TR>
        <TR>
            <TD  height="140"></TD></TR>
</TABLE>
  </BODY>
</HTML>
```

(4) 框架右侧页面(right.html)。

```
<HTML>
  <HEAD>
    <META http-equiv="Content-Type" content="text/html; charset=gb2312">
      <TITLE>框架练习</TITLE>
  </HEAD>
      <BODY>
        <TABLE width="568">
          <TR>
              <TD width="568" height="25" background="images/main_bg_01.jpg">
    新手上路</TD>
          </TR>
          <TR>
            <TD>
            <IMG src="images/help_5.jpg" width="566" height="158">
            </TD>
          </TR>
```

```
          <TR>
            <TD width="568" height="25" background="images/main_bg_01.jpg">
    热门帮助
            </TD>
          </TR>
          <TR>
              <TD>
                  <UL>
                        <LI><A href="#">如何即时与卖家沟通？</A></LI>
                        <LI><A href="#">如何查找想要的商品？</A></LI>
                        <LI><A href="#">如何出价购买商品？  </A></LI>
                        <LI><A href="#">如何使用财付通付款？  </A></LI>
                        <LI><A href="#">如何给卖家评价？  </A></LI>
                  </UL>
              </TD>
          </TR>
        </TABLE>
      </BODY>
</HTML>
```

本章小结

本章对HTML语法做了简要概述。通过本章的学习，可以了解HTML的基本结构，熟悉常用HTML排版标记、清单标记及文本格式，学会使用HTML图片及超链接，重点掌握表单的使用方法，学会使用frame框架分割浏览器窗口，并学会应用音乐、视频和滚动标记。

本章习题

一、选择题

1. 下面描述错误的是（　　）。

   A. HTML文件必须由<html>开头，</html>标记结束

   B. 文档头信息包含在<head>与</head>之间

   C. 在<head>和</head>之间可以包含<title>和<body>等信息

   D. 文档体包含在<body>和</body>标记之间

2. 下列设置颜色的方法中不正确的是（　　）。

   A. <body bgcolor="red">

   B. <body bgcolor="yellow">

   C. <body bgcolor="#FF0000">

D. <body bgcolor="#HH00FF">

3. 设置文档体背景颜色的属性是(　　)。

A. text　　B. bgcolor　　C. background　　D. link

4. <title></title>标记在<head>…</head>标记之间,<title></title>标记之间的内容将显示到(　　)。

A. 浏览器的页面上部　　B. 浏览器的标题栏上

C. 浏览器的状态栏中　　D. 浏览器的页面下部

5. (　　)是标题标记。

A. <p>　　B.
　　C. <hr>　　D. <hn>

6. <p align="段落对齐方式">标记中,align属性为段落文字的对齐方式,不能取的值为(　　)。

A. Left　　B. Right　　C. Center　　D. width

7. <font></font>标记中默认的中文字体是(　　)。

A. 宋体　　B. 幼圆　　C. 楷体　　D. 仿宋体

8. 表示黑体加斜体的标记是(　　)。

A. <B>字体</B>　　B. <I>字体</I>

C. <B><I>字体</I></B>　　D. <U>字体</U>

9. 文本下标标记为(　　)。

A. 　　B. <sud> </sud>

C. 　　D. <suq> </suq>

10. 在HTML中超链接标记为(　　)。

A. <a>和</a>　　B. <title>和</title>

C. <html>和</html>　　D. <body>和</body>

11. 下面(　　)是正确的超链接标记。

A. <a href="http://www.sina.com" " title="新浪网">新浪网</a>

B. <a target="http://www.sina.com" " title="新浪网">新浪网</a>

C. <a href="新浪网" title="新浪网"> http://www.sina.com </a>

D. <a target="新浪网" title="新浪网">http://www.sina.com</a>

12. 表格在网页中应用非常广泛,常用于网页的布局排版,下面(　　)不是表格的标记。

A. <tables>　　B. <tr>　　C. <td>　　D. <th>

13. (　　)标记用来对页面内容进行预定义。

A. <p>　　B.
　　C. <hr>　　D. <pre>

14. 表单中的数据要提交到的处理文件由表单的(　　)属性指定。

A. method　　B. name　　C. action　　D. 以上都不对

15. 当<input>标记的type属性值为(　　)时,代表一个复选框。

A. text　　B. radio　　C. checkbox　　D. button

二、填空题

1. HTML 文档的扩展名是________或________，它们是可供浏览器解释浏览的网页文件格式。

2. Web 服务器通过________获取用户信息。

3. HTML 文档分为文档头和________两部分。

4. HTML 文件是________文件格式，可以用文本编辑器进行编辑制作。

5. 常用的列表分别有________和________。

6. 表单一般由________、________和________组成。

7. ________是一种能够有效描述信息的组织形式，由行、列和单元格组成。

8. 表格定义中使用的子标记<td>的含义为________。

9. 将一个图像作为一个超级链接，用到了________标记。

10. input 表单域表示一个文本框时，它的 type 属性应该赋值为________。

11. URL 是 Uniform Resource Locator 的缩写，中文称之为________。

12. 超级链接标记<a>的 href 属性取值为________。

三、简答题

1. 什么是 HTML？ 它有什么基本标记？

2. 如何在网页中设置字体？ 有哪些字体可以使用？

3. 如何引入一张图片？ 如何给图片加上边框？

4. 如何使用超级链接？ 如何将超级链接的下划线去掉？

5. 如何定义跨行的表格？ 如何将表格的字体和边框的距离加大？

6. 框架有几种基本形式？ 如何使用？

四、程序题

1. 已知页面中的框架如图 2-14 所示，请将以下代码补充完整。

图 2-14　框架应用

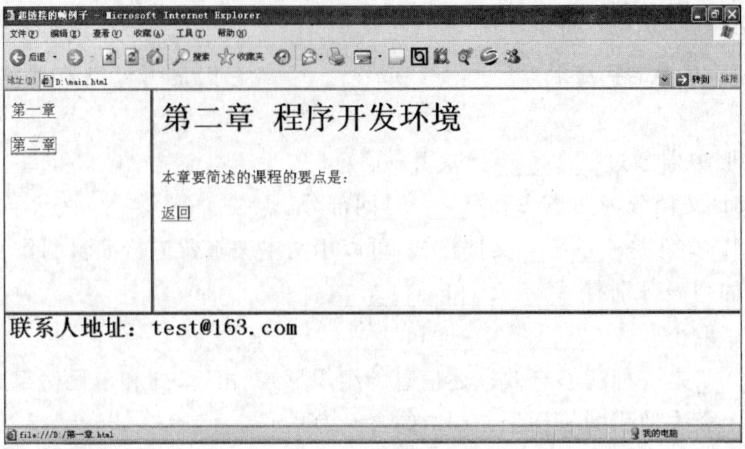

图　2-14(续)

程序如下：

```
-------------以下是 main.html(主文件)----------------

<html><head><title>超链接的帧例子</title></head>
<frameset ________="300,*" bordercolor="blue">
   <frameset ________="20%,*">
     <frame ________="frame1.html" scrolling="no" name="win1">
     <frame ________="frame2.html" name="win2">
   </frameset>
   <frame ________="frame3.html" noresize marginwidth=5 name="win3">
</frameset>
<noframes>
</noframes>
</html>
-----------以下是 frame1.html------------------

<html>
<head>
<title>左框架</title>
</head>
<body>
<a href="第一章.html" ________="win2">第一章</a><br /><br />
<a href="第二章.html" ________="win2">第二章</a>
</body>
</html>
-----------以下是 frame2.html------------------

<html>
<head>
<title>第一章</title>
</head>
<body>
```

```
<h1>第一章　绪论</h1><br />本章要简述的课程的要点是:<br /><br />
<a href=" ________">返回</a>
</body>
</html>
-----------以下是 frame3.html------------------
```

```
<html>
<head>
<title>第三个框架</title>
</head>
<body>
<h2>联系人地址:test@163.com</h2>
</body>
</html>
-----------以下是第一章.html------------------
```

```
<html>
<head>
<title>第一章</title>
</head>
<body>
<h1>第一章　绪论</h1><br />本章要简述的课程的要点是:<br /><br />
<a href="第一章.html">返回</a>
</body>
</html>
-----------以下是第二章.html------------------
```

```
<html>
<head>
<title>第二章</title>
</head>
<body>
<h1>第二章　程序开发环境</h1><br />本章要简述的课程的要点是:<br /><br />
<a href="第一章.html">返回</a>
</body>
</html>
```

2. 编写图 2-15 所示的 E-mail 注册的表单。

在常用的表单制作过程中,经常遇到的是按钮制作、输入元素的制作等。常见的表单控件包括文本框、文本域、密码框、多选框、单选框和下拉列表框,等等。除了文本域和下拉列表,其他只要修改 TYPE 属性就可以了。

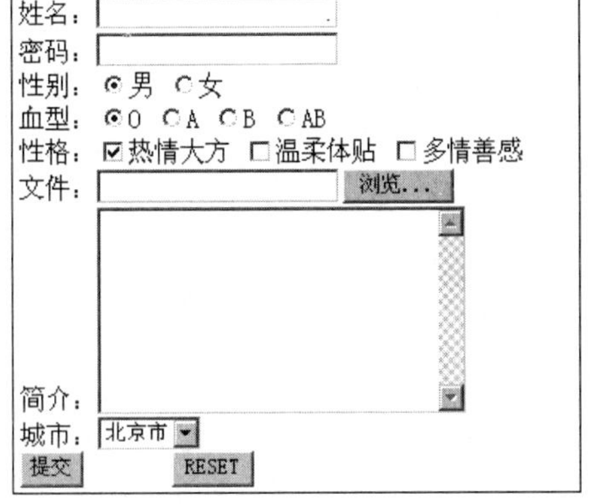

图 2-15　表单中常用控件

3. 制作如下两个页面:

link.html——此页面只有一个超级链接,用户单击此链接后将链接到 login.html 登录页面。

login.html——此页面为用户登录页面，用户可以在此页面输入用户名和密码，然后提交表单。运行效果如图 2-16 所示。

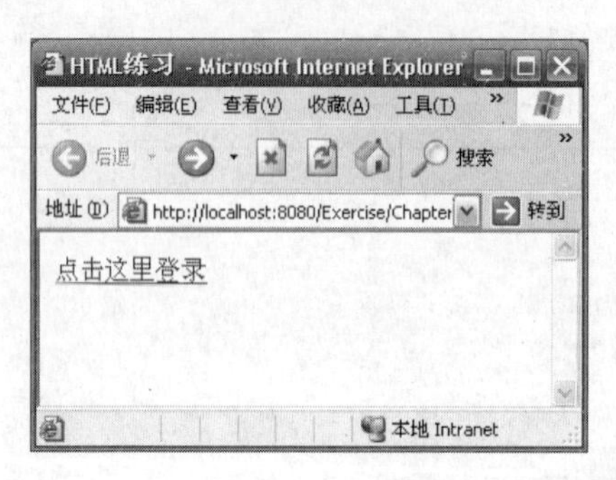

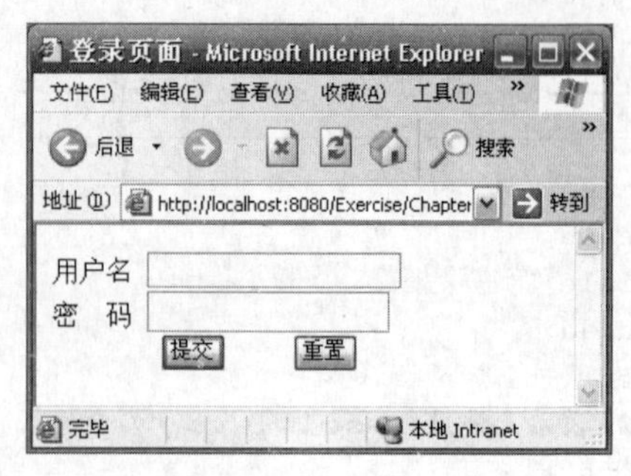

图 2-16 练习题页面运行效果

4. 编写图 2-17 所示效果对应的 html 代码。

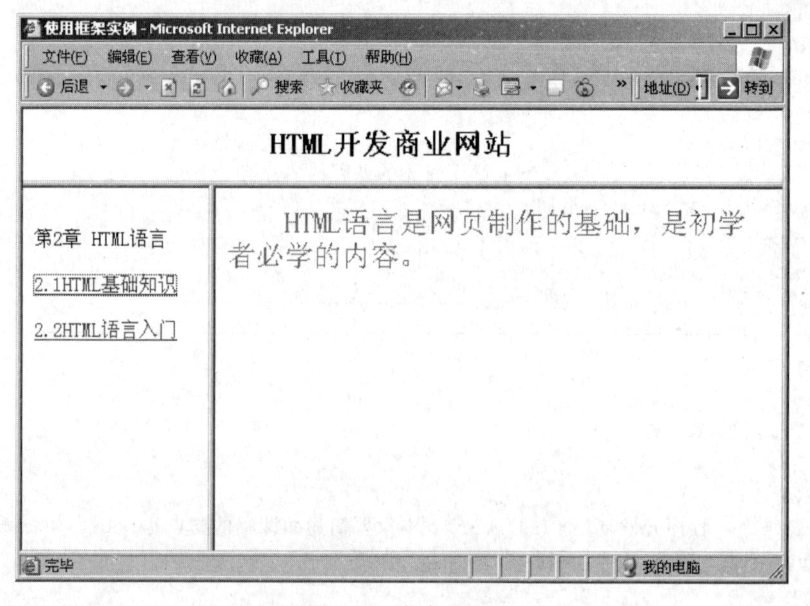

图 2-17 框架页面

第 3 章　Dreamweaver 基本网页编辑

3.1　Dreamweaver 简介

工欲善其事，必先利其器。Dreamweaver 是由 Micromedia 公司出品的一款流行的专业从事网页设计、网站管理、网页可视化编程的应用软件，具有跨平台、跨浏览器的特点。它与 Flash、Fireworks 合在一起被称为网页制作三剑客，这三款软件相辅相成，是网页制作的最佳选择。Dreamweaver 制作网页的效率很高，制作出来的网页兼容性也比较好，Flash 主要用来制作精美的网页动画，而 Fireworks 用来处理网页中的图形。

3.2　软件界面介绍

在安装 Dreamweaver 之后，它会自动在 Windows 的“开始”菜单中创建程序组，打开“开始”菜单，选择“程序”→Macromedia Dreamweaver→Dreamweaver 命令，便可启动 Dreamweaver，软件启动后会新建一个空白的 HTML 文档等候编辑，如图 3-1 所示，界面上面是标题栏，显示出被编辑页面的标题，在括号内显示出文档所在目录及文件名，如果有星号出现，则表示页面中存在没保存的改动。标题栏下面是菜单，里面列有软件的功能列表，这与其他软件一样。中间这一大块空白地方是文档窗口，就在这里制作网页。

3.2.1　文档窗口

文档窗口有三种视图状态，分别是代码、拆分和设计。在文档工具栏部分有三个按钮，如图 3-2 所示，可以快速地切换三种视图。

在代码视图状态下，文档窗口显示网页的代码。

在设计视图状态下，文档窗口显示网页的外观，即通常所说的“所见即所得”的编辑方式。

在拆分视图状态下，文档窗口被拆分成上下两个窗口，两个窗口分别是代码视图状态和设计视图状态，而且在这种状态下，两个窗口是关联的，无论是在代码窗口选定代码或是在设计窗口选定元素，另一个窗口都会定位到相应的位置。

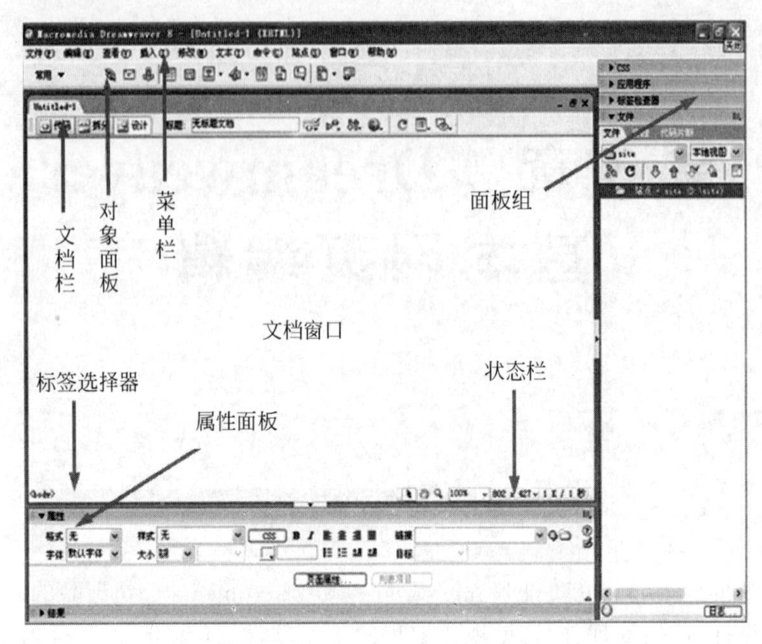

图 3-1 Dreamweaver 界面介绍

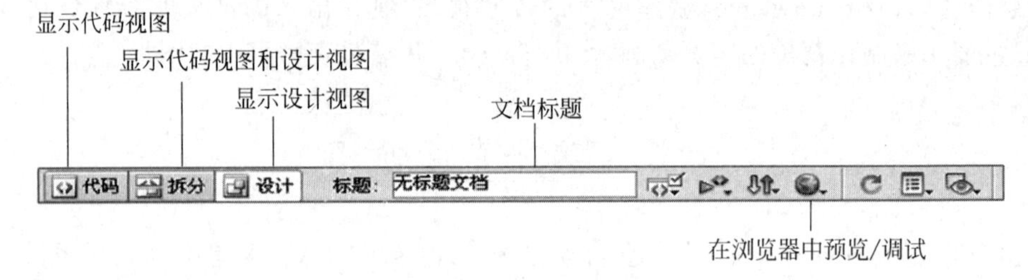

图 3-2 视图切换按钮

3.2.2 状态栏

状态栏提示当前创建的文档的有关信息，如图 3-3 所示。

图 3-3 状态栏

首先左侧显示当前编辑的内容所属的节点。右侧提供的选取工具、手型工具、缩放工具是在设计视图下的快捷按钮，作用分别是选取页面元素，移动页面以方便浏览，放大或缩小页面的显示比例。

以图 3-3 所示状态栏为例，"100%"表示当前的显示比例，524×159 表示当前文档窗口中页面显示部分的宽度和高度，"1K/1 秒"表示当前页面文件的大小，以及浏览时页面下载所需的时间(参照的下载速度可以自行设定)。

3.2.3 插入工具栏

插入工具栏提供的是部分操作或功能的快捷按钮，这些功能或操作是在编辑网页中频繁使用的，非常方便。插入工具栏主要展示了常用、布局、表单和文本等几个部分，这几个部分的功能对于编写静态页面是最为常用的。

常用部分包含了在页面中插入超链接、图像、表格、锚标记、注释、脚本、日期等操作的快捷按钮，如图 3-4 所示。

图 3-4 插入工具栏（常用）

布局部分提供了插入＜div＞元素、框架以及借助 Spry 框架实现的菜单、选项卡面板等操作的快捷按钮，如图 3-5 所示。

图 3-5 插入工具栏（布局）

表单部分提供了插入表单标记及各个控件的快捷按钮。此外提供了借助 Spry 框架实现的部分控件输入值验证的功能按钮，如图 3-6 所示。

图 3-6 插入工具栏（表单）

文本部分提供了插入特殊符号文本的快捷按钮。如果不使用这些按钮就要在代码中输入相应的字符实体实现，如图 3-7 所示。

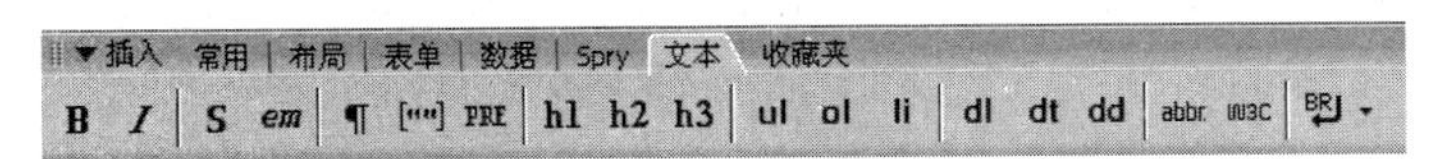

图 3-7 插入工具栏（文本）

3.2.4 文档工具栏

文档工具栏上有前面提到的文档视图切换按钮，同时还有新建、打开、保存、剪切、复制、粘贴、页面预览、上传、根据 DTD 声明验证 HTML 标记等快捷按钮，如图 3-8 所示。

此外，文档工具栏还可以对不同媒体终端进行支持，比如说计算机、投影仪、手持设备等。文档工具栏提供了不同媒体终端的切换按钮，以便根据样式表显示相应媒体下的效果。

图 3-8 文档工具栏

3.2.5 属性面板

属性面板用于对网页中元素属性的设置,属性面板中的属性项动态关联至鼠标选定的网页元素。图 3-9 和图 3-10 分别展示的是网页中文本的属性页和图像元素的属性页。

图 3-9 属性面板(文本属性)

图 3-10 属性面板(图像属性)

3.2.6 结果面板

结果面板用于显示几种常用操作的操作结果,如图 3-11 所示。

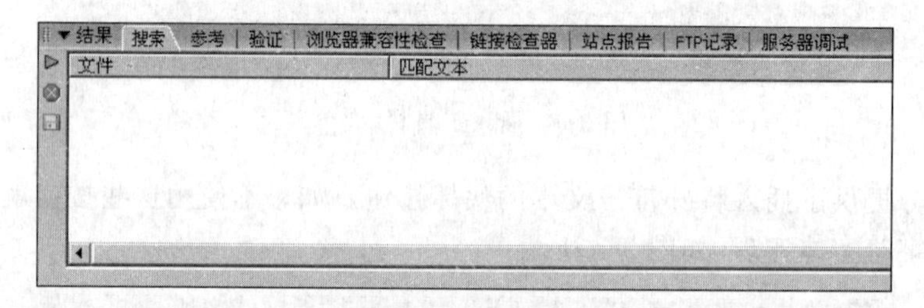

图 3-11 结果面板

以下详细介绍结果面板中较为常用的几种功能:

(1) 搜索。Dreamweaver 提供的搜索功能十分强大。如图 3-12 所示,Dreamweaver 搜索的范围可以是鼠标选定的一段文字、当前文档、当前打开的几个文档、某个文件夹下的所有文档甚至是整个站点的文档。而且查找的内容可以是源代码,可以是文本,也可以是某个标记。

(2) 参考。参考部分准备了十余本参考书,大部分是 O'Reilly 公司出版的有关 Web 技术方面的手册,涉及 HTML、JavaScript、ASP、PHP、JSP 等。对于英文基础比较好的学习者有很大的帮助。

(3) 验证。HTML 规范有着不同版本,编写网页时规范的做法是在第一行便声明页面代码遵循哪一个 HTML 规范。验证部分就是根据声明或在没有声明的情况下根据默认设置验证页面是否符合规范。如果不符合规范则会在结果面板区域列示网页中不符合

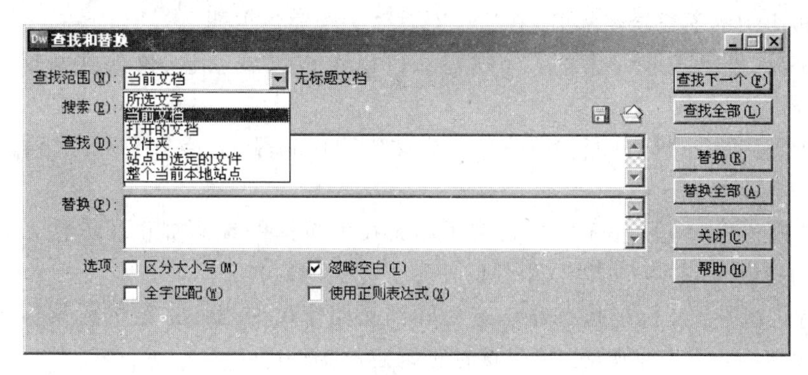

图 3-12　查找和替换功能

规范的标记或属性。这对于编写符合 W3C 标准的网页十分有帮助。

(4) 浏览器兼容性检查。与验证功能相似,应预先设定所要编写的网页适合哪些浏览器类型及版本,通过此功能检查网页中使用的标记在这些浏览器中是否能够正常显示。

(5) 链接检查器。检查选定的文档中的链接是否有效,无效链接将显示在结果面板区域。

3.2.7　文件面板

文件面板(见图 3-13)可以管理当前站点的文件和文件夹,无论它们是本地站点还是在远程服务器上。文件面板还可以访问本地磁盘上的全部文件,类似于 Windows 资源管理器。文件面板提供了多种视图:本地视图、远程视图、测试服务器、地图视图。

3.2.8　面板组

面板组是分组在某个标题下面的相关面板的集合,如图 3-14 所示。若要展开一个面板组,可以单击组名称左侧的展开箭头;若要取消停靠一个面板组,可以拖动该组标题条左边缘的手柄。

图 3-13　文件面板

图 3-14　面板组

该面板组中的面板均未展开，在这里对其做一个简单说明。

(1) CSS：显示当前元素的 CSS 样式，可以在该区域新建、修改或删除 CSS 声明语句。

(2) 代码片断：代码片断部分收集了许多常用代码段，包括 HTML 代码、JavaScript 代码等。

(3) 应用程序：应用程序面板为使用动态技术页面的编写提供了方便，该部分包括了数据库的链接、数据集的绑定、组件的使用等方面的内容。

(4) 标记检查器：标记检查器动态关联到文档窗口内当前选定的元素标记，标记检查器列示出该标记具有的属性，可供该标记绑定的事件等。

(5) 资源：资源面板用于管理页面中使用的多媒体元素，图片、Flash 动画、声音文件等。

实际上，Dreamweaver 在默认状态下还有很多面板未显示，可以通过设置选择显示的面板，调整面板的布局，因此使用者可以根据自己的使用习惯定制该应用程序的显示项目。

3.2.9 菜单

由于很多的常用功能在 Dreamweaver 界面上都有快捷按钮，而菜单中更加复杂的功能也不是本书的介绍内容，因此本节只介绍“编辑”菜单中的几项。

(1) 标记库：标记库显示如图 3-15 所示。可以新建标记，并且可以为标记添加属性。符合 W3C 规范的 HTML 标记都已经被预置在其中。

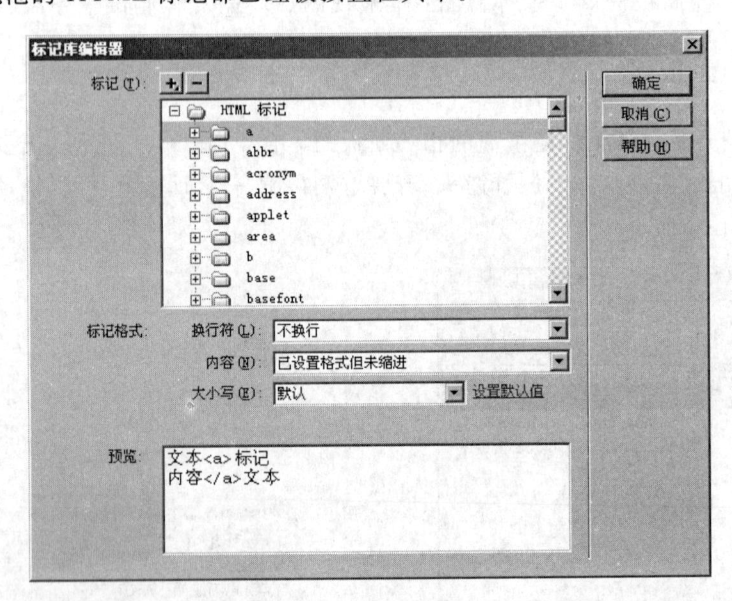

图 3-15 标记库编辑器

(2) 快捷键：可以修改或添加常用操作的快捷键，以提高使用 Dreamweaver 的效率，其设置界面如图 3-16 所示。

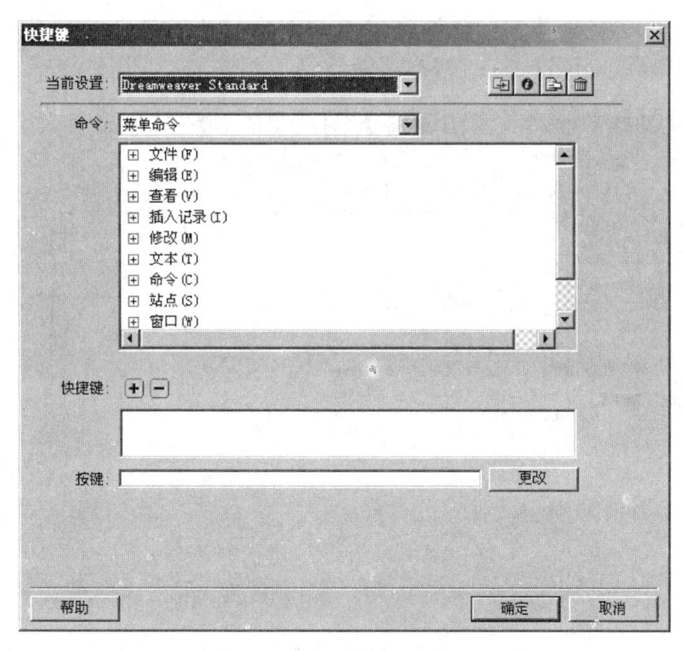

图 3-16 快捷键设定面板

(3) 首选参数：这里主要介绍“首选参数”中三个方面的内容。

① 新建文档(见图 3-17),“新建文档”选项组的“默认文档”决定着在每次新建一个HTML 页面时,系统为页面加上何种 DOCTYPE 声明。

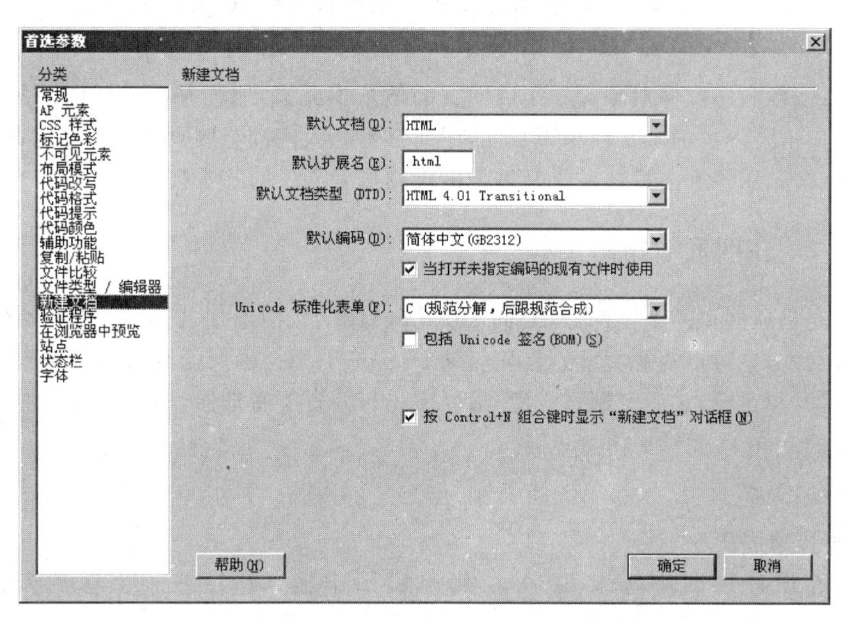

图 3-17 首选参数设置面板(新建文档)

② 验证程序(见图 3-18),它的作用是为没有明确声明 DOCTYPE 的页面指定规范标准。

以上对 Dreamweaver 界面的组成部分及功能进行了大致的介绍。有了这些背景知识，相信读者对于 Dreamweaver 的基本功能已经了解。

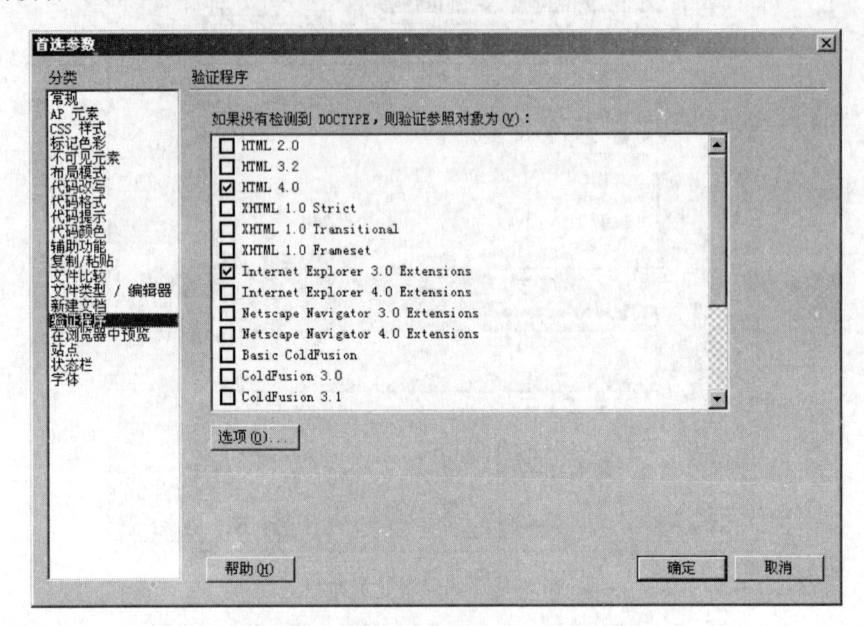

图 3-18 首选参数设置面板(验证程序)

3.3 Dreamweaver 的基本操作

文本、图像和多媒体对象等是组成网页的最基本元素，制作精美、设计合理的网页元素不仅可以增强网页的丰富性和观赏性，还能够提高人们浏览网页的兴趣。因此，正确恰当地插入文本、图像和多媒体对象是每个网页制作者必备的基本技能。

3.3.1 在网页中操作文本

文字是构成网页的重要部分，要向 Dreamweaver 文档添加文本，可以直接在文档窗口中输入文本，也可以复制文本。首先启动 Dreamweaver，确保已经用站点管理器建立好了一个网站(根目录)。为了制作方便，最好事先打开资源管理器，把要使用的图片收集到网站目录的 images 文件夹内。

1. 添加文本

1) 直接添加文本

既可在设计视图中输入，也可在代码视图中输入。打开一个网页文件，进入 Dreamweaver 设计视图，像在其他的文字编辑程序中一样直接输入文字，如图 3-19 所示。也可以切换到代码视图直接输入文字，如图 3-20 所示。

输入过程中的换行方法：

- 自动换行。在输入文本的过程中，Dreamweaver 会根据当前页面设置的边距自动

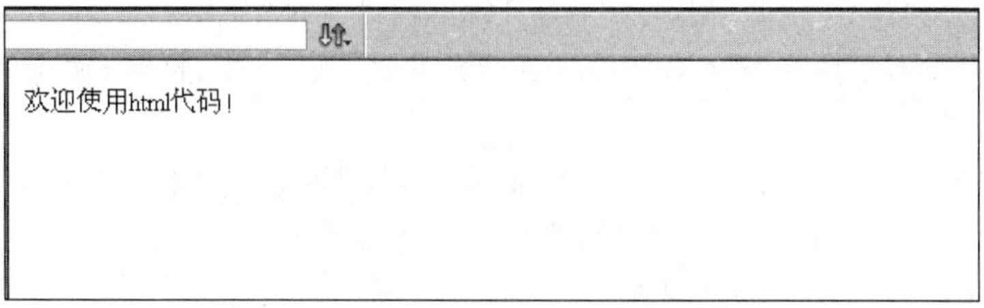

欢迎使用html代码！

图 3-19　设计视图下的页面效果

```
2   <html xmlns="http://www.w3.org/1999/xhtml">
3   <head>
4   <meta http-equiv="Content-Type" content="text/html; charset=utf-8" />
5   <title>无标题文档</title>
6   </head>
7
8   <body>
9   欢迎使用html代码！
10  </body>
11  </html>
```

图 3-20　代码视图

换行，使得文本一直保持在页边距内。自动换行的好处在于不管浏览器窗口有多大，网页文字都将依照窗口大小自动换行，避免超出水平页面之外而需要移动滚动条浏览的情况。

• 利用 Enter 键换行(硬换行)。按 Enter 键，则另起一个段落，并且插入点移到隔了一个空白行的位置上。在代码视图中显示为<p>标记。
• 利用 Shift+Enter 键换行(软换行)。如果要将文字手动换行，中间又不出现空白行，可以按 Shift+Enter 键，其行距比直接按 Enter 键小。在代码视图中显示为
标记。其在设计视图和代码视图下的显示效果分别如图 3-21 和图 3-22 所示。

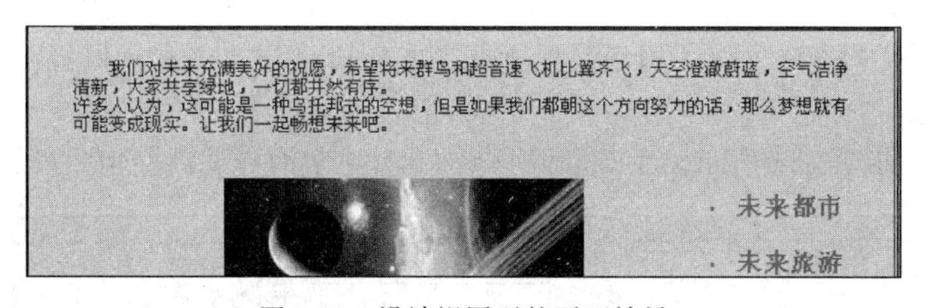

图 3-21　设计视图下的页面效果

```
<p>
    我们对未来充满美好的祝愿，希望将来群鸟和超音速飞机比翼齐飞，天空澄
澈蔚蓝，空气洁净清新，大家共享绿地，一切都井然有序。<br />
许多人认为，这可能是一种乌托邦式的空想，但是如果我们都朝这个方向努力的
话，那么梦想就有可能变成现实。让我们一起畅想未来吧。</p>
```

图 3-22　代码视图中的<p>、
标记

在 Dreamweaver 中，在文本开始处直接按空格键是不会输入空格的，在文字之间按空格键可以输入半个空格。如果要在网页中输入空格，可以采用以下两种方法：

第一种，按住 Ctrl+Shift 键，按一次空格键，输入半个空格。

第二种，将输入法由半角状态切换到在全角状态，按一次空格键，输入一个空格。

2）复制文本

打开字处理软件中含有文本的文档，如 Word 文档，执行“编辑”菜单中的“复制”命令。然后在 Dreamweaver 文档窗口中，将插入点置于要添加文本的位置，执行“编辑”菜单中的“粘贴”命令，完成文本复制。

3）导入 Word 文档

如果用户已经在 Word 文档中将所需的信息收集完毕，可直接将其导入 Dreamweaver 中。导入方法：选择“文件”→“导入”→“Word 文档”命令，在“打开”对话框中选择需要导入的 Word 文档，单击“确定”按钮，即可完成 Word 文档的导入。

Dreamweaver“导入”功能除了能够导入 Word 文档外，还可以实现导入 Excel 文档、表格式数据及 XML 到模板等功能。

2. 格式化文本

在 Dreamweaver 中，可以使用文本的属性面板方便地进行文本的格式设置。Dreamweaver 默认的属性面板即是文本的属性面板，如图 3-23 所示。

图 3-23 文本的属性面板(HTML 格式)

注意：如果没有显示属性面板，可以通过执行“窗口”菜单下的“属性”命令来显示它。

1）在属性检查器中设置 HTML 格式

选择要设置格式的文本，打开属性检查器，单击 HTML 按钮，设置要应用于所选文本的格式选项。

“格式”下拉列表框列出了用于设置所选文本的段落样式。在代码视图中，“段落”用＜p＞标记表示，“标题 1”用＜h1＞＜/h1＞标记表示，“标题 2”用＜h2＞＜/h2＞标记表示，依此类推，如图 3-24 所示。手动删除这些标记，文字的样式就会消失。

图 3-24 各级标题

ID 下拉列表框用于为所选内容分配 ID，以表示其唯一性。ID 下拉列表框中默认情况下为“无”选项。

“类”下拉列表框用于显示当前应用于所选文本的类样式。如果没有对所选内容应用过任何样式，则“类”下拉列表框中显示“无”选项。如果对所选内容应用了样式，则该下拉列表框中会显示出应用于该文本的样式。使用该下拉列表框可以直接为文本选择样式列表中已经存在的样式，也可选择“无”选项以删除当前所选的样式，还可选择“重命名”选项以重命名该样式或者选择“附加样式表”选项以打开一个允许向页面附加外部样式表的对话框，样式表的内容将在后面章节中介绍。

加粗和倾斜按钮 **B** *I* 可以使选中的文本加粗和倾斜。

“项目列表”按钮用于为所选文本创建项目列表，又称为无序列表。

“编号列表”按钮用于为所选文本创建编号列表，又称为有序列表。

“删除内缩区块”和“内缩区块”按钮用于为所选文本减少缩进或增加缩进。

“链接”下拉列表框用于创建所选文本的超级链接。创建超级链接的方法有四种：单击“浏览文件”按钮可以浏览到站点中的文件；直接输入 URL；将“指向文件”按钮拖曳到“文件”面板中的文件上以完成文件的超级链接；直接拖曳“文件”面板中的文件到“链接”下拉列表框中。

“标题”文本框用于为超级链接指定文本工具提示。

“目标”下拉列表框用于指定将链接文档加载到哪个框架或窗口，它包含_blanks、_parent、_self 和_top 四种情况。

2）在属性检查器中编辑 CSS 规则

打开属性检查器，将光标定位在一段已经使用了 CSS 规则的文本中，单击 CSS 按钮，该规则将显示在“目标规则”下拉列表框中或者直接从“目标规则”下拉列表框中选择一个规则赋予需要应用样式的文本。然后，通过使用 CSS 属性检查器中的各个选项对该规则进行更改，如图 3-25 所示。

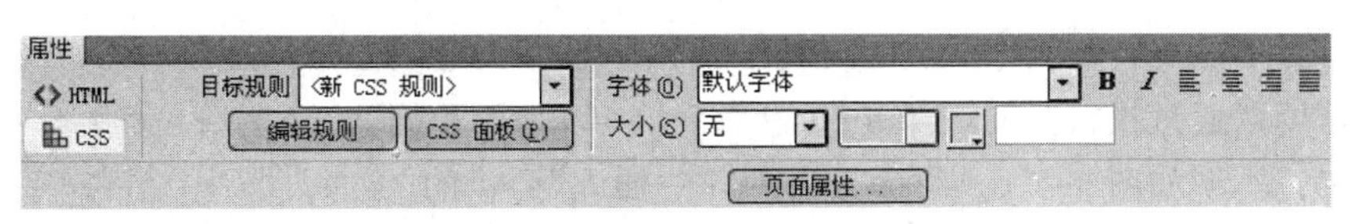

图 3-25 文本的属性面板(CSS 格式)

“目标规则”下拉列表框中的选项是指在 CSS 属性检查器中正在编辑的规则。当文本已应用了样式规则时，在页面的文本内部单击，将会显示出影响该文本格式的规则。如果要创建新规则，则在“目标规则”下拉列表框中选择<新 CSS 规则>选项，然后单击“编辑规则”按钮，在打开的“新建 CSS 规则”对话框中进行设置即可。

“编辑规则”按钮用于打开目标规则的 CSS 规则定义对话框。

“CSS 面板”按钮是另外一种打开 CSS 样式面板的方法，并且在当前视图中显示目标规则的属性。

“字体”下拉列表框用于更改目标规则的字体。如果是第一次安装 Dreamweaver，会发现中文字体非常少，选择“字体”下拉列表框中的“编辑字体列表...”项，这时弹出“编辑字体列表”对话框，如图 3-26 所示。在“可用字体”选项中选择一种字体，比如“黑体”，单击按钮，然后单击“确定”按钮，就可以把“黑体”字加入字体列表中了。

“大小”下拉列表框用于设置目标规则的字体大小。

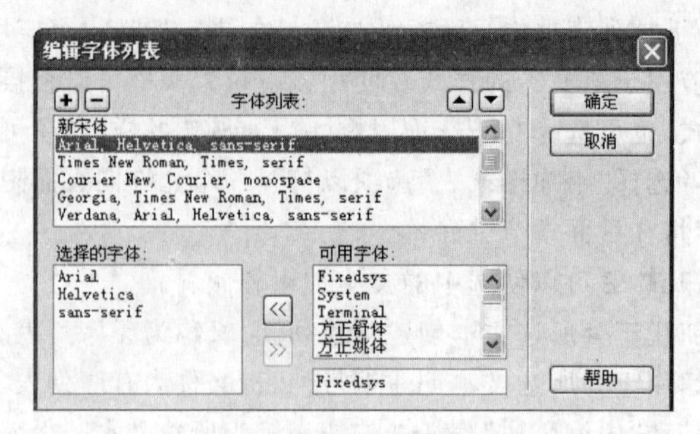

图 3-26 "编辑字体列表"对话框

"文本颜色"选项可以将所选颜色设置为目标规则中的字体颜色。可以通过单击颜色框选择或在相邻的文本框中输入颜色值。

加粗和倾斜按钮 **B** *I*：可以使选中的文本加粗和倾斜。

对齐方式按钮：对齐方式的作用对象是整个段落文字，而无论光标是在该段的开始处、结尾处，还是在段落中间，只要将光标插入到需对齐的段落中，单击"左对齐"按钮、"居中对齐"按钮或"右对齐"按钮时，即可实现所选择的段落对齐方式。

注："字体"、"大小"、"文本颜色"、"粗体"、"斜体"和"对齐"属性始终显示当前应用文档窗口中所选内容的规则的属性，更改其中的任何一项都将影响到目标规则。

3.3.2 在网页中添加特殊字符

有时为了满足特殊要求，需在网页中插入一些特殊字符。在 Dreamweaver 中，这些特殊字符可以通过执行"插入"菜单中的子菜单 HTML 下的"特殊字符"命令来插入。可插入的字符类型如图 3-27(a)所示。另外，在"插入"面板的"文本"类别中单击"字符"按钮上的箭头后，如图 3-27(b)所示，插入的字符可以为：不换行空格、货币符号(如英镑符号、日元符号等)、版权信息等。除了这些字符外，还可以插入其他字符。

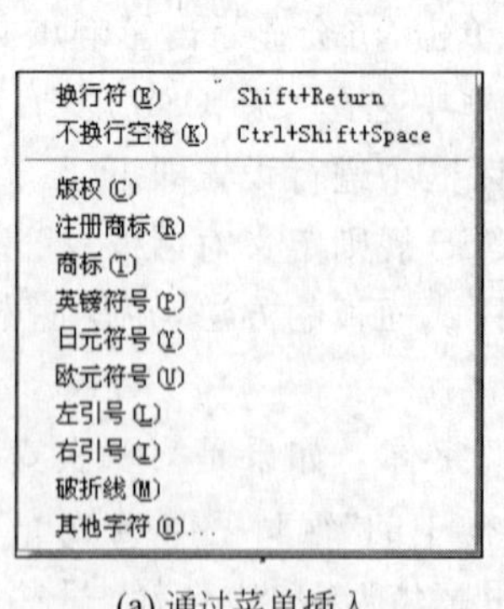

(a) 通过菜单插入

(b) 通过工具栏插入

图 3-27 插入特殊字符

3.3.3　在网页中添加图片

与文字相比，图像更加直观、生动。在网页中恰当地使用图像，能够为网页增色不少。目前互联网上支持的图像格式主要有GIF、JPEG和PNG三种格式。

GIF格式(Graphics Interchange Format，图像交换格式)：采用无损压缩算法进行图像的压缩处理，是目前在网页设计中使用最普遍、最广泛的一种图像格式。GIF格式可以高度压缩图像使其变得相当小，它在网页中大量用于动画、站点图标LOGO、广告条及网页背景图像。它最多支持256种颜色，不适合用作照片级的网页图像。

JPEG格式(Joint Photo Expert Graphics，联合图形专家组)：是另一种在Web上应用广泛的图像格式。由于它支持的颜色数几乎没有限制，因此通常用来显示照片等颜色丰富精美的图像。与GIF格式采用无损压缩不同，JPEG格式使用有损压缩来减小图片文件的大小。

PNG格式(Portable Networks Graphics，可移植的网络图形格式)：是近年来新出现的一种图像格式，它适于任何类型、任何颜色深度的图片。该格式既融合了GIF格式透明显示的特点，又具有JPEG处理精美图像的优势，因此PNG格式很可能会取代GIF格式和JPEG格式。

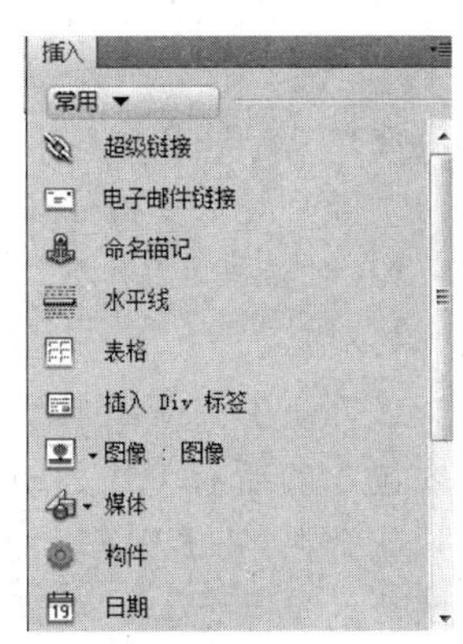

图3-28　“常用”子面板

1. 插入图像

在Dreamweaver中插入图像非常简单，具体操作步骤如下：

(1) 打开网页，在“文档”窗口中将光标移到将要插入图像的位置。

(2) 选择“插入”菜单中的“图像”命令，或单击“常用”子面板上的“图像”按钮，如图3-28所示，打开“选择图像源文件”对话框，如图3-29所示。

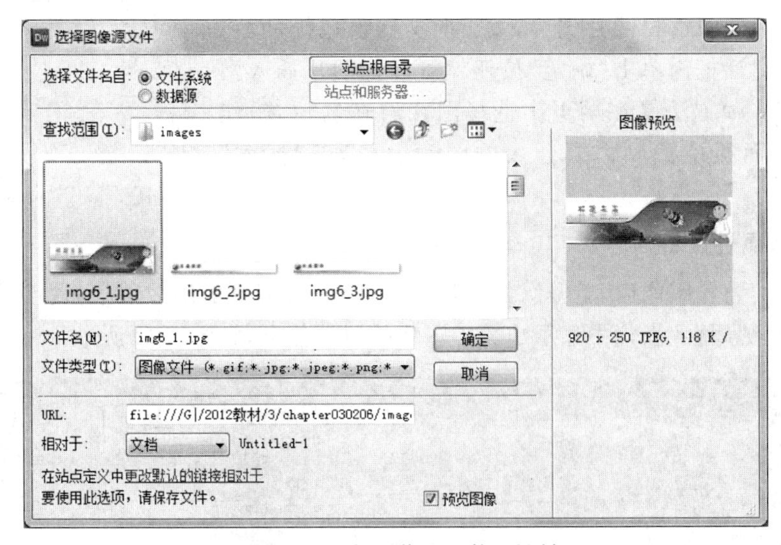

图3-29　“选择图像源文件”对话框

(3) 在图3-29所示的对话框中选择要插入的图像文件,可以选择已存放在当前站点中的图像文件,也可以在磁盘中查找其他的图像文件,然后单击"确定"按钮,此时,弹出"图像标记辅助功能属性"对话框,如图3-30所示。这里会要求用户输入替换文本,替换文本就是当用户把鼠标指针放在图片上时会显示的文字,或当这个图片无法在浏览器中显示时所出现的文字。"详细说明"文本框要求用户输入一个链接地址,这个地址就是对替换文本的详细说明,单击"确定"按钮,即可在网页中插入图片。

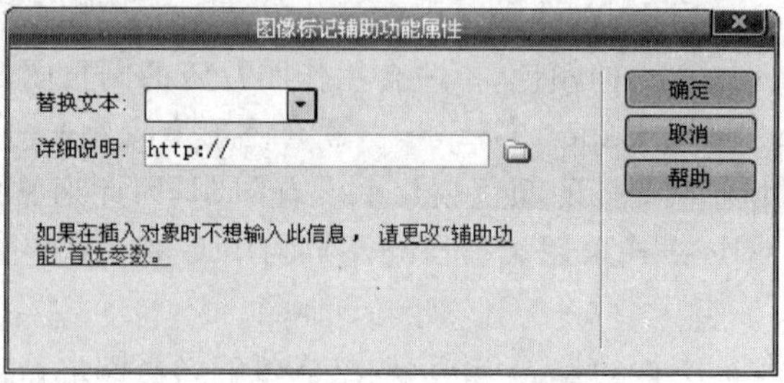

图3-30 "图像标记辅助功能属性"对话框

注意:如果要插入的图像文件不在当前站点的文件夹中,插入时会出现一个对话框,询问是否要将这个图像文件复制到当前站点的文件夹中,通常选择"是",这时打开"复制文件为"对话框,要求在站点中选择一个文件夹加以保存,这样可以保证网页对这个图像文件的引用。

另外一个快捷插入图片的方法需要使用到"资源"面板,在"资源"面板中会列出该站点内包含的所有GIF、JPEG和PNG文件。任意选择一个图片就会在"资源"面板的上面显示出它的缩略图,并且每个图片的尺寸、大小、文件类型以及文件的完整目录都会列出来。这样在选择图片文件时,就可以避免因为不能直观地看到内容而发生错误的选择,如图3-31所示。

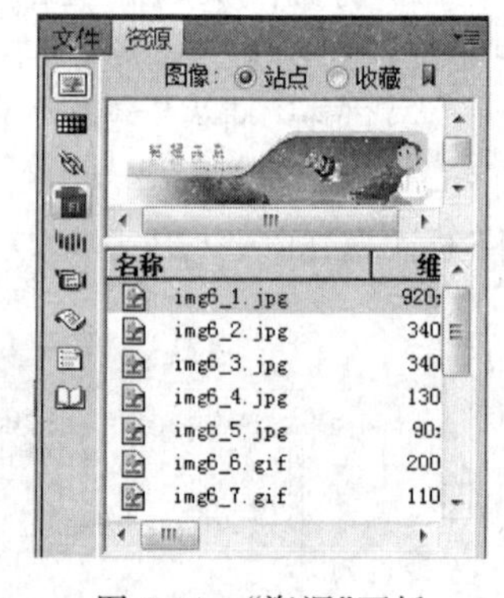

图3-31 "资源"面板

插入图片时只需将图片选中,然后向文档窗口拖动,在随后出现的对话框内单击"确定"按钮就可以把图片插入网页中。另外一种方法是在网页中选择图片所在的位置,然后在"资源"面板中找到需要插入的图片,再单击"插入"按钮。

2. 图像属性设置

在文档中插入图像后,单击图像,图像四周出现可编辑的缩放手柄,说明该图像被选定。这时图像"属性"面板中显示出关于图像的属性信息,如图3-32所示。

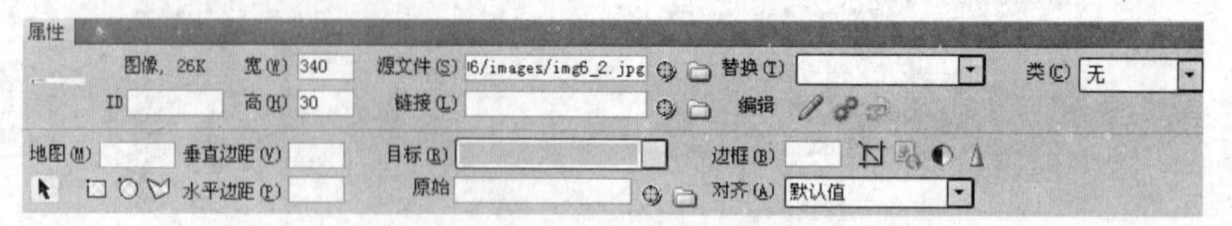

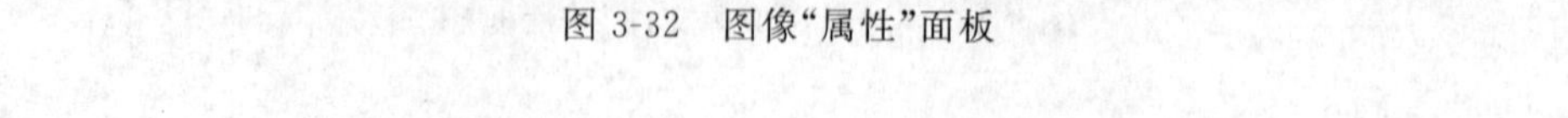

图3-32 图像"属性"面板

ID：用于输入图像的名称，便于在 Dreamweaver 行为中撰写脚本语言（如 JavaScript）时引用该图像。该文本框可以为空。

“宽”和“高”：用于设置图像的宽度和高度，单位为像素。

源文件：用于指定图像的源文件。可单击文件夹图标浏览源文件或直接输入文件的路径。

链接：用于指定图像的超链接。可单击文件夹图标浏览站点上的某个文档或直接输入 URL。

类：用于选择应用于指定的 CSS 样式。

替换：指定当浏览器找不到所需的图像或由于网络不畅而导致图像下载失败时在图像所在位置显示的替换文字；同时，不管图像能否顺利下载，当鼠标指针移到该图像上时，都会在鼠标指针附近显示这行替换文字。

“地图”和“热点工具”（ ）：用于标注和创建客户端映像地图。

“垂直边距”和“水平边距”：用于为图像的边缘添加边距（单位为像素），其中“垂直边距”是沿图像的顶部和底部添加边距，“水平边距”是沿图像左侧和右侧添加边距。

目标：用于指定链接的页面在浏览器窗口中显示的位置。

对齐：用于设置图像的对齐方式。

原始：用于指定在载入主图像之前应该载入的图像。

边框：用于设置以像素为单位的图像边框的宽度。默认无边框。

“编辑”后的按钮：用于启动对图像各种编辑，如对图像进行修剪、打开图像处理软件、打开“图像预览”对话框、调整图像亮度和对比度等。

3. 改变图像的尺寸

改变图像的尺寸大小，可以通过在属性面板中的“宽”和“高”文本框中直接输入数值来改变图像的尺寸大小，当在网页中需要精确地定位元素时，这种方法可以帮助设计者达到预想的效果。不过这种方法有一个弊端，如果数值输入不当，可能造成图像在浏览器中无法正常显示。

此外，还可以通过拖放图像的缩放边框来改变图像的尺寸。当选择文档中的图像时，在图像的周围将出现三个控制点，将光标移到控制点，然后根据箭头方向拖动这些控制点，即可改变图像的大小。为了避免造成拖动的宽度和高度比例不等而失真，可按下 Shift 键进行“锁定比例”的缩放，如图 3-33 所示。

4. 对齐图像

在 Dreamweaver 中，用户可以调整图像在网页中的相对位置，方法很简单。

(1) 选中页面中要编辑的图像；

(2) 打开图像属性面板中的“对齐”下拉列表框，如图 3-34 所示，选择需要的选项。

默认值：通常指定基线对齐（访问者的浏览器的不同，默认值也会有所不同）。

基线和底部：将文本（或同一段落中的其他元素）的基线与选定对象的底部对齐。

顶端：将图像的顶端与当前行中最高项（图像或文本）的顶端对齐。

图 3-33　拖动控制点改变图像的尺寸

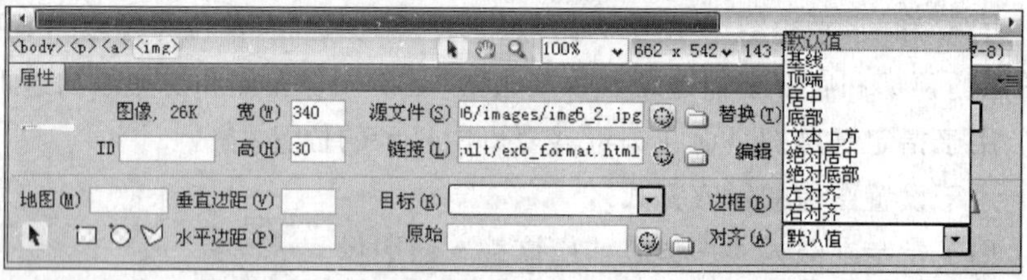

图 3-34　"对齐"下拉列表

中间：将图像的中部与当前行的基线对齐。

文本上方：将图像的顶端与文本行中最高字符的顶端对齐。

绝对中间：将图像的中部与当前行中文本的中部对齐。

绝对底部：将图像的底部与文本行的底部对齐。

左对齐：将所选图像放置在左边，文本在图像的右侧换行。如果左对齐文本在行上处于对象之前，它通常强制左对齐对象换到一个新行。

右对齐：将图像放置在右边，文本在对象的左侧换行。如果右对齐文本在行上处于对象之前，它通常强制右对齐对象换到一个新行。

3.3.4　插入图像占位符

在 Dreamweaver 中，图像占位符只是用于为图像临时占一个位置，实际浏览时，它将显示为一个叉。当不能确定要使用的最终图像时，图像占位符就是开发网页的一个有力工具。在网页中，有了图像占位符，无论有没有在这个位置中添加图片都不会影响页面布局的整体效果。插入图像占位符的步骤如下：

(1) 将光标放在需要添加图像占位符的位置。

(2) 在"常用"插入栏中找到插入图像的选项，在列表框中选择"图像占位符"选项或在菜单栏中执行"插入"→"图像对象"→"图像占位符"命令。

(3) 打开“图像占位符”对话框,如图 3-35 所示。

名称:输入这个占位符的名称,但此名称只能包含小写字母和数字,并且不能以数字开头。

“宽度”和“高度”:用于对占位符进行精确的高、宽设置,默认大小均为 32 像素。

颜色:占位符的默认颜色是灰色,也可以在拾色器中选择其他颜色。

替换文本:文本框中输入文字,作为这个占位符的说明文字。

(4) 全部设置完毕后,单击“确定”按钮即可成功插入占位符,如图 3-36 所示。

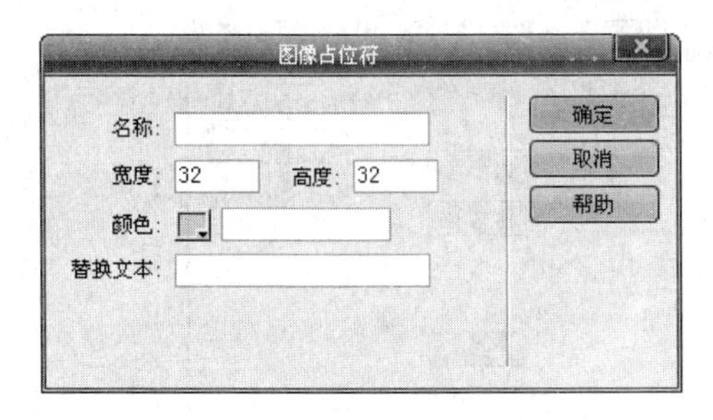

图 3-35　“图像占位符”对话框

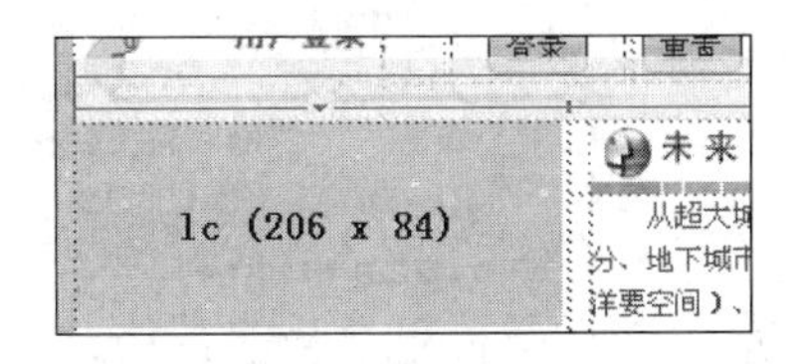

图 3-36　插入图像占位符的页面效果

(5) 用图像替换占位符图像时,可以双击占位符,然后从弹出的“选择图像源文件”对话框中选择网页中需要的图像。“名称”和“替换文本”文本框中的属性值可以从图像占位符转换到新插入的图像中。

3.3.5　插入鼠标经过图像

在一个静态的网页中适当地插入一些有变化的图片,会让整个网页看起来更有趣味性。在浏览网页时经常会遇到这样的情况,当鼠标指针经过某个图像时,会转换成另外一个图像,而当鼠标指针移开时就又会恢复到原来的图像。这就是利用 Dreamweaver 的插入鼠标经过图像功能来实现的。插入“鼠标经过图像”的步骤如下:

(1) 将光标放在需要添加图像的位置。

(2) 在“常用”插入栏中找到插入图像的选项,在列表框中选择“鼠标经过图像”选项或在菜单栏中执行“插入”→“图像对象”→“鼠标经过图像”命令。

(3) 打开“插入鼠标经过图像”对话框,如图 3-37 所示。

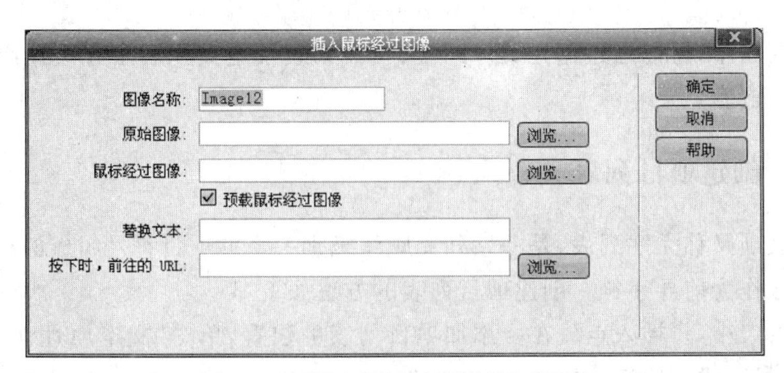

图 3-37　“插入鼠标经过图像”对话框

图像名称：为鼠标指针经过图像设置名称。

原始图像：直接输入或单击后面的“浏览”按钮，在打开的对话框中可以选择一张图片作为原始图像，也就是鼠标指针没有经过时的图像。

鼠标经过图像：直接输入或单击后面的“浏览”按钮，在打开的对话框中可以选择一张图片作为鼠标经过图像。

替换文本：文本框中设置这个图像的说明文字。

按下时，前往的 URL：设置单击鼠标经过图像时跳转到的链接地址，如图 3-38 所示。

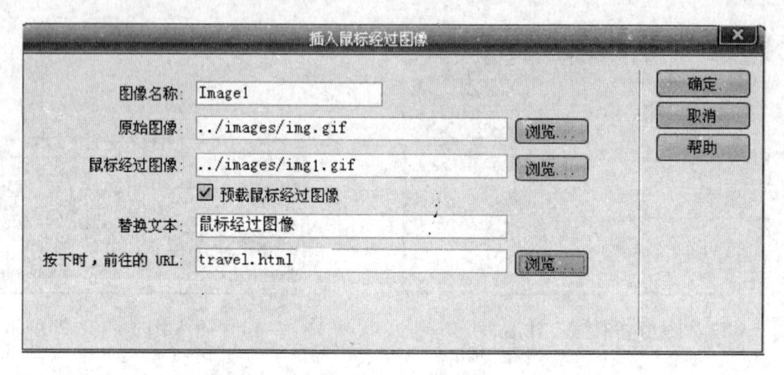

图 3-38 设置“插入鼠标经过图像”对话框

(4) 全部设置完毕后，单击“确定”按钮即可成功插入鼠标经过图像，在浏览器中预览页面的效果如图 3-39 所示。

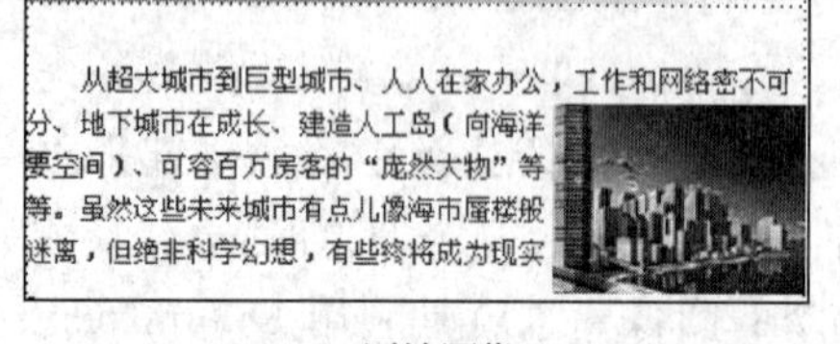

(a) 原始图像

(b) 鼠标经过图像

图 3-39 插入鼠标经过图像

3.4 创建列表

在文档窗口中，可以通过创建编号列表、项目列表及定义列表来有效地组织数据，并且列表也可以嵌套。

3.4.1 创建项目列表

项目列表项又称无序列表，是一系列无顺序级别关系的项目符号组成的列表，一般前面用项目符号作为前导字符。创建项目列表的方法如下：

在文档窗口中，将插入点放在要添加项目列表的位置，单击“文本属性面板”中的“项目列表”按钮；或者执行“格式”→“列表”→“项目列表”菜单命令，还可执行“插入”→

HTML→“文本对象”→“项目列表”菜单命令添加，指定列表项的项目前导字符出现在文档窗口中。

在项目前导字符后输入项目列表项文本，然后按 Enter 键，下一个项目前导字符自动出现在新行的前面，重复上述操作直至完成项目列表的创建，按两次 Enter 键完成整个项目列表的创建，如图 3-40 所示。

若要添加项目列表的文本已经存在，也可将这些文本选定，使用上述方法，一次性给文本添加项目符号。

当然，也可在 HTML 代码中，由标记<ul>来定义。不过，此部分已在第 2 章讲过，此处不再赘述。

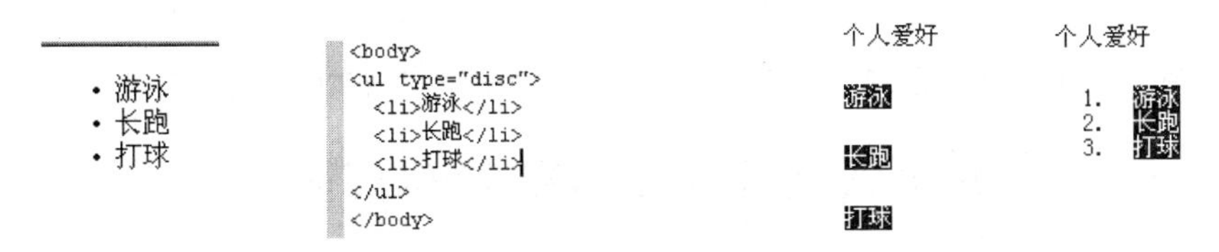

图 3-40　设计视图和代码视图中的<ul>标记　　图 3-41　添加编号前后的效果比较

3.4.2　创建编号列表

编号列表项又称有序列表，是有一定排列顺序的列表，一般前面有数字前导字符，可以是阿拉伯数字、英文字母、罗马数字等符号。创建编号列表的方法如下：

在文档窗口中，将插入点放在要添加编号列表的位置，单击“文本属性面板”中的“编号列表”按钮；或者执行“格式”→“列表”→“编号列表”菜单命令，还可执行“插入”→HTML→“文本对象”→“编号列表”菜单命令添加，指定列表项的数字前导字符出现在文档窗口中。在数字前导字符后输入编号列表项文本，然后按 Enter 键，下一个数字前导字符自动出现在新行的前面，重复上述操作直至完成编号列表的创建，按两次 Enter 键完成整个编号列表的创建。

若要添加编号的文本已经存在，也可将这些文本选定，使用上述方法，一次性给文本添加编号。图 3-41 所示的就是添加编号前后的效果比较。

同前，也可在 HTML 代码中由标记<ul>定义。

3.4.3　列表属性设置

首先将文字按照无序或有序列表方式进行列表设置，然后将光标移到列表文字中。单击“文本属性面板”中的“列表项目”按钮，或者执行“格式”→“列表”→“属性”菜单命令，弹出“列表属性”对话框，如图 3-42 所示。

列表类型：列表类型共分为四类：项目列表、编号列表、目录列表和菜单列表。项目列表的段首为图案标志符号，是无序列表；编号列表的段首为数字，是有序列表。选择“编号列表”选项后，列表属性对话框中的隐藏选项会变为有效。

样式：列出了默认、项目符号和正方形三个可选项，默认使用的是项目符号，段首标

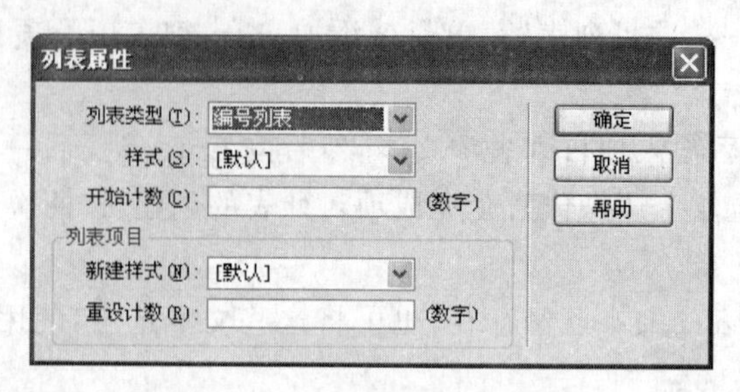

图 3-42 “列表属性”对话框

记为实心圆点;项目符号选项是段首标记为项目的符号;正方形选项的段首标记为实心方块。

新建样式:用来设置光标所在段和以下的列表属性,如图 3-43 所示。

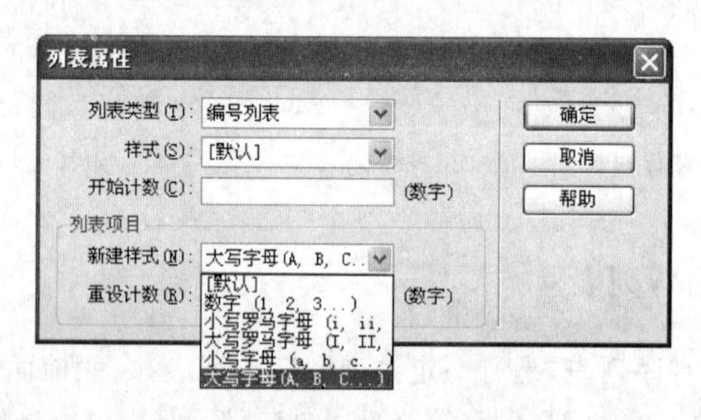

图 3-43 “新建样式”下拉列表框

开始计数:可以输入起始的数字或字母,以后各段的编号将根据起始数字或字母自动排列。

3.5 在网页中使用多媒体对象

Dreamweaver 中可以非常方便、快捷地在网页中添加动画、声音等媒体文件。媒体对象是一个用户添加到页面上的项目,需要插入插件才能在浏览器中正常播放,例如 Adobe Flash 影片或者对象、QuickTime 或者 Adobe shockwave 影片、Java Applets、其他音频或视频对象。插件是安装在访问者浏览器里的特殊程序扩展,以便能让用户查看多媒体内容。有了这些元素的加入,网页看起来就会更有趣味性与观赏性。

3.5.1 多媒体对象的格式

目前 Flash 动画是网页应用中最广泛的一个领域,Flash 文件包括以下几种类型:

.fla——Flash 的源文件格式,不能直接在 Dreamweaver 中打开,需要在 Flash 中打开后输出为 SWF 文件才能被 Dreamweaver 使用。

.swf——由 Flash 文件格式(.fla 格式)输出的影片文件,该格式已经经过了优化,能够在浏览器或 Dreamweaver 中打开或使用。已经输出的 SWF 是不能在 Flash 中编辑的。它是为网页添加 Flash 按钮或文字对象时所创建的文件格式。

.swc——Flash 元素文件格式，它里面有可以自定义的参数，通过修改这些参数可以执行不同的应用程序。

.flv——Flash 视频文件格式，它包含经过编码的音频和视频数据，用于通过 Flash Player 传送。

3.5.2 使用声音与视频

1. 音频

网页中常用的声音格式包括以下几种：

WAV——具有较好的声音品质，许多浏览器都支持此类文件并且不要求插件。可以从 CD、磁带、麦克风等录制自己的 WAV 文件，但文件较大。

MP3——最大的特点就是能以较小的比特率、较大的压缩比达到近乎完美的 CD 音质。可以用 MP3 格式对 WAV 音乐文件进行压缩，既可以保证效果，也可以减少文件的大小。

WMA——这种格式是 Windows Media Player 的格式，特点是文件小、音质较好，适合在网络上传播。很多在线播放音乐的网站都将音乐文件保存为这种格式。

MIDI——这种格式用于乐器。许多浏览器都支持 MIDI 文件并且不要求插件。MIDI 文件不能被录制并且必须使用特殊的硬件和软件在计算机上合成。所以，随着网络的发展，逐步被 MP3 和 WMA 取而代之了。

.RA、.RAM、.RM 或 Real Audio 格式——具有非常高的压缩比，文件大小要小于 MP3。在 Web 服务器上采用"流式处理"方式，所以访问者在文件完全下载完之前即可听到声音。但访问者必须下载并安装 RealPlayer 播放器才可以播放这些文件。

2. 视频

RMVB：这种格式采用流媒体方式传输，所以即使网速慢，也能提供清晰、不中断的影音给访问者，但必须下载并安装播放器才可以播放这些文件。

MOV：原本是苹果电脑中的视频文件格式，自从有了 Quicktime 驱动程序后，也可以在 PC 上播放.mov 文件了。

MPG、MPEG：这种格式是活动图像专家组(Moving Picture Experts Group)的缩写。MPEG 实质是电影文件的一种压缩格式。MPG 的压缩率比 AVI 高，画面质量比 AVI 好。

AVI：这种格式是微软推出的视频文件格式，它应用广泛，曾经是视频文件的主流。

3.5.3 插入 Flash

1. 插入 Flash 动画

(1) 在 Dreamweaver 中插入 Flash 动画文件(SWF)之前，要先确定插入 Flash 的位置。

(2) 单击"插入"面板上的"常用"选项卡中的"媒体"按钮旁的下三角按钮，或者执行

"插入"→"媒体"菜单命令,在弹出的下拉菜单中选择 SWF 命令,如图 3-44 所示。

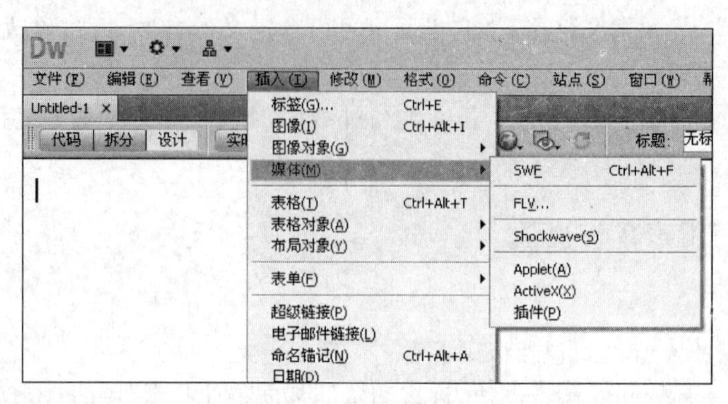

图 3-44　选择 SWF 命令

（3）选择 SWF 命令后,弹出"选择 SWF"对话框,如图 3-45 所示。

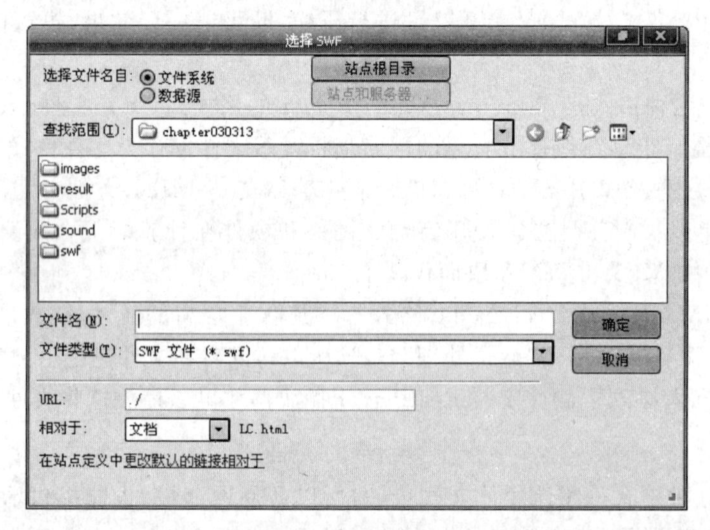

图 3-45　选择 SWF 文件

（4）在本地计算机中选择一个 SWF 文件,单击"确定"按钮,就可以执行添加 Flash 动画的命令了。但是一般情况下,在网页中使用的文件如果没有提前把它们放在站点目录下,就会弹出一个提示需要重新保存文件的对话框,如图 3-46 所示。

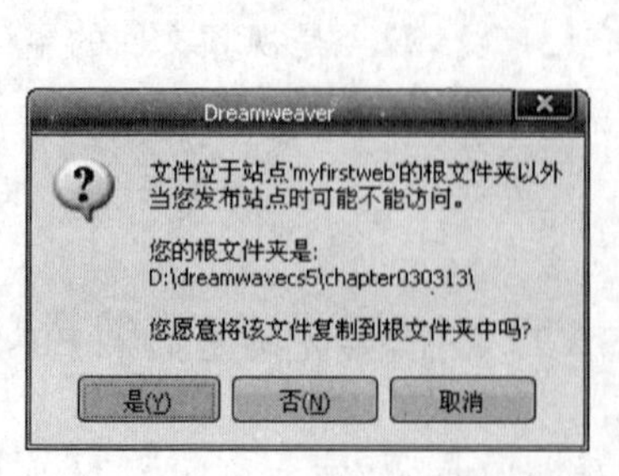

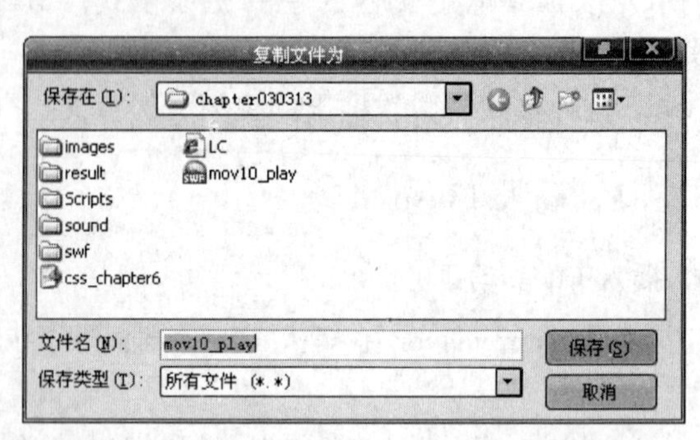

图 3-46　重新保存文件的对话框

(5) 单击“确定”按钮弹出“对象标记辅助功能属性”对话框，如图 3-47 所示。

标题：为插入的 Flash 动画添加标题。

访问键：为动画输入一个单字符的访问键。在浏览器中可以通过按下“Alt＋访问键”来选择这个动画。

Tab 键索引：设置一个数字，通过这个数字可指定网页中对象和链接的跳转顺序。如果用户希望设置的数字生效，最好为其他的网页对象也进行 Tab 键的设置。

(6) 单击“确定”按钮后就完成了 Flash 动画的导入，然后 Dreamweaver 的文档窗口中就会有一个灰色的区域，其中有一个 Flash 的标志，如图 3-48 所示。灰色部分就是添加的 Flash 动画，当前这个灰色区域的尺寸就是导入的 Flash 原始尺寸。如果要修改它的尺寸，可以直接拖动 Flash 动画右边、下边和右下角的控制点。

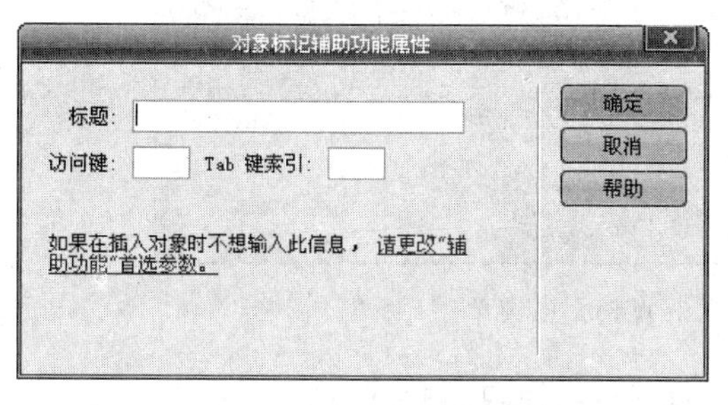

图 3-47　“对象标记辅助功能属性”对话框

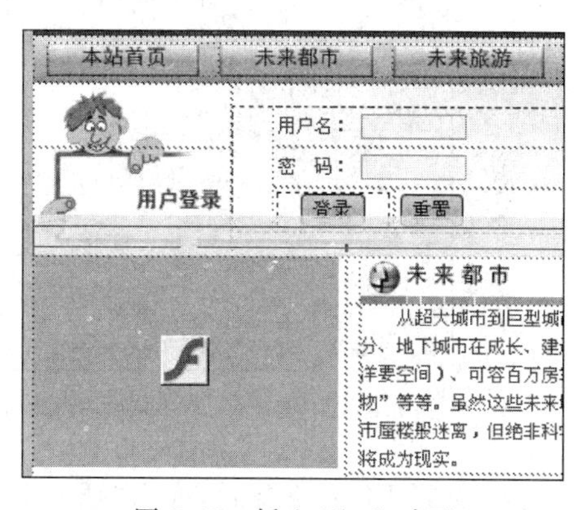

图 3-48　插入 Flash 动画

(7) 保存文件，按 F12 功能键预览。

(8) 导入的 Flash 动画在文档窗口中显示为图标(大小与 Flash 动画原尺寸相同)，在属性面板中可以设定导入 Flash 动画的属性，如图 3-49 所示。

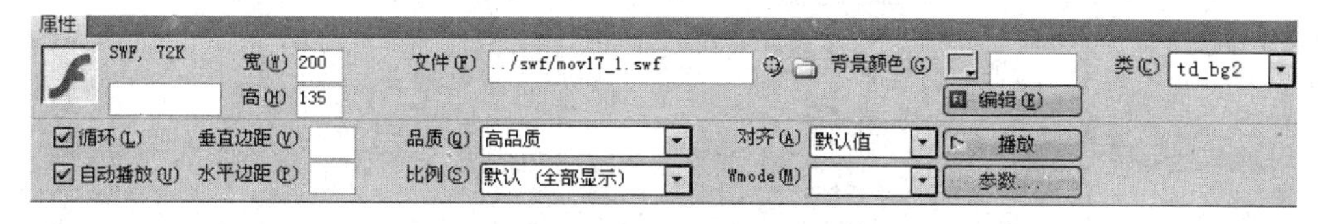

图 3-49　Flash 动画的属性

文件：通常显示页面指向的 Flash 文件的路径。

源文件：用来指向 Flash 动画的源文档的路径，在对动画进行编辑时可以在这里设置动画的源文件路径。

循环：勾选时，动画将连续播放，否则，播放一次后即停止。建议选中此项。

自动播放：设定 Flash 文件是否在页面加载时就播放，建议选中此项。

品质：选择播放 Flash 动画的画质，在动画播放期间控制对抗失真。对于一些需要很好地显示质量的动画要使用高品质的设置，需要更快的处理器来正确渲染画面。将动画设置低品质可以使显示的速度加快，不过显示的效果就会差很多。

比例：可以选择“默认(全部显示)”、“无边框”、“严格匹配”三种。

编辑：单击该按钮后会自动切换并打开 Adobe Flash，这样用户就可以直接在 Flash 软件中对动画进行修改。

播放：查看动画在网页编辑窗口中的预览效果。

2. 插入 Flash 视频文件(FLV)

(1) 在 Dreamweaver 中插入 Flash 视频文件(FLV)之前，要先确定要插入视频的位置。

(2) 单击“插入”面板上的“常用”选项卡中的“媒体”按钮旁的下三角按钮，或者执行“插入”→“媒体”菜单命令，在弹出的下拉菜单中选择 FLV 命令，如图 3-50 所示。

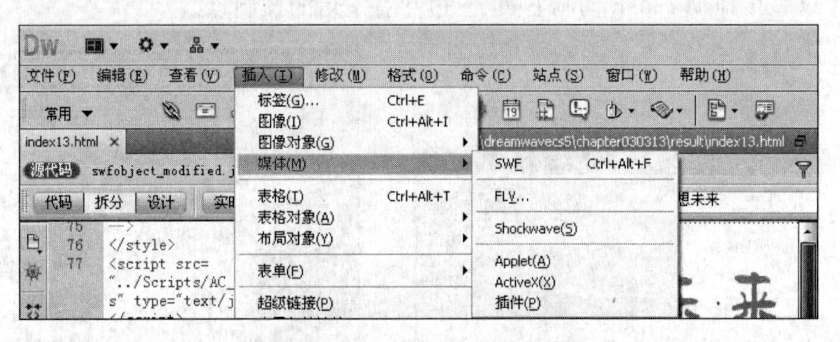

图 3-50 插入 Flash 视频文件菜单

(3) 选择 FLV 命令后，弹出“插入 FLV”对话框，如图 3-51 所示。

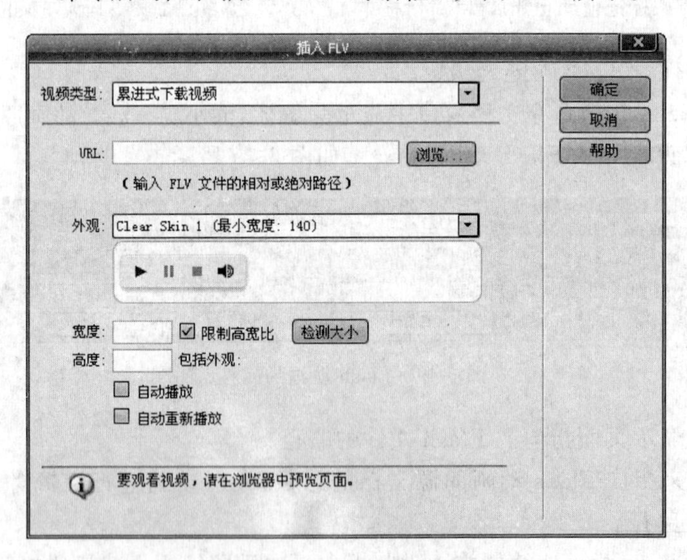

图 3-51 “插入 FLV”对话框

在“视频类型”下拉列表框中选择“累进式下载视频”选项，并单击“浏览”按钮，在弹出的对话框中找到一个 FLV 格式的视频文件。在“外观”下拉列表框中选择一个播放器皮肤。可设置视频的宽度和高度，如果想要视频原来的尺寸，或以它原来的尺寸作为参考，可以单击“检测大小”按钮，这样视频的尺寸就自动显示在宽度和高度的文本框中。如果希望无须单击任何控制按钮就能够观看视频，可以选中“自动播放”复选框。若选中“自动重新播放”复选框，则视频会一直循环播放。

(4) 单击“确定”按钮，FLV 文件就以一个视频文件图标插入到页面中，如图 3-52 所示。

(5) 保存文件，按 F12 功能键预览，预览视频效果如图 3-53 所示。

图 3-52　插入 FLV 文件的效果

图 3-53　预览视频效果

3.5.4　在网页中添加其他插件

使用插件可以在页面中添加不同的视频文件和音频文件，用户可以把平常使用的.avi文件或.mp3 文件插入网页中，以增强它在视觉和听觉方面的效果。

1. 插入其他视频文件

除了能够在网页中插入 Flash 的影片和视频文件外，用户还可以插入其他格式的视频文件。比如 QuickTime 的 MOV 格式文件、Windows Media 的 AVI 格式文件等，它们的插入方法差不多。下面介绍插入 MOV 格式的视频文件的步骤：

(1) 单击“常用”插入栏中的“媒体”按钮，在弹出的下拉列表框中选择“插件”选项，如图 3-54 所示。在弹出的对话框中从本地计算机中选择一个已经准备好的 MOV 格式的文件，如图 3-55 所示。

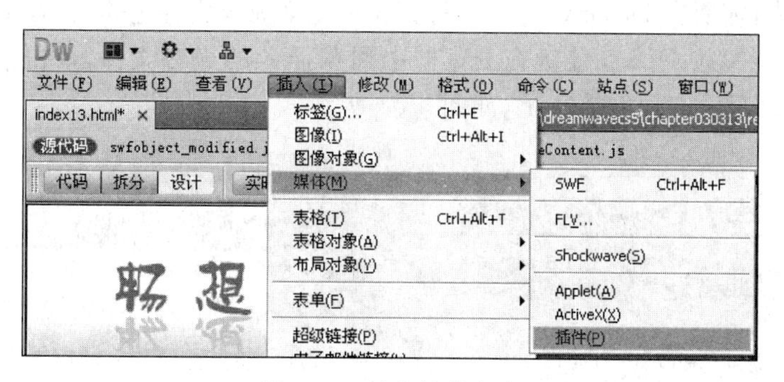

图 3-54　插入插件命令

(2) 单击“确定”按钮，就可以直接将这个视频文件插入页面中。通过插件添加到页面中的文件都会显示为一个插件的图标，而且无论用户插入的文件尺寸有多大，它们最初都是以 Dreamweaver 中的默认大小显示，如图 3-56 所示。

(3) 选中图标用来改变大小的控制点进行拖动，放大插件图标的区域，保存文件，按 F12 功能键预览。

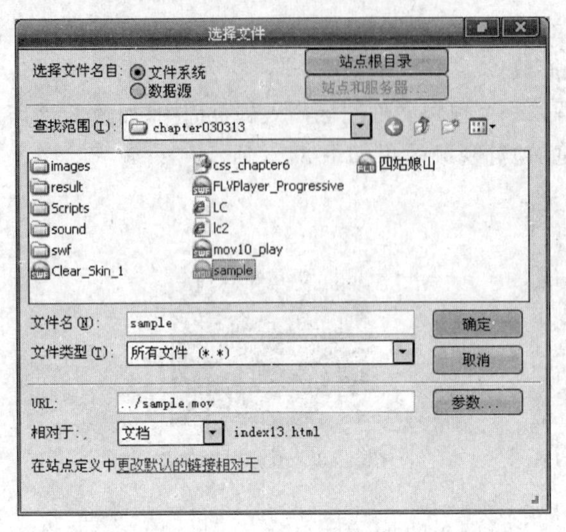

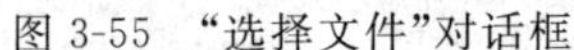
图 3-55 “选择文件”对话框

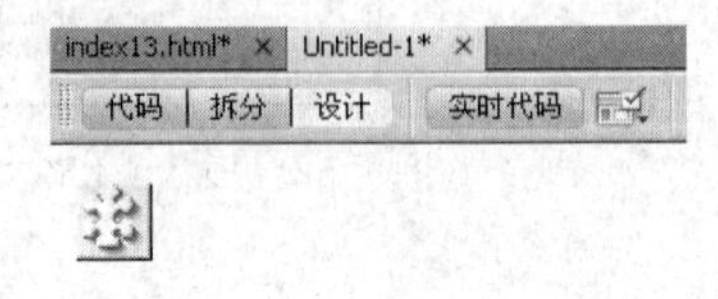

图 3-56 插入视频插件

2. 为网页添加声音文件

有些网页打开时美妙的音乐就会随着页面的打开开始播放，或者可以直接在页面上试听各种不同的音乐。这其实是在页面中插入了声音文件。

(1) 在 Dreamweaver 中确定要插入声音文件的位置。

(2) 单击“插入”面板上的“常用”选项卡中的“媒体”按钮旁的下三角按钮，或者执行“插入”→“媒体”菜单命令，在弹出的下拉菜单中选择“插件”命令。

(3) 打开“选择文件”对话框，在本地计算机中选择一个声音文件，例如可以选择一个.mp3 格式的声音文件，单击“确定”按钮，将其添加到页面中。

(4) 在文档窗口中仍然只是显示了一个很小的插件图标，为了使它的播放器能在预览时全部显示出来，需要在 Dreamweaver 中将其长和宽都拖拉成合适的大小，如图 3-57 所示。

(5) 保存文件，按 F12 功能键在浏览器中预览插入的声音文件，单击播放器上的“播放”按钮，插入的音乐就开始播放了，如图 3-58 所示。

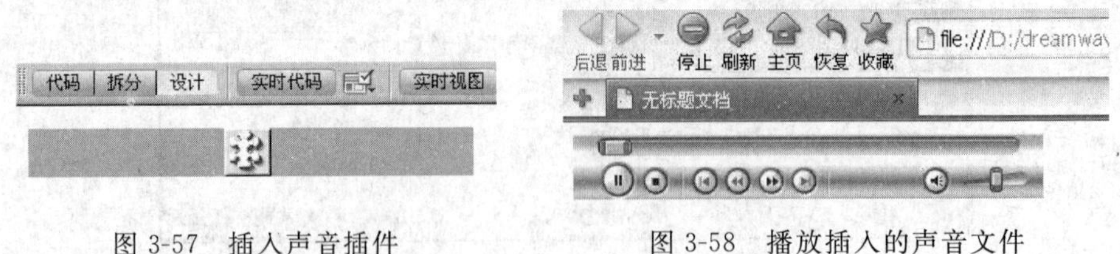

图 3-57 插入声音插件　　图 3-58 播放插入的声音文件

3.6 插入其他对象

3.6.1 插入日期

Dreamweaver 提供了一个方便的日期对象，使用该对象可允许用户选择自己喜欢的

格式插入当前日期(包含或不包含时间都可以),而且还可以选择在每次保存文件时都自动更新该日期。插入日期的步骤如下:

将光标置于要插入的位置,选择"插入"菜单中的"日期"命令,或单击"常用"工具栏上的日期按钮,将弹出"插入日期"对话框,如图3-59所示。

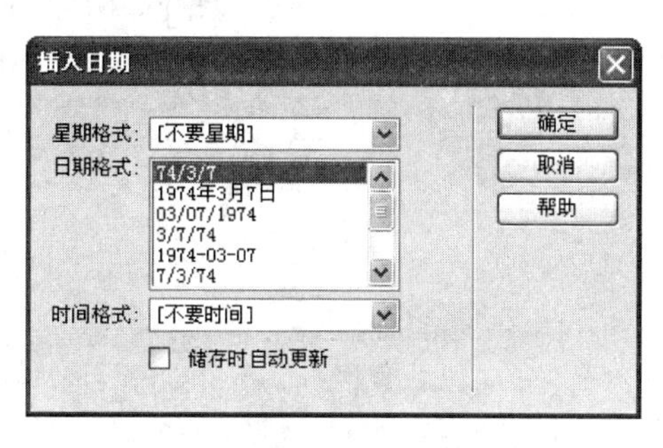

图3-59　插入日期

从"星期格式"下拉列表框中可选择星期的显示格式,当然也可以不显示星期;从"日期格式"列表框中可选择要插入的日期的显示格式,例如选择"年-月-日"的显示格式;从"时间格式"下拉列表框中可选择要插入的时间格式,时间格式有两种,即12小时计时法和24小时计时法,当然也可设置不要时间。

若选择"储存时自动更新"复选框,这样在每次保存文档时都可更新插入的日期和时间。设置完毕单击"确定"按钮即可完成日期的插入。

3.6.2　插入水平线

水平分隔线对于信息的组织很有用。在页面中,可以使用一条或多条水平分隔线以分隔文本和对象。插入水平线的方法如下:

在文档窗口中,将插入点放在要插入水平线的位置,在"插入"栏的"常用"工具栏上的HTML选项卡中单击"水平线"按钮,或者执行"插入"菜单下的子菜单HTML中的"水平线"命令来添加水平线。另外,选中插入的这条水平线,可以在属性面板对它的属性进行设置,如图3-60所示。

图3-60　水平线属性面板

3.7　案例实践

3.7.1　案例需求说明

使用Dreamweaver设计图3-61所示的网页。

图 3-61 旅游商务网站主页面

3.7.2 技能训练要点

可以利用第 2 章讲过的表格及页面排版的相关内容对网页进行布局和设计，主要训练要点有以下 5 个：

(1) 了解网页设计常用的版式；

(2) 掌握绘制及编辑布局表格和布局单元格；

(3) 掌握利用布局表格的嵌套设计较复杂的版面；

(4) 掌握在布局表格中添加具体内容；

(5) 掌握设置布局表格和单元格属性。

3.7.3 案例实现

根据需求说明中的网页的表现形式，可以画出该网页的版式结构，如图 3-62 所示。

在进行该网页布局时，先要设计最外面的表格，然后设计最上端的表格，用来放置 LOGO 和 BANNER，然后再设计一个单元格放置导航菜单，接着下面设计三个并排的表格，分别放置左边的导航，中间的网页内容，右边的网页内容，最下面再设计一个单元格，放置版权信息。具体实现步骤如下：

<table>
<tr><td>LOGO</td><td colspan="2">BANNER</td></tr>
<tr><td colspan="3">导航菜单</td></tr>
<tr><td>导航</td><td>网页内容</td><td>网页内容</td></tr>
<tr><td colspan="3">版权信息</td></tr>
</table>

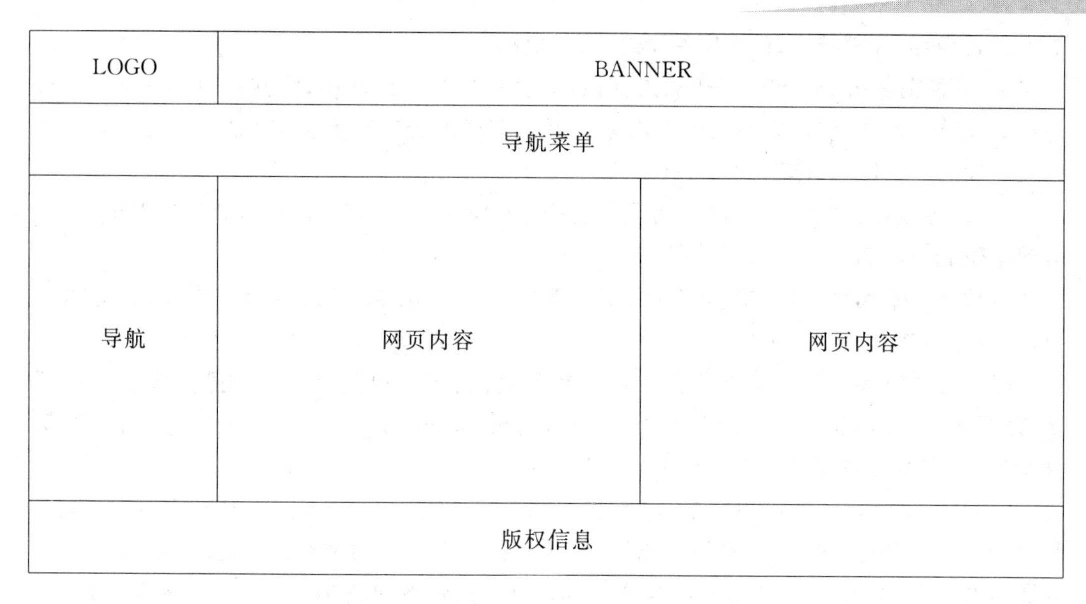

图 3-62　网页结构图

(1) 新建一个文档，打开“属性”面板，单击 页面属性... 按钮，在弹出的“页面属性”对话框中将“背景图像”设为 bg-greenline.jpg。

(2) 将“插入”栏中的“常用”选项卡改为“布局”选项卡，此时就出现“布局”工具栏，如图 3-63 所示。

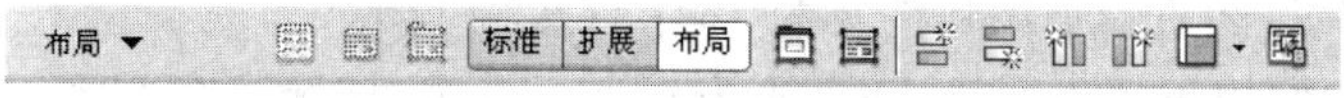

图 3-63　“布局”选项卡

(3) 单击布局工具栏中的 布局 按钮，进入布局模式。

(4) 首次执行以上操作之后，会打开“从布局模式开始”对话框，在该对话框中给出在“布局模式”下创建表格的方法的提示。单击 确定 按钮即可切换到布局模式。切换到“布局”模式后，在“文档”窗口的顶部会出现标有“布局模式”的蓝色长条。

(5) 在“插入”栏的“布局”选项卡中单击“绘制布局表格”按钮。

(6) 将光标放置在页面上，此时光标变为加号(＋)。

(7) 将鼠标光标移到要创建表格的左上角位置并按住鼠标不放拖动到要创建表格的右下角后释放鼠标。

(8) 选中该表格，打开属性面板，将表格的宽度设为 800px，高度设为 900px。

(9) 在“插入”栏的“布局”选项卡中单击“绘制布局表格”按钮。将鼠标光标放置在刚才绘制的表格的左上角，拖动鼠标，绘制一个嵌套表格，规格为：宽度 800px，高度 100px。

(10) 选中该表格，切换到“标准”模式，将背景图像改为 log1-text.jpg。

(11) 再切换到“布局”模式，在“插入”栏的“布局”选项卡中单击“绘制布局单元格”按钮。选中该单元格，打开属性面板，将单元格的宽度设为 111px，高度设为 101px，水平对齐方式设为“左对齐”，垂直对齐方式设为“顶端”。

(12) 将图像 niux-home.gif 插入到该单元格，打开属性面板，将其宽设为 35px，高设为 30px，对齐方式设为“绝对居中”，在紧接着该图像的旁边写上文字“加入收藏”，同时将该文字设为：字体“宋体”，大小 12px。

(13) 将“插入”栏中的“布局”选项卡改为“文本”选项卡，单击“换行符”按钮，光标自动定位到下一行。

(14) 将“插入”栏中的“文本”选项卡改为“布局”选项卡，进入“布局”模式，重复步骤(11)、(12)两次。

(15) 在“插入”栏的“布局”选项卡中单击“绘制布局单元格”按钮。选中该单元格，打开属性面板，将单元格的宽设为 800px，高设为 29px，水平对齐设为“居中对齐”，垂直设为“居中”，背景颜色设为“＃FF9900”。

(16) 将光标定位到该单元格，输入文字“首页”，然后将“插入”栏中的“布局”选项卡改为“文本”选项卡，单击“不换行空格”按钮两次，出现了两个空格，紧接着输入“|”(该符号用键盘上的“Shift+\”输入)，再单击“不换行空格”按钮两次，紧接着输入“国内旅游”，后面文字按相同方法输入，选中导航栏的所有文字，将其设为：字体“宋体”，大小 14px，颜色“＃000099”。

(17) 紧接导航栏的布局单元格，在它下方绘制一个宽为 181px，高为 665px，颜色为“＃DDE56C”的布局表格，用来放左边导航内容。

(18) 在该布局表格内绘制一个宽 181px、高 73px 的布局单元格，然后将 ygdd.jpg 图像插入到该单元格，同时设该图像的宽为 181px，高为 73px。

(19) 紧接上面的布局单元格，在它下方绘制一个宽 181px、高 60px，水平对齐为“居中对齐”，垂直为“居中”的布局单元格，输入文字“人文地理”，同时将该文字设为：字体“楷体”，大小 18px，颜色“＃CC0033”。

(20) 紧接上面的布局单元格，在它下方绘制一个宽 181px、高 98px 的布局表格。

(21) 在上面的布局表格内绘制一个宽 26px、高 96px 的布局单元格。

(22) 在上面的布局单元格右边绘制一个宽 153px、高 24px，垂直“居中”的布局单元格，输入文字“□自然环境”(“□”的输入：在“智能 abc”输入法下按键盘符号 v+数字 1)，将其设为：字体“宋体”，大小 14px。

(23) 在上面的布局单元格下面绘制一个宽 153px、高 24px，垂直“居中”的布局单元格，输入文字“□气候变化”，将其设为：字体“宋体”，大小 14px。

(24) 重复步骤(22)两次，同时将输入的文字分别改为“□人口、语言”、“□宗教、信仰”。

(25) 紧接上面的布局表格，在它下方绘制一个宽 181px、高 60px，水平对齐为“居中对齐”，垂直为“居中”的布局单元格，输入文字“民族风情”，同时将该文字设为：字体“楷体”，大小 18px，颜色“＃CC0033”。

(26) 重复步骤(20)、(21)、(22)、(23)，将输入的文字分别改为“□民间风俗”、“□服饰与音乐”、“□民族节日”、“□生活习惯”。

(27) 重复步骤(25)，将输入的文字改为“旅游指南”。

(28) 重复步骤(19)、(20)、(21)、(22)、(23),将输入的文字分别改为"□自驾车旅游须知"、"□潜水的医学知识"、"□散客旅游指南"、"□自助游常识"。

(29) 左边的导航做好了,将光标定位到中间的网页内容区,绘制一个宽 418px、高 665px,颜色为"#FFFFFF"的布局表格。

(30) 在该布局表格内绘制一个宽 418px、高 239px 的布局表格。

(31) 在该布局表格内绘制一个宽 126px、高 239px,垂直为"居中"的布局单元格,然后将 love.jpg 图像插入到该单元格,同时设该图像的宽为 126px。

(32) 在上面的布局单元格右边绘制一个宽 278px、高 239px 的布局表格。

(33) 在上面的布局表格内绘制一个宽 278px、高 42px,水平"居中对齐",垂直"居中"的布局单元格,将 plane.jpg 图像插入到该单元格。

(34) 返回到"标准"模式,选择"插入"→"表格"菜单命令,插入一个 5 行 4 列,宽 278px、高 194px,边框 1 的表格,将第 1 列宽设为 54px,第 2 列宽设为 110px,第 3 列宽设为 52px,第 4 列宽设为 50px,每行高都设为 30px,单击第一单元格,设置:水平"居中对齐",垂直"居中",输入文字"出发地",将文字设为:字体"宋体",大小 12px,颜色"#990066"。

(35) 按照同样的方法,完成该表格的制作,且将其余各行文字设为:字体"宋体",大小 12px,颜色"#0000CC"。

(36) 紧接着第(29)步的布局表格的下方绘制一个宽 418px、高 52px,背景图像为 fj01.jpg 的布局表格,然后再在该布局表格内偏左的位置绘制宽 156px、高 52px,水平对齐"居中对齐",垂直"居中"的布局单元格,输入文字"风景名胜快览",将文字设为:字体"楷体",大小 24px,颜色"#FF0000"。

注意:设置表格背景图像时一定要从"布局"模式下退出,进入"标准"模式进行设置。

(37) 紧接上面的布局表格,在它下方绘制一个布局表格,在该布局表格内绘制一个宽 418px、高 10px 的布局单元格。

(38) 在上面布局单元格的下面绘制一个宽 15px、高 95px 的布局单元格,再在紧靠该单元格的右边绘制一个宽 120px、高 95px 的布局单元格,在该单元格中插入图像 fj01-zjj.jpg,将该图像设为:宽 120px、高 95px。

(39) 重复步骤(38)两次,分别将图像改为 fj03-tyhj.jpg、fj02-pu.jpg。

(40) 在 3 个图像所在的布局单元格的正下面绘制 3 个宽 120px、高 27px,水平"居中对齐",垂直"居中"的布局单元格,分别输入文字"张家界"、"天涯海角"、"昆明",并将文字设为:字体"宋体",大小 12px,颜色"#000099"。

(41) 重复步骤(38)、(39)、(40),将图像分别改为 fj06-sldw.jpg、fj05-sx.jpg、fj04-xm.jpg,文字改为"森林公园"、"三峡"、"四川"。

(42) 紧接上面的布局单元格,在它下方绘制一个水平"居中对齐",垂直"居中"的布局单元格,插入图像 banner.gif,并将其宽设为 410px。

(43) 中间的网页内容做好了,将光标定位到右边的网页内容区,绘制一个宽 184px、高 665px,颜色为"#99CC00"的布局表格。

(44) 在该布局表格内绘制一个宽 184px、高 255px,颜色为"#FFFFFF"的布局表格。

(45) 在该布局表格内绘制一个宽 184px、高 49px，背景图像为 b1.jpg 的布局表格，再在该布局表格内绘制一个宽 86px、高 49px，垂直“居中”的布局单元格。输入文字“最新资讯”，并将文字设为：字体“楷体”，大小 18px，颜色“＃CC0033”。

(46) 紧接上面的布局表格，在它下方绘制一个宽 6px、高 41px 水平“居中对齐”，垂直“居中”的布局单元格，插入图像 gw01.gif，在紧靠该单元格的右边绘制一个宽 172px、高 41px。垂直“居中”的布局单元格，输入文字“第四届天目湖南山竹海登山节盛大开幕”，并将文字设为：字体“宋体”，大小 12px。

(47) 重复步骤(46)四次，分别将文字改为“市旅游局发布旅游质监情况”、“交通渐趋便利 杭州-千岛湖-黄山游线蓄势待发”、“常州旅游券发放现场拥挤被指‘暗箱操作’”、“早春二月‘踏青游’南方三城市受网友热捧”等。

(48) 紧接上面的布局单元格，在它下方绘制一个宽 184px，高 20px，水平“右对齐”，垂直“居中”的布局单元格，插入图像 more1.jpg。

(49) 紧接上面的布局单元格，在它下方依次绘制五个宽 184px、高 65px，水平“居中对齐”，垂直“居中”的布局单元格，第一个布局单元格内输入文字“友情链接”，字体“楷体”，大小 18px，颜色“＃CC0033”；第二个布局单元格内插入图像 yqlogo01.jpg，并将图像设为：宽 153px，高 48px；第三个布局单元格内插入图像 yqlogo02.gif；第四个布局单元格内插入图像 yqlogo03.gif；第五布局单元格内插入图像 yqlogo04.gif；并将图像设为：宽 153px，高 48px。

(50) 右边的网页内容做好了，将光标定位网页的版权信息区，绘制一个宽 783px、高 34px，颜色为“＃CCCC33”，水平“居中对齐”，垂直“居中”的布局单元格，输入文字“Copyright ©阳光旅游公司”。

(51) 将“插入”栏中的“布局”选项卡改为“文本”选项卡，单击“换行符”按钮，光标自动定位到下一行，输入文字“E-mail：*********制作者：**********”。

(52) 选中这两行文字，将其设为：字体“宋体”，大小 12px。

(53) 选中最外面的表格，切换到“标准”模式，打开“属性”面板，将对齐改为“居中对齐”。

(54) 按 F12 键，预览。

本章小结

本章介绍了 Dreamweaver 的常用功能及操作，简单介绍了 Dreamweaver 的各种功能的使用。Dreamweaver 在网页设计软件中处于绝对优势的地位，为设计网页带来了极大的方便。本章详细介绍了创建保存图文混排的网页及如何输入和编排文本，在网页中插入特殊符号、图像、日期、水平线、多媒体等操作。文本页面是最基础的页面，制作自己的网页一定要规划好丰富的文本内容，构建页面文本的格式，恰当地插入图像，让整个网页达到赏心悦目的效果。本章还讲述了如何插入和播放多媒体对象和 Flash 动画以及音频文件，制作出具有动态效果的网页，使得网页更加丰富多彩。

本 章 习 题

一、选择题

1. 在 Dreamweaver 中，通过(　　)面板可以检查、设置和修改所选对象的属性。

A. “属性”　　B. “插入”　　C. “资源”　　D. “文件”

2. 选择(　　)→“工具栏”→“文档”命令可显示或隐藏“文档”工具栏。

A. “编辑”　　B. “修改”　　C. “命令”　　D. “查看”

3. 在 Dreamweaver 中，设置超级链接的属性，目标设置为_top 时，表示(　　)。

A. 新开一个浏览窗口来打开链接　　B. 在当前框架打开链接

C. 在当前框架的父框架中打开链接　　D. 在当前浏览器的最外层打开链接

4. 在 Dreamweaver 中，下面对象中可以添加热点的是(　　)。

A. 文字　　B. 图像　　C. 层　　D. 动画

5. 关于 Dreamweaver 中“编辑样式表”对话框的设置说法中，错误的是(　　)。

A. 可以设置连接独立的外部样式表文件

B. 可以新建一个 HTML 元素样式

C. 可以同时编辑存在样式表中的两个元素样式

D. 可以删除当前样式表中的样式元素

6. 对在 Dreamweaver 中插入 Flash 动画(SWF)的描述不正确的是(　　)。

A. 可以更改动画的播放比例

B. 不可以在 Dreamweaver 中直接预览 Flash 的内容

C. 可以设定为循环播放

D. 可以设置自动播放

7. 具有图像文件小、下载速度快、下载时隔行显示、支持透明色、多个图像能组成动画的图像格式的是(　　)。

A. JPG　　B. BMP　　C. GIF　　D. PSD

8. 关于创建框架网页的描述错误的是(　　)。

A. 在“欢迎屏幕”中选择“从范例创建”→“框架集”命令

B. 在当前网页中单击“插入”面板中的(框架)按钮

C. 在主菜单中选择“查看”→“可视化助理”→“框架边框”命令显示当前网页的边框，然后手动设计

D. 在主菜单中选择“文件”→“新建”→“基本页”命令

9. 在 Dreamweaver 中，关于查找和替换文字说法错误的是(　　)。

A. 可以精确地查找标记中的内容

B. 可以在一个文件夹下替换文本

C. 可以保存和调入替换条件

D. 不可以在 HTML 源代码中进行查找与替换

10. 在 Dreamweaver 中，关于排版表格属性的说法错误的是(　　)。
    A. 可以设置宽度
    B. 可以设置高度
    C. 可以设置表格的背景颜色
    D. 可以设置单元格之间的距离但是不能设置单元格内部的内容和单元格边框之间的距离

二、填空题

1. 在 Dreamweaver 中使用的第三方插件大体上可以分为________、________、________三种类型。

2. 创建到锚点的链接的过程分为两步：首先________，然后________。

3. 表单的提交方法有两种：________和________。

4. 制作框架网站，除保存框架中包含的网页文件，还需保存________。

5. 文本的对齐方式通常有________、________和________。

6. 在超级链接中，路径通常有三种表示方法：________、文档相对路径和站点根目录相对路径。

7. 空链接是一个未指派目标的链接，在"属性"面板"链接"文本框中输入"________"即可。

8. 使用________技术可以将一幅图像划分为多个区域，分别为这些区域创建不同的超级链接。

9. 使用________超级链接不仅可以跳转到当前网页中的指定位置，还可以跳转到其他网页中指定的位置。

三、简答题

1. 在 Dreamweaver 中，通过"页面属性"对话框和"属性"面板都可以设置文本的字体、大小和颜色，它们有何差异？

2. 简要说明在 Dreamweaver 中实现图文混排的方法。

3. 如果在 Dreamweaver 中要在网页中能够播放 WMV 格式的视频，必须通过"属性"面板做好哪两项工作？

4. 在 Dreamweaver 中选择表格的方法有哪些？

5. 如何在 Dreamweaver 中进行单元格的合并？

6. 在 Dreamweaver 中如何选取框架和框架集？

四、操作题

在目标文件夹中创建页面，然后分别利用"设计视图"和"拆分视图"为页面添加文本和图像，并设置文本和图像的格式；并为页面添加背景音乐；通过菜单为页面添加视频；最后再为页面加入文本超链接(所有资源文件都可以自己定义)。

第 4 章　CSS 应 用

4.1　CSS(Cascading Style Sheet)概念

CSS(Cascading Style Sheet)即层叠样式表，又称为级联样式，它是一种用来表现HTML文件样式的计算机语言，是网页设计不可缺少的工具之一。CSS能够根据不同使用者的理解能力，简化或者优化写法，针对各类人群，都有较强的易读性。CSS文件可由记事本或Dreamweaver等网页文件编辑器打开。

HTML过多地利用表格来排版，界面效果的局限性日益暴露出来。直到CSS出现后局面才有所改变。CSS是网页设计的一个突破，它解决了网页界面排版的难题。可以分别这样概括HTML和CSS的作用：HTML的Tag主要是定义网页的内容(Content)，而CSS决定这些网页内容如何显示(Layout)。

4.2　CSS 属性设置

4.2.1　CSS 常用文本属性设置

文本属性包括文本对齐属性(text-align)，其值可取left、right和center。

例 4-1　文本属性示例。

```
<html>
    <head>
        <title>文本对齐属性 text-align</title>
        <style type="text/css">
        .p1{text-align:left}
        .p2 {text-align:right}
        .p3{text-align:center}
        </style>
    </head>
    <body>
        <p class="p1">这段的本文对齐属性(text-align)值为居左。</p>
        <p class="p2">这段的本文对齐属性(text-align)值为居右。</p>
        <p class="p3">这段的本文对齐属性(text-align)值为居中。</p>
```

```
  </body>
</html>
```

程序输出结果如图 4-1 所示。

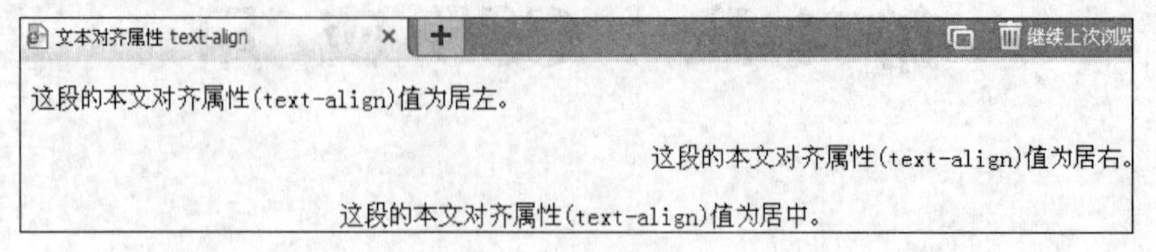

图 4-1 文本属性设置

文本修饰属性的取值为 none(无任何修饰)、underline(下划线)、line-through(在文字中间划线)、overline(在文字上边划线),如下面的例子所示。

例 4-2 文本修饰属性示例。

```
<html>
  <head>
    <title>文本修饰属性 text-decoration</title>
      <style type="text/css">
        .p1{text-decoration: none}
        .p2 {text-decoration: underline}
        .p3{text-decoration: line-through}
        .p4 {text-decoration:overline}
      </style>
  </head>
  <body>
      <p class="p1">文本修饰属性(text-decoration)的默认值是 none。</p>
      <p class="p2">这段的文本修饰属性(text-decoration)值是 underline。</p>
      <p class="p3">这段的文本修饰属性(text-decoration)值是 line-through。</p>
      <p class="p4">这段的文本修饰属性(text-decoration)值是 overline。</p>
  </body>
</html>
```

运行结果如图 4-2 所示。

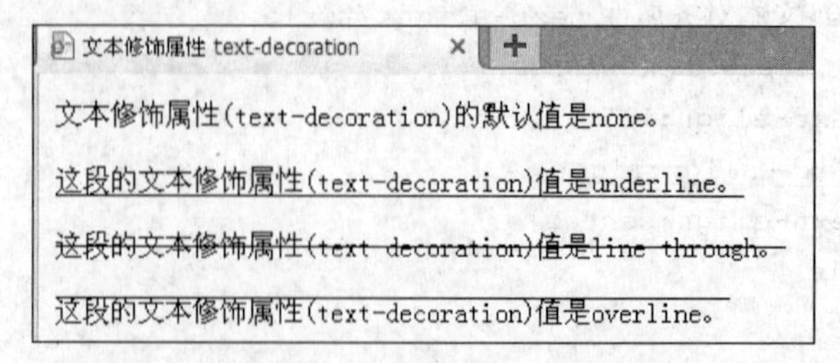

图 4-2 文本修饰属性

除此之外,还有文本缩进属性(text-indent)、行高属性(line-height)、字间距属性

(letter-spacing)等，这几个属性都可以使用毫米、厘米、像素数、百分比等类型，例如：

```
<style type="text/css">
.p1{line-height:1cm}
.p1 {letter-spacing: 3mm}
.p3 {text-indent:50%}
</style>
```

4.2.2　CSS 常用字体属性设置

字体属性是 CSS 最基本的属性，其最常用的属性包括 font-family、font-style、font-weight、font-size 等，其中 font-family 定义使用哪种字体，font-style 定义是否使用斜体，font-weight 定义字体的粗细，font-size 定义字体的大小。

例 4-3　字体属性示例。

```
<html>
<head>
<title>字体名称属性 font-family</title>
<STYLE>
BODY{font-size:10pt}
.s1 {font-family:Arial}
.s2 {font-size:16pt}
.s3 {font-size:80%}
.s4 {font-size:larger}
.s5 {font-size:xx-large}
.s6 {font-style:italic}
.s7 {font-style:oblique}
.s8 {font:italic normal bold 11pt Arial}
.s9 {font:normal small-caps normal 14pt Courier}
</STYLE>
</head>
<body>
<p>The font-family value of the text is the browser default font.</p>
<p class="s1">The fon-family value of the text is "Arial"。</p>
<p class="s2">这段文字大小是 16pt。</p>
<p class="s3">这段文字大小是 10pt 的 80%。</p>
<p class="s4">这段文字的大小比 10pt 大。</p>
<p class="s5">这段文字的大小是特大号(xx-large)。</p>
<p>这段文字的风格是 normal,正常显示。normal 是字体风格属性(font-style)的默认值。
</p>
<p class="s6">这段文字的字体风格(font-style)属性值是 italic,斜体显示。</p>
<p class="s7">这段文字的字体风格(font-style)属性值是 oblique,斜体显示。</p>
<p class="s8">这段文字的字体风格(font-style)属性值是 italic,字体变量(font-
variant)属性值是 normal,字体浓淡(font-weight)属性值是 bold,字体大小(font-size)属
```

```
性值是 11pt,字体名称(font-family)属性值是 Arial。</p>
<p class="s9">这段文字的字体风格(font-style)属性值是 normal,字体变量(font-
variant)属性值是 small-caps,字体浓淡(font-weight)属性值是 normal,字体大小(font-
size)属性值是 14pt,字体名称(font-family)属性值是 Courier。</p>
</body>
</html>
```

运行结果如图 4-3 所示。

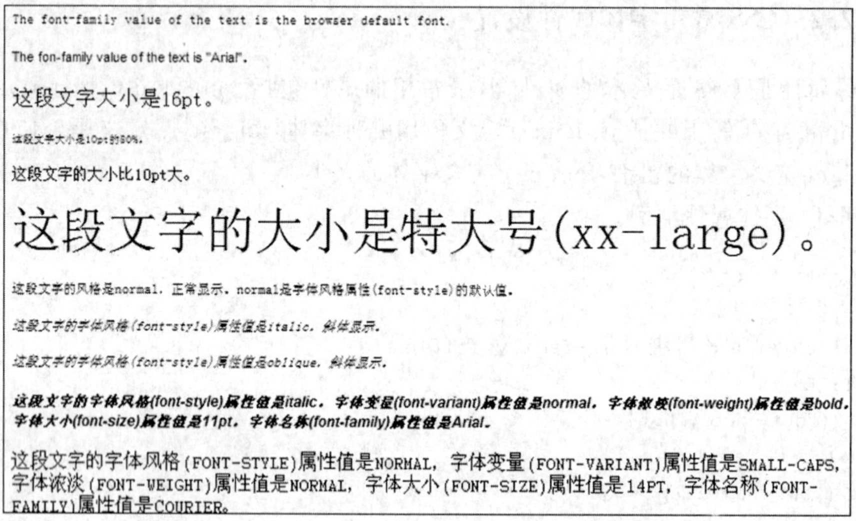

The font-family value of the text is the browser default font.

The fon-family value of the text is "Arial".

这段文字大小是16pt。

这段文字大小是10pt的80%。

这段文字的大小比10pt大。

这段文字的大小是特大号(xx-large)。

这段文字的风格是normal. 正常显示. normal是字体风格属性(font-style)的默认值.

这段文字的字体风格(font-style)属性值是italic. 斜体显示.

这段文字的字体风格(font-style)属性值是oblique. 斜体显示.

这段文字的字体风格(font-style)属性值是italic，字体变量(font-variant)属性值是normal，字体浓淡(font-weight)属性值是bold，字体大小(font-size)属性值是11pt，字体名称(font-family)属性值是Arial。

这段文字的字体风格(FONT-STYLE)属性值是NORMAL，字体变量(FONT-VARIANT)属性值是SMALL-CAPS，字体浓淡(FONT-WEIGHT)属性值是NORMAL，字体大小(FONT-SIZE)属性值是14PT，字体名称(FONT-FAMILY)属性值是COURIER。

图 4-3 字体属性示例

4.2.3 CSS 常用颜色、背景等属性设置

color 定义前景颜色，background-color 定义背景颜色，background-image 定义背景图片，background-repeat 定义背景图片重复方式，background-attacement 定义滚动，background-position 定义背景图片的初始位置。下面结合前面讲解的字体属性展示相应的设置方法。

例 4-4 字体及颜色属性示例。

```
<head>
  <title>属性设置示例</title>
</head>
<body>
  <div align="left">字体属性设置:</div>
  <span style="font-family:幼圆;font-style:italic;font-weight:bold; font-
   size: 10pt;">幼圆、斜体、黑体、10pt</span><br>
  <span style="font-family:隶书;font-size:16pt;">隶书、黑体、16pt</span><br>
  <div align="left">字体属性设置:</div>
  <span style="color:red;background-color:yellow;">前景红色、背景黄色</span><br>
  <span style="background-image:url('image.gif');background-repeat:no-
```

```
repeat;">    图片背景、不重复</span><br>
    </body>
</html>
```

运行结果如图 4-4 所示。

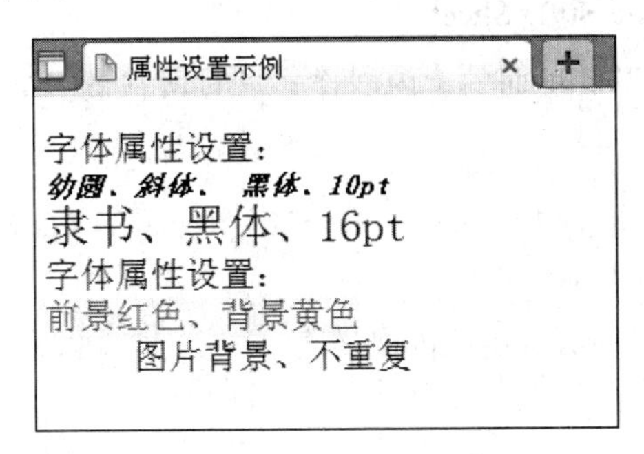

图 4-4　字体及颜色属性设置

关于 CSS 样式表的属性详见附录 A。

4.3　CSS 用法

4.3.1　CSS 选择器

1. 标记选择器

语法定义实例：

```
h1 {color: red; font-size: 25px;}
```

h1 代表的是 HTML 语言中的内部标记语言如 p、body、hr 等关键词。color、font-size 都为其属性，“:”后面的为其对应的值。

2. 类别选择器

这是前面用过的一种格式，语法定义实例：

```
.myclass123 {color: red; font-size: 25px;}
```

以“.”为开头的格式，而 myclass123 是自定义的名字，不是 HTML 语言中的内部标记语言。它在 DIV 中的调用格式<div class=myclass123>...</div>。

3. ID 选择器

语法定义实例：

```
#myid789 {color: red; font-size: 25px;}
```

以“#”为开头的格式，而 myid789 是自定义的名字，不是 HTML 语言中的内部标记语言。它在 DIV 中的调用格式<div id=myclass123>...</div>。

4.3.2　CSS 样式应用

根据 CSS 写的位置的不同，可以分为内嵌样式表、内部样式表和外部样式表。

1. 内嵌样式表（Inline Style Sheet）

Inline Style 是写在 Tag 里面的。内嵌样式只对所在的 Tag 有效。请看如下内嵌样式表：

```
<P style="font-size:20pt; color:red">这个 Style 定义里面的文字是 20pt
字体，字体颜色是红色。</p>
```

在记事本中编辑 HTML，应用此内嵌样式。

例 4-5　内嵌样式使用。

```
<html>
<head><title>内嵌式样式(Inline Style)</title></head>
<body>
<P style="font-size:20pt; color:red">内嵌样式(Inline Style)定义段落里面的文字
是 20pt 字，颜色是红色。</p>
<P>这段文字没有使用内嵌样式。</p>
</body>
</html>
```

在浏览器里查看此网页，即可看到应用了内嵌样式后的效果，如图 4-5 所示。

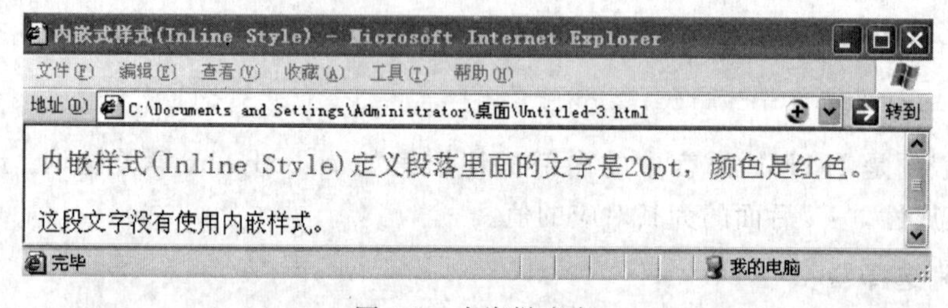

图 4-5　内嵌样式表

2. 内部样式表（Internal Style Sheet）

内部样式表是写在 HTML 的<head>…</head>里面的。内部样式表只对所在的网页有效。

内部样式表实例如例 4-6 所示。

例 4-6　内部样式表使用。

```
<HTML>
  <HEAD>
      <STYLE type="text/css">
        H4.mylayout {border-width:1; border:solid; text-align:center; color:red}
      </STYLE>
```

```
  </HEAD>
  <BODY>
      <H4 class="mylayout">这个标题使用了 Style。</H4>
      <H4>这个标题没有使用 Style。</H4>
  </BODY>
</HTML>
```

效果如图 4-6 所示。

图 4-6　内部样式表

3. 外部样式表(External Style Sheet)

如果很多网页需要用到同样的样式(Styles),则可以使用外部样式。

将样式(Styles)写在一个以.css 为后缀的 CSS 文件里,然后在每个需要用到这些样式(Styles)的网页里引用这个 CSS 文件。

例 4-7　外部样式表使用。

可以用文本编辑器(NotePad)建立一个叫 home 的文件,文件后缀不要用.txt,改成.css。文件内容如下:

```
H3.mylayout {border-width: 1; border: solid; text-align: center;color:red}
```

然后建立一个网页(假设此网页与 home.css 在同一个文件夹下),代码如下:

```
<HTML>
    <HEAD>
        <link href="home.css" rel="stylesheet" type="text/css">
    </HEAD>
    <BODY>
        <H3 class="mylayout">这个标题使用了 Style。</H3>
        <H3>这个标题没有使用 Style。</H3>
    </BODY>
</HTML>
```

效果如图 4-7 所示。

例 4-8　定义外部样式文件修饰如图 4-8 所示的用户登录页面,要求创建外部样式表并在页面中引入。

(1) CSS 文件(css.css)。

```
A { font-size:12px;
```

图 4-7 外部样式表

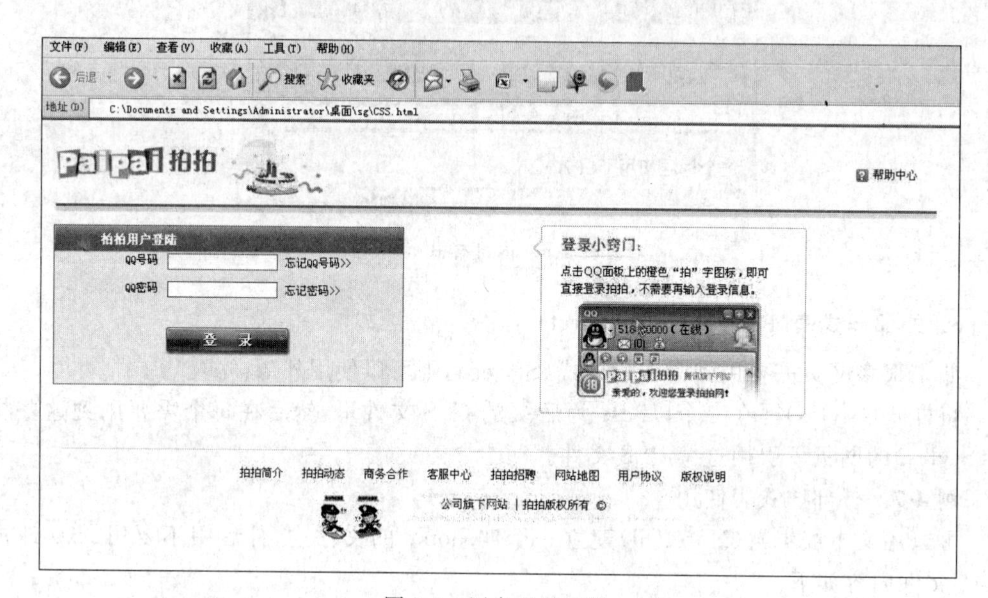

图 4-8 用户登录页面

```
    color:#0000FF;
    text-decoration:none
    }
A:hover { text-decoration:underline; color:#FF0000}
.loginMain {
    border:1px solid #57A0ED;
    padding-bottom:10px;
    background:#EEF5FF;
    margin-bottom:25px
}
.inputMain {
    border:1px solid #718DA6;
    height:17px;
    padding:2px 0 0 4px;
    width:120px
}
.loginHead {
```

```
    padding-left:50px;
    background-image:url(images/login_head.gif);
    padding-top:14px;
    height:27px;
    line-height:4px;
    font-size:13px;
    color:#fff;
    font-weight:bold
}
.picButton{ background-image:url(images/login_submit.gif);{
    border:0px;
    margin: 20px;
    padding: 0px;
    height: 30px;
    width: 137px;
    font-size: 14px;
}
.lefttd {text-align:right; padding-right:10px; font-size:12px; font-family:
"新宋体"}
```

(2) 页面设计及 CSS 文件的引入(CSS. html)。

```
<HTML>
  <HEAD>
<META http-equiv="Content-Type" content="text/html; charset=gb2312">
<TITLE>样式表实训</TITLE>
<LINK rel="stylesheet" type="text/css" href="css.css">
</HEAD>
<BODY>
<FORM>
<TABLE>
  <TR>
    <TD colspan="2"><IMG src="images/top.jpg"></TD>
  </TR>
  <TR>
  <TD width="498">
    <TABLE width="381" cellpadding="0" cellspacing="0"  class="loginMain">
      <TR>
        <TD colspan="2" height="27" class="loginHead">拍拍用户登录</TD>
      </TR>
      <TR>
        <TD width="120" class="lefttd">QQ 号码</TD>
        <TD width="265"><INPUT type="text" class="inputMain">  <A href="#">
忘记 QQ 号码 &gt;&gt;</A></TD>     </TR>
```

```
        <TR><TD class="lefttd">QQ 密码</TD><TD><INPUT type="text" class=
"inputMain">    <A href="#">忘记密码 &gt;&gt;</A></TD></TR>
        <TR><TD colspan="2" align="center"><INPUT type="submit" value=""
class="picButton"></TD></TR>
      </TABLE>
    </TD>
    <TD width="451"><IMG src="images/right.jpg"></TD>
  </TR>
  <TR><TD colspan="2"><IMG src="images/bottom.jpg"></TD></TR>
  </TABLE>
  </FORM>
  </BODY>
  </HTML>
```

4.4 DIV+CSS使用方法

DIV是CSS中的定位技术，全称division，即为划分，可以包含在HTML中。DIV+CSS是网站标准(或称“Web标准”)中常用的术语之一。可以用DIV盒模型结构把网页各部分内容划分到不同的区块，然后用CSS定义盒模型的位置、大小、边框、内外边距、排列方式等。

简单地说，DIV用于搭建网站结构(框架)、CSS用于创建网站表现(样式/美化)，使用CSS将表现与内容分离，便于网站维护，简化HTML页面代码，可以获得一个较优秀的网站结构，便于日后维护、协同工作和搜索抓取等。

例4-9 DIV+CSS使用方法示例。

```
<html>
<head>
<title>DIV+CSS 案例</title>
<link  href="mycss.css" type="text/css" rel="stylesheet"/>
</head>
<body>
<div class="content">
  <div class="left">
  我在左边<br />我在左边<br />我在左边<br />
    我在左边<br />我在左边<br />我在左边<br />
      我在左边<br />我在左边<br />我在左边<br />
  </div>
  <div class="mid">
    我在中间<br />我在中间<br />我在中间<br />
    我在中间<br />我在中间<br />我在中间<br />
    我在中间<br />我在中间<br />我在中间<br />
```

```
    我在中间<br />我在中间<br />我在中间<br />
  </div>
<div class="right">
      我在右边<br />我在右边<br />我在右边<br />
      我在右边<br />我在右边<br />我在右边<br />
      我在右边<br />我在右边<br />我在右边<br />
</div>
</div>
</body>
</html>
```

CSS 文件 mycss. css 内容如下(mycss. css 与 mydiv. html 应在同一文件夹下):

```
.content
{
  width:400px;
  height:300px;
  magin:0 auto;
}
.left
{
float:left;
width:98px;
height:200px;
border:solid 1px;

}
.mid{
  float:left;
  width:198px;
  height:300px;
  border:solid 1px;
  text-align:center;

}
.right{
  float:left;
  width:98px;
  height:100px;
  border:solid 1px;
  text-align:right;
}
```

效果如图 4-9 所示。

图 4-9　DIV+CSS 运行结果

4.5　在 Dreamweaver 中创建 CSS

使用层叠样式表除了代码的方式还可以在 Dreamweaver 中创建 CSS。

例 4-10　利用 Dreamweaver 创建外部层叠样式表 CSS，并将其附加在一个使用 form 的网页上。要求创建的一个超链接外部样式层叠表，为 Dreamweaver 文件夹中所有以 index 开头的网页文件附加超链接样式表；创建一个 table 外部层叠样式表，为 test-table 文件夹中使用 table 的页面附加样式表；创建一个用户注册表单页面，页面中使用多种表单样式。

具体解题步骤如下：

1. 创建超链接 CSS

(1) 单击菜单“文件”→“新建”命令，启动“新建文档”对话框，如图 4-10 所示。

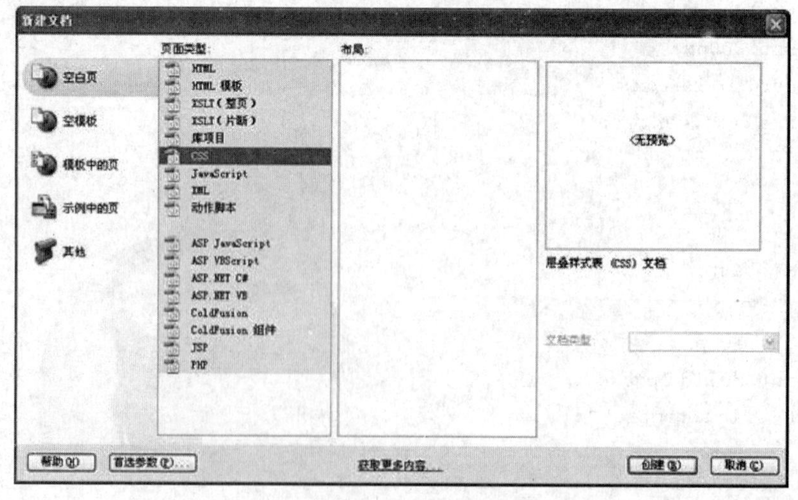

图 4-10　新建 CSS

(2) 单击“创建”按钮，进入 CSS 编辑页面，在代码区域输入代码：

```
@charset"utf-8";
/*CSSDocument*/
a{    font-family:新宋体,幼圆,微软雅黑,隶书,华文中宋,华文行楷,华文新魏,华文隶书,
华文楷体;
      color:#0000FF;font-weight:bold;}
a:link{
      text-decoration:none;
}
a:visited{
      text-decoration:none;
      color:#990000;
}
a:hover{
      text-decoration:none;
}
a:active{
      text-decoration:none;
      color:#FF0000;
}
```

(3) 保存文件到站点根目录下的 Dreamweaver 文件夹的 CSS 文件夹中，文件命名为 texthyperlink.css。

2. 为页面文件附加样式表

(1) 打开 Dreamweaver 文件夹及其子文件夹下的所有以 index 开头的页面文件。

(2) 选中其中一个页面，单击菜单“格式”→“CSS 样式”→“附加样式表”命令，为使用文本超链接的页面附加超链接样式表 texthyperlink.css。在页面“代码视图”中</head>之前会自动添加代码：

```
<link href="../CSS/texthyperlink.css" rel="stylesheet" type="text/css"/>
```

(3) 单击菜单“格式”→“CSS 样式”→“附加样式表”命令，为使用文本超链接的页面附加超链接样式表 text1.css。在页面“代码视图”中</head>之前会自动添加代码：

```
<link href="../CSS/text1.css" rel="stylesheet" type="text/css"/>。
```

(4) 重复(2)和(3)的步骤，可为其他 index 开头的页面附加样式表。

3. 创建针对 table 的 CSS 文件

(1) 打开 test-table 文件夹中的 table-data.html 文件。单击菜单“窗口”→“CSS 样式”命令，启动 CSS 面板，如图 4-11 所示。

(2) 右击图 4-11 中的<样式>行，单击快捷菜单中的“新建”命令，启动“新建 CSS 规则”对话框，具体设置

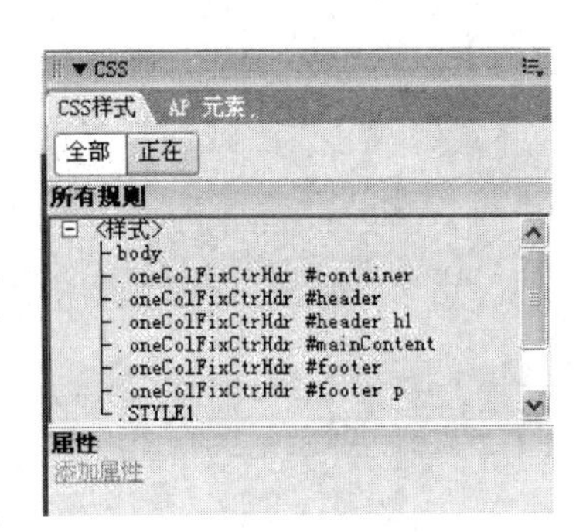

图 4-11 CSS 面板

如图 4-12 所示。

新建 CSS 规则

选择器类型：
为 CSS 规则选择上下文选择器类型。
标签（重新定义 HTML 元素）
选择器名称：
选择或输入选择器名称。
table
此选择器名称将规则应用于
所有 <table> 元素。
不太具体 更具体
规则定义：
选择定义规则的位置。
(新建样式表文件)
确定
取消
帮助

图 4-12 新建 CSS 样式表

(3) 单击“确定”按钮,将样式表保存到站点根目录“.../Dreamweaver/CSS”目录下,命名为 table.css,如图 4-13 所示。

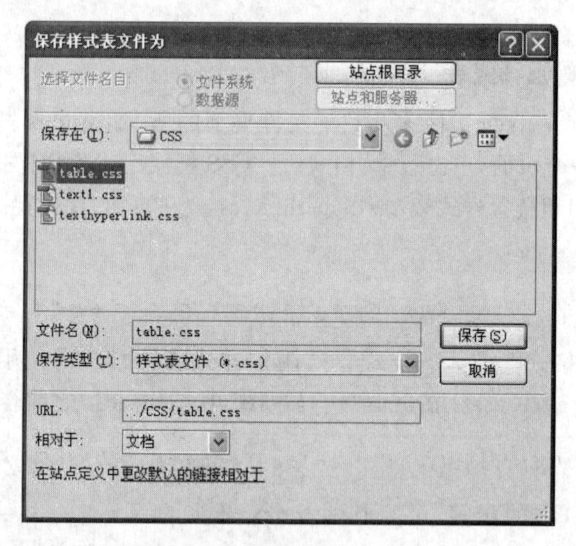

图 4-13 保存 CSS 样式表

(4) 定义 table 的类型、区块和边框,其他属性暂不改变。单击“确定”按钮,如图 4-14 所示。定义完成后在代码视图中显示的代码为

```
@charset"utf-8";
table{
    font-family:"楷体_GB2312";
    font-size:18px;
```

```
    font-weight:bold;
    text-align:center;
    vertical-align:middle;
    border:1pxsolid#FF3300;
    color:#0000FF;
}
```

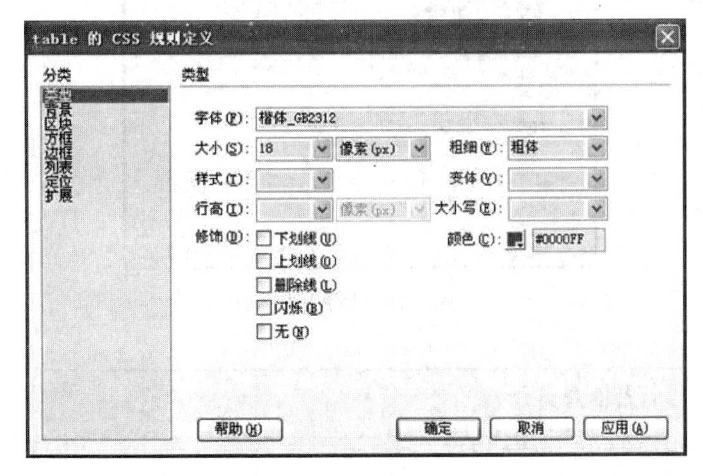

图 4-14　CSS 规则定义

4. 为 test-table 文件夹中使用 table 的页面附加样式表

(1) 打开 test-table 文件夹中的 table-data. html 和 table-set. html 文件。

(2) 单击菜单"格式"→"CSS 样式"→"附加样式表"命令，为使用 table 的两个页面分别附加超链接样式表 table. css。在页面代码视图中</head>之前会自动添加代码：

```
<link href="../CSS/table.css" rel="stylesheet" type="text/css"/>
```

5. 创建注册个人信息的表单页面

(1) 在 test-formCss 文件夹中复制 1 个 model-index. html 文件，文件名改为 form-reg. html，将页面中显示的"标题"文本改为"个人信息注册"。

(2) 单击菜单"插入"→"表单"→"表单"命令，插入表单记录。

(3) 单击菜单"插入"→"表格"命令，插入一个 10 行 3 列的表格，具体设置如图 4-15 所示。设置表格的外观，合并部分单元格，在表格中输入文本，结果如图 4-16 所示。

(4) 单击"姓名"文本右侧的单元格，单击菜单"插入"→"表单"→"文本域"命令，打开一个对话框，如图 4-17 所示。单击"确定"按钮，回到设计视图，单击文本框，设置其"类型"属性为"单行"，字符宽度为 25，如图 4-18 所示。

(5) 单击设计视图中"性别"文本右侧的单元格，两次单击菜单"插入"→"表单"→"单选按钮"命令，插入性别单选按钮组。设置完成后代码为：

```
<input name="sex" type="radio" id="radio" value="男"checked="checked"/>和
<input name="sex" type="radio" id="radio2" value="女"/>
```

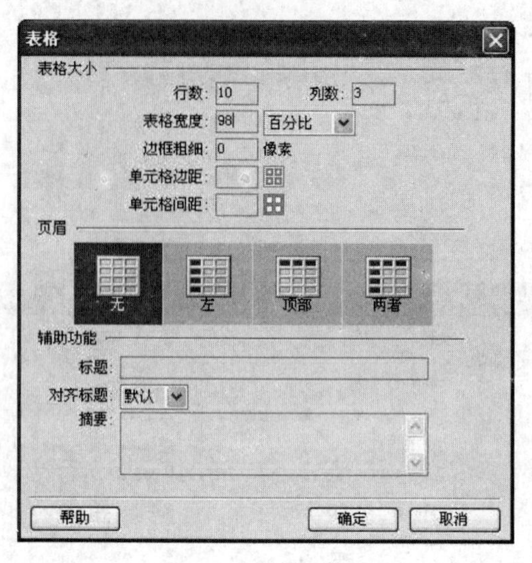

表格
表格大小
行数: 10
列数: 3
表格宽度: 98
百分比
边框粗细: 0
像素
单元格边距:
单元格间距:
页眉
无
左
顶部
两者
辅助功能
标题:
对齐标题: 默认
摘要:
帮助
确定
取消

图 4-15　插入表格

个人信息注册
个人基本信息（*为必填内容）
姓 名
性 别
登录密码
重复密码
个人爱好
所在城市
联系方式
个人简历
脚注

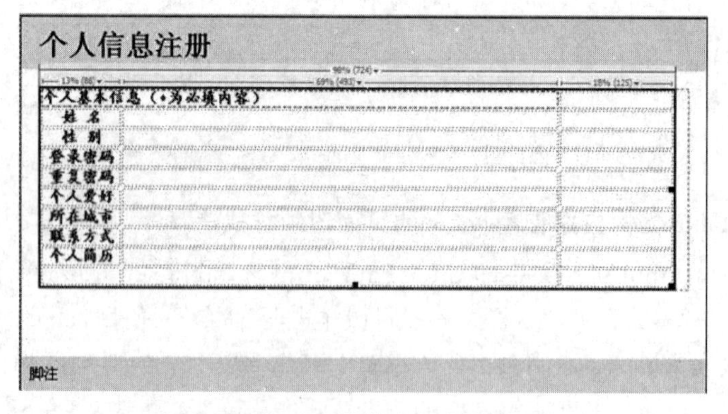

图 4-16　注册信息文本输入

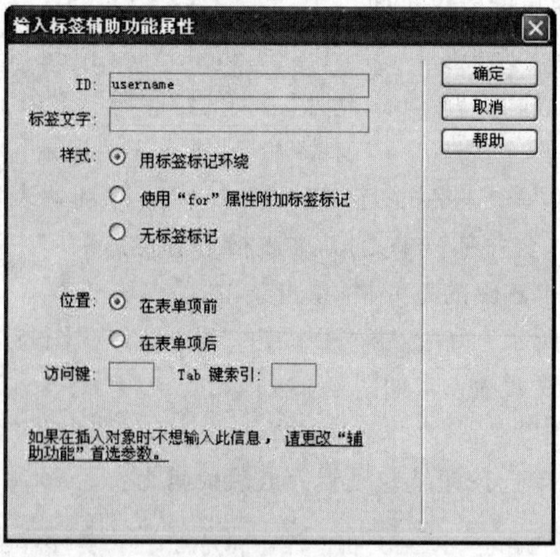

输入标签辅助功能属性
ID: username
标签文字:
样式: 用标签标记环绕
使用“for”属性附加标签标记
无标签标记
位置: 在表单项前
在表单项后
访问键:
Tab 键索引:
如果在插入对象时不想输入此信息，请更改“辅助功能”首选参数。
确定
取消
帮助

图 4-17　设置姓名输入文本表单

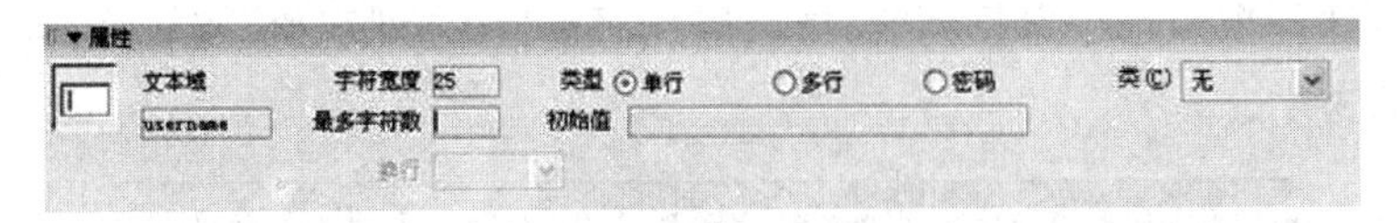

图 4-18　姓名文本框设置

(6) 单击设计视图中“登录密码”文本右侧的单元格,单击菜单“插入”→“表单”→“文本域”命令,插入文本框,在“属性”面板中设置文本域类型为“密码”。设置完成后代码为:

```
<input name="pwd" type="text" id="pwd" size="25"/>
```

在“重复密码”左侧单元格插入文本框,设置完成后代码为:

```
<input name="pwd" type="text" id="pwd" size="25"/>
```

(7) 单击设计视图中“个人爱好”文本右侧的单元格,单击菜单“插入”→“表单”→“复选框”命令,插入复选框。第一项复选框设置完成后代码为:

```
<input name="hobby" type="checkbox" id="hobby" checked="checked"/>
```

其余三项设置完成后代码为:

```
<label>
<input type="checkbox" name="hobby2" id="hobby2"/>音乐</label>
<label>
<input type="checkbox" name="hobby3" id="hobby3"/>旅游</label>
<label>
<input type="checkbox" name="hobby4" id="hobby4"/>读书</label>
```

(8) 单击设计视图中“所在城市”文本右侧的单元格,单击菜单“插入”→“表单”→“选择(列表/菜单)”命令,插入列表框,属性设置如图 4-19 所示。

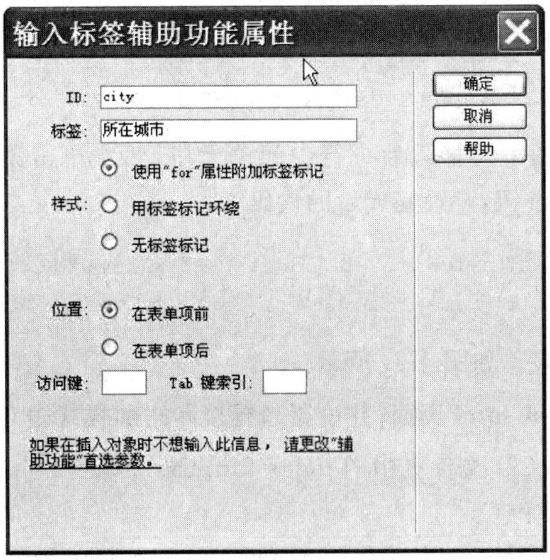

图 4-19　设置选择列表

(9) 添加选择项。选中选择列表,单击属性面板上的“列表值”按钮,设置列表中的城市,如图 4-20 所示。

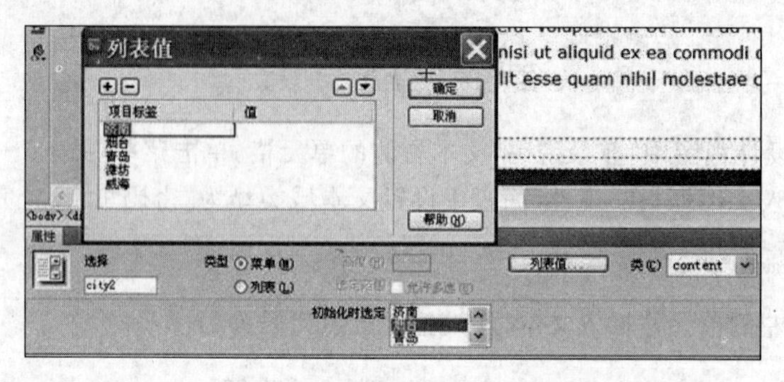

图 4-20 设置列表中的城市

设置完成后的代码为:

```
<select name="city"id="city">
<option>济南</option>
<option selected="selected">烟台</option>
<option>青岛</option>
<option>潍坊</option>
<option>威海</option>
</select>
```

(10) 单击设计视图中“联系方式”文本左侧的单元格,单击菜单“插入”→“表单”→“文本域”命令,插入文本框,设置完成后的代码为:

```
<input name="phone" type="text" id="phone" size="40"/>
```

单击设计视图中“个人简介”文本左侧的单元格,单击菜单“插入”→“表单”→“文本区域”命令,插入文本区域框,设置完成后的代码为:

```
<textarea name="Biography" id="Biography" cols="72" rows="6"></textarea>
```

(11) 单击设计视图中表格最后一行中间单元格,两次单击菜单“插入”→“表单”→“按钮”命令,插入表单按钮,设置完成后的代码为:

```
<input type="reset" name="reset" id="reset" value="重置"/>
<input type="submit" name="submit" id="submit" value="提交"/>
```

(12) 最终完成的表单如图 4-21 所示。

6. 修改 index-tablel. html 页面,并设置超链接和附加样式表

(1) 打开 test-formCss 文件夹中的 index-formCss. html 文件,并将页面中显示的“标题”文本改为“使用表单和 Css”。

(2) 在左侧栏中设置一个名为“表单页面”的文本超链接,链接到 form-reg. html 页面。

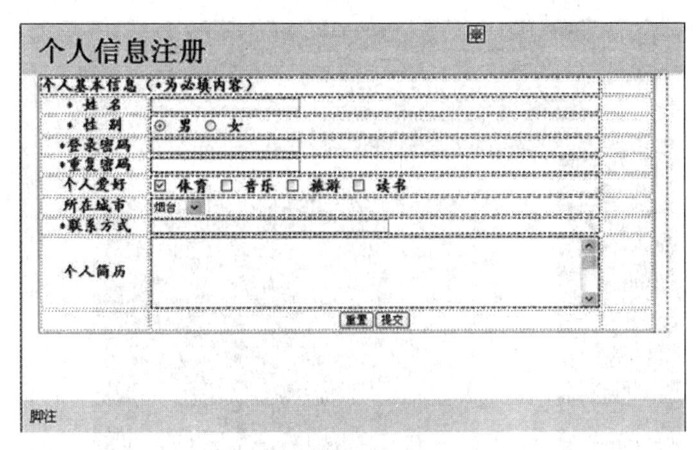

图 4-21　完成后的表单

(3) 单击菜单“文本”→“CSS样式”→“附加样式表”命令，为 index-formCss. html 页面附加超链接样式表 texthyperlink. css。

4.6　案例实践

4.6.1　案例需求说明

对“名家作品平台网站”文件夹中的文件进行 CSS 样式表的设置，要求：

(1) 整个文件夹下的文件超链接格式“字体：宋体，大小：10pt，颜色：黄色，无下划线”。访问后的超链接的格式“字体：宋体，大小：10pt，颜色：黑色，无下画线”。鼠标光标移到超链接的文字上显示十字型光标。

(2) 整个文件夹下文件正文格式“字体：宋体，大小：10pt，颜色：黑色，文字行间距为 20px”，表格有“左、右的边框线，线型：实线，大小：2px，颜色：#cccccc，表格离网页的边距为 0，鼠标显示 mouse7. ani 的鼠标样式”。页脚区域的文字格式“字体：宋体，大小：9pt，颜色：白色”。

(3) index. html 中“热爱生命”四个字的格式“字体：楷体，大小：14pt，颜色：黄色”。其下面的文字格式“字体：宋体，大小：10pt，颜色：白色”。Flash 下面的文字格式“字体：宋体，大小：14px，颜色：#FF6600”，效果图如图 4-22 所示。

(4) jianjie. html 中所获奖项的项目列表符号用图像显示，效果如图 4-23 所示。

(5) wenxue. html 中图像边框格式“样式：脊状，宽度：中，颜色：红色”。

(6) huihua. html 中“小熊”图像格式“滤镜：去色(Gray)”。

(7) donghua. html 中设置该页面的背景图像不跟随内容滚动，其中背景图像为 back. gif。

(8) xinde. html 中“热爱生命”四个字的格式“字体：楷体，大小：14pt，颜色：黄色”。其下面的文字格式“字体：宋体，大小：10pt，颜色：白色”。中间表格格式“样式：实线，宽度 2px，颜色：红色”。

图 4-22 index.html 效果图

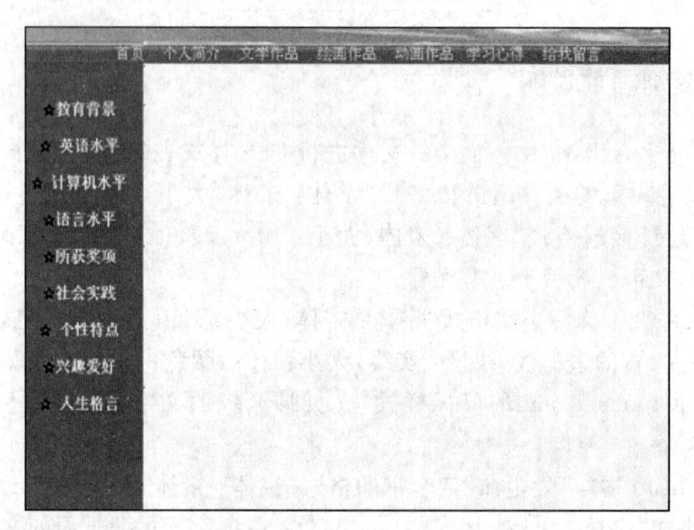

图 4-23 jianjie.html 效果图

4.6.2 技能训练要点

本技能训练主要练习 CSS 样式表的创建及运用，主要训练要点如下：

(1) 掌握 CSS 样式表功能；

(2) 掌握内部样式表的创建，并会在网页中运用样式表；

(3) 掌握外部样式表文件的创建，并会将该文件运用到整个站点文件；

(4) 掌握样式表的管理，会编辑、删除、重命名样式表。

4.6.3　案例实现

该案例主要涉及整个站点的一个外部样式表文件的创建、编辑及应用，每个网页内部样式表的创建、编辑及应用。实现步骤如下：

(1) 打开 index.html 页面，选择“文本”→“CSS 样式”→“新建”菜单命令，弹出图 4-24 所示的“新建 CSS 规则”对话框，将“选择器类型”选择为“高级(ID、伪类选择器等)”，在“选择器”下拉列表框中选择“a：link”，“定义在”选择“(新建样式表文件)”，单击“确定”按钮，弹出“保存样式表文件为”对话框，在文件名中输入文件名 new，单击“保存”按钮，弹出“a：link 的 CSS 规则定义(在 new.css 中)” 对话框，在“分类”中选择“类型”，设置为“字体：宋体，大小：10pt，颜色：黄色，修饰：无”，单击“确定”按钮。

注意：外部的 CSS 样式表文件后缀名为.css。

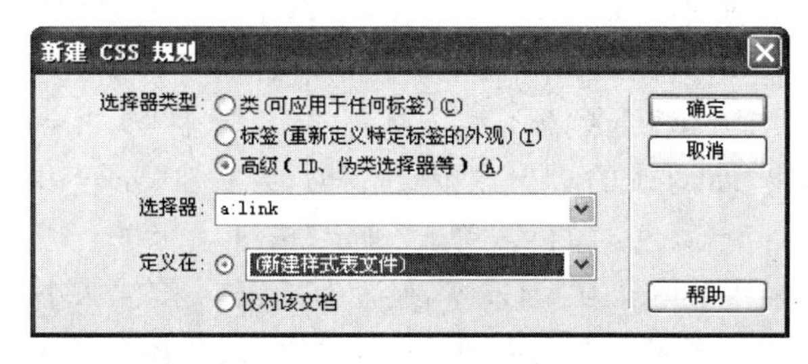

图 4-24　“新建 CSS 样式表”“高级”选项对话框

(2) 重复步骤(1)，此时将“选择器”改为“a：visited”，“定义在”选择“new.css”，单击“确定”按钮，弹出“a：visited 的 CSS 规则定义(在 new.css 中)” 对话框，在“分类”中选择“类型”，设置为“字体：宋体，大小：10pt，颜色：黑色，修饰：无”，单击“确定”按钮。

(3) 重复步骤(2)，此时将“选择器”改为“a：hover”，“定义在”选择“new.css”，单击“确定”按钮，弹出“a：hover 的 CSS 规则定义(在 new.css 中)” 对话框，在“分类”中选择“扩展”，设置为“光标：crosshair”，单击“确定”按钮。

(4) 打开浮动面板组中的 CSS 面板，选中 new.css，右击，选择“新建”命令弹出图 4-25 所示的“新建 CSS 规则”对话框，将“选择器类型”选择为“标签(重新定义特定标签的外观)”，在“标签”下拉列表框中选择 body，“定义在”选择“new.css”，单击“确定”按钮，弹出“body 的 CSS 规则定义(在 new.css 中)” 对话框，在“分类”中选择“类型”，设置为“字体：宋体，大小：10pt，颜色：黑色，行高：20px”，接着在“分类”中选择“扩展”，设置为“光标：crosshair”，此时因为默认的鼠标样式没有 mouse7.ani，所以可以任意选择一个鼠

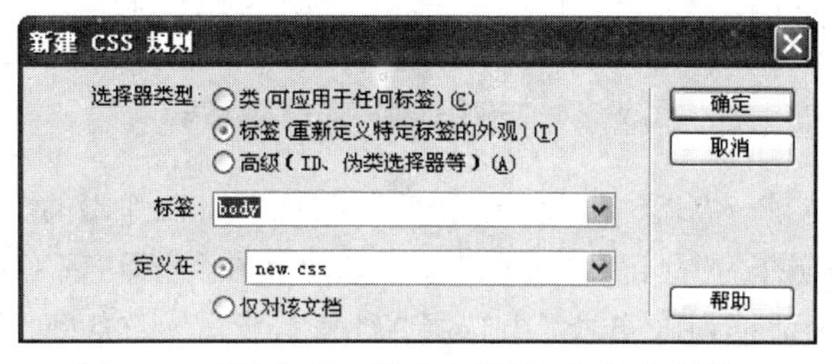

图 4-25　“新建 CSS 样式表”“标记”选项对话框

标样式,单击“确定”按钮,然后回到 new. css 文件,将 crosshair 改为“url(mouse7. ani)”。

(5) 打开浮动面板组中的 CSS 面板,选中 new. css,右击,选择“新建”命令,弹出“新建 CSS 规则”对话框,将选择器类型选择为“类”,“名称”为“. t”,“定义在”选择 new. css,弹出“. t 的 CSS 规则定义(在 new. css 中)”对话框,在“分类”中选择“方框”,设置为“边界:上、下、左、右都为 0px”,接着选择“边框”,设置为“样式:上、下、左、右都为实线,宽度:上 0px、下 0px、左 2px、右 2px,颜色:上、下、左、右都为 # cccccc”,单击“确定”按钮。

(6) 重复步骤(5),此时将选择器类型选择为“类”,“名称”为“. yj”,“定义在”选择 new. css 中,弹出“. yj 的 CSS 规则定义(在 new. css 中)”对话框,在“分类”中选择“类型”,设置为“字体:宋体,大小:9pt,颜色:白色”,单击“确定”按钮。

注意:以上的 CSS 样式都是在外部的 new. css 文件中编辑的。

(7) 保存 new. css 文件。

(8) 回到 index. html 页面,选择“文本”→“CSS 样式”→“新建”菜单命令,在弹出的“新建 CSS 规则”对话框中,将选择器类型选择为“类”,“名称”为“. style1”,“定义在”选择“仅对该文档”中,弹出“. style1 的 CSS 规则定义”对话框,在“分类”中选择“类型”,设置为“字体:楷体,大小:14pt,颜色:黄色”,单击“确定”按钮。

(9) 重复步骤(8),将名称改为“. style2”,设置为“字体:宋体,大小:10pt,颜色:白色”。

(10) 重复步骤(8),将名称改为“. style3”,设置为“字体:宋体,大小:14px,颜色:# FF6600”。

(11) 选择“热爱生命”四个字,打开“属性”面板,在“类”下拉列表框中选择 style1。

(12) 选择“热爱生命”下面的大段文字,在“类”下拉列表框中选择 style2。

(13) 选择 Flash 下面的文字,打开“属性”面板,在“类”下拉列表框中选择 style3。

(14) 按 Ctrl+S 快捷键保存该页面。

(15) 打开 jianjie. html,选择“文本”→“CSS 样式”→“附加样式表”菜单命令,弹出图 4-26 所示的“链接外部样式表”对话框,单击“浏览”按钮选择外部的样式表文件 new . css,“添加为”选择“链接”,单击“确定”按钮。

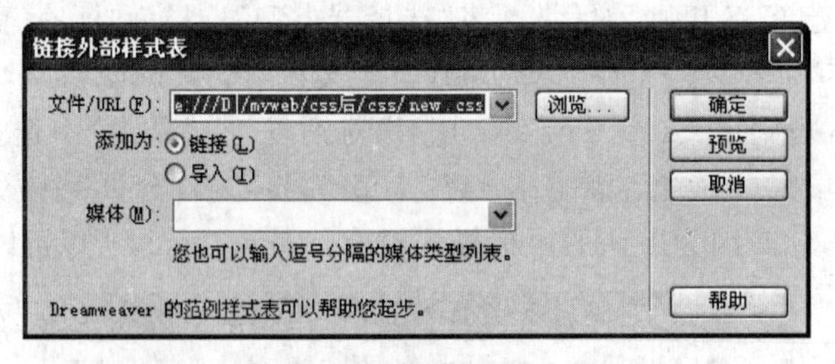

图 4-26 “链接外部样式表”对话框

(16) 再选择“文本”→“CSS 样式”→“新建”菜单命令,在弹出的“新建 CSS 规则”对话框中,将选择器类型选择为“标记”,“名称”为 ul,“定义在”选择“仅对该文档”中,弹出“ul 的 CSS 规则定义” 对话框,在“分类”中选择“列表”,设置为“类型:圆点,项目符号 list . gif,位置:内”,单击“确定”按钮。

(17) 选中需要设置项目列表的文字，打开"属性"面板，单击项目列表☷按钮。

(18) 按 Ctrl+S 快捷键保存该页面。

(19) 打开 wenxue. html，选择"文本"→"CSS 样式"→"附加样式表"菜单命令，弹出图 4-26 所示的"链接外部样式表"对话框，单击"浏览"按钮选择外部的样式表文件 new. css，"添加为"选择"链接"，单击"确定"按钮。

(20) 打开浮动面板组中的 CSS 面板，选中"样式"，右击，选择"新建"命令，弹出"新建 CSS 规则"对话框，将选择器类型选择为"标记"，在"标记"下拉列表框中选择 img，"定义在"选择"仅对该文档"，弹出"img 的 CSS 规则定义" 对话框，在"分类"中选择"边框"，设置为"样式：上、下、左、右都为脊状，宽度都为中，颜色都为红色"，单击"确定"按钮，则该页面中所有<img>标记都应用了该样式。

注意："边框"中要设置上、下、左、右都一样的效果，请选中"全部相同"复选框。

(21) 按 Ctrl+S 快捷键保存该页面。

(22) 打开 huihua. html，选择"文本"→"CSS 样式"→"附加样式表"菜单命令，弹出图 4-26 所示的"链接外部样式表"对话框，单击"浏览"按钮选择外部的样式表文件 new. css，"添加为"选择"链接"，单击"确定"按钮。

(23) 打开浮动面板组中的 CSS 面板，选中"样式"，右击，选择"新建"命令，弹出"新建 CSS 规则"对话框，将选择器类型选择为"类"，"名称"为". xx"，"定义在"选择"仅对该文档"，弹出". xx 的 CSS 规则定义" 对话框，在"分类"中选择"扩展"，设置为"滤镜：Gray"，单击"确定"按钮。

(24) 选择"小熊"图像，打开属性面板，在"类"下拉列表中选择 xx。

(25) 按 Ctrl+S 快捷键保存该页面。

(26) 打开 donghua. html，选择"文本"→"CSS 样式"→"附加样式表"菜单命令，弹出"链接外部样式表"对话框，单击"浏览"按钮选择外部的样式表文件 new. css，"添加为"选择"链接"，单击"确定"按钮。

(27) 打开浮动面板组中的 CSS 面板，选中"样式"，右击，选择"新建"命令，弹出"新建 CSS 规则"对话框，将选择器类型选择为"标记"，在"标记"下拉列表框中选择 body，"定义在"选择"仅对该文档"，弹出"body 的 CSS 规则定义"对话框，在"背景"中选择"背景图像"，设置为 back. gif，选择"重复"，设置为"重复"，选择"附件"，设置为"固定"，单击"确定"按钮，则该页面中就会出现该背景图像。

(28) 按 Ctrl+S 快捷键保存该页面。

(29) 打开 xinde. html，选择"文本"→"CSS 样式"→"附加样式表"菜单命令，弹出图 4-26 所示的"链接外部样式表"对话框，单击"浏览"按钮选择外部的样式表文件 new. css，"添加为"选择"链接"，单击"确定"按钮。

(30) 重复步骤(8)、(9)。

(31) 选择"文本"→"CSS 样式"→"新建"菜单命令，在弹出的"新建 CSS 规则"对话框中，将选择器类型选择为"类"，"名称"为". style3"，"定义在"选择"仅对该文档"，弹出". style3 的 CSS 规则定义" 对话框，在"分类"中选择"边框"，设置为"样式：实线，宽度 2px，颜色：红色"，单击"确定"按钮。

(32) 重复步骤(11)、(12)。

(33) 选择中间区域的表格,打开"属性"面板,在"类"下拉列表框中选择"style3"。

(34) 按 Ctrl+S 快捷键保存该页面。

本章小结

在本章内容中,对 CSS 在网页开发中的应用做了介绍,读者通过本章的学习可以了解 CSS 的基本的概念,掌握 CSS 选择器和 CSS 样式的应用,学会 DIV+CSS 使用方法,学会如何在 Dreamweaver 中创建 CSS,为后续网站的开发做准备。

本章习题

一、选择题

1. CSS 样式按照代码放置的位置不同可以划分为 3 种 CSS 样式,下列( )不是 CSS 的样式。

A. 嵌入样式 B. 内联样式 C. 文件样式 D. 外联样式

2. 下列代码使用 HTML 元素的 ID 属性,将样式应用于网页上的某个段落: <P id="firstp">这是一个段落</P>,下面选项中,( )正确定义了上面代码引用的样式规则。

A. <Style Type="text/css"> P {color: red} </Style>

B. <Style Type="text/css"> #firstp {color: red} </Style>

C. <Style Type="text/css"> .firstp {color: red} </Style>

D. <Style Type="text/css"> P.firstp {color: red} </Style>

3. CSS 选择器通过被规则指定的标记,对文档中使用该标记的内容进行统一的外观控制。下面( )不是 CSS 选择器。

A. 标记选择器 B. 类型选择器 C. ID 选择器 D. 名称选择器

4. CSS 选择器中标记选择器和类型选择器的作用范围( )。

A. 标记选择器大于类型选择器 B. 标记选择器等于类型选择器

C. 标记选择器小于类型选择器 D. 不确定

5. 能够定义所有 P 标记内文字加粗的是( )。

A. <p style="text-size: bold"> B. <p style="font-size: bold">

C. p{text-size: bold} D. p {font-weight: bold;}

6. 下列 CSS 语法规则正确的是( )。

A. body: color=black B. {body;color: black}

C. body {color: black} D. {body: color=black: body}

7. 关于样式的说法不正确的是( )。

A. 样式可以控制网页背景图片 B. margin 属性的属性值可以是百分比

C. 字体大小的单位可以是 em D. 1em 等于 18 像素

二、填空题

1. 在 HTML 中加入 CSS 的方法主要有________、________和________。

2. CSS 分层是利用________标记构建的分层。

3. 定义 CSS 样式表时，最常用的三种选择器(selector)是 HTML 标记符、________、虚类。

4. 应用________，网页元素将依照定义的样式显示，从而统一了整个网站的风格。

三、简答题

1. CSS 指的是什么？在网页制作中为什么要使用 CSS 技术？

2. 网页制作中有哪几种样式设置方法？各有何特点？

3. 简述 DIV+CSS 是什么。

第5章 JavaScript

5.1 JavaScript概述

JavaScript是一种用于Web程序开发的编程语言，它功能强大，主要用于开发交互式Web页面。JavaScript不需要进行编译，可以直接嵌入HTML页面中，把静态页面转变成支持用户交互并响应事件的动态页面。

在浏览网页时，除了能看到静态的文本、图像，有时也能看到浮动的动画、信息框以及动态变换的时钟信息等。页面上这些实时的、动态的、可交互的网页效果在Web应用开发时可以使用JavaScript语言编写实现。下面针对JavaScript的起源、主要特点以及应用进行详细讲解。

5.1.1 JavaScript的起源

JavaScript是Web页面中的一种脚本编程语言，也是一种通用的、跨平台的、基于对象和事件驱动并具有安全性的脚本语言。JavaScript的前身是LiveScript，是由Netscape(网景)公司开发的脚本语言。后来在Sun公司推出著名的Java语言之后，Netscape公司和Sun公司于1995年一起重新设计了LiveScript，并把它改名为JavaScript。

在概念和设计方面，Java和JavaScript是两种完全不同的语言。Java是面向对象的程序设计语言，用于开发企业级应用程序，而JavaScript是在浏览器中执行，用于开发客户端浏览器的应用程序，能够实现用户与浏览器的动态交互。

5.1.2 JavaScript的主要特点

JavaScript是一种基于对象(Object)和事件驱动(Event Driven)并具有安全性能的解释性脚本语言，它具有以下主要特点：

- 解释性。JavaScript不同于一些编译性程序语言(如C、C++等)，它是一种解释性程序语言，它的源代码不需要进行编译，而是直接在浏览器中解释执行。
- 基于对象。JavaScript是一种基于对象的语言，它的许多功能来自于脚本环境中对象的方法与脚本的相互作用。在JavaScript中，既可以使用预定义对象，也可以使用自定义对象。
- 事件驱动。JavaScript可以直接对用户或客户的输入做出响应，无须经过Web服务程序，而是以事件驱动的方式进行的。例如单击鼠标、移动窗口、选择菜单等事件发生后，可以引起事件的响应。

- 跨平台性。在 HTML 页面中，JavaScript 依赖于浏览器本身，与操作环境无关。只要在计算机上安装了支持 JavaScript 的浏览器，程序就可以正确执行。
- 安全性。JavaScript 是一种安全性语言，它不允许访问本地硬盘，也不能对网络文档进行修改和删除，而只能通过浏览器实现信息浏览或动态交互。

5.1.3 JavaScript 的应用

作为一门独立的编程语言，JavaScript 可以做很多事情，但它最主流的应用还是在 Web 上，例如创建网页特效。使用 JavaScript 脚本语言实现的动态页面在网页上随处可见。下面介绍 JavaScript 的常见应用。

1. 验证用户输入的内容

使用 JavaScript 脚本语言可以在客户端对用户输入的内容进行验证。例如，在用户注册页面，要求用户输入注册信息，使用 JavaScript 可以判断用户输入的手机号、昵称及密码是否正确，如图 5-1 所示。如果用户在注册信息文本框中输入的信息不符合注册要求，或“确认密码”与“密码”文本框中输入的信息不同，将弹出相应的提示信息，如图 5-2 所示。

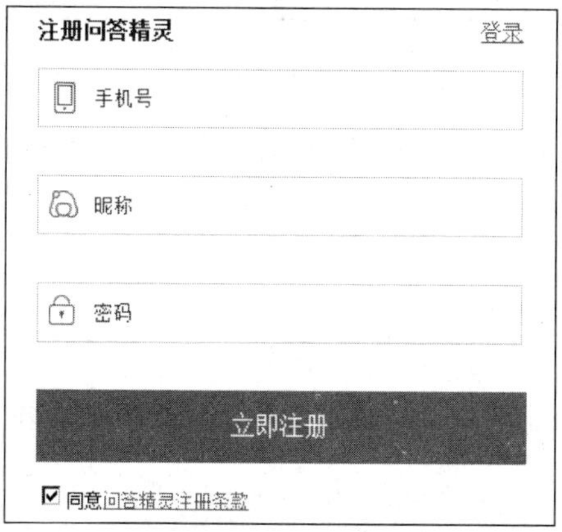

图 5-1 用户注册页面

图 5-2 弹出提示信息

2. 网页动画效果

在浏览网页时，经常会看到一些动画效果，使页面显得更加活泼、生动。使用 JavaScript 脚本语言也可以实现动画效果，例如可以在页面中实现焦点图切换效果。

3. 窗口的应用

在打开网页时，经常会看到一些浮动的广告窗口，这些广告窗口是网站最大的盈利手段。广告窗口也可以通过 JavaScript 脚本语言实现。

4. 文字特效

使用 JavaScript 脚本语言可以使文字出现多种特效，例如文字跳动等。

5.2 JavaScript 引入方式

在 HTML 文档中，JavaScript 脚本文件的使用和 CSS 样式文件类似。在 HTML 文档中引入 JavaScript 文件有两种方式：一种是在 HTML 文档中直接嵌入 JavaScript 脚本，另一种是链接外部的 JavaScript 脚本文件。

5.2.1 在 HTML 页面中嵌入 JavaScript 脚本

在 HTML 文档中，通过＜script＞标记及其相关属性可以引入 JavaScript 代码。＜script＞标记的常用属性如表 5-1 所示。

表 5-1 ＜script＞标记的常用属性及说明

属　性	说　明
language	设置所使用的脚本语言及版本
src	设置外部脚本文件的路径位置
type	设置所使用的脚本语言，此属性已代替 language 属性
defer	当 HTML 文档加载完毕后再执行脚本语言

1. language 属性

language 属性用于指定在 HTML 中使用的脚本语言及其版本。language 属性的使用格式如下：

```
<script language="javascript"></script>
```

2. src 属性

src 属性用于指定外部脚本文件的路径。外部脚本文件通常使用 JavaScript 脚本，其扩展名为.js。src 属性的使用格式如下：

```
<script src="01.js"></script>
```

3. type 属性

type 属性用于指定 HTML 中使用的脚本语言及其版本。该属性从 HTML 4.0 标准开始，推荐使用 type 属性代替 language 属性。type 属性的使用格式如下：

```
<script type="text/javascript"></script>
```

4. defer 属性

defer 属性的作用是当文档加载完毕后再执行脚本。当脚本语言不需要立即运行时，设置 defer 属性，浏览器将不必等待脚本语言装载，这样页面加载速度会更快。但当一些脚本需要在页面加载过程中或加载完成后立即执行时，就不需要使用 defer 属性。defer 属性的使用格式如下：

```
<script defer></script>
```

在 HTML 文档中，可以通过<script>标记嵌入 JavaScript 代码，具体代码如下：

```
<script type="text/javascript">
    javascript 代码
</script>
```

当 HTML 文件嵌入 JavaScript 程序代码后，浏览器程序在读到<script>标记时，就解释执行其中的脚本。其中，<script>标记可以放在 Web 页面的<head>…</head>标记中，也可以放在<body>…</body>标记中。例如，在<body>…</body>标记中可以输入以下代码：

```
<script type="text/javascript">
    alert("我要去学习 JavaScript!")            //弹出警告框
</script>
```

需要注意的是，JavaScript 脚本可以放在<body>标记中的任何位置。如果所编写的 JavaScript 程序用于输出网页的内容，应该将 JavaScript 程序置于 HTML 文件中需要显示该内容的位置。

5.2.2 在 HTML 页面中链接外部的 JavaScript 文件

在 Web 页面引入 JavaScript 的另一种方法是采用链接外部 JavaScript 文件的形式。如果脚本代码比较复杂或是同一段代码需要被多个页面使用，则可以将这些脚本代码放置在一个单独的文件中（保存文件的扩展名是.js），然后在需要使用该代码的 Web 页面中链接该 JavaScript 文件即可。

在 Web 页面中链接外部 JavaScript 文件的语法格式如下：

```
<script type="text/javascript" src="myjs.js"></script>
```

需要注意的是，调用外部文件 myjs.js 时，首先需要编写外部的 JavaScript 文件，并命名为 myjs.js。然后，在 HTML 页面中调用外部的 JavaScript 文件 myjs.js。

5.3 JavaScript 语法

5.3.1 JavaScript 的基本语法规则

每一种计算机语言都有自己的基本语法，学好基本语法是学好编程语言的关键。同样，学习 JavaScript 语言，也需要遵从一定的语法规范，如执行顺序、大小写问题以及注释语句等。

1. 执行顺序

JavaScript程序按照在HTML文件中出现的顺序逐行执行。如果某些代码(例如函数、全局变量等)需要在整个HTML文件中使用,最好将其放在HTML文件的<head>...</head>标记中。某些代码,如函数体内的代码,不会被立即执行,只有当所在的函数被其他程序调用时,该代码才会被执行。

2. 区分大小写

JavaScript严格区分字母大小写。也就是说,在输入关键字、函数名、变量及其他标识符时,都必须采用正确的大小写形式。例如,变量username与变量userName是两个不同的变量。

3. 每行结尾的分号可有可无

JavaScript语言并不要求必须以分号(;)作为语句的结束标记。如果语句的结束处没有分号,JavaScript会自动将该行代码的结尾作为语句的结尾。例如,下面两行代码都是正确的。

```
alert("您好,欢迎学习 JavaScript!")
alert("您好,欢迎学习 JavaScript!");
```

应该注意的是,最好的代码编写习惯是在每行代码的结尾处加上分号,这样可以保证代码的严谨性和准确性。

4. 注释

在编写程序时,为了使代码易于阅读,通常需要为代码加一些注释。注释是对程序中某个功能或者某行代码的解释、说明,用来提高代码的可读性,而不会被JavaScript当成代码执行。

JavaScript为开发人员提供了两种注释形式:单行注释和多行注释,具体如下:

(1) 单行注释使用双斜线"//"作为注释标记,将"//"放在一行代码的末尾或者单独一行的开头,它后面的内容就是注释部分。

(2) 多行注释可以包含任意行数的注释文本。多行注释是以"/*"标记开始,以"*/"标记结束,中间的所有内容都为注释文本。这种注释可以跨行书写,但不能有嵌套的注释。

下面是合法的JavaScript注释:

```
//这里的单行注释
/*这里是一段注释*/  //这里是另一段注释
/*这里是多行注释
*/
```

5.3.2 变量的声明与赋值

在JavaScript中,使用变量前需要先对其进行声明。所有的JavaScript变量都由关键字 var 声明，语法格式如下：

```
var  abc;
```

在声明变量的同时也可以对变量进行赋值，例如：

```
var  abc=1;
```

声明变量时，需要遵循的规则如下：

(1) 可以使用一个关键字 var 同时声明多个变量，例如：

```
var a,b,c                       //同时声明 a、b 和 c 三个变量
```

(2) 可以在声明变量的同时对其赋值，即初始化，例如：

```
var a=1,b=2,c=3;                //同时声明 a、b 和 c 三个变量，并分别对其进行初始化
```

(3) 如果只是声明了变量，并未对其赋值，则其默认为 undefined。

(4) var 语句可以用作 for 循环和 for/in 循环的一部分，这样就使循环变量的声明成为循环语法自身的一部分，使用起来比较方便。

(5) 使用 var 语句多次声明同一个变量，如果重复声明的变量已经有一个初始值，那么此时的声明就相当于对变量的重新赋值。

当给一个尚未声明的变量赋值时，JavaScript 会自动用该变量名创建一个全局变量。在一个函数内部，通常创建的只是一个仅在函数内部起作用的局部变量，而不是一个全局变量。创建一个局部变量，并不是简单地赋值给一个已经存在的局部变量，必须使用 var 语句进行变量的声明。

另外，由于 JavaScript 采用弱类型的形式，可以不理会变量的数据类型，即可把任意类型的数据赋值给变量。

例如，声明一些变量，具体代码如下：

```
var a=100                       //数值类型
var str="网页平面设计学院"        //字符串类型
var bue=true                    //布尔类型
```

值得注意的是，在 JavaScript 中，变量可以先不声明，而在使用时，根据变量的实际作用确定其所属的数据类型，为了良好的编程习惯和能够及时发现代码中的错误，建议在使用变量前对其声明。

5.3.3　函数

在 JavaScript 中，经常会遇到程序需要多次重复操作的情况，这时就需要重复书写相同的代码，这样不仅加重了开发人员的工作量，而且对于代码的后期维护相当困难。为此，JavaScript 提供了函数，它可以将程序中烦琐的代码模块化，提高程序的可读性，并且便于后期维护。

1. 函数定义

为了使代码更为简洁并可以重复使用，通常会将某段实现特定功能的代码定义成一

个函数。在 JavaScript 程序设计中，所谓函数就是在计算机程序中由多条语句组成的逻辑单元，在 JavaScript 中，函数使用关键字 function 定义，其语法格式如下：

```
<script type="text/javascript">
    function 函数名 ([参数 1,参数 2,...]){
        函数体
}
</script>
```

从上述语法格式可以看出，函数的定义由关键字 function、“函数名”、“参数”和“函数体”4 部分组成，关于这 4 部分的相关说明如下：

- function——在声明函数时必须使用的关键字。
- 函数名——创建函数的名称，是唯一的。
- 参数——外界传递给函数的值，是可选的，当有多个参数时，各参数用“,”分隔。
- 函数体——函数定义的主体，专门用于实现特定的功能。

对函数定义的语法格式有所了解后，下面定义一个无参函数 show()，并在函数体中输出“欢迎光临，网页平面设计学院”，具体示例如下：

```
<script type="text/javascript">
    function show(){
        alert("欢迎光临,网页平面设计学院");
}
</script>
```

上述代码定义的 show()函数较简单，它没有定义参数，并且函数体中仅使用 alert()语句返回一个字符串。

2. 函数的调用

当函数定义完成后，要想在程序中发挥函数的作用，必须调用这个函数。函数的调用非常简单，只需引用函数名，并传入相应的参数即可。函数调用的语法格式如下：

```
函数名称([参数 1,参数 2,...])
```

在上述语法格式中，“[参数 1,参数 2,...]”是可选的，用于表示参数列表，其值可以是一个或多个。

为了使初学者能够更好地理解函数调用，下面通过一个案例演示函数的调用。

例 5-1 函数调用示例。

```
<!DOCTYPE html PUBLIC "-//W3C//DTD XHTML 1.0 Transitional//EN"
"http://www.w3.org/TR/xhtml1/DTD/xhtml1-transitional.dtd">
<html xmlns="http://www.w3.org/1999/xhtml">
<head>
<meta http-equiv="Content-Type" content="text/html; charset=utf-8" />
<title>无标题文档</title>
</head>
```

```
<body>
<button onclick="show()">点击这里</button>  <!--通过鼠标点击事件调用函数-->
</body>
</html>
<script type="text/javascript">
    function show(){
        alert("欢迎光临");
    }
</script>
</body>
</html>
```

在上述代码中，首先定义了一个名为 show()的函数，该函数比较简单，仅使用 alert()语句返回一个字符串，然后在按钮 onclick 事件中调用 show()函数。其中本案例使用的 onclick 事件将在后面做具体介绍，此处了解即可。

运行例 5-1，结果如图 5-3 所示。单击图 5-3 中的按钮，即会弹出图 5-4 所示的警示框。

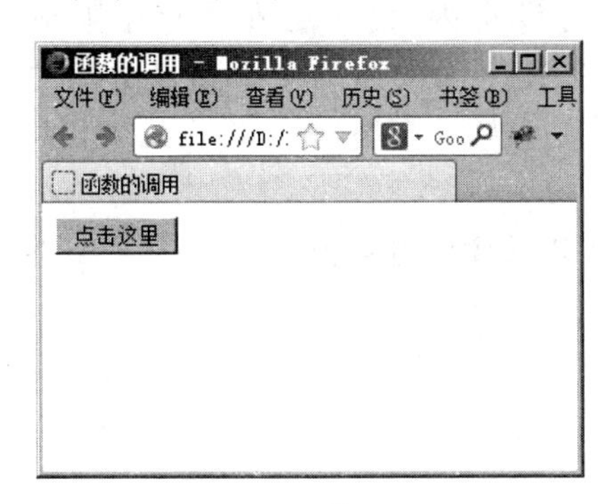

图 5-3　函数调用 1

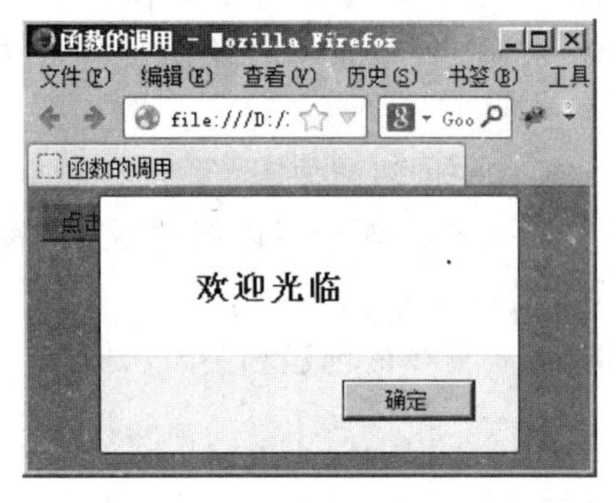

图 5-4　函数调用 2

5.3.4　JavaScript 中的对象

1. 对象简介

JavaScript 所实现的动态功能，基本上都是对 HTML 文档或者 HTML 文档运行环境进行的操作。那么要实现这些动态功能就必须找到相应的对象。JavaScript 中有已经定义过的对象供开发者调用，在了解这些对象之前先看图 5-5 所示的内容。

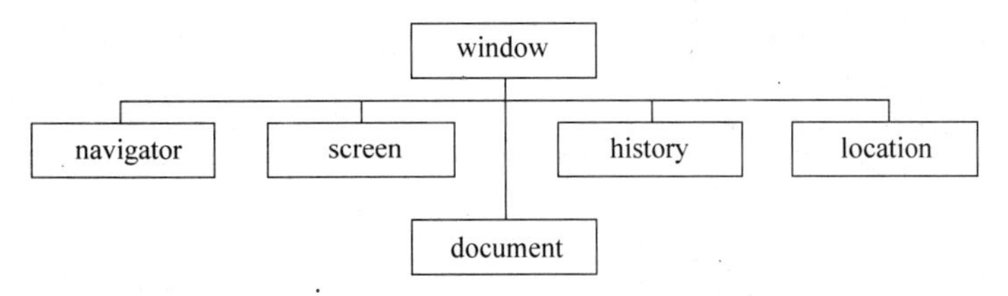

图 5-5　在浏览器窗口中的文档对象模型

图 5-5 中的内容是一个简单的 HTML 文档在浏览器窗口中的文档对象模型，其中

window、navigator、screen、history、location 都是 HTML 文档运行所需的环境对象，document 对象才是前面讲述的 HTML 文档，当然这个 document 对象还可以划分出 html、head、body 等分支。

- window 对象是所有对象中最顶层的对象，HTML 文档在 window 对象中显示。
- navigator 对象可以读取浏览器相关的信息。
- screen 对象可以读取浏览器运行的物理环境，例如屏幕的宽和高，单位为像素。
- document 对象是整个网页 HTML 内容，每个 HTML 文档被浏览器加载以后都会在内存中初始化一个 document 对象。
- history 对象可以控制浏览器的前进和后退。
- location 对象可以控制页面的跳转。

这些对象中，较常用的有 window 对象、document 对象和 location 对象。

2. window 对象

window 对象是所有 JavaScript 对象中最顶层的对象，整个 HTML 文档就是一个浏览器窗口，当打开一个浏览器窗口以后，不管有没有内容，都会在内存中形成一个 window 对象。window 对象所提供的方法很多，在下面的内容中介绍最常用的几种方法。

1）窗体的创建和关闭

利用 window 对象可以新建浏览器窗口，也可以关闭浏览器窗口，下面来看具体的操作代码。

例 5-2 窗体的创建和关闭示例。

```
<html>
<head>
<title>窗体的创建和关闭示例</title>
<script type="text/javascript">
    var win;
    function createWin() {
        win=window.open("","","width=300,height=200");
    }
    function closeWin() {
        if (win) {
            win.close();
        }
    }
</script>
</head>
<body>
<form>
<input type="button" value="创建新窗口" onclick="createWin()">
<input type="button" value="关闭新窗口" onclick="closeWin()">
</form>
```

```
</body>
</html>
```

这个程序在浏览器中运行以后，界面上会有两个按钮，单击“创建新窗口”按钮会弹出一个新的浏览器窗口，这个窗口的宽为300像素、高为200像素；单击“关闭新窗口”按钮，这个弹出窗口就会被关闭。

上面这个程序中用到的就是window对象的open和close两个方法，open方法新建一个窗口，close方法关闭指定窗口。

2）三种常用的对话框

在window对象中，有三种常用的对话框：第一种是警告对话框，第二种是确认对话框，第三种是输入对话框。下面这个示例中展示了这三个对话框的用法。

例5-3 三种常用的对话框。

```
<html>
<head>
<title>三种常用的对话框</title>
<script type="text/javascript">
    function alertDialog() {
    alert("您成功执行了这个操作。");
    }
    function confirmDialog() {
        if(window.confirm("您确认要进行这个操作吗？"))
            alert("您选择了确定!");
        else
            alert("您选择了取消");
    }
    function promptDialog() {
        var input=window.prompt("请输入内容:");
        if(input !=null)
        {
            window.alert("您输入的内容为"+input);
        }
    }  </script>
</head>
<body>
<form>
<input type="button" value="警告对话框" onclick="alertDialog()">
<input type="button" value="确认对话框" onclick="confirmDialog()">
<input type="button" value="输入对话框" onclick="promptDialog()">
</form>
</body>
</html>
```

运行结果如图 5-6 所示。

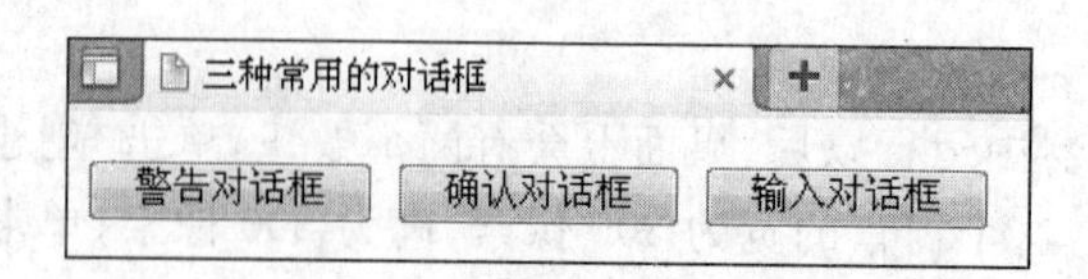

图 5-6 三种常用的对话框

单击“警告对话框”按钮时，会弹出图 5-7 所示的警告对话框。
单击“确认对话框”按钮时，会弹出图 5-8 所示的确认对话框。

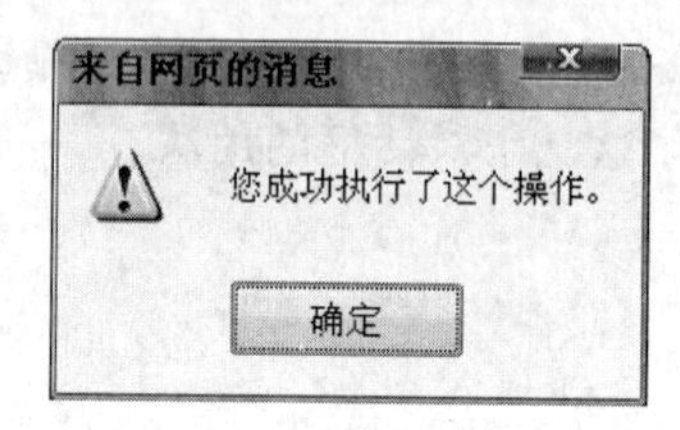

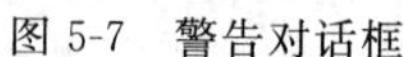
图 5-7 警告对话框

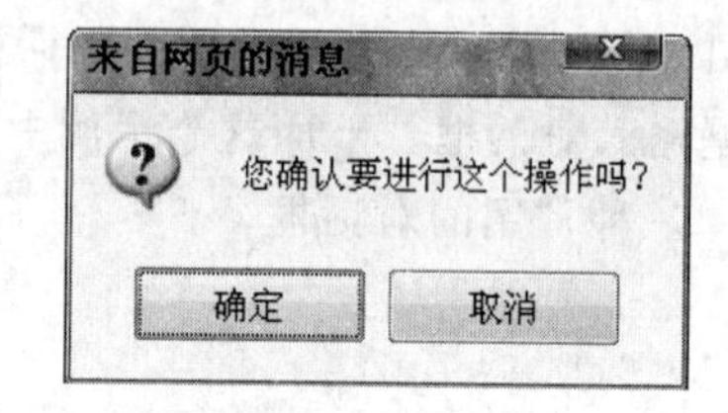

图 5-8 确认对话框

单击“输入对话框”按钮时，会弹出图 5-9 所示的输入对话框。

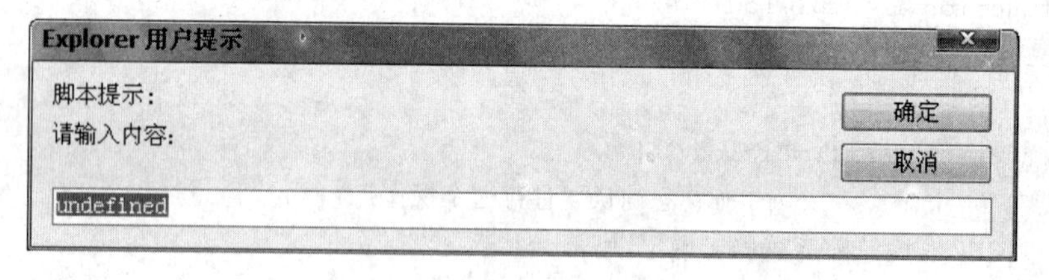

图 5-9 输入对话框

在上面这个程序中，对后两种对话框的返回值也进行了示例处理，参照上面的格式稍加修改就可以用到用户的程序中去。

3. document 对象

document 对象是在具体的开发过程中用的最频繁的对象，利用 document 对象可以访问页面上的任何元素。通过控制这些元素可以完成与用户的互动。

1) 利用 document 定位 HTML 页面元素

所有 HTML 页面元素都可以用 document. getElementById()方法访问，还有一部分 HTML 页面元素可以使用数组访问。例如，表单元素就可以使用 document. forms["formName"]或者 document. forms["formIndex"]访问，其中 formName 是表单的名称，formIndex 是表单的序号。

当 HTML 页面中使用了框架集 frameset 时，使用 document 对象定位 frame 中的元素时，首先要取得 frame 的 document 对象，然后在这个对象上继续操作。这个 document 对象可以这样获得：document. frames["framesName"]. document，这里的 framesName 是 frame 的名称，取得的这个 frame 的 document 对象使用方法和其他 document 的使用方法是一样的，在这个 document 基础上可以继续定位 frame 中的元素。

2）利用 document 对象动态生成 HTML 页面

用 document 对象不仅可以取出或者设置 HTML 页面元素的值，而且可以动态地生成整个新的 HTML 文档。下面的例子就是利用 document 对象生成一个新的 HTML 文档。

例 5-4　动态生成 HTML 页面。

```
<html>
<head>
<title>动态生成 HTML 页面</title>
<script type="text/javascript">
function create() {
    var content="<html><head><title>动态生成的 HTML 文档</title></head>";
    content+="<body><font size='2'><b>这个文档的内容是利用 document 对象动态生
成的</b></font></h1>";
    content+="</body></html>";
    var newWindow=window.open();
    newWindow.document.write(content);
    newWindow.document.close();
}
</script>
</head>
<body>
<form>
<input type="button" value="创建 HTML 文档" onclick="create()">
</form>
</body>
</html>
```

在上面这个示例程序中，利用 JavaScript 动态生成一个 HTML 代码串，并且利用 document 对象把这段代码串写入新建窗口的 document 对象中，这样就完成动态生成 HTML 页面的功能，此处如果是在原窗体显示，那么只需要把新建的窗体对象替换成当前窗体的 window 对象即可。

上面的程序在浏览器中打开以后，会显示图 5-10 所示的操作页面，单击“创建 HTML 文档”按钮，就会弹出一个图 5-11 所示的新窗体，窗体内容是利用 document 对象动态创建的。

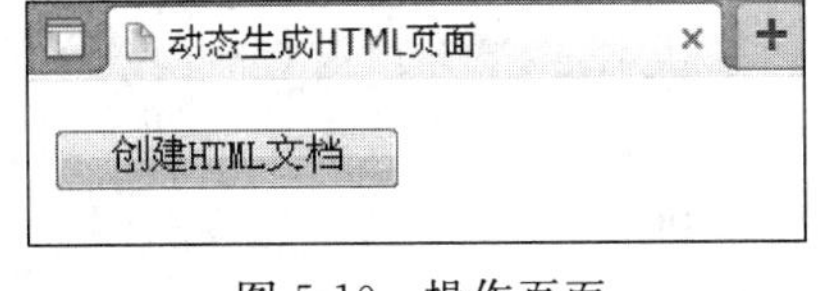

图 5-10　操作页面

注意，在 JavaScript 的字符串操作中，不允许在单引号中嵌套单引号或者在双引号中嵌套双引号，但是这两种引号可以交叉使用，既可以在双引号中嵌套单引号，也可以在单引号中嵌套双引号。

图 5-11　利用 document 对象动态生成的 HTML 页面

4. location 对象

在 HTML 标记中，可以用<a></a>超链接标记控制网页中的跳转。在 JavaScript 中，如果要实现类似的网页跳转功能只能选择 location 对象，这个对象的使用方法非常简单，只需要在 JavaScript 代码中添加下面一行代码即可。

```
window.location.href="http://www.sohu.com";
```

window 对象就是要控制的目标窗体，赋值的内容就是窗体将要跳转到的页面，这行代码可以实现类似超链接标记的效果。

JavaScript 常用内建对象和预定义函数详见附录 B；JavaScript 常用事件见附录 C。

5.4 编写 JavaScript 程序

JavaScript 程序的编写可以使用记事本等文本工具，也可以使用 Dreamweaver 工具，可以启动 Dreamweaver 编辑器，新建一个 HTML 默认文档。在 HTML 代码中嵌入 JavaScript 代码，如例 5-5 所示。

例 5-5 编写一个简单的 JavaScript 程序。

```
<!DOCTYPE html PUBLIC "-//W3C//DTD XHTML 1.0 Transitional//EN"
"http://www.w3.org/TR/xhtml1/DTD/xhtml1-transitional.dtd">
<html xmlns="http://www.w3.org/1999/xhtml">
<head>
<meta http-equiv="Content-Type" content="text/html; charset=utf-8" />
<title>第一个简单的 JavaScript 程序</title>
</head>
<body>
<div style="font-size:18px;">
<script type="text/javascript">
    alert("Hello,JavaScript!");                    //弹出信息警示框
    prompt("请输入密码!");                          //弹出输入提示框
</script>
</div>
</body>
</html>
```

保存为.html 文件格式后，在浏览器中运行，将弹出一个警示框，如图 5-12 所示。单击"确定"按钮后，将会继续弹出一个输入提示框，如图 5-13 所示。

例 5-6 编写一个图 5-14 所示的 JavaScript 的演示程序，在不同的时间段输出相应的提示，当单击"关闭窗口"链接时给出相应的提示，如图 5-15 所示。

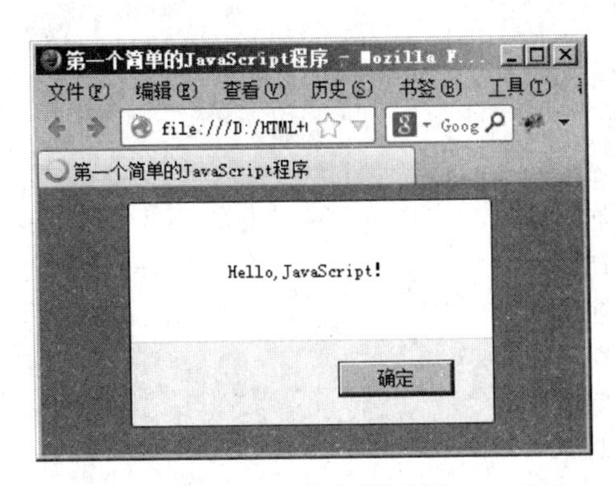

图 5-12 弹出警示框

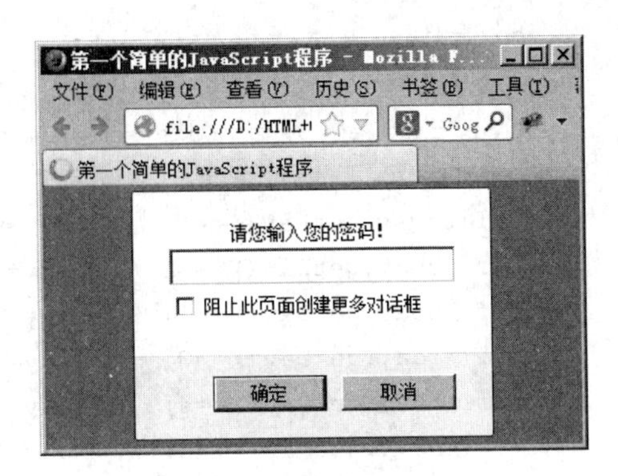

图 5-13 弹出输入提示框

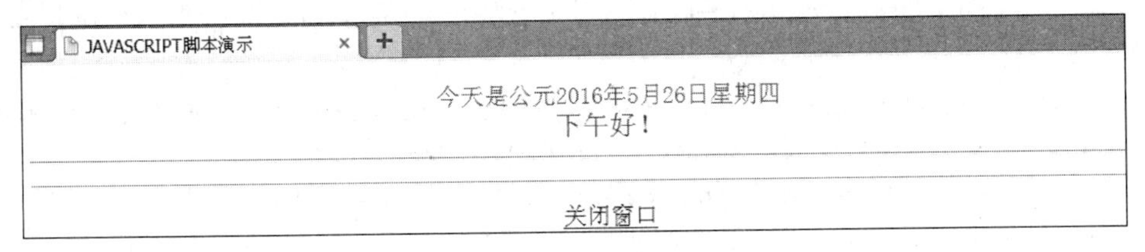

图 5-14 JavaScript 演示效果

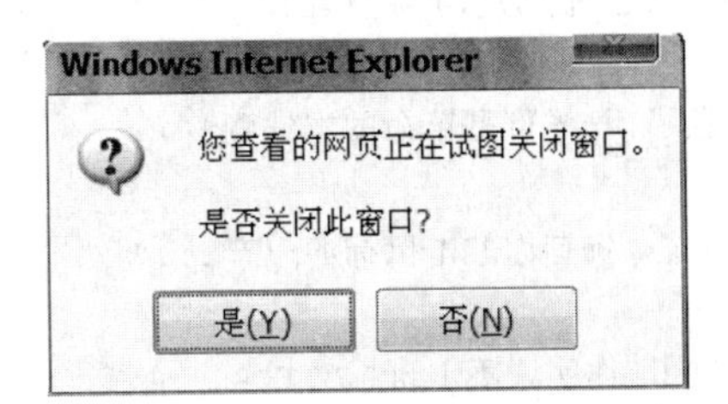

图 5-15 “关闭窗口”提示框

```
<html>
<head>
<meta http-equiv="Content-Type" content="text/html; charset=gb2312">
<title>JAVASCRIPT 脚本演示</title>
<script language="javascript">
function click() {
if (event.button==2) {   //改成 button==1 为禁止左键
alert('对不起,禁止使用此功能.')
}
}
document.onmousedown=click
</script>
</head>
<body onUnload="window.alert('谢谢你的光临!欢迎下次再来!')">
<p align="center">
```

```
<SCRIPT language="JavaScript">
<!-----------
    var enabled=0;    today=new Date();
    var day;   var date;
    if(today.getDay()==0)        day="星期日"
    if(today.getDay()==1)        day="星期一"
    if(today.getDay()==2)        day="星期二"
    if(today.getDay()==3)        day="星期三"
    if(today.getDay()==4)        day="星期四"
    if(today.getDay()==5)        day="星期五"
    if(today.getDay()==6)        day="星期六"
    document.fgColor=" FF0072";
date1=(today.getYear())  +"年"+(today.getMonth()+1)+"月"+today.getDate()+"日";
date2=day;
document.write("<center>"+"<font size=3 color=red>"+"今天是公元"+date1.
fontsize(3)+date2.fontsize(3)+"</font>"+"</center>");
document.write("<center><font color=#0066ff size=+1>")
hr=today.getHours()
if (hr==1)
document.write("凌晨一点已过,别忘了休息喔!")
if (hr==2)
document.write("该休息了,身体可是革命的本钱啊!")
if (hr==3)
document.write("夜深人静,只有你敲击鼠标的声音...")
if (hr==4)
document.write("四点过了,你明天不上班???")
if (hr==5)
document.write("该去晨运了!!!")
if (hr==6)
document.write("你知道吗,此时是国内网络速度最快的时候!")
if (hr==7)
document.write("新的一天又开始了,祝你过得快乐!")
if ((hr==8) || (hr==9) || (hr==10))
document.write("上午好!今天你看上去好精神哦!")
if (hr==11)
document.write("十一点过了,快下班了吧?")
if (hr==12)
document.write("十二点过了,还不下班?")
if ((hr==13) || (hr==14))
document.write("你不睡午觉?")
if ((hr==15) || (hr==16) || (hr==17))
document.write("下午好!")
if ((hr==18) || (hr==19))
document.write("吃晚饭了吧?")
```

```
if ((hr==20) || (hr==21) || (hr==22))
document.write("今晚又在这玩电脑了,没节目?")
if (hr==23)
document.write("真是越玩越精神,不打算睡了?")
if (hr==0)
document.write("凌晨了,还不睡?")
document.write("</font></center>")
//--->
</SCRIPT>
</p>
<hr>
<hr>
<p align="center"><a href="javascript:window.close()"><br>
关闭窗口</a></p>
</body>
</html>
```

5.5 JavaScript+DIV+CSS 结合

在 Web 应用中,可以使用 JavaScript+DIV+CSS 结合实现下拉菜单,下拉菜单在网页中使用很普遍,在学习了 JavaScript 和 CSS 以后实现将毫无难度。其原理是用 JavaScript 控制不同 DIV 的显示和隐藏,其中所有 DIV 都是用 CSS 定位方法提前定义好位置和表现形式,下拉的效果是当鼠标经过的时候触发一个事件,把对应的 DIV 内容显示出来而已。下面例 5-7 中将实现一个简单的下拉菜单。

例 5-7 下拉菜单示例。

```
<html>
  <head>
    <title>下拉菜单示例</title>
    <script language="javascript">
        //当鼠标移到菜单选项的时候显示对应的DIV
        function show(menu)
        {
            document.getElementById(menu).style.visibility="visible";
        }
        //当鼠标移出的时候隐藏所有的 DIV
        function hide()
        {
            document.getElementById("menu1").style.visibility="hidden";
            document.getElementById("menu2").style.visibility="hidden";
            document.getElementById("menu3").style.visibility="hidden";
        }
```

```
    </script>
    </head>
    <body>
        <table>
          <tr bgcolor="#9999FF">
          <td width="80" onMouseMove="show('menu1')" onMouseOut="hide()">菜单一</td>
          <td width="80" onMouseMove="show('menu2')" onMouseOut="hide()">菜单二</td>
          <td width="80" onMouseMove="show('menu3')" onMouseOut="hide()">菜单三</td>
          </tr>
        </table>
      <div id="menu1" onMouseMove="show('menu1')" onMouseOut="hide()" style=
"background:#9999FF;position:absolute;left=12;top=38;width=80; visibility=
hidden">
      <span>子菜单一</span><br>
      <span>子菜单二</span><br>
      <span>子菜单三</span><br>
      </div>
      <div id="menu2" onMouseMove="show('menu2')" onMouseOut="hide()" style=
"background:#9999FF;position:absolute;left=95;top=38;width=80; visibility=
hidden">
        <span>子菜单一</span><br>
        <span>子菜单二</span><br>
        <span>子菜单三</span><br>
      </div>
    <div id="menu3" onMouseMove="show('menu3')" onMouseOut="hide()" style=
"background:#9999FF;position:absolute;left=180;top=38;width=80; visibility
=hidden">
        <span>子菜单一</span><br>
        <span>子菜单二</span><br>
        <span>子菜单三</span><br>
      </div>
    </body>
  </html>
```

运行效果如图 5-16 所示。

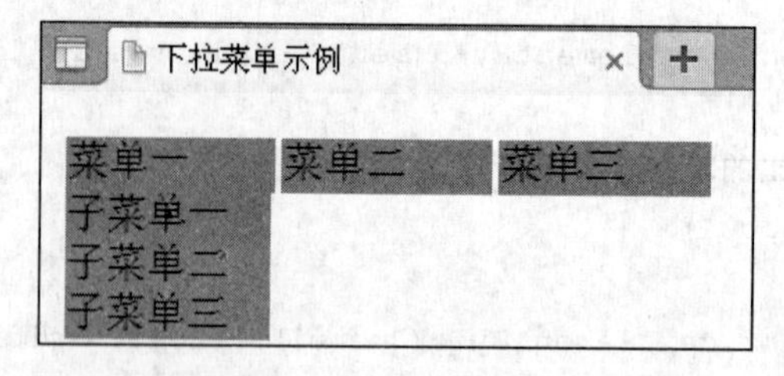

图 5-16 下拉菜单程序运行效果

5.6 案例实践

5.6.1 案例需求说明

设计图 5-17 所示的表单。

用户注册	
注册账号	＊6-20字母数字的组合
账号密码	＊6-20字符的组合
确认密码	＊
电子邮件	
您的性别	保密
您的生日	1980 年 1 月 1 日
QQ账号	
上传头像	浏览...
个性签名	
附加信息	◉ 接收邮件 ○ 不接收邮件 □ 公开邮箱 □ 公开个人信息
	提交 重置

图 5-17 用户注册表单

在表单中使用 JavaScript 验证表单中各个控件的输入，主要保证：

(1)“注册账号”、“账号密码”、“确认密码”非空；

(2)“账号密码”和“确认密码”一致；

(3)“账号密码”位数为 6～20 位。

5.6.2 技能训练要点

本案例主要让读者自己实现页面验证效果，学会如何书写 JavaScript 程序，了解各元素的功能和实现方法；并学会如何使用 JavaScript 程序验证网页的常用控件。

5.6.3 案例实现

需要在<head>…</head>标记中插入客户端验证代码，另外，JavaScript 区分大小写，在案例实现过程中需格外注意，编写 JavaScript 代码如下：

```
<script language="javascript">
    function check()
    {
        if(document.form1.zczh.value=="")
        {
            window.alert("请输入注册账号");
            document.form1.zczh.value="";
```

```
            document.form1.zczh.focus();
            return false;
        }
        if(document.form1.zhmm1.value=="")
        {
            window.alert("请输入账号密码");
            document.form1.zhmm1.value="";
            document.form1.zhmm1.focus();
            return false;
        }
        if(document.form1.zhmm2.value=="")
        {
            window.alert("请输入确认密码");
            document.form1.zhmm2.value="";
            document.form1.zhmm2.focus();
            return false;
        }
        if(document.form1.zhmm1.value!=document.form1.zhmm2.value)
        {
            window.alert("两次密码不一致,请重新输入");
            document.form1.zhmm1.value="";
            document.form1.zhmm2.value="";
            document.form1.zhmm1.focus();
            return false;
        }
        if(document.form1.zhmm1.value.length<6|| document.form1.zhmm1.value
.length>20)
        {
            window.alert("密码长度范围必须在 6 和 20 之间");
            document.form1.zhmm1.value="";
            document.form1.zhmm2.value="";
            document.form1.zhmm1.focus();
            return false;
        }
        return true;
    }
</script>
```

界面各控件的设计读者可以自行实现。

本章小结

本章首先介绍了 JavaScript 的概念,了解了 JavaScript 的历史、特点、引入方式及基本应用等;然后介绍了 JavaScript 入门的基础知识,包括基本语法及函数、对象等相关知识。通过本章的学习,读者应该能够简单地认识 JavaScript 语言的语法及作用,熟练掌握在 HTML 文档中引入 JavaScript 代码的方法,并能够熟练编写 JavaScript 程序。

本章习题

一、选择题

1. 在 HTML 页面中使用外部 JavaScript 文件的正确语法是(　　)。

   A. <language="JavaScript"src="scriptfile.js">

   B. <script language="JavaScript"src="scriptfile.js"></script>

   C. <script language="JavaScript"=scriptfile.js></script>

   D. <language src="scriptfile.js">

2. 将 JavaScript 代码嵌入 HTML 文档，可使用的 HTML 标记是(　　)。

   A. <P> </P>　　B. <A> </A>

   C. <HTML> </HTML>　　D. <script> </script>

3. 以下(　　)不是 JavaScript 的全局函数。

   A. escape　　B. parseFloat　　C. eval　　D. alert

4. 分析下面的 JavaScript 代码段：

```
a=new Array(2,3,4,5,6); sum=0;
for(i=1;i<a.length;i++)     sum+=a[i];
document.write(sum);
```

输出结果是(　　)。

   A. 20　　B. 18　　C. 14　　D. 12

5. 下列 JavaScript 语句中，(　　)能实现单击按钮时弹出消息框。

   A. <BUTTON VALUE="鼠标响应" onClick=alert("确定")></BUTTON>

   B. <INPUT TYPE="BUTTON" VALUE="鼠标响应" onClick=alert("确定")>

   C. <INPUT TYPE="BUTTON" VALUE="鼠标响应" onChange=alert("确定")>

   D. <BUTTON VALUE="鼠标响应" onChange=alert("确定")></BUTTON>

二、填空题

1. window 对象的 open 方法返回的是________。

2. 代码“setInterval("alert('welcome');",1000);”的意思是________。

3. 分析下面的 JavaScript 代码段：

```
var a=15.49;
document.write(Math.round(a));
```

输出的结果是________。

4. 分析下面的 JavaScript 代码段：

```
a=new Array("100","2111","41111");
for(var i=0;i <a.length;i  )
{
```

```
document.write(a[i] "");
}
```

输出结果是________。

5. 分析下面的 JavaScript 代码段:

```
function employee(name,code)
{
    this.name="Jerry";
    this.code="A001";
}
newemp=new employee("Mary",'A002');
document.write("雇员姓名:"+newemp.name+"<br>");
document.write("雇员代号:"+newemp.code+"<br>");
```

输出的结果是________。

三、简答题

1. 什么是 JavaScript?

2. 简述 JavaScript 与 Java 的区别。

3. 什么是脚本语言? 根据它运行的位置可分为哪两种脚本? JavaScript 具有哪些特点?

4. 应用 JavaScript 如何打开一个新窗口?

四、程序题

1. 检查用户输入数据合法性。首先显示用户输入电话号码的界面(见图 5-18),当用户输入了号码并单击“提交号码”按钮后,将执行合法性检查程序,若用户输入的电话号码值不符合要求(必须是数字,且要求输入的数字位数为 11 位或者 12 位),则给出出错提示信息(见图 5-19),并且不将数据提交给服务器,如果是正确输入则弹出号码提交成功的对话框(见图 5-20),将用户输入的电话号码提交给服务器。请将以下代码补充完整。

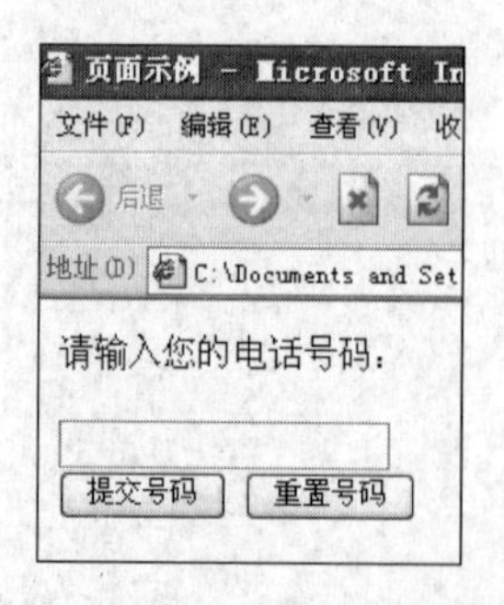

图 5-18 输入电话号码的界面

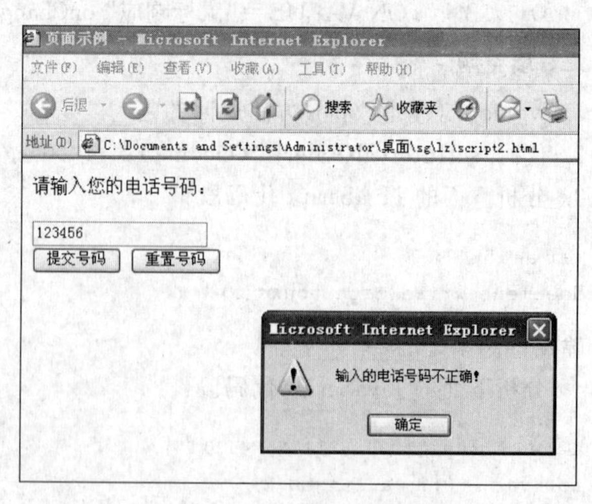

图 5-19 判断提示页面

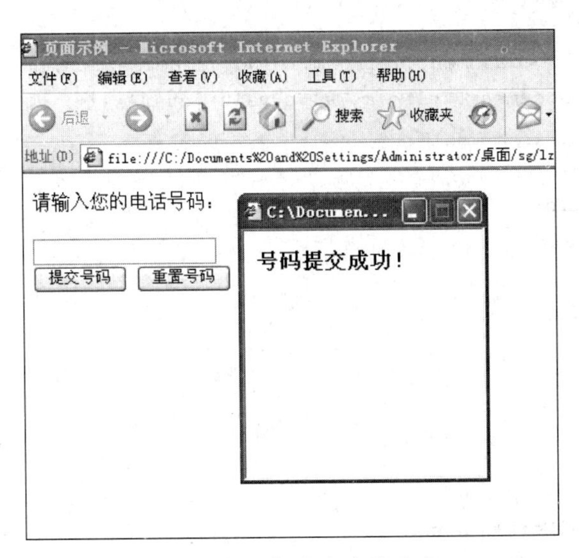

图 5-20 提交成功页面

```
<html>
<head>
<title>页面示例</title>
<script language="javascript">
function Verify(){
    var Tel=________________;
    if(Tel.length==0)
    { alert("电话号码不能为空!输入您的电话号码!");
        return false;}
    if(__________________)
    {
        if(________________){
            NewWin=window.open("","","width=200,height=200");
            NewWin.document.open("text/html");
            NewWin.document.write("<h3>号码提交成功!</h3>");
            NewWin.document.close();
            return true;
            }
        else{
                alert("输入号码包含非法字符,请输入数字号码!");
                return false;}
    }
    else{
            alert("输入的电话号码不正确!");
            return false;}
}
function validOfPhone()
```

```
{   valid=true;
    for(var i=0;i<document.TelForm.TelNo.value.length;i++)
    {   var ch=document.TelForm.TelNo.value.charAt(i);
        if(_______________)
        valid=false;
        if(!valid)
           break;
    }
    return valid;
}
</script>
</head>
<body>
请输入您的电话号码:<br>
<form name="TelForm" onSubmit="________________">
<input type="text" name="TelNo" value="" /><br />
<input type="submit" value="提交号码" width="100" />
<input type="reset" value="重置号码" width="100" />
</form>
</body>
</html>
```

2. 编写图 5-21 所示新用户注册页面,使用 JavaScript 对该页面进行验证,要求:

(1) 用户名和密码不能为空,为空时给出相应提示。

(2) 用户确认密码不能为空且两次输入应相同,否则应给出提示。

(3) 电子邮箱地址格式要正确,否则应给出“非法 E-mail 地址!”的提示。

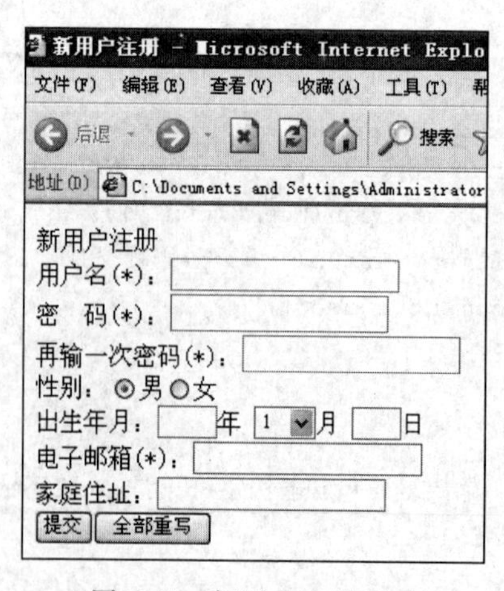

图 5-21　新用户注册页面

第6章　动态Web开发

6.1　Web开发概述

Web页通常称为网页，其中包含相关的文本、图像、声音、动画、视频以及脚本命令等，位于特定计算机的特定目录中，其位置可以根据URL确定。Web程序是使用HTTP作为核心通信协议，并使用HTML语言向用户传递信息的应用程序。一个Web应用程序实质上就是一组静态网页和动态网页的集合，在这些网页之间可以相互传递信息，还可以通过这些网页对Web服务器上的资源进行存取。

一般的Web站点由一组相关的HTML文件和其他文件组成，这些文件存储在Web服务器上。从技术层面看，Web架构的精华有三处：用超文本技术(HTML)实现信息与信息的连接；用统一资源定位技术(URL)实现全球信息的精确定位；用新的应用层协议(HTTP)实现分布式的信息共享。这三个特点无一不与信息的分发、获取和利用有关。其实，Web是一个抽象的(假想的)信息空间。也就是说，作为Internet上的一种应用架构，Web的首要任务就是向人们提供信息和信息服务。

按照Web服务器响应方式的不同，Web页面可以分为静态Web页面和动态Web页面。

6.1.1　静态Web页面

静态Web页面的后缀名多为.html、.htm，浏览器向服务器请求页面时可以直接读取页面内容，读取到的内容通过网络服务器直接返回给用户。

在静态Web程序中，客户端使用Web浏览器(IE、360浏览器等)，经过网络连接到服务器端上，然后使用HTTP协议通过网络向服务器端发送一个HTTP请求(Request)，告诉服务器需要哪个页面，所有请求交给Web服务器处理；Web服务器根据用户的需求，从文件系统中(存放了所有静态页面的磁盘)取出内容，通过Web服务器返回给客户端(Response)，客户端接收到内容后经过浏览器解析，显示出效果来。工作流程如图6-1所示。

为了让静态的页面显示得更好看些，还可以采取诸如JavaScript和VBScript的技术，增加静态页面的显示特效。但是，这些特效都是在客户端借助浏览器(浏览器解释JavaScript和VBScript代码)实现的，在服务器端没有任何变化。

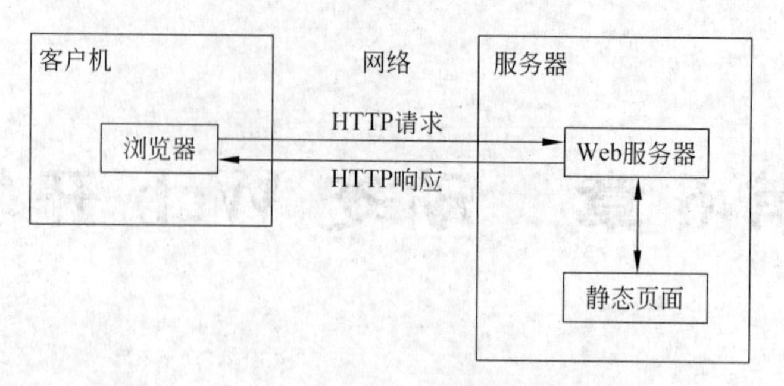

图 6-1　静态 Web 工作流程图

静态 Web 页面存在以下重要的问题：

(1) 所有用户看到的页面效果是一样的，因为服务器向所有用户提供的内容都是一样的。

(2) 在静态 Web 技术中，一个重要的缺点是静态 Web 页面无法访问数据库资源，而现在用数据库保存数据又是绝大多数系统的选择，因为使用数据库可以很方便地管理数据，进行数据的 CDUR 操作（增加（Creat）、删除（Delete）、更新（Update）、查询（Requery））。

6.1.2　动态 Web 页面

动态 Web 页面中的“动态”不是指页面的显示效果会动或者外观花哨，而是指这样一种特性：“客户端请求的页面内容及显示效果会因时因人而变”，页面具有交互性。另外，动态页面支持数据库，这一点是非常重要的。

其工作原理是：首先客户端发送请求给服务器端，所有的请求都交给了 Web Server Plugin(Web 服务器插件)，此插件用来区分到来的请求是静态页面请求还是动态页面请求。如果到来的是一个静态页面请求（ *. html 等），上述插件会将所有请求都交给 Web 服务器，之后，Web 服务器会从文件系统中取出内容，返回给客户端。如果到来的请求是动态请求（. jsp、. asp、. php 等），则上述插件会将所有的请求都转交给 Web Container（Web 容器），在 Web Container 中“动态”地执行代码，全部执行完代码后，将生成的代码结果返回 Web 服务器，Web 服务器将代码结果和相关资源整合成一个独特的网页后，将其返回客户端。工作流程如图 6-2 所示。

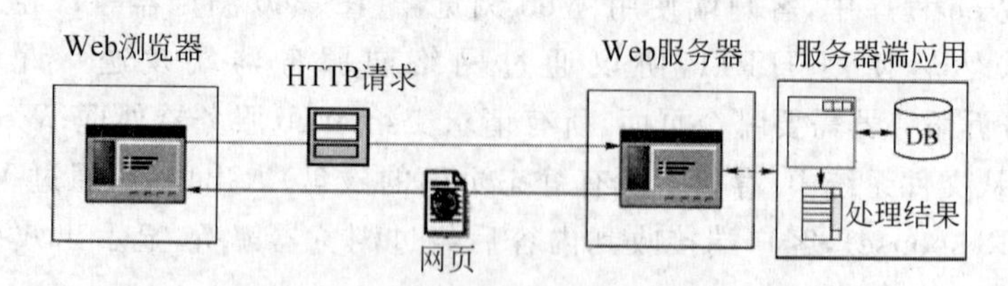

图 6-2　动态 Web 工作流程图

本书中主要使用 JSP 技术开发动态页面。

6.2 JSP 简 介

在网页程序中加入Java程序片段和JSP标记就构成了一个JSP页面程序。JSP页面程序文件必须以.jsp为扩展名。一个JSP页面程序可由5种元素组合而成：分别是HTML标记(包括JavaScript脚本)、Java脚本、JSP指令、JSP动作标记和注释。为了简化页面元素,JSP还定义了一些可以直接使用的内置(预定义)对象。当Web服务器上的一个JSP页面文件第一次被请求执行时,服务器上的JSP引擎编译该文件并执行：

(1) 把页面中的HTML文本(包括JavaScript脚本)发送到用户浏览器；

(2) Java脚本、JSP指令、JSP动作在服务器端执行,将需要显示的结果随同HTML文本发送到用户浏览器。

JSP(Java Server Pages)是由原Sun公司(现已被合并)倡导、许多公司参与,于1999年推出的一种动态网页技术标准。JSP是基于Java Servlet及整个Java体系的动态Web页面开发技术,利用这一技术可以建立安全、跨平台的先进动态网站。

需要强调的一点是：要想真正地掌握JSP技术,必须有较好的Java语言基础及HTML语言方面的知识。

6.3 JSP开发环境安装与配置

6.3.1 JDK的下载、安装及环境变量配置

1. JDK的下载和安装

打开http://download.java.net/jdk站点,下载Windows平台的JDK安装程序。下载后,安装步骤如下：

(1) 双击JDK安装程序,出现图6-3所示的欢迎使用Java对话框。

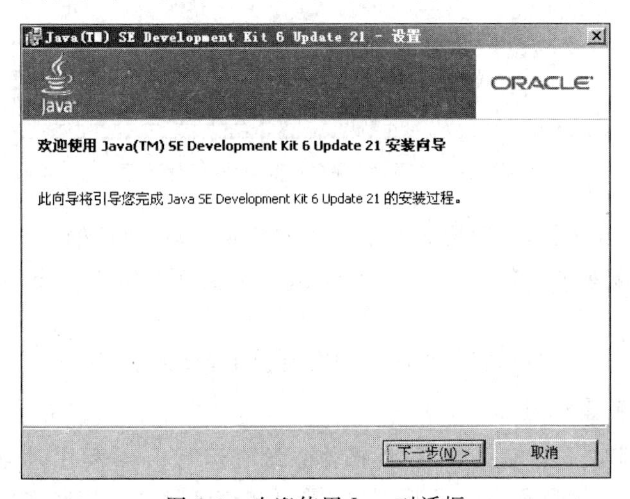

图6-3　欢迎使用Java对话框

(2) 单击“下一步”按钮，出现图 6-4 所示的“自定义安装”对话框。

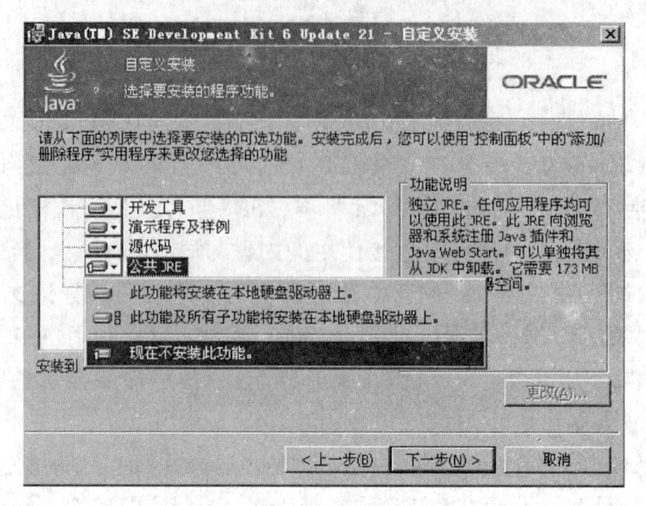

图 6-4 “自定义安装”对话框

(3) 单击“下一步”按钮，将 JDK 安装到“D:\Java\jdk16\”文件夹下。在“自定义安装”对话框，单击“更改”按钮，出现“更改当前目标文件夹”对话框，在“文件夹名称”文本框中输入“D:\Java\jdk16\”，如图 6-5 所示。

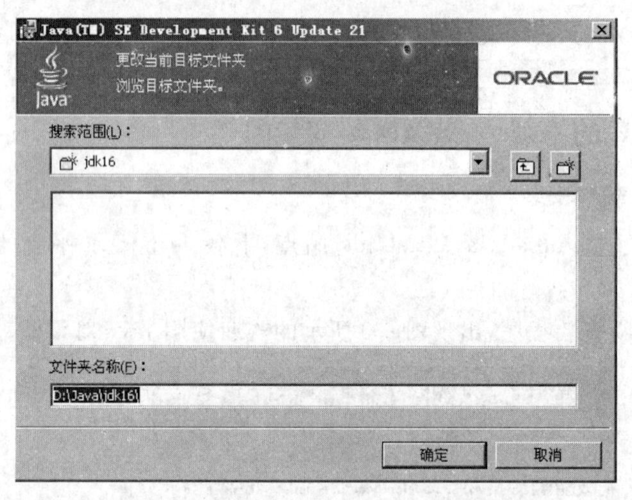

图 6-5 “更改当前目标文件夹”对话框

(4) 单击“确定”按钮，返回图 6-6 所示的“自定义安装”对话框。

请记住 JDK 安装的文件夹——D:\Java\jdk16，后面在定义 Windows 环境变量时要用到它。

(5) 单击“下一步”按钮，安装程序自动安装 JDK，直到结束。

2. Java 环境变量配置

配置 Java 环境变量的目的是，告诉操作系统在运行 Java 程序时与之相关的文件和文件夹。例如，系统在编译 Java 程序时，它需要知道到哪个或哪些文件夹下去寻找 Java

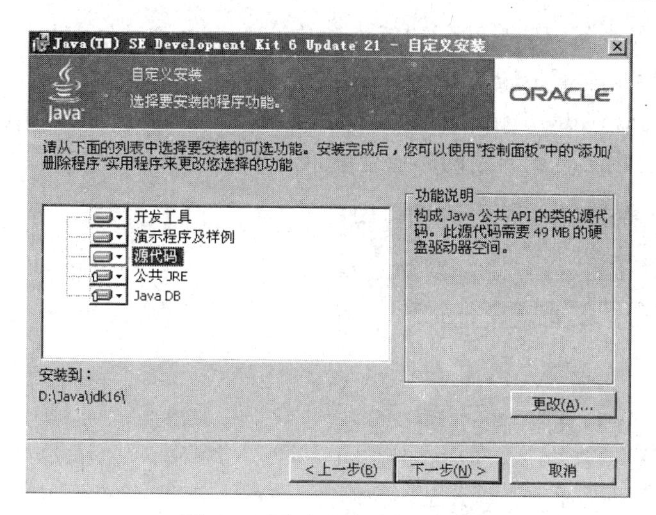

图 6-6　"自定义安装"对话框

编译程序。又如，Java 程序要引入相关的类库包，编译程序要知道到哪儿去寻找这些类库包。这些都是在环境变量中定义的。与 Java 相关的环境变量有三个：classpath、path 和 java_home。classpath 和 path 在编译和执行 Java 时要用到。java_home 是下面介绍的 Web 服务器要用到的。在此一并定义，操作步骤如下：

（1）右击"我的电脑"后，选择"属性"命令，出现图 6-7 所示的"系统属性—常规"对话框。

（2）在"系统属性—常规"对话框单击"高级"标记，出现图 6-8 所示的"系统属性—高级"选项卡。

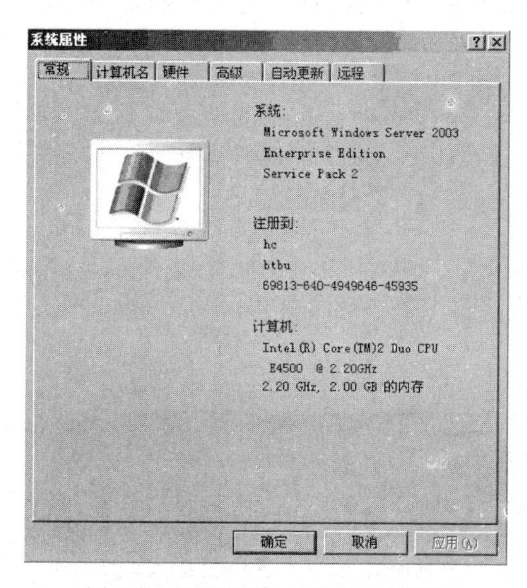

图 6-7　"系统属性—常规"对话框

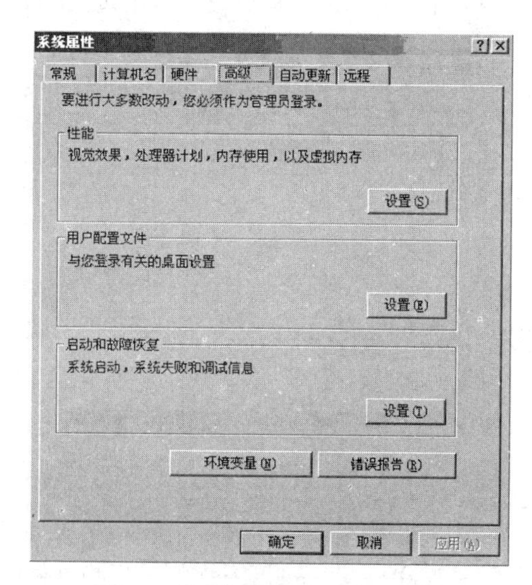

图 6-8　"系统属性—高级"选项卡

（3）单击"环境变量"按钮，出现图 6-9 所示的"环境变量"对话框。

(4) 单击“系统变量”列表框下的“新建”按钮，出现“新建系统变量”对话框，如图 6-10 所示。在“变量名”文本框中输入 classpath，在“变量值”文本框中输入“.;d:\Java\jdk16\lib\tools.jar;d:\Java\jdk16\lib\dt.jar”。单击“确定”按钮，返回“环境变量”对话框。在“系统变量”列表框内会看到新建的环境变量 classpath 及其值。

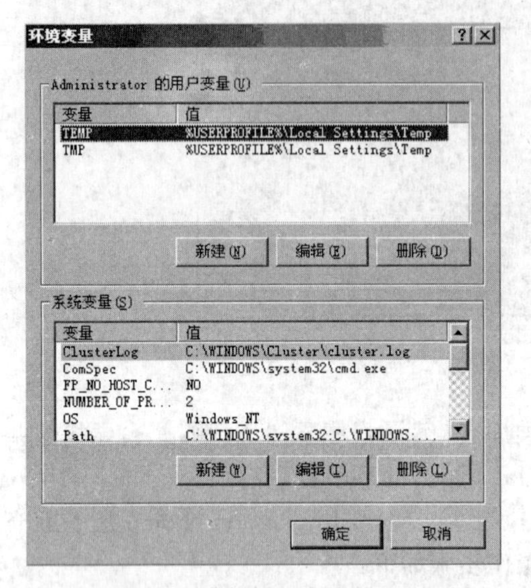

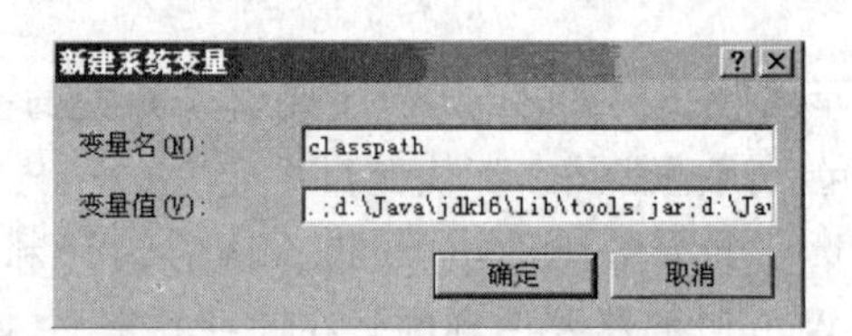

图 6-9 “环境变量”对话框

图 6-10 “新建系统变量”对话框

(5) 重复第(4)步，再新建一个环境变量，变量名为 java_home，值为 d:\Java\jdk16。

(6) 在“环境变量”对话框的“系统变量”列表框内，选中环境变量 Path 选项，如图 6-11 所示。单击“编辑”按钮，出现“编辑系统变量”对话框，如图 6-12 所示。

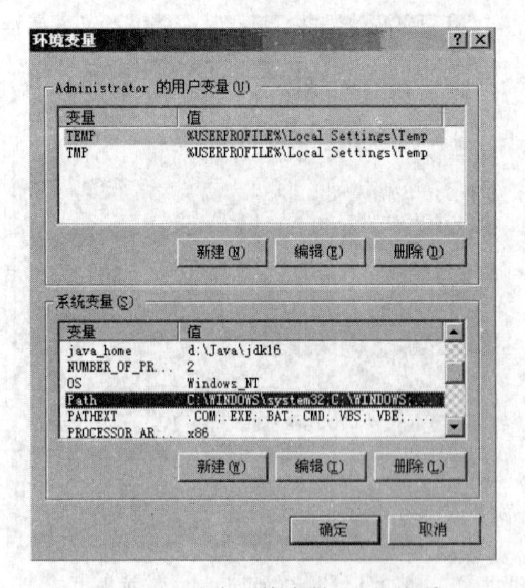

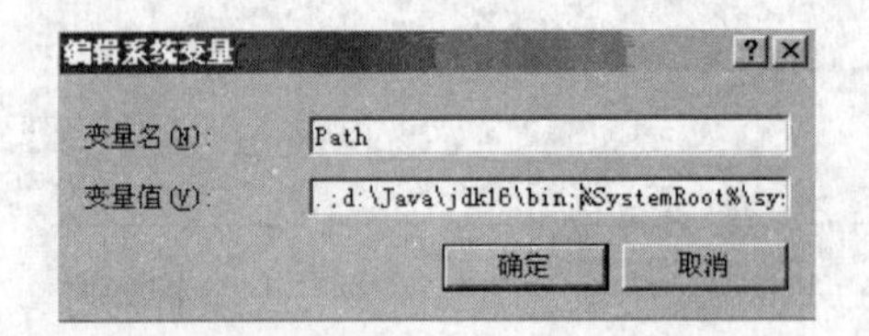

图 6-11 选中环境变量 Path 选项

图 6-12 “编辑系统变量”对话框

(7) 在编辑环境变量 Path 的对话框中的“变量值”文本框输入“.;d:\Java\jdk16\bin;”，如图 6-12 所示，单击“确定”按钮，返回“环境变量”对话框，再单击“确定”按钮，返回"系统属性"对话框，最后单击"确定"按钮，则三个环境变量建立完毕。

三个环境变量的值中都用到了字串"d:\Java\jdk16"，这就是JDK的安装文件夹。用户可以将JDK安装在其他文件夹，但要切记，对三个环境变量classpath、path和java_home值中的定义要与之一致。否则，JDK和Web服务器不能正确运行。

6.3.2 Tomcat安装

有了Java的编译环境，还需要安装一个Web服务器。这里安装一个小型的免费服务器Tomcat，在安装Tomcat之前最好要配置一个环境变量java_home，它的值是多少呢？就是你安装JDK的根目录。例如D:\Java。然后双击Tomcat的安装图标，显示图6-13所示的安装主页面。

图6-13　安装主页面

选择默认值，单击Next按钮，进入选择路径页面，如图6-14所示。

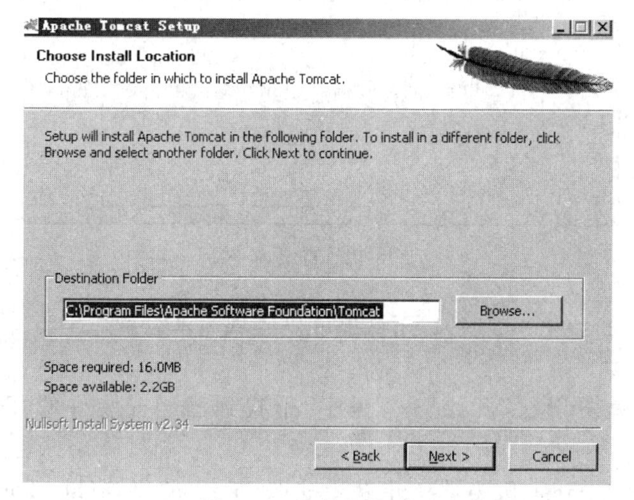

图6-14　选择路径页面

此处可以更改安装路径，务必记住更改的路径。选择路径后单击 Next 按钮，进入端口号及用户密码页面，如图 6-15 所示。

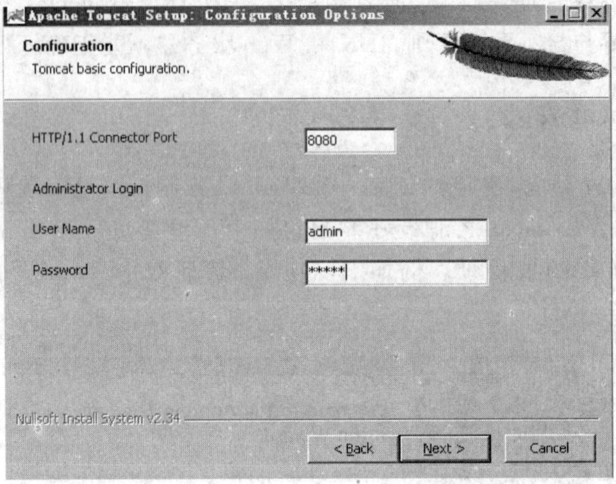

图 6-15　端口号及用户名密码页面

此处可以修改 Tomcat 服务器的运行端口号，默认是 8080，User Name 与 Password 是 Tomcat 服务器的控制后台设置。单击 Next 按钮，进入 JRE 路径页面，如图 6-16 所示。

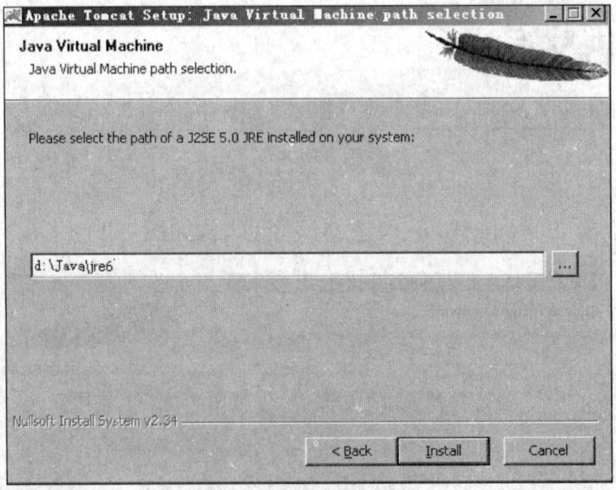

图 6-16　JRE 路径

前面配置好的 java_home 的值，在这里可以体现出来。最后单击 Finish 按钮完成安装，如图 6-17 所示。

完成安装后，就可以在“开始”→“程序”中找到已经安装好的 Tomcat，如图 6-18 所示。

如果要启动 Tomcat 服务器，可以单击图 6-18 的 Apache Tomcat→Configure Tomcat 命令，会显示图 6-19 所示的页面。

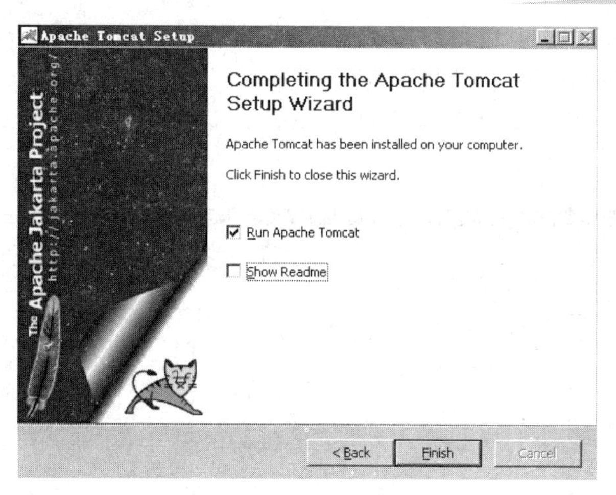

Apache Tomcat Setup
The Apache Jakarta Project
http://jakarta.apache.org/
Completing the Apache Tomcat Setup Wizard
Apache Tomcat has been installed on your computer.
Click Finish to close this wizard.
Run Apache Tomcat
Show Readme
< Back
Finish
Cancel

图 6-17　安装完成

管理您的服务
Windows 资源
访问 PPS网站
腾讯QQ
WinRAR
所有程序(P)
Microsoft Office
UltraEdit
WinRAR
快车(FlashGet)3.0
天网防火墙个人版
迅雷
Macromedia
腾讯软件
Adobe
Adobe Bridge
Adobe Help Center
Adobe ImageReady CS2
Adobe Photoshop CS2
金山词霸2009 牛津版
SmarThru 4
I.R.I.S. 应用
Samsung SCX-4300 Series
Adobe Reader 7.0
阿里旺旺
管理工具
Microsoft Developer Network
Microsoft SQL Server 2005
Microsoft Visual Studio 2005
VMware
MySQL
MySQL Control Center
酷狗音乐
Apache Tomcat
Configure Tomcat
Monitor Tomcat
Tomcat Program Directory
Tomcat Home Page
Tomcat Manager
Uninstall Tomcat
Welcome

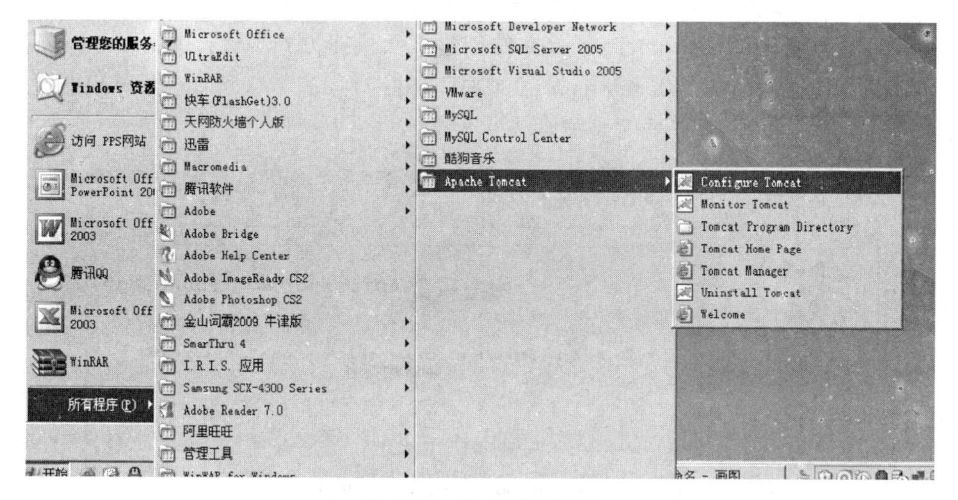

图 6-18　所有程序列表

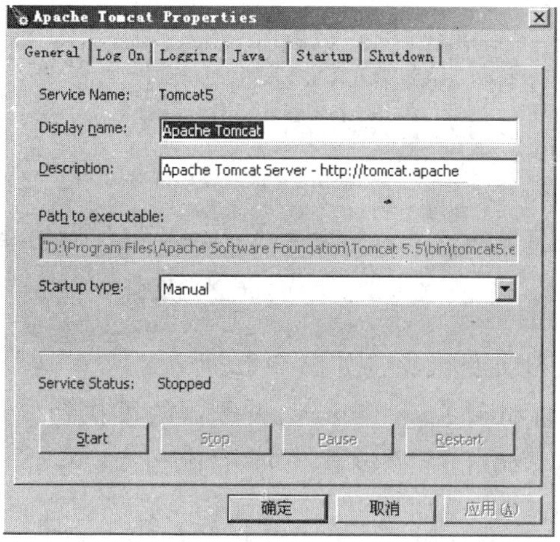

Apache Tomcat Properties
General
Log On
Logging
Java
Startup
Shutdown
Service Name:
Tomcat5
Display name:
Apache Tomcat
Description:
Apache Tomcat Server - http://tomcat.apache
Path to executable:
"D:\Program Files\Apache Software Foundation\Tomcat 5.5\bin\tomcat5.e
Startup type:
Manual
Service Status:
Stopped
Start
Stop
Pause
Restart
确定
取消
应用(A)

图 6-19　Configure Tomcat 页面

然后再单击 Start 按钮，就可以启动 Tomcat 了。第二种启动 Tomcat 服务器的方法是，找到安装 Tomcat 服务器的目录，例如 C:\Program Files\Apache Software Foundation\Tomcat，在 bin 文件夹下双击 tomcat.exe，同样可以启动 Tomcat 服务器。如图 6-20 所示。

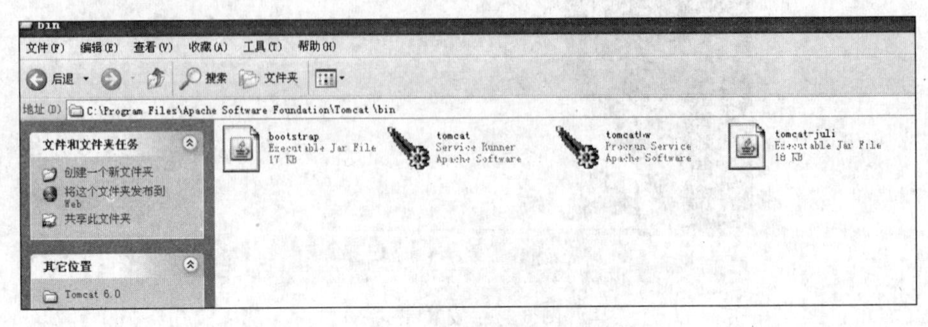

图 6-20　Tomcat 服务器的目录 bin 文件夹

通常为了方便，可以对 tomcat.exe 文件创建桌面快捷方式。运行 Tomcat 服务器后，在 IE 地址栏里输入 http://localhost:8080 或 http://127.0.0.1:8080，出现图 6-21 所示的界面，表明 Tomcat 服务器安装成功。

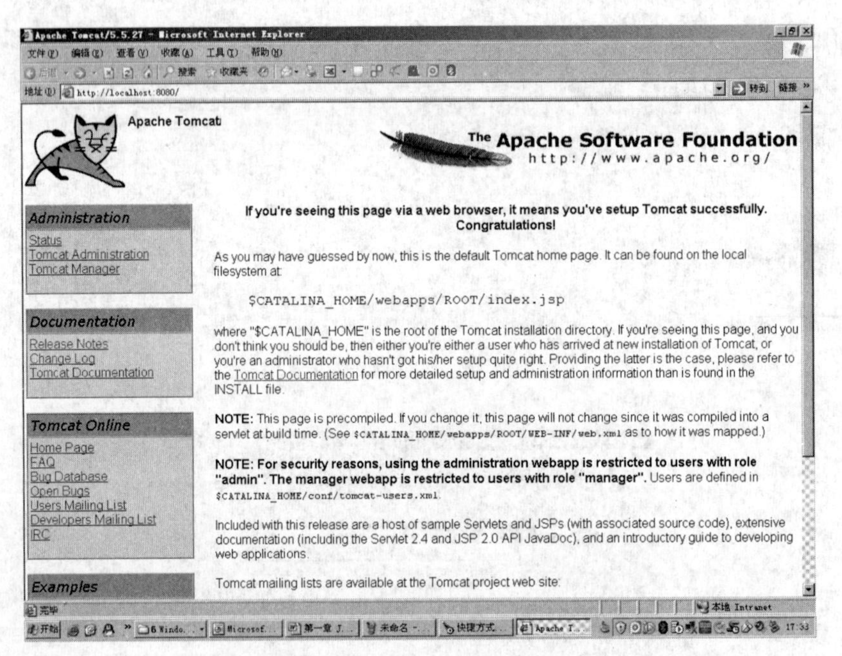

图 6-21　Tomcat 测试页面

Tomcat 服务器的文件夹目录结构如图 6-22 所示。

其中，bin 目录存放启动和关闭 Tomcat 服务器的可执行文件。common/lib 目录存放所有需要的 *.jar 包。conf 目录包含不同的配置文件，server.xml 里面可以修改 Tomcat 服务器一些配置信息，例如端口、虚拟目录。必务记住，修改完成后，必须重新启动计算机。logs 目录存入 Tomcat 服务器的日志文件。server 目录存放客户的服务器文

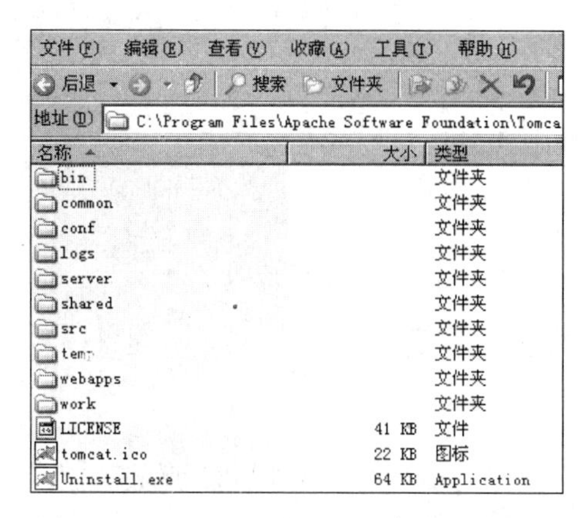

图 6-22　Tomcat 服务器的文件夹目录结构

件。webapps 目录存放网站应用程序，以后要部署的应用程序也要放在此目录里面。

配置虚拟目录的方法是在 Tomcat/conf/server.xml 打开后，在</host>上方加入下列代码：

```
<Context path="/虚拟目录名" docBase="是你的网站目录的绝对路径" reloadable="true" />
```

例如：

```
http://localhost:8888/jxau/Test.jsp
```

注意：如果在访问页面出现 404 错误，说明文件没有找到，应检查访问的路径；如果出现的是 500 错误，则说明服务器程序脚本有问题。

6.4　JSP 页面开发与运行

6.4.1　JSP 页面的基本结构

在传统的 HTML 页面文件中加入 Java 程序片和 JSP 标记就构成了一个 JSP 页面文件，简单地说，一个 JSP 页面除了普通的 HTML 标记符外，再使用标记符号<%、%>加入 Java 程序片。一个 JSP 页面文件的扩展名是.jsp，文件的名字必须符合标识符规定，需要注意的是，JSP 技术基于 Java 语言，名字区分大小写。

为了明显地区分普通的 HTML 标记和 Java 程序片段以及 JSP 标记，用大写字母书写普通的 HTML 标记符号。下面的例子是一个简单的 JSP 页面。

例 6-1　一个统计客户访问量的页面。

```
<%@page language="java" pageEncoding="GB2312" %>
<%@page contentType="text/html;charset=GB2312" %>
<HTML>
<!DOCTYPE HTML PUBLIC "-//w3c//dtd html 4.0 transitional//en">
<head>
<title>声明变量</title>
```

```
</head>
<BODY><FONT size=5>
<%i++;  %>
<P>您是第 <%=i%>个访问本站的客户。</p>
<%!int i=0; %>
</BODY>
</HTML>
```

6.4.2 JSP 页面的运行过程

JSP 页面运行步骤如下:

首先建立目标文件夹,用来存放项目,如图 6-23 所示。

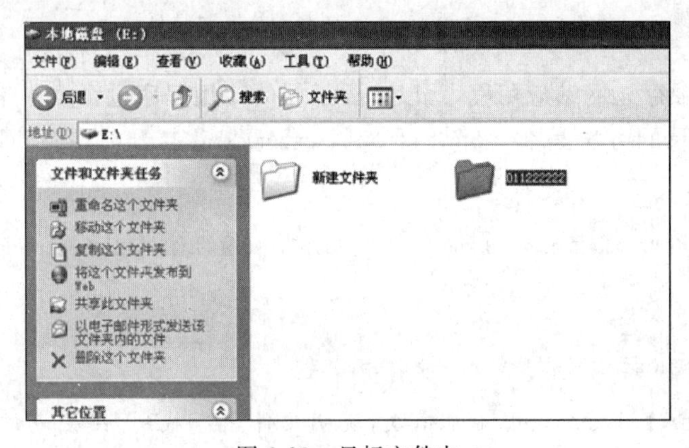

图 6-23 目标文件夹

然后解压用来开发 Java EE 应用的 Eclipse 软件,这是一个绿色软件,解压以后即可使用,如图 6-24 所示。

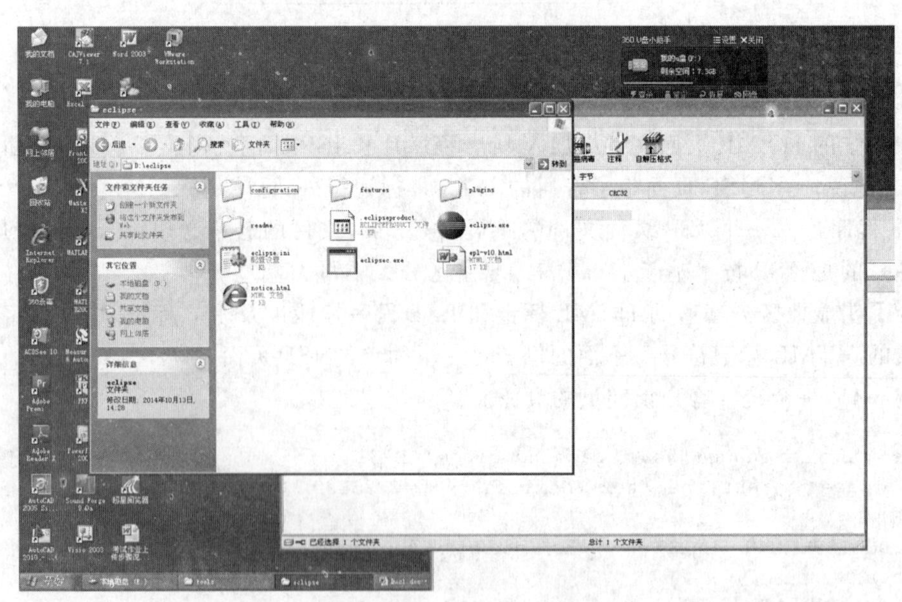

图 6-24 解压 Eclipse 软件

双击应用程序图标，选中目标文件夹作为工作区间，如图 6-25 所示。

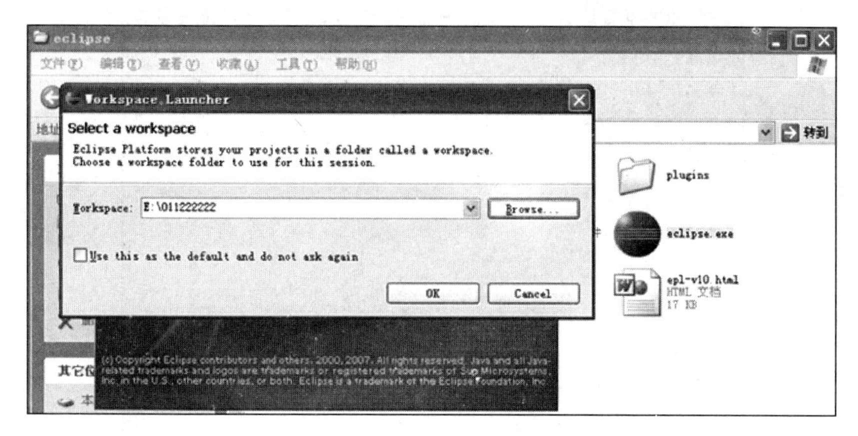

图 6-25　选中工作区间

单击 OK 按钮继续，单击 File→Project 菜单项，如图 6-26 所示。

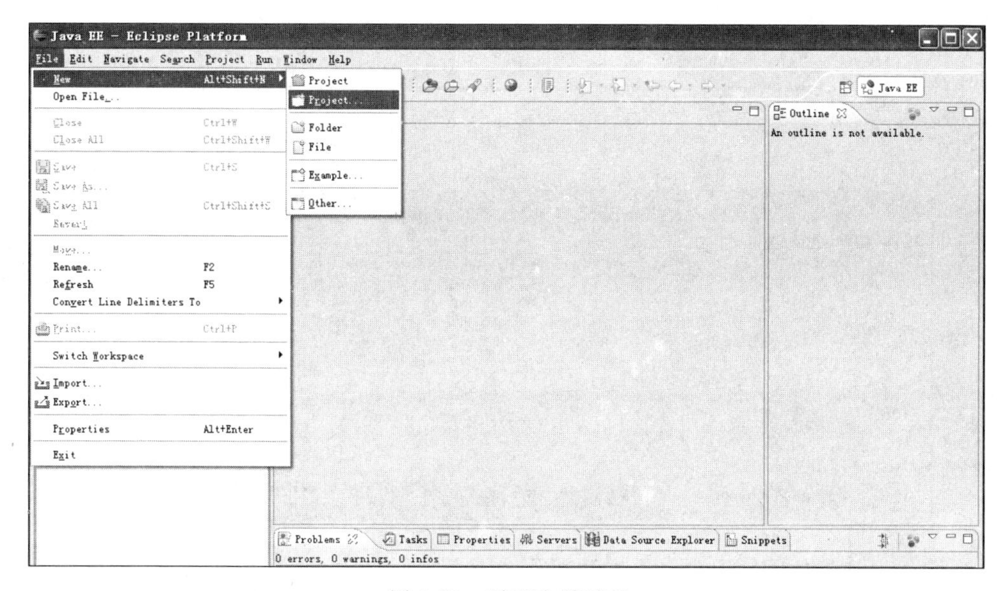

图 6-26　项目选项页面

在打开的 New Project 对话框中，单击 Web 下的 Dynamic Web Project 项目，新建一个动态的 Web 项目，如图 6-27 所示。

单击 Next 按钮，进入 New Dynamic Web Project 对话框。单击 New 按钮，打开 New Server Runtime 对话框，选择服务器，如图 6-28 所示。

进一步选择服务器的位置，一般为 C:\Program Files\Apache Software Foundation\Tomcat 6.0，如图 6-29 所示。

单击“确定”按钮，一直单击 Next 按钮，最后单击 Finish 按钮，工程建立完毕，如图 6-30 所示。

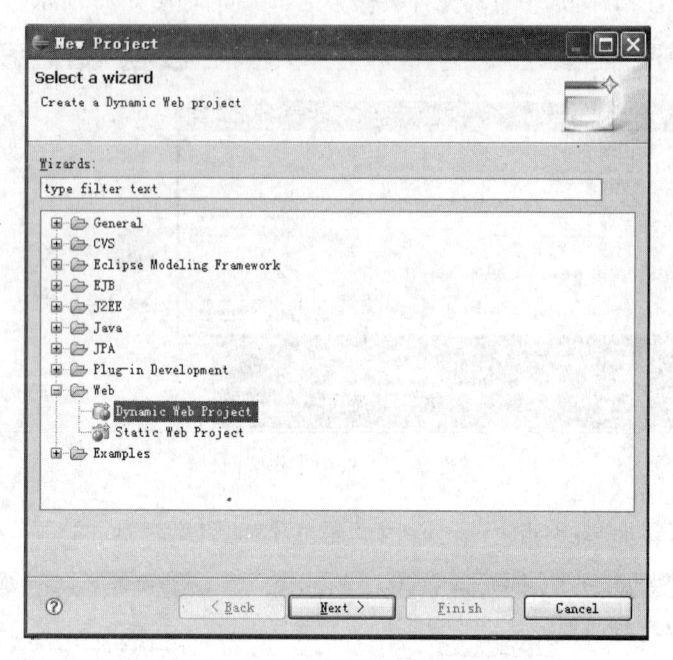

图 6-27 新建 Web 项目

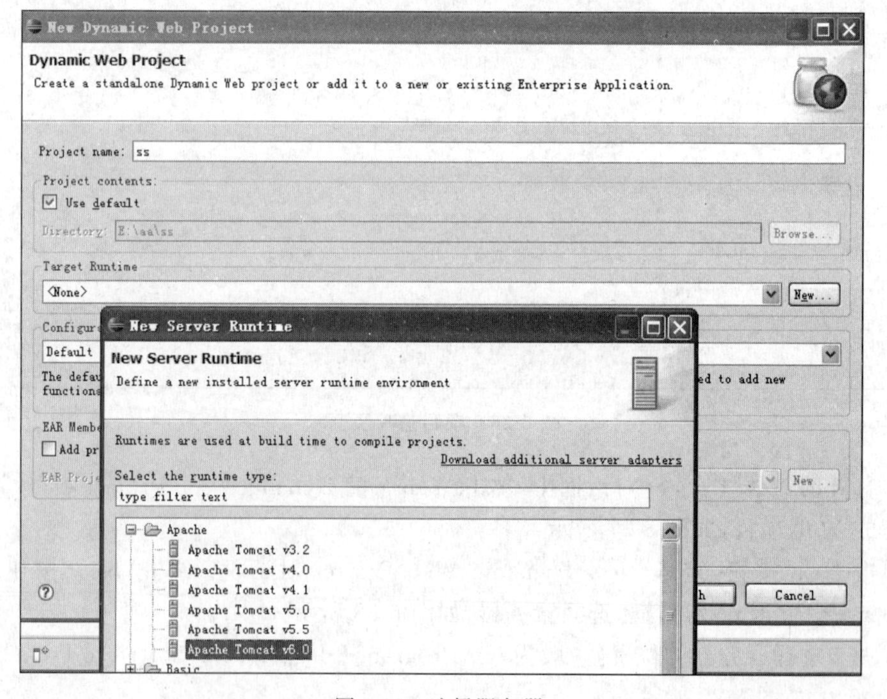

图 6-28 选择服务器

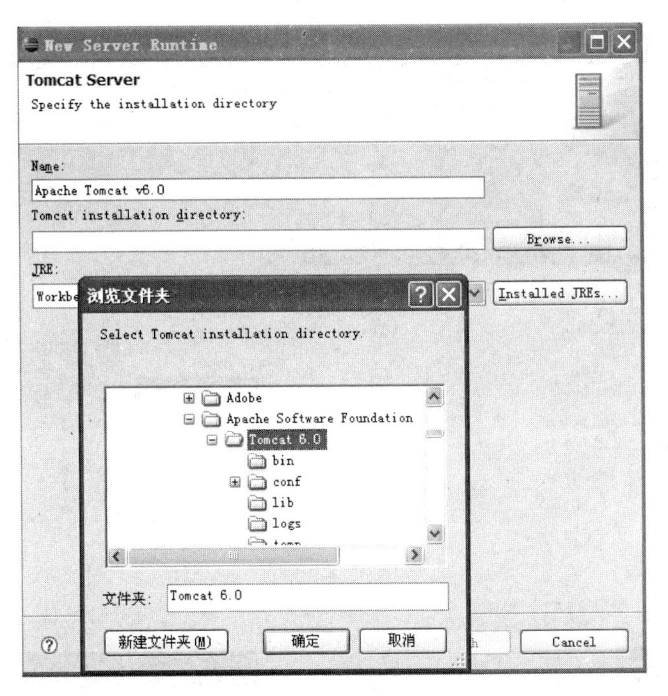

图 6-29　服务器位置

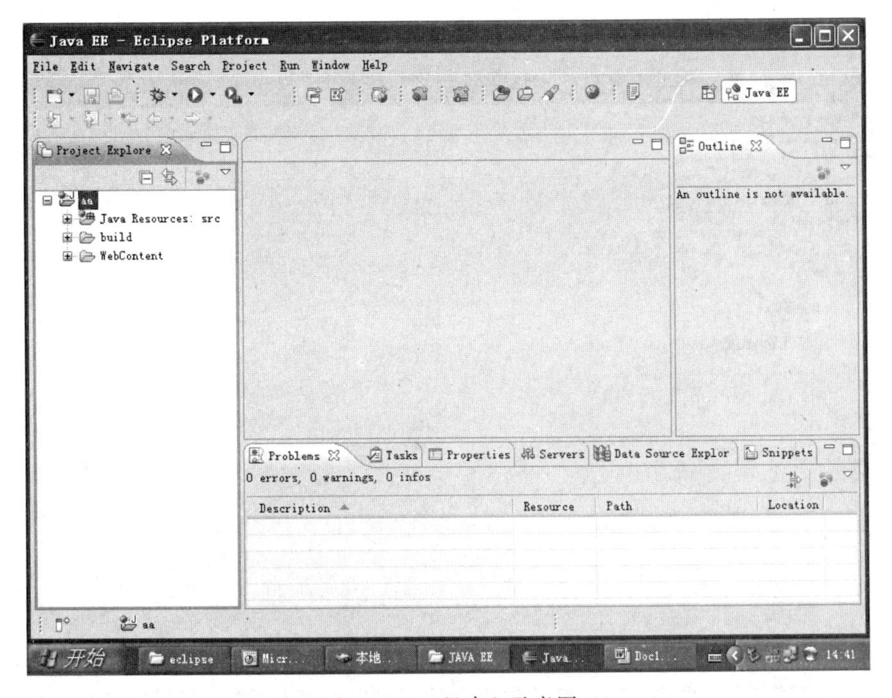

图 6-30　工程建立示意图

右击 WebContent 选项，选择 New→JSP 命令，如图 6-31 所示。

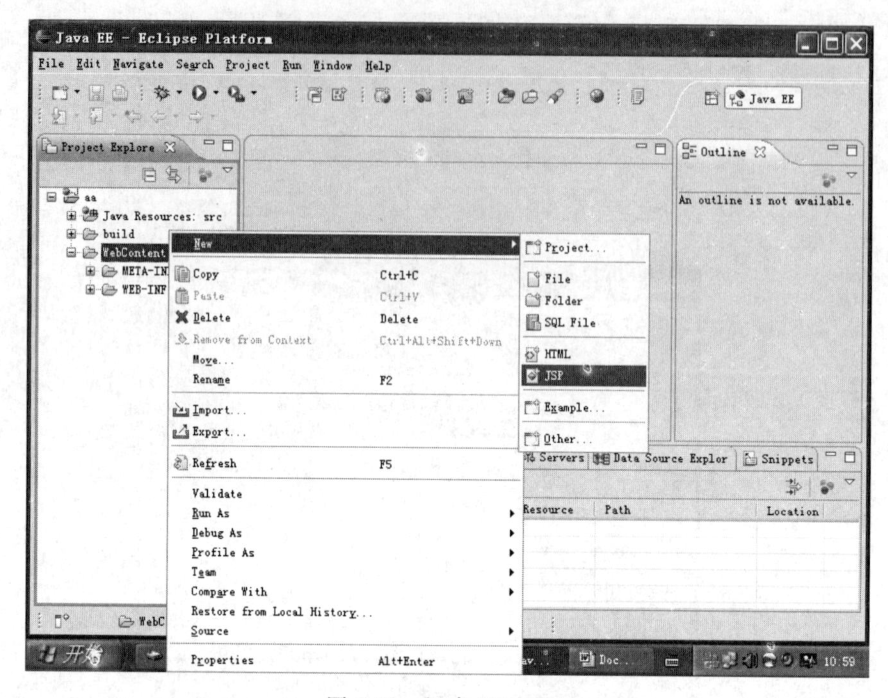

图 6-31　新建 JSP 页面

为新建的 JSP 页面取一个名字，如图 6-32 所示。

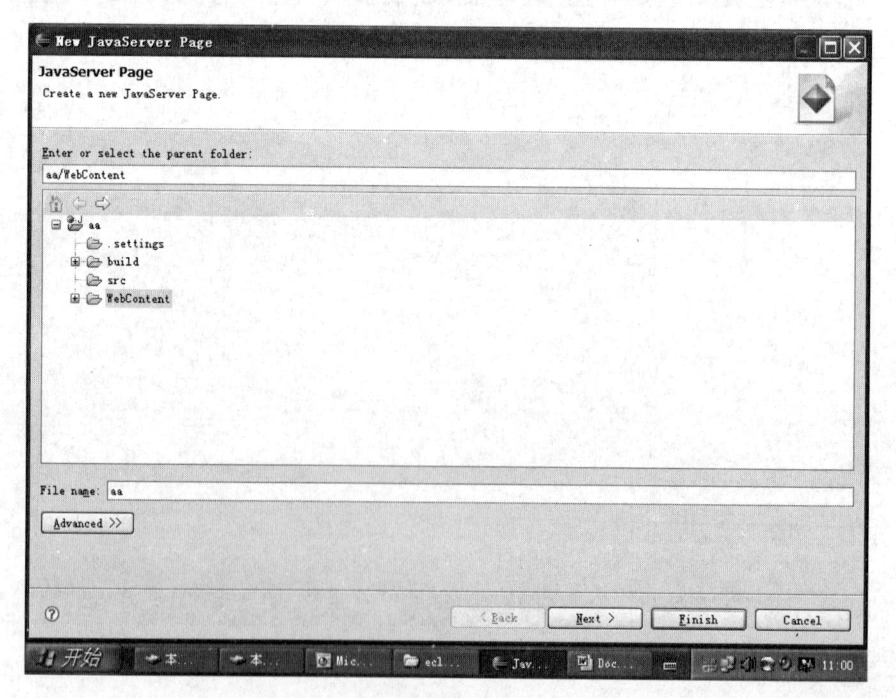

图 6-32　页面命名

单击 Next 按钮，然后单击 Finish 按钮，就可以在代码编辑窗口输入相应的代码了，如图 6-33 所示。

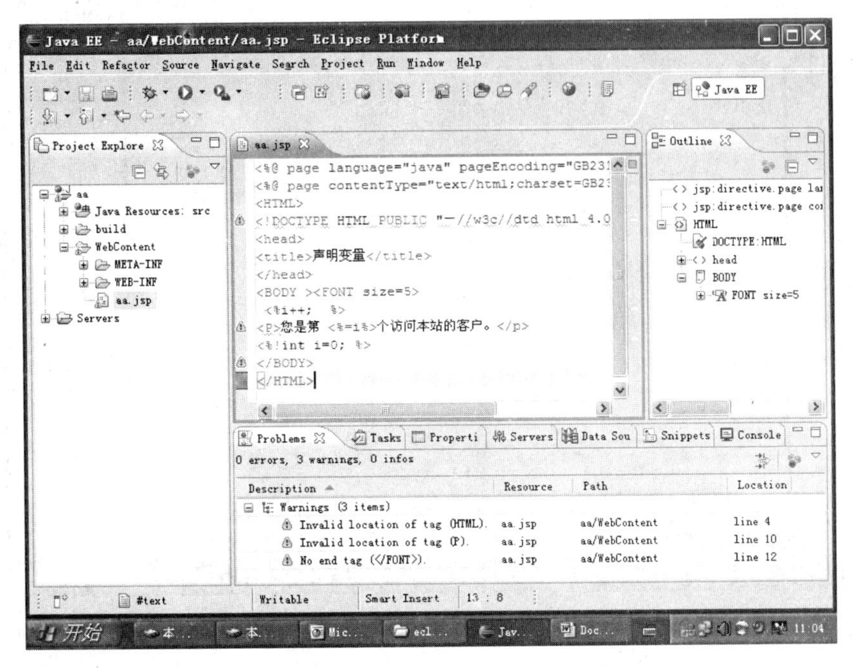

图 6-33　代码输入窗口

代码输入完毕后，在页面上右击，选择 Run As→Run on Server 命令，可以在新建工程时指定的服务器上运行该页面，具体效果如图 6-34 和图 6-35 所示。

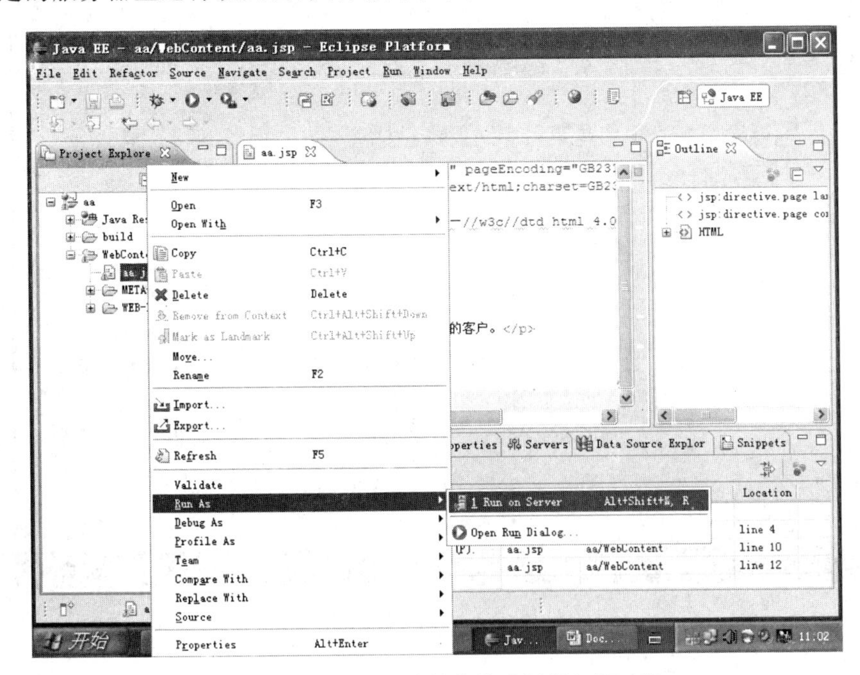

图 6-34　通过右键快捷菜单选择服务器运行

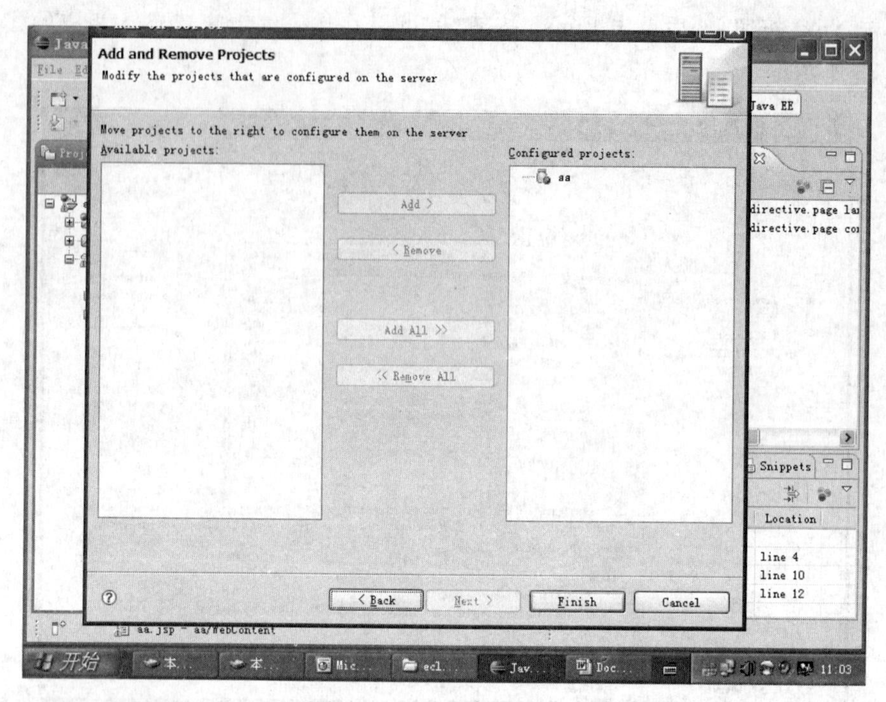

图 6-35　运行示意图

单击 Finish 按钮就可以看到图 6-36 所示的运行结果页面。

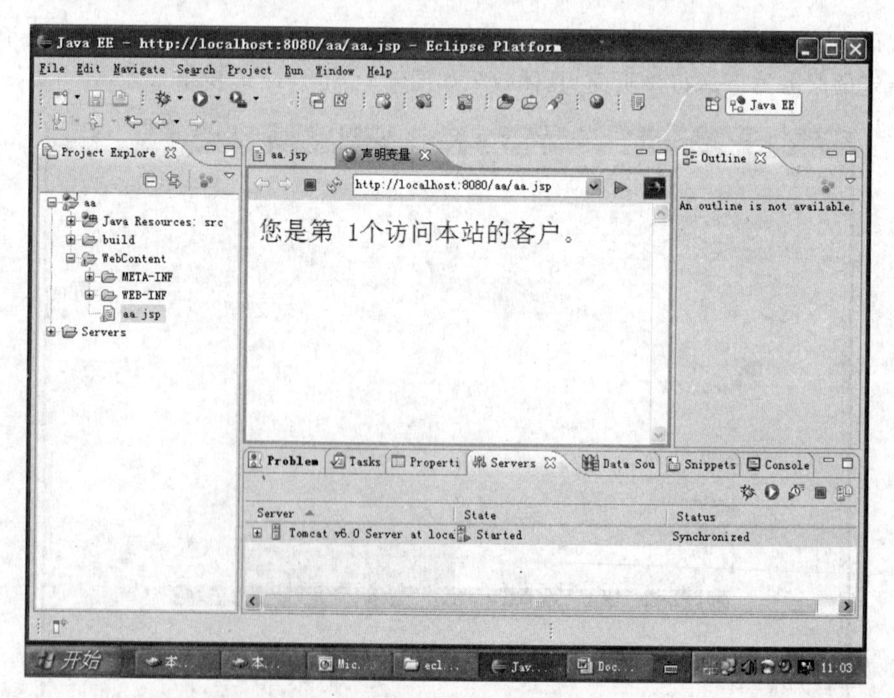

图 6-36　运行结果示意图

6.4.3　JSP的运行原理

当服务器上的JSP页面被第一次请求执行时，服务器上的JSP引擎首先将JSP页面文件转译成一个Java文件，再将这个Java文件编译生成字节码文件，然后通过执行字节码文件响应客户的请求，而当这个JSP页面再次被请求执行时，JSP引擎将直接执行这个字节码文件响应客户，这也是JSP比ASP速度快的一个原因。而JSP页面的首次执行往往由服务器管理者执行。这个字节码文件的主要工作是：

(1) 把JSP页面中普通的HTML标记符号(页面的静态部分)交给客户的浏览器负责显示。

(2) 执行＜％和％＞之间的Java程序片(JSP页面中的动态部分)，并把执行结果交给客户的浏览器显示。

(3) 当多个客户请求一个JSP页面时，JSP引擎为每个客户启动一个线程而不是启动一个进程，这些线程由JSP引擎服务器管理，与传统的CGI为每个客户启动一个进程相比较，效率高得多。

6.5　JSP的基本语法

JSP是一种容易学习和使用的在服务器端编译执行的Web程序设计语言，其脚本语言采用Java，拥有Java的所有优点。通过JSP能使网页的动态部分与静态部分有效分开，只要用用户熟悉的Dreamweaver之类网页制作工具，编写普通的HTML，然后通过专门的标记将动态部分包含进来就可以。

被“＜％(开始标记)”和“％＞(结束标记)”包围的部分称为JSP元素内容，主要是符合Java语法的Java程序，这些内容由JSP引擎解读和处理。

JSP元素可分成脚本元素、指令元素与动作组件三种类型。脚本元素规范JSP网页所使用的Java代码，指令元素针对JSP引擎控制转译后的Servlet的整个结构，而动作元素主要连接要用到的组件，如JavaBean和Plugin，另外还能控制JSP引擎的行为(参见表6-1)。

表6-1　JSP基本元素和语法

元素类型	JSP元素	语　法	解　释
脚本元素	表达式	＜％＝表达式％＞	表达式经过运算然后输出到页面
	程序码片段	＜％代码％＞	嵌入Java代码
	声明	＜％!声明代码％＞	嵌入JSP中，用于声明变量、方法、类、对象
	注释	＜％--注释--％＞	在将JSP转译成Servlet时，将被忽略

续表

元素类型	JSP 元素	语　　法	解　　释
指令元素	JSP 页面指令	＜％@page 属性名＝"值"％＞	在载入时提供 JSP 引擎使用
	JSP 包含指令	＜％@include file＝"url',％＞	经过转译成 Servlet 之后被包含进来的文件
动作组件	jsp：include	＜jsp：include page＝" relative URL", fiush＝"true"/＞	当页面得到请求时，所包含的文件
	jsp：forward	＜jsp：forward page＝"relativeURL"/＞	将页面得到的请求转向下一页
	jsp：param	＜jsp：param name＝参数名称，value＝值 /＞	该组件配合＜jsp：include＞和＜jsp：forword＞一起使用，可以将 param 组件中的值传递到 include 和 forword 动作组件要加载的文件中
	jsp：useBean	＜jsp：useBean…/＞	找到并建立 JavaBean 对象
	jsp：setProperty	＜jsp：setProperty…'/＞	设置 JavaBean 的属性
	jsp：getProperty	＜jsp：getProperty…/＞	得到 JavaBean 的属性

6.5.1 JSP 脚本元素

1. 表达式

JSP 表达式的结果可以转换成字符串并且直接输出到网页上。JSP 表达式是属于＜％＝表达式％＞标记里不包含分号的部分。

2. 程序码片段

JSP 程序码片段包含在＜％代码％＞标记里。当 Web 服务器接受这段请求时，这段 Java 程序码会执行。使用程序码片段可以在原始的 HTML 或 XML 内部建立有条件的执行程序码，或者方便使用另一段程序码。

3. 声明

JSP 声明可以定义网页层的变量，存储信息或定义函数，让 JSP 网页的其余部分能够使用。可以在＜％!声明％＞标记里找到声明。记住，要在变量声明的后面加上分号，与有效的 Java 语句的形式一样。

4. 注释

最后一个主要的 JSP 脚本元素是注释。虽然可以在 JSP 网页中包含 HTML 注释，如果浏览者查看网页的源代码，也会看到这些 HTML 注释。如果不想让浏览者看到注释，可以将它放在＜％--注释--％＞标记里。

6.5.2 JSP 指令

JSP 的指令格式为

```
<%@指令名 属性="属性值"%>
```

1. page 指令

page 指令用来定义整个 JSP 页面的全局属性。page 指令是由“＜％@”和“％＞”字符串构成的标记符指定。在标记符中是代码体，包括指令的类型和值。例如，“＜％@ page import=”java. sql. *“％＞”指令告诉 JSP 容器将 java. sql 包中的所有类和接口都引入当前的 JSP 页面。

page 指令的属性有 15 个，如表 6-2 所示。

表 6-2 page 指令的属性

<table>
<tr><th>属　性</th><th>功　能</th></tr>
<tr><td>language="语言"</td><td>指定 JSP 容器编译 JSP 网页的语言。JSP 2.0 规范指出，目前只可以使用 Java 语言</td></tr>
<tr><td>extends="基类名"</td><td>定义 JSP 网页转换 Servlet 时继承的父类，通常不使用该属性</td></tr>
<tr><td>import="importList"</td><td>定义此 JSP 网页可以使用的 Java 类库，默认已导入 4 个包：java. lang. *、java. servlet. *、java. servlet. http. * 和 java. servlet. jsp. *。如果要导入多个包，既可以在一个语句写完，也可以分多个语句写。例如：
＜％@ page import="java. io. * " ％＞
＜％@ page import="java. sql. * " ％＞
与＜％@ page import="java. io. *,java. sql. * " ％＞等效</td></tr>
<tr><td>session="true | false"</td><td>决定此 JSP 网页是否可以使用 session 对象。默认值为 true</td></tr>
<tr><td>buffer="none|size in kb"</td><td>决定输出流是否有缓冲区。默认值为 8KB 的缓冲区</td></tr>
<tr><td>autoFlush="true | false"</td><td>决定输出流的缓冲区是否要自动清除，默认值为 true。如果为 false，缓冲区满了会产生异常</td></tr>
<tr><td>isThreadSafe="true | false"</td><td>告诉 JSP 容器，此 JSP 网页是否能同时处理多个请求。默认值为 true，如果此值设为 false，JSP 在转换成 Servlet 时会实现 SingleThreadModel 接口</td></tr>
<tr><td>info="text"</td><td>指定此 JSP 网页的相关信息，可用 Servlet 接口的 getServletInfo()得到</td></tr>
<tr><td>errorPage="error_url"</td><td>如果发生异常错误时，网页会被重新指向指定的 URL</td></tr>
<tr><td>isErrorPage="true | false"</td><td>此 JSP Page 是否为专门处理错误和异常的网页</td></tr>
<tr><td>contentType="ctinfo"</td><td>指定 MIME 类型和 JSP 网页的编码方式，作用相当于 HttpServletResponse 接口的 setContentType()方法。例如，＜％@ page contentType="text/html;charset=GB2312"％＞</td></tr>
<tr><td>pageEncoding="peinfo"</td><td>指定 JSP 页面的编码方式，如果设置了该属性，JSP 页面就以此方式编码，否则，就使用 contentType()属性指定的字符集，假若两个属性都没有指定，就默认为 iso-8859-1</td></tr>
<tr><td>isELIgnored="true|false"</td><td>如果为 true，则忽略 EL 表达式；否则，EL 表达式有效</td></tr>
</table>

注：还有两个属性不常用，这里不作介绍。

对于 page 指令，需要说明的是：＜％@ page ％＞指令作用于整个 JSP 页面，同样包括静态的包含文件。但是＜%@ page %＞指令不能作用于动态的包含文件，可以在一个页面中引用多个＜%@ page %＞指令，但是其中的属性只能用一次，不过也有例外，那就是 import 属性。因为 import 属性和 Java 中的 import 语句类似(参照 Java Language，import 语句引入的是 Java 语言中的类)。

无论把＜%@ page %＞指令放在 JSP 的文件的哪个地方，它的作用范围都是整个 JSP 页面。不过，为了 JSP 程序的可读性及好的编程习惯，最好还是把它放在 JSP 文件的顶部。

例 6-2 使用 page 指令打开 Word 页面并显示时间。

```
<%@page contentType="application/msword;charset=GBK"%>
<%@page language="java"%>
<%@page import="java.util.*"%>
<html>
<body>
<%
  out.println("<div style=\"color:red;\">这是在浏览器中调用的 Word 界面
</div>");
  GregorianCalendar now=new GregorianCalendar();
  int year,month,date,h,m,s;
  String leap;
  year=now.get(now.YEAR);                         //取得 YEAR 字段的值
  month=now.get(now.MONTH)+1;                     //取得 MONTH 字段的值
  date=now.get(now.DATE);                        * //取得 DATE 字段的值
  h=now.get(now.HOUR_OF_DAY);                     //取得 HOUR_OF_DAY 字段的值
  m=now.get(now.MINUTE);                          //取得 MINUTE 字段的值
  s=now.get(now.SECOND);                          //取得 SECOND 字段的值
  out.println("<div>现在时间:"+year+" 年 "+month+" 月 "+date+" 日 "+h+" 时 "+m+"
     分 "+s+" 秒</div>");                        //显示时间
  leap=now.isLeapYear(year)?"是":"不是";
  out.println("<div>今年"+leap+"闰年</div>");
%>
```

以上输出是用 Java 脚本完成的。

```
</body>
</html>
```

输出如图 6-37 所示。

这是在浏览器中调用的Word界面
现在时间：2015 年 7 月 14 日 11 时 30 分 44 秒
今年不是闰年
以上输出是用Java脚本完成的。

图 6-37 使用 page 指令打开 Word 页面并显示时间

例子中的语句“<%@page contentType="application/msword;charset=GBK"%>”即是使用page指令设置该JSP页面的MIME类型(MS-WORD)和字符编码(GBK)的，它表示，用户浏览器请求页面时要启动本地的MS-Word应用程序解析执行收到的信息。如果用户浏览器所在计算机没有安装MS-Word应用程序，浏览器就无法处理接收到的数据。若将该语句改为“<%@page contentType="text/html;charset=GBK"%>”，则表示用户浏览器启用HTML解析器解析执行收到的信息。page指令的contentType属性值如表6-3所示。

表6-3 page指令的contentType属性

contentType属性值	MIME类型	说 明
text/html	html	html文档
text/plain	txt	文本文件
application/java	class	Java类文件
application/zip	zip	压缩文件
application/pdf	pdf	pdf文件
image/gif	gif	图片类型
audio/basic	au	音频类型
Application/x-msexcel	Excel	电子表格
Application/msword	Word	Word文档

2. include指令

include指令就是前面所说的静态包含指令，它是向JSP页面内某处嵌入一个文件。这个文件可以是HTML文件、JSP文件或其他文本文件。

JSP语法格式如下：

```
<%@include file="relativeURL"%>
```

或

```
<%@include file="相对位置"%>
```

例6-3 使用include指令统一插入页面的头部和底部。

例如，一个管理信息系统会有多个页面，各页面的内容会不同，但一般希望各页面的头部都显示该管理信息系统的名称，如“网上购物系统”，底部显示开发单位、版本号等信息。程序login.jsp中用include指令静态插入top.html和bottom.html文档。所谓的静态插入是指将要插入文档中的代码插入include指令处，形成了一个较大的文档，然后统一编译执行。

```
top.html:
    <table border="0" width="100%">
    <tr>
    <td style="width:100%;font:normal normal bolder 16pt 宋体;
```

```
    text-align:center;">网上购物系统</td>
</tr><table>
```

bottom.html:

```
<table border="0" width="100%">
<tr>
<td style='width:100%;text-align:center;font-size:9.0pt;font-family:
    "Times New Roman";color:black;border-top:1 solid red;
    padding-top:5;'>Copyright
    &copy; 2016 RunCheng Inc. All rights reserved. CXXY 版权所有</td>
</tr><table>
```

login.jsp:

```
<%@page contentType="text/html;charset=gbk"%>
<%@page language="java"%>
<html>
<head>
<meta http-equiv="Content-Type" content="text/html;charset=gbk">
<title></title>
</head>
<body>
<center>
<%@include file="top.html"%>
<br><div style="font:normal normal bolder 14pt 宋体;">用户登录</div>
<form name="f1" action=" " method="post" target="_self">
<table width="300" border="0">
<tr>
<td align="right">用户名:</td>
<td align="left"><input type="text" size="15" name="UserName" /></td>
</tr>
<tr>
<td align="right">密   码:</td>
<td align="left"><input type="password" size="15" name="Password" /></td>
</tr>
</table>
<table width="300" border="0">
<tr>
<td align="center"><input type="submit" name="submit" value="登录" /></td>
</tr>
</table>
</form>
<%@include file="bottom.html"%>
</center>
</body>
```

```
</html>
```

输出如图 6-38 所示。

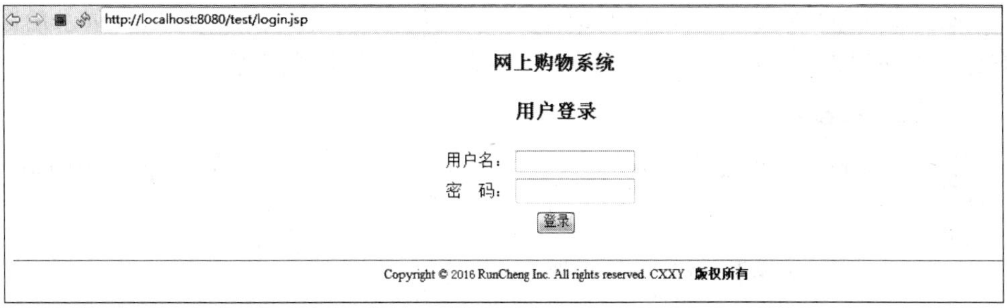

图 6-38　使用 include 指令统一插入页面的头部和底部

6.5.3　JSP 动作组件

JSP 动作组件是一些符合 XML 语法格式的标记，被用来控制 Web 容器的行为，可以动态地向页面中插入文件、重用 JavaBean 组件、设置 JavaBean 的属性等。

常见的 JSP 动作组件如下：

<jsp: include>——动态包含，在页面被请求时引入一个文件。

<jsp: param>——在动作组件中引入参数信息。

<jsp: forward>——把请求转到一个新的页面。

<jsp: setProperty>——设置 JavaBean 的属性。

<jsp: getProperty>——输出某个 JavaBean 的属性。

<jsp: useBean>——寻找或者实例化一个 JavaBean。

1. include 动作组件

include 动作组件把指定文件插入正在生成的页面。语法格式如下：

```
<jsp:include page="文件名" flush="true"/>。
```

它与指令<%@ include file="文件名" %>的功能基本上是一样的，但在运行机理上还是有很大的区别的：指令标记的包含指令 include 是将静态嵌入文件作为主体文件的一部分，所以主文件和子文件其实是一体的。而动作标记的包含指令 include 是动态嵌入文件，子文件不必考虑主文件的属性。因此，JSP 页面与它所包含的文件在逻辑上和语法上是独立的，如果对包含的文件进行了修改，那么运行时可以看到所包含文件修改后的结果。而静态的 include 指令包含的文件如果发生变化，必须重新将 JSP 页面转译成 Java 文件，否则只能看到所包含的修改前的文件内容。

归纳起来，指令标记在编译时就将子文件载入；而动作标记在运行时才将子文件载入。

2. forward 动作组件

forword 动作组件用于将浏览器显示的网页，导向至另一个 HTML 网页或 JSP 网页，客户端看到的地址是 A 页面的地址，而实际内容却是 B 页面的内容。语法格式如下：

```
<jsp:forword  page="网页名称">
```

其中，page 属性包含的是一个相对 URL，page 的值既可直接给出，也可以在请求的时候动态计算。使用该功能时，浏览器的地址栏中地址不会发生任何变化。

3. ＜jsp：param＞

＜jsp：param＞用于传递参数信息，必须配合＜jsp：include＞或＜jsp：forward＞动作组件一起使用。语法如下：

```
<jsp:param name=参数名称,value=值/>
```

当该组件配合＜jsp：include＞和＜jsp：forword＞一起使用时，可以将 param 组件中的值传递到 include 和 forword 动作组件要加载的文件中去。

例 6-4　编写 4 个 JSP 页面：one. jsp、two. jsp、three. jsp 和 error. jsp。one. jsp、two . jsp 和 three. jsp 页面都含有一个导航条，以便用户方便地单击超链接访问这 3 个页面，要求这 3 个页面通过使用 include 动作标记动态加载导航条文件 head. txt。

导航条文件 head. txt 的内容如下：

```
<%@page contentType="text/html;charset=GB2312" %>
<table  cellSpacing="1" cellPadding="1" width="60%" align="center"
border="0">
  <tr valign="bottom">
  <td><A href="one.jsp"><font size=3>one.jsp 页面</font></A></td>
  <td><A href="two.jsp"><font size=3>two.jsp 页面</font></A></td>
  <td><A href="three.jsp"><font size=3>three.jsp 页面</font></A></td>
  </tr>
  </Font>
</table>
```

各页面具体要求如下：

(1) one. jsp 的具体要求。

要求 one. jsp 页面有一个表单，用户使用该表单可以输入一个 1～100 之间的整数，并提交给该页面；如果输入的整数在 50～100 之间（不包括 50）就转向 three. jsp；如果在 1～50 之间就转向 two. jsp；如果输入不符合要求就转向 error. jsp。要求 forward 标记在实现页面转向时，使用 param 子标记将整数传递到转向的 two. jsp 或 three. jsp 页面，将有关输入错误传递到转向的 error. jsp 页面。

(2) two. jsp、three. jsp 和 error. jsp 的具体要求。

要求 two. jsp 和 three. jsp 能输出 one. jsp 传递过来的值，并显示一幅图像，该图像的宽和高刚好是 one. jsp 页面传递过来的值。error. jsp 页面能显示有关的错误信息和一幅图像。

one. jsp 效果如图 6-39 所示。

two. jsp 效果如图 6-40 所示。

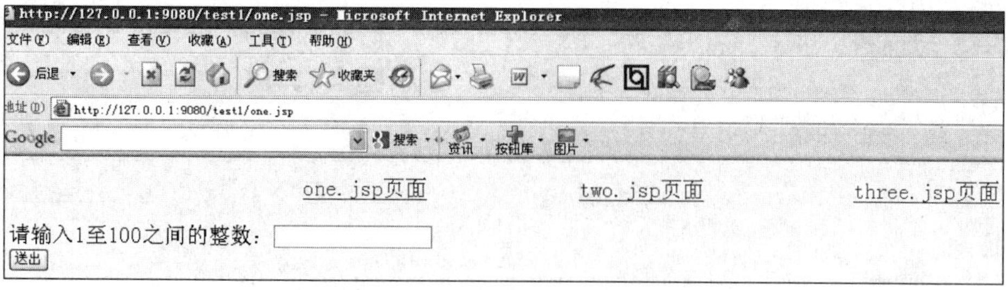

http://127.0.0.1:9080/test1/one.jsp - Microsoft Internet Explorer

文件(F)　编辑(E)　查看(V)　收藏(A)　工具(T)　帮助(H)

地址(D) http://127.0.0.1:9080/test1/one.jsp

one.jsp页面　two.jsp页面　three.jsp页面

请输入1至100之间的整数：

送出

图 6-39　使用 include 动作标记加载导航条

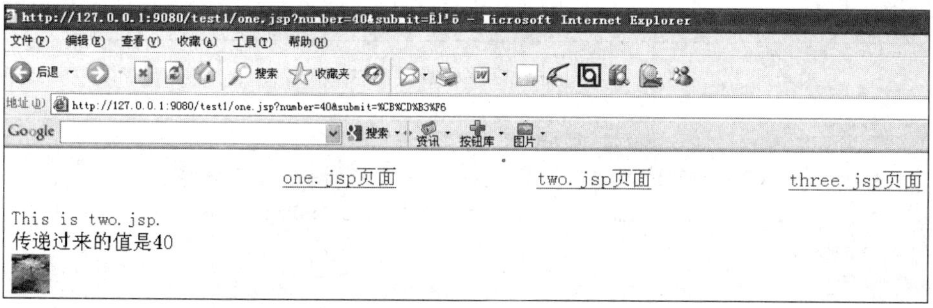

http://127.0.0.1:9080/test1/one.jsp?number=40&submit=Ël³õ - Microsoft Internet Explorer

文件(F)　编辑(E)　查看(V)　收藏(A)　工具(T)　帮助(H)

地址(D) http://127.0.0.1:9080/test1/one.jsp?number=40&submit=%CB%CD%B3%F6

one.jsp页面　two.jsp页面　three.jsp页面

This is two.jsp.

传递过来的值是40

图 6-40　得到 param 子标记传递来的值

three.jsp 效果如图 6-41 所示。

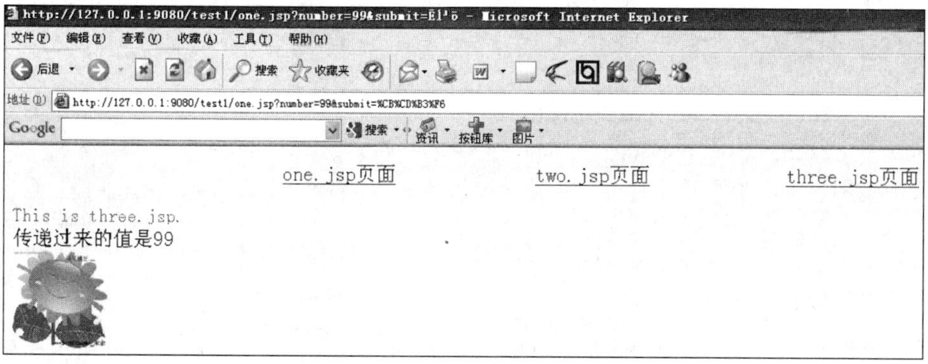

http://127.0.0.1:9080/test1/one.jsp?number=99&submit=Ël³õ - Microsoft Internet Explorer

文件(F)　编辑(E)　查看(V)　收藏(A)　工具(T)　帮助(H)

地址(D) http://127.0.0.1:9080/test1/one.jsp?number=99&submit=%CB%CD%B3%F6

one.jsp页面　two.jsp页面　three.jsp页面

This is three.jsp.

传递过来的值是99

图 6-41　得到 param 子标记传递来的值

error.jsp 效果如图 6-42 所示。

下面给出 JSP 页面的参考代码。

one.jsp:

```
<%@page contentType="text/html;charset=GB2312" %>
<HEAD>
  <jsp:include page="head.txt"/>
</HEAD>
<HTML>
<BODY bgcolor=yellow>
```

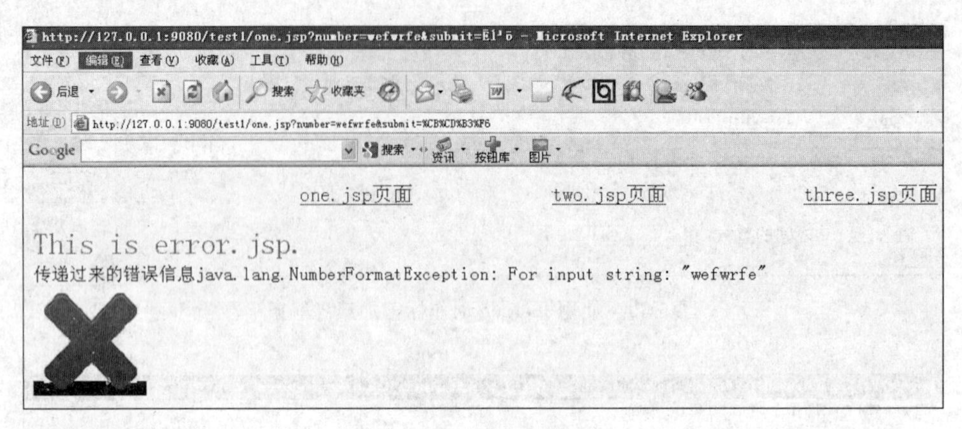

图 6-42 显示错误信息

```
  <FORM action="" method=get name=form>
    请输入 1~100 之间的整数:<INPUT type="text" name="number">
    <BR><INPUT TYPE="submit" value="送出" name=submit>
  </FORM>
<%
    String num=request.getParameter("number");
    if(num==null)
    { num="0";
    }
    try
    {
        int n=Integer.parseInt(num);
        if(n>=1&&n<=50)
        {
%>        <jsp:forward page="two.jsp">
            <jsp:param name="number" value="<%=n%>" />
          </jsp:forward>
<%      }
      else if(n>50&&n<=100)
      {
%>        <jsp:forward page="three.jsp">
            <jsp:param name="number" value="<%=n%>" />
          </jsp:forward>
<%      }
     }
    catch(Exception e)
     {
%>        <jsp:forward page="error.jsp">
             <jsp:param name="mess" value="<%=e.toString()%>" />
          </jsp:forward>
```

```
<%  }
%>
</BODY>
</HTML>
```

two.jsp:

```
<%@page contentType="text/html;charset=GB2312" %>
<HEAD>
  <jsp:include page="head.txt"/>
</HEAD>
<HTML>
  <BODY bgcolor=yellow>
  <P><Font size=2 color=blue>
    This is two.jsp.
    </Font>
  <Font size=3>
  <%
     String s=request.getParameter("number");
     out.println("<BR>传递过来的值是"+s);
  %>
  <BR><img src="a.jpg" width="<%=s%>" height="<%=s%>"></img>
  </FONT>
  </BODY>
</HTML>
```

three.jsp:

```
<%@page contentType="text/html;charset=GB2312" %>
<HEAD>
  <jsp:include page="head.txt"/>
</HEAD>
<HTML>
  <BODY bgcolor=yellow>
  <P><Font size=2 color=red>
    This is three.jsp.
    </Font>
  <Font size=3>
  <%
     String s=request.getParameter("number");
     out.println("<BR>传递过来的值是"+s);
  %>
  <BR><img src="b.jpg" width="<%=s%>" height="<%=s%>"></img>
  </FONT>
  </BODY>
```

```
</HTML>
```

error.jsp:

```
<%@page contentType="text/html;charset=GB2312" %>
<HEAD>
  <jsp:include page="head.txt"/>
</HEAD>
<HTML>
  <BODY bgcolor=yellow>
  <P><Font size=5 color=red>
    This is error.jsp.
    </Font>
  <Font size=2>
  <%
    String s=request.getParameter("mess");
    out.println("<BR>传递过来的错误信息"+s);
  %>
  <BR><img src="c.jpg" width="120" height="120"></img>
  </FONT>
  </BODY>
</HTML>
```

6.6 JSP内置对象

所谓"内置对象",就是JSP已经实例化的Java对象,用户可以在JSP中直接使用。JSP提供的内置对象有request、response、session、application、out等,request是HttpServletRequest接口的对象,当向服务器请求一个页面时生成request对象;response是HttpServletResponse接口的对象,当服务器应答一个请求时生成response对象;session是Httpsession接口的对象,一旦用户请求了一个JSP页面就会生成session对象,并且无论该用户是否从一个页面转到另一个页面,该session对象总与该用户绑定,直到该用户退出系统;application是ServletContext接口的对象,在Web服务器运行期间它始终存在,每个JSP页面都可以存取它;out是PrintWriter类的对象。

6.6.1 request对象

当客户端请求一个JSP页面时,JSP容器会将客户端的请求信息封装于request对象,请求信息的内容包括请求的头信息、请求的方式、请求的参数名称和参数值等信息。通过调用该对象相应的方法,可以获取来自客户端的请求信息,然后做出响应。它是HttpServletRequest类的实例。request对象的主要方法如表6-4所示。

表 6-4 request 对象的方法

序号	方 法 名	方 法 说 明
1	getAttribute(String name)	返回指定属性的属性值
2	getAttributeNames()	返回所有可用属性名的枚举
3	getCharacterEncoding()	返回字符编码方式
4	getContentLength()	返回请求体的长度(以字节数)
5	getContentType()	得到请求体的 MIME 类型
6	getInputStream()	得到请求体中一行的二进制流
7	getParameter(String name)	返回 name 指定参数的参数值
8	getParameterNames()	返回可用参数名的枚举
9	getParameterValues(String name)	返回包含参数 name 的所有值的数组
10	getProtocol()	返回请求用的协议类型及版本号
11	getServerName()	返回接受请求的服务器主机名
12	getServerPort()	返回服务器接受此请求所用的端口号
13	getReader()	返回解码过了的请求体
14	getRemoteAddr()	返回发送此请求的客户端 IP 地址
15	getRemoteHost()	返回发送此请求的客户端主机名
16	setAttribute(String key,Object obj)	设置属性的属性值
17	getRealPath(String path)	返回一虚拟路径的真实路径
18	getMethod()	返回客户向服务器传输数据的方式
19	getRequestURL()	返回发出请求字符串的客户端地址
20	getsession()	创建一个 session 对象

例 6-5 获取 HTML<form>表单提交到服务器的数据。

request 对象封装了客户端请求的信息，如请求的方法、请求的参数、请求的 IP 等。在程序 E1.jsp 中，名字为 f1 的表单 form 以 post 的方式向服务器上的程序 E2.jsp 提交参数 P1 和 P2，P1 只有一个值，P2 是多选项对应多个值。单击“提交”按钮后，执行 JavaScript 函数 check()检查 P1、P2 是否有值，无值则在对应的位置显示红色的“*”表示该信息必填并且不提交，有值则使用 JavaScript 表单对象的方法 submit()提交 f1 表单的参数。E2.jsp 接受 E1.jsp 表单提交的数据 P1 和 P2。因 P2 可能是多值的，使用了语句“String items[]=request.getParameterValues("P2");”将 P2 的值存在数组 items 中。对于单值的数据如 P1，可以使用 request 对象的“String getParameter(String name)”方法也可以使用“String[] getParameterValues(String name)”方法获得。

使用“记事本”分别输入 E1.jsp 和 E2.jsp 程序并存放在应用目录中。运行该程序，未输入参数即单击“提交”按钮后的页面如图 6-43 所示；输入参数后单击“提交”按钮后的页面如图 6-44 所示。

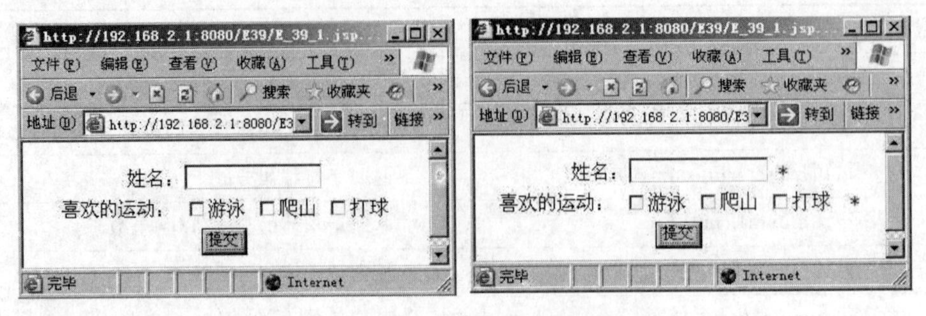

图 6-43 未输入参数即单击“提交”按钮

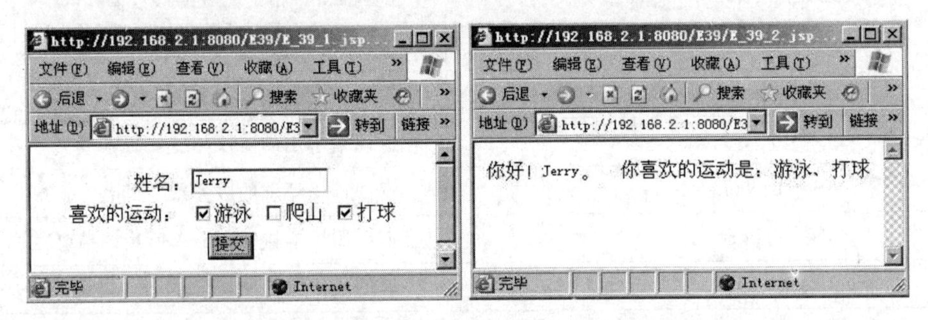

图 6-44 获取 HTML<form>表单提交到服务器的数据

E1.jsp:

```
<%@page contentType="text/html;charset=gbk"%>
<%@page language="java"%>
<html><head>
<meta http-equiv="Content-Type" content="text/html;charset=gbk">
<title></title>
<script type="text/javascript">
function check(){
  var itemChecked=false;                          //记录是否选择了运动项目
  var signName=false;                             //记录是否填写了名字
  if(document.f1.P1.value==""){
    s1.style.display="inline";                    //显示红色的"*"
  }else{
    signName=true;                                //填写名字
  }
  //alert(document.all("P2").length);
  for(var i=0;i<document.all("p2").length;i++){
    if(document.all("P2")[i].checked){            //检查是否选择了运动项目
      itemChecked=true;                           //选择了运动项目
  }
  }
  if(!itemChecked) i1.style.display="inline";     //显示红色的"*"
```

```
  if(signName && itemChecked) document.f1.submit();    //提交 f1 表单的数据
}
</script>
</head>
<body>
<center>
<form name="f1" action="E2.jsp" method="post" target="_self">
<table width="100%" border="0">
<tr>
<td align="center">姓名:<input type="text" size="15" name="P1" /><span name=
"s1" id="s1" style="color:red;display:none;"> *</span></td>
</tr>
<tr>
<td align="center">喜欢的运动:
<input type="checkbox" name="P2" value="游泳" />游泳
<input type="checkbox" name="P2" value="爬山" />爬山
<input type="checkbox" name="P2" value="打球" />打球
<span name="i1" id="i1" style="color:red;display:none;"> *</span>
</td>
</tr>
</table>
<table width="300" border="0">
<tr>
<td align="center"><input type="button" name="b1" value="提交"
  onclick="check();"/></td>
</tr>
</table>
</form>
</center>
</body></html>
```

E2.jsp:

```
<%@page contentType="text/html;charset=gbk"%>
<%@page language="java"%>
<html><head>
<meta http-equiv="Content-Type" content="text/html; charset=gbk">
<title></title>
</head>
<body>
<center>
<%
  String Name=request.getParameter("P1");
  //String Name[]=request.getParameterValues("P1");
  String items[]=request.getParameterValues("P2");
```

```
%>
你好!<%=Name%>。你喜欢的运动是:
<%
  for(int i=0;i<items.length;i++){
  out.print(items[i]);
  if(i!=(items.length-1)) out.print("、");
  }
%>
</center>
</body></html>
```

6.6.2 response 对象

与 resquest 对象相对应的对象是 response。可以用 response 对象对用户的请求作出动态响应,向客户端发送数据。例如,当用户请求访问一个 JSP 页面时,该页面用 page 指令设置页面的 contentType 属性的值是 text/html,则 JSP 引擎将按照这种属性值响应用户的请求将页面的静态部分发送给客户端。如果动态地改变 contentType 属性的值,就要使用 response 对象中的 setContentType(String s)方法。

1. response 对象的主要方法

response 对象的主要方法如表 6-5 所示。

表 6-5 response 对象的主要方法

序号	方 法 名	方 法 说 明
1	addCoolie(Cookie coolie)	向客户端写入一个 cookie
2	addHeader(String name,String value)	添加 HTTP 文件头
3	containsHeader(String name)	判断名为 name 的 header 文件头是否存在
4	encodeURL(String url)	把 sessionId 作为 URL 参数返回客户端
5	getOutputStream()	获得到客户端的输出流对象
6	sendError(int)	向客户端发送错误信息,如 404 信息
7	sendRedirect(String url)	重定向请求
8	setContentType(String type)	设置响应的 MIME 类型
9	setHeader(String name, String value)	设置指定的 HTTP 文件的头信息值,如果该值已经存在,则新值覆盖原有的旧值

2. response 对象的常用技术

1) 使用 response 对象设置 Http 文件的头信息

这里主要介绍两个方法:setContentType(String type)和 setHeader(String name,String value)。

setContentType(String s)方法可以动态地改变 ContentType 的属性值,参数 s 可取

text/html、text/plain、application/x-msexcel、application/msworld 等。

setHeader(String name, String value)方法可以添加新的响应头和头的值。下面的示例中，response 对象添加一个响应头 refresh，其头值是 3。那么客户收到这个头之后，每隔 3 秒刷新一次页面。

例 6-6　setHeader 方法的使用。

```
<%@page contentType="text/html;charset=GB2312" %>
<%@page import="java.util.* " %>
<HTML>
<BODY bgcolor=cyan><Font size=5>
<P>现在的时间是:<BR>
<%out.println(""+new Date());
   response.setHeader("Refresh","3");
%>
</FONT>
</BODY>
</HTML>
```

2）使用 response 实现重定向

对于 response 对象，最常用的是 sendRedirect 方法，可以使用这个方法将当前客户端的请求转到其他页面。相应的代码格式为“response. sendRedirect("URL 地址");”。下面示例中，login. html 提交姓名到 response. jsp 页面，如果提交的姓名为空，需要重定向到 login. html 页面，否则显示欢迎界面。

例 6-7　response 实现重定向。

login. html

```
<HTML>
   <BODY>
      <FORM ACTION="response.jsp" METHOD="POST">
      <P>姓名:<INPUT TYPE="TEXT" SIZE="20" NAME="UserID"></P>
      <P><INPUT TYPE="SUBMIT" VALUE="提 交"></P>
      </FORM>
   </BODY>
</HTML>
response.jsp
<%@page contentType="text/html;charset=GB2312" %>
<HTML>
<BODY>
   <%
      String s=request.getParameter("UserID ");
      byte b[]=s.getBytes("ISO-8859-1");
      s=new String(b);
      if (s==null) s=""   response.sendRedirect("login.html");
      else  out.println("欢迎您来到本网页!"+s);
```

```
    %>
</BODY>
</HTML>
```

注意：用<jsp：forward>指令和 response 对象中的 sendRedirect 方法都可以实现页面的重定向，但二者是有区别的。使用<jsp：forward>只能在本网站内跳转，且跳转后在地址栏中仍然显示以前页面的 URL，跳转前后的两个页面属同一个 request，用户程序可以用 request 设置或传递用户程序数据。但对于 response. sendRedirect 则不一样，它相对前者是绝对跳转，在地址栏中显示的是跳转后页面的 URL，跳转前后的两个页面不属同一个 request，当然也可用其他技术手段保证 request 为同一个，但这不是本节的讨论范围。对于后者来说，可以跳转到任何一个地址的页面。例如：response. sendRedirect ("http：//www. baidu. com/")。

6.6.3　Session 对象

1. Session 的基本含义

Session 的中文意思是"会话"，在 JSP 中代表服务器与客户端之间的信息交互。从一个客户打开浏览器并连接到服务器开始，到客户关闭浏览器离开这个服务器结束，称为一个会话。举个简单的例子，人们打电话时从拿起电话拨号到挂断电话这中间的一系列历程就是一个会话，可以称之为一个 Session。当客户访问一个服务器时，可能会在这个服务器的几个页面之间反复连接，或反复刷新一个页面，服务器会通过 Session 对象知道这是同一个客户在操作。

2. Session 的工作过程

当程序需要为某个客户端的请求创立一个 Session 的时候，服务器首先检查这个客户端的请求里是否已包含了一个 Session 标识，即 Session id。如果已包括一个 Session id，则说明以前已经为此客户端创建过 Session，服务器就会依照 Session id 把这个 Session 检索出来使用；如果客户端请求不包括 Session id，则为此客户端创建一个 Session 并且生成一个与此 Session 相关联的 Session id。Session id 的值是唯一的。

3. Session 对象的常用操作

Session 在实际应用中使用频率最高的是存入变量与读取变量，掌握这两个方法的使用也就掌握了 Session 的核心功能。

(1) 存入 Session 信息。根据需要，可将多个信息存入 Session 中。在早期的 JSP1. 0 版本中，使用 putValue 方法实现这一功能，现在则使用 setAttribute 方法将信息存入 Session 中。语法格式如下：

```
Session. setAttribute("变量名称",值)
```

(2) 读取 Session 信息。Session 中的信息在使用前要先读取，读取使用 getAttribute 方法，在 JSP1. 0 版本则使用 getValue 方法，语法格式如下：

```
Session. getAttribute("变量名称")
```

(3) 删除 Session 信息。Session 中的信息在不再需要时可以随意移除，移除使用 removeAttribute 方法，语法格式如下：

```
Session.removeAttribute("变量名称")
```

4. Session 对象的主要方法

Session 对象的主要方法如表 6-6 所示。

表 6-6 Session 对象的主要方法

序号	方 法 名	方 法 说 明
1	getAttribute(String name)	获取与指定名字相关联的 Session 属性值
2	getAttributeNames()	取得 Session 内所有属性的集合
3	getCreationTime()	返回 Session 创建时间，最小单位 10^{-3}s
4	getId()	返回 Session 创建时 JSP 引擎为它设的唯一 ID 号
5	getLastAccessedTime()	返回此 Session 里客户端最后一次访问时间
6	getMaxInactiveInterval()	返回两次请求间隔多长时间，以 s 为单位
7	getValueNames()	返回一个包含此 Session 中所有可用属性的数组
8	invalidate()	取消 Session，使 Session 不可用
9	isNew()	返回服务器创建的 Session，客户端是否已经加入
10	removeValue(String name)	删除 Session 中指定的属性
11	setAttribute(String name, Object value)	设置指定名称的 Session 属性值
12	setMaxInactiveInterval()	设置两次请求间隔时间，以 s 为单位

5. Session 对象的生命周期

Session 对象的结束有几种情况：客户端关闭浏览器；Session 过期；调用 invalidate 方法使 Session 失效等。

Session 对象默认的生存时间通常为 1800s，可以通过 setMaxInactiveInterval 方法设置生存时间，单位是 s，该方法的原型如下：

```
public void setMaxInactiveInterval(int n)
```

实际上，用户可以人为设置 Session 对象的生存时间，达到对系统安全使用的保护。例如，当一个用户在使用系统一段时间后，因事离开，且没有退出系统，在该用户离开的这一段时间内，若有其他用户进行恶意操作，则会带来意想不到的损失。以下程序给出关于 Session 生存期的常用设置方法。

例 6-8 Session 设置方法示例。

```
<%@page contentType="text/html;charset=GB2312" %>
<%@page import="java.util.*"%>
<html>
```

```
<body>
<h2>Jspsession Page</h2>
会话标识:<%=session.getId()%>
<p>创建时间:<%=new Date(session.getCreationTime())%>
<p>最后访问时间:<%=new Date(session.getLastAccessedTime())%>
<p>是不是一次新的对话?<%=session.isNew()%>
<p>原设置中的一次会话持续的时间:<%=session.getMaxInactiveInterval()%>
<%--重新设置会话的持续时间 --%>
<%session.setMaxInactiveInterval(100);%>
<p>新设置中的一次会话持续的时间:<%=session.getMaxInactiveInterval()%>
<p>属性 UserName 的原值:<%=session.getAttribute("UserName")%>
<%--设置属性 UserName 的值 --%>
<%session.setAttribute("UserName","The first user!");%>
<p>属性 UserName 的新值:<%=session.getAttribute("UserName")%>
</body>
</html>
```

程序输出如图 6-45 所示。

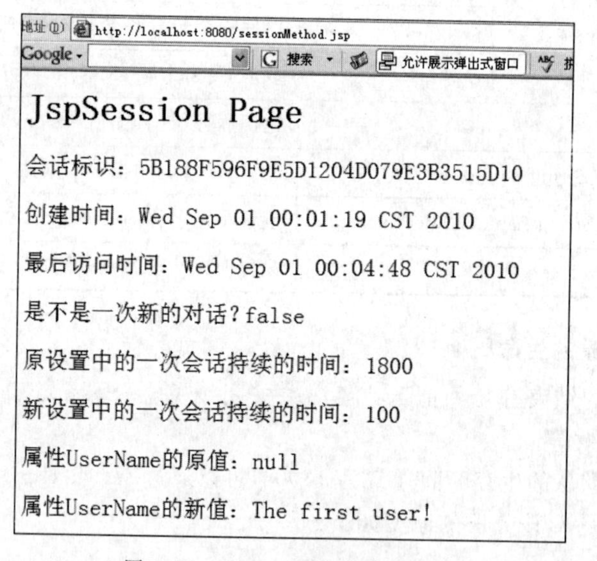

图 6-45 Session 运行结果示意图

除了以上 Session 对象的基本使用方法外，Session 对象还有一个重要的作用，就是记录表单信息，以下是 Session 记录表单信息的例子。

例 6-9 创建登录程序，login1. html 为登录界面，login1. jsp 为登录处理程序，使用 Session 保存用户登录信息，若在 login1. htm 中输入的用户名和密码都为 admin，则登录成功，程序转到登录结果文件 welcome. jsp，否则提示登录失败，系统提示 5 秒后自动转到登录页面，要求程序不能不经过登录而直接访问登录结果网页 welcome. jsp。

程序代码如下：

login1.html:

```
<html>
<head>
<title>用户登录</title>
</head>
<body>
<form method="POST" action="login1.jsp">
    <p>用户名:<input type="text" name="user" size="18"></p>
    <p>密码:<input type="text" name="pass" size="20"></p>
    <p><input type="submit" value="提交" name="ok">
    <input type="reset"  value="重置" name="cancel"></p>
</form>
</body>
    </html>
Login1.jsp:
<%@page contentType="text/html;charset=GB2312" %>
<html>
<head><title>Session 应用演示</title></head>
<%
    if (request.getParameter("user")!=null && request.getParameter("pass")!=
null)
    {
        String strName=request.getParameter("user");
        String strPass=request.getParameter("pass");
        if (strName.equals("admin") && strPass.equals("admin "))
        {
            session.setAttribute("login","OK");
            response.sendRedirect("welcome.jsp");
        }
        else
        {
            out.println("<h2>登录错误,请输入正确的用户名和密码</h2>");
        }
    }
%>
</html>
```

其中,If判断获取到的参数user的值不为空并且pass的值也不为空,则把user和pass的值分别赋给strName和strPass。If判断strName的内容等于admin并且strPass的内容等于admin,则把OK设定到login(就是把OK赋值给login)里,重定向到(跳转到)welcome.jsp页面;否则就输出else里要打印的内容。

```
welcome.jsp:
<%@page contentType="text/html;charset=GB2312" %>
<html>
```

```
<head><title>欢迎光临</title></head>
<body>
<%
    String strLogin=(String)session.getAttribute("login");
    if (strLogin!=null && strLogin.equals("OK"))
    {
        out.println("<h2>欢迎进入我们的网站!</h2>");
    }
    else
    {
        out.println("<h2>请先登录,谢谢!</h2>");
        out.println("<h2>5秒后,自动跳转到登录页面!</h2>");
        response.setHeader("Refresh","5;URL=login1.htm");
    }
%>
</body>
</html>
```

代码的作用是获取参数 login 的值并且强转换成 String(字符串)型,赋给 strLogin。如果 strLogin 不等于空并且 strLogin 的内容等于 OK,则输出"欢迎进入我们的网站!",否则输出 else 里面的内容。

如果不是通过登录,直接由地址访问 welcome.jsp,则系统提示"请先登录,谢谢!",并且设置定时刷新,5 秒后跳转到 login1.htm 页面。

运行结果如图 6-46~图 6-48 所示。

用户名:

密 码:

提交 重置

图 6-46 登录页面

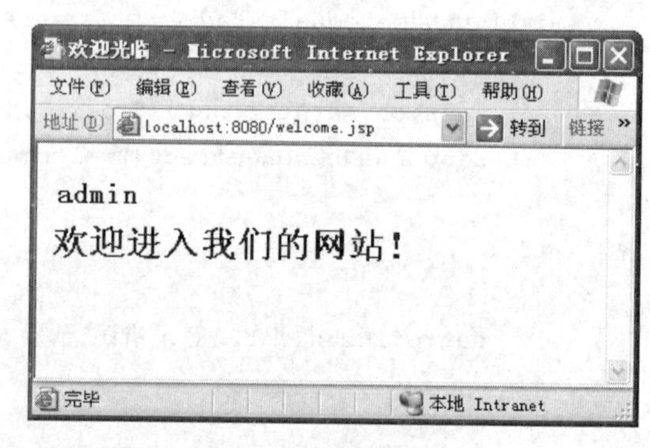

图 6-47 成功登录页面

图 6-48 非法登录页面

在登录程序中还可以使用验证码来防止黑客侵入系统，增加系统的安全性。

例 6-10 验证码的生成。

例题分析：可以编写程序 login.jsp、image.jsp、checkLogin.jsp，使它们组成输入、生成、验证验证码的登录界面。为了防止非法用户跳过登录界面而在浏览器的地址栏中输入应用系统的其他页面程序进入系统，在登录验证正确后，可将用户名等数据存入Session，在其他页面程序中从Session中取出，如取出的用户名变量值为null，则表明用户是从中途请求的而没有经过登录界面。

使用“记事本”分别输入 login.jsp、image.jsp 和 checkLogin.jsp 程序并存放在应用目录中。运行该程序进入登录页面，输入正确的验证码后，单击“登录”按钮后显示的页面如图 6-49 所示。

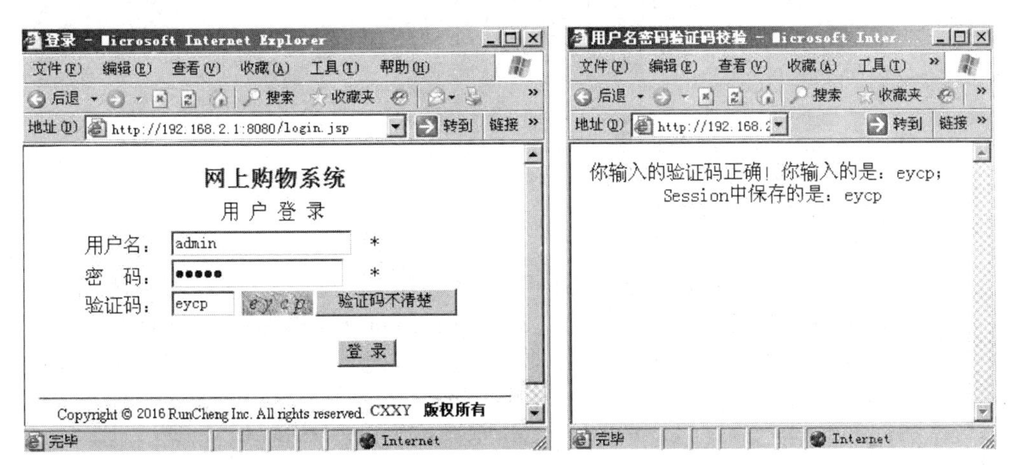

图 6-49 验证码的生成

login.jsp:

```
<%@page contentType="text/html;charset=GBK"%>
<%@page language="java"%>
<html>
<head>
<meta http-equiv="Content-Type" content="text/html; charset=GBK">
<title>登录</title>
<style type="text/css">
</style>
<script>
function check1(){
  var OK=true;
  var message="";
  if(document.all("username").value=="")
  {message=message+"用户名不能为空!\n";OK=false;}
  if(document.all("password").value=="")
  {message=message+"密码不能为空!\n";OK=false;}
  if(!OK) alert(message);
```

```
    if(OK) {document.f03.submit();}
  }
  function UserNameFocus(){
    document.f03.username.focus();
  }
  function reLogin(){
    document.f04.submit();
  }
  </script>
  </head>
  <body onload="UserNameFocus()">
  <span style="visibility:hidden;">
  <form name="f04" method="post" action="login.jsp" target="_self">
  </form></span>
  <center>
  <%@include file="head_bottom/top.html" %>
  <div>用 户 登 录</div>
  <table border="0">
  <tr><td>
  <form name="f03" method="post" action="checkLogin.jsp" target="_self">
  <table width="250" border="0" cellpadding="0" cellspacing="0">
    <tr>
      <td width="*" align="left">用户名:
  <input type="text" name="username" size="20"></td>
      <td width="14" align="center">*</td>
    </tr>
  </table>
  <table width="250" border="0" cellpadding="0" cellspacing="0">
    <tr>
      <td width="*" align="left">密  码:
  <input type="password" name="password" size="20"></td>
      <td width="14" align="center">*</td>
    </tr>
  </table>
  <table width="315" border="0" cellpadding="0" cellspacing="0">
    <tr>
      <td width="*" align="left">验证码:
  <input type="text" name="checkcode" style="width: 54px;" /></td>
      <td><img src="image.jsp" style="height:20;width:60;border:none;">
</td>
      <td><input type="button" value="验证码不清楚" onClick="reLogin();">
</td>
    </tr>
  </table>
```

```
<br>
<table width="260" border="0" cellpadding="0" cellspacing="0">
  <tr>
    <td width="100%" align="right">
<input type="button" value="登 录" onclick="check1();" /></td>
  </tr>
</table></form>
</td></tr>
</table>
<%@include file="head_bottom/bottom.html" %>
</center>
</body></html>
```

image.jsp:

```
<%@page contentType="text/html;charset=GBK"%>
<%@page import="java.awt.*,java.awt.image.*,java.util.*,javax.imageio.
*" %>
<%!
Color getRandColor(int fc,int bc){                    //给定范围获得随机颜色
  Random random=new Random();
  if(fc>255) fc=255;
  if(bc>255) bc=255;
  int r=fc+random.nextInt(bc-fc);
  int g=fc+random.nextInt(bc-fc);
  int b=fc+random.nextInt(bc-fc);
  return new Color(r,g,b);
}
%>
<%
response.setContentType("image/jpeg");
out.clear();                                          //清除页面缓存
//在内存中创建图像
int width=60, height=20;
BufferedImage image=new BufferedImage(width,height,BufferedImage.TYPE_
INT_RGB);
Graphics g=image.getGraphics();                       //获取 image 的作图对象
Random random=new Random();                           //生成随机类
//设定背景色
g.setColor(getRandColor(130,250));
g.fillRect(0,0,width,height);
//设定字体
g.setFont(new Font("Times New Roman",Font.ITALIC,18));
//随机产生 155 条干扰线,使图像中的验证码不易被其他程序探测到
for (int i=0;i<155;i++){
```

```
  g.setColor(getRandColor(120,250));
  int x=random.nextInt(width);
  int y=random.nextInt(height);
  int xl=random.nextInt(12);
  int yl=random.nextInt(12);
  g.drawLine(x,y,x+xl,y+yl);
}
//取随机产生的验证码(4位)
String source="0123456789abcedfghijklmnopqrstuvwxuyz";
String source1="ABCEDFGHIGKLMNOPQRSTUVWXYZ";
int StrLen=source.length()-1;
String sRand="";
for(int i=0;i<4;i++){
  int i1=random.nextInt(StrLen);
  String s1=source.substring(i1,i1+1);
  sRand=sRand+s1;
  int r1=random.nextInt(random.nextInt(250));
  int g1=random.nextInt(random.nextInt(250));
  int b1=random.nextInt(random.nextInt(250));
  g.setColor(new Color(r1,g1,b1));                    //设置一种前景色
  g.drawString(s1,13*i+6,16-1);                       //输出一位验证码
}
session.setAttribute("rand",sRand);                   //将验证码存入Session
g.dispose();                                          //图像生效
//输出图像到页面
ImageIO.write(image,"JPEG",response.getOutputStream());
%>
```

checkLogin.jsp:

```
<%@page contentType="text/html;charset=GBK"%>
<html>
<head>
<meta http-equiv="Content-Type" content="text/html; charset=GBK">
<title>用户名密码验证码校验</title>
</head>
<body>
<%
String username,password,CHKCode;
username=request.getParameter("username");            //取登录名
password=request.getParameter("password");            //取输入的密码
CHKCode=request.getParameter("checkcode");            //用户输入的验证码
String CheckCode=(String)session.getValue("rand");//取Session中保存的验
                                                        证码
if(CHKCode.equals(CheckCode)){          //用户输入的验证码与Session中的相等
```

```
//实际中,用户名和密码要与数据库中比较
session.putValue("username",username);          //用户名保存在 Session 中
session.putValue("password",password);          //密码保存在 Session 中
%>
<div style="text-align:center;">你输入的验证码正确!
你输入的是:<%=CHKCode%>;Session 中保存的是:<%=CheckCode%></div>
<%
    }else{
%>
<div style="text-align:center;">你输入的验证码不正确!
你输入的是:<%=CHKCode%>;Session 中保存的是:<%=CheckCode%></div>
<%
    }
%>
</body>
</html>
```

在 login.jsp 中,语句"<img src="image.jsp" style="height: 20; width: 60; border: none;">"用来显示验证码的图像,图像文件是 image.jsp。另外,login.jsp 程序中还用到了 top.html 和 bottom.html 显示页头和页尾,要注意它们存放的文件夹,否则 login.jsp 不能正常编译运行。

image.jsp 程序用语句"response.setContentType("image/jpeg");"告诉客户端要接收的文档 MIME 类型为 image/jpeg,然后在服务器的缓存中生成一幅有 4 个字符验证码的图像并发送到客户端。用语句"session.setAttribute("rand",sRand);"将验证码存入 Session,保证了从登录页面转到其他页面后依然可以获取该验证码。

checkLogin.jsp 程序用语句"request.getParameter("checkcode");"取得用户在登录界面输入的验证码,用语句"(String)Session.getValue("rand");"取得 Session 中保存的验证码。两者比较,可进一步防止非法用户的侵入。

6.6.4 application 对象

application 对象实现了用户间数据的共享,可存放全局变量。它开始于服务器的启动,消失于服务器的关闭。在此期间,此对象将一直存在,在不同用户连接服务器的过程中,可以对此对象的同一属性进行操作;且在任何地方对此对象属性的操作,都将影响到其他用户对此的访问。服务器的启动和关闭决定了 application 对象的生命。它是 ServletContext 类的实例。

application 对象主要方法

不同用户的 Session 对象互相不同,而所有用户的 application 对象是共享的,因此 application 对象负责提供应用程序在服务器中运行时的一些全局信息。服务器启动时就创建一个 application 对象,当一个客户访问服务器上的一个 JSP 页面时,JSP 引擎就为该客户分配这个 application 对象,所有客户共用一个 application 对象。application 对象主

要方法如表 6-7 所示。

表 6-7 application 对象的主要方法

序号	方 法 名	方 法 说 明
1	getAttribute(String name)	返回给定名的属性值
2	getAttributeNames()	返回所有可用属性名的枚举
3	setAttribute(String name,Object object)	设定属性的属性值
4	removeAttribute(String name)	删除一个属性及其属性值
5	getServerInfo()	返回 JSP(SERVLET)引擎名及版本号
6	getRealPath(String path)	返回一个虚拟路径的真实路径
7	getInitParameter(String name)	返回 name 属性的初始值

例 6-11 使用 application 对象编程实现一个简易的留言板。

程序分析：在本例中，客户通过 submit.jsp 向 messagePane.jsp 页面提交姓名、留言标题和留言内容，messagePane.jsp 页面获取这些信息之后，用同步方法将这些内容添加到一个向量中，然后将这个向量再添加到 application 对象中。当用户查看留言板时，showMessage.jsp 负责显示所有客户的留言内容，即从 application 对象中取出向量，然后遍历向量中存储的信息。

Java 的 java.util 包中的 Vector 类负责创建一个向量对象：Vector a=new Vector()，a 可以使用 add(Object o)把任何对象添加到向量的末尾，向量的大小会自动增加。可以使用 add(int index, Object o)把任何对象添加到向量的指定位置。可以使用 elementAt(int index)获取指定索引处的向量的元素(索引初始位置是 0)；a 可以使用方法 size()获取向量所有的元素的个数。具体实现代码如下：

submit.jsp:

```
<%@page contentType="text/html;charset=GB2312" %>
<HTML><BODY>
  <FORM action="messagePane.jsp" method="post" name="form">
    <P>输入您的名字：
<INPUT  type="text" name="peopleName">
    <BR>输入您的留言标题：
<INPUT  type="text"  name="Title">
    <BR>输入您的留言：
  <BR><TEXTAREA name="messages" ROWs="10" COLS=36 WRAP="physical">
                                </TEXTAREA>
<BR><INPUT type="submit" value="提交信息" name="submit">
  </FORM>
  <FORM action="showMessage.jsp" method="post" name="form1">
    <INPUT type="submit" value="查看留言板" name="look">
</FORM>
</BODY></HTML>
```

messagePane.jsp:

```
<%@page contentType="text/html;Charset=GB2312" %>
<%@page import="java.util.* " %>
<HTML>
<BODY>
    <%! Vector v=new Vector();
       ServletContext  application;
       synchronized void sendMessage(String s)
        {  application=getServletContext();;
           v.add(s);
           application.setAttribute("Mess",v);
        }
    %>
    <%String name=request.getParameter("peopleName");
      String title=request.getParameter("Title");
      String messages=request.getParameter("messages");
        if(name==null)
          {  name="guest"+(int)(Math.random()*10000);
          }
        if(title==null)
          {  title="无标题";
          }
        if(messages==null)
          {  messages="无信息";
          }
        String time=new Date().toString();
        String s="#"+name+"#"+title+"#"+time+"#"+messages+"#";
        sendMessage(s);
        out.print("您的信息已经提交!");
    %>
  <A HREF="submit.jsp">返回
  <A HREF="showMessage.jsp">查看留言板
</BODY></HTML>
```

showMessage.jsp:

```
<%@page contentType="text/html;Charset=GB2312" %>
<%@page import="java.util.* " %>
<HTML><BODY>
  <%  Vector v=(Vector)application.getAttribute("Mess");
      out.print("<table border=2>");
       out.print("<tr>");
         out.print("<td bagcolor=cyan>"+"留言者姓名"+"</td>");
         out.print("<td bagcolor=cyan>"+"留言标题"+"</td>");
```

```
            out.print("<td bagcolor=cyan>"+"留言时间"+"</td>");
            out.print("<td bagcolor=cyan>"+"留言内容"+"</td>");
        out.print("</tr>");
        for(int i=0;i<v.size();i++)
        {   out.print("<tr>");
            String message=(String)v.elementAt(i);
            StringTokenizer fenxi=new StringTokenizer(message,"#");
            out.print("<tr>");
            int number=fenxi.countTokens();
            for(int k=0;k<number;k++)
            { String str=fenxi.nextToken();
              if(k<number-1)
                { out.print("<td bgcolor=cyan>"+str+"</td>");
                }
              else
                {out.print("<td><TextArea rows=3 cols=12>"+str+"</TextArea>
</td>"); }
            }
           out.print("</tr>");
        }
       out.print("</table>");
    %>
</BODY></HTML>
```

6.7 JSP中的文件操作

服务器有时需要将客户提交的信息保存到文件或根据客户的要求将服务器上的文件的内容显示到客户端。JSP通过Java的输入输出流实现文件的读写操作。

例6-12 在JSP页面中实现文件上传。

分析：文件上传是指将客户机上的文件通过网络传送到服务器上。客户机上的文件指定和上传是通过HTML的表单实现的，如程序S_File.jsp中name="f1"的<form>表单示例。其中，action="FileAccept.jsp"表示服务器上接收和处理上传的文件的程序是与S_File.jsp在同一目录下的FileAccept.jsp；<form>表单的属性enctype的值必须为multipart/form-data，<form>体中<input>标记的属性type的值必须是file。S_File.jsp运行后的界面如图6-50所示：假定要上传的文件是A.txt，可以单击“浏览”按钮，选择客户机文件夹中的A.txt文件，然后单击“上传”按钮则文件被发送到服务器并启动FileAccept.jsp程序进行接收和处理。客户端发送到服务器的数据一般有两大部分：一部分是HTTP数据头，一部分是HTTP数据体。被传送的文件(如A.txt)包含在数据体中。FileAccept.jsp中的语句InputStream in=request.getInputStream()；就是使用JSP内置对象request的方法getInputStream()获取字节输入流，用于读入客户端发送来的数据。语句 FileOutputStream o=new FileOutputStream(new File("./B.txt"))可以生成一字节输出流,将数据输出到服务器安装目录下的 B.txt 文件中。

假定客户端计算机的 F 盘上有 A.txt 文件。A.txt 文件的内容是:

欢迎使用 HTML、JavaScript、JSP 语言进行 Web 程序开发。

这是文件上传的例子。

使用"记事本"分别输入 S_File.jsp 和 FileAccept.jsp 程序并存放在应用目录中。运行该程序。在 S_File.jsp 页面,单击"浏览"按钮,选择 A.txt 文件后单击"上传"按钮,则将上传的数据保存到服务器的安装目录下的 B.txt 文件中。S_File.jsp 页面及 B.txt 文件的内容如图 6-50 所示。

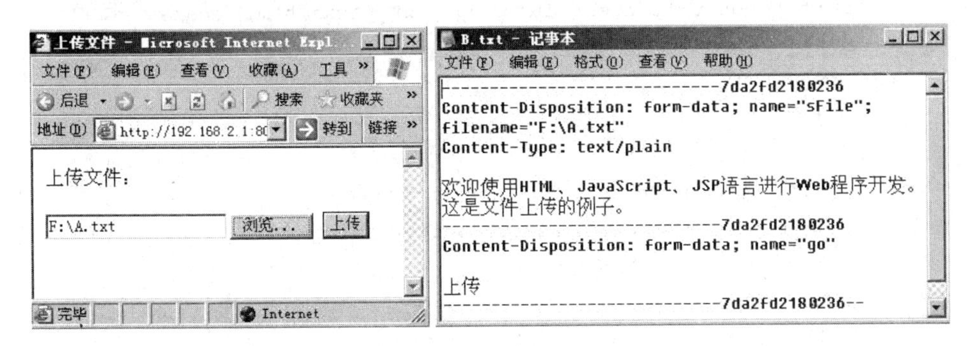

图 6-50　文件上传

可以看出,相对 A.txt 文件的内容,B.txt 文件中前面多了 4 行、结尾多了 5 行。这是因为使用 HTTP 上传文件时,上传的数据中除了上传的文件内容外还包括 HTTP 头数据。可以在 FileAccept.jsp 程序中增加进一步处理 B.txt 文件的语句:

(1) 打开 B.txt 文件。

(2) 读出被传送文件的文件名 A.txt。

(3) 读出被传送文件的内容。

(4) 以被传送文件的文件名 A.txt 保存到服务器上。

具体实现代码如下:

S_File.jsp:

```
<%@page contentType="text/html;charset=GBK"%>
<%@page language="java"%>
<html>
<head>
<meta http-equiv="Content-Type" content="text/html; charset=GBK">
<title>上传文件</title>
</head>
<body>
<div>上传文件:</div>
<form name="f1" action="FileAccept.jsp" method="post" enctype="multipart/
form-data">
  <input type="file" name="sFile" size="20" />
```

```
    <input type="submit" name="go" value="上传">
    </form>
    </body>
    </html>
```

FileAccept.jsp:

```
<%@page contentType="text/html;charset=GBK"%>
<%@page language="java"%>
<%@page import="java.io.*"%>
<html>
<head>
<meta http-equiv="Content-Type" content="text/html; charset=GBK">
</head>
<body>
<%
  try{
    InputStream in=request.getInputStream();
    FileOutputStream o=new FileOutputStream(new File("./B.txt"));
    byte b[]=new byte[1000];
    int n;
    while((n=in.read(b))!=-1){
    o.write(b,0,n);
    }
    o.close();
    in.close();
    out.print("文件已上传");
  }catch(Exception ee){}
%>
</body>
</html>
```

例 6-13 在 JSP 页面中实现文件下载。

文件下载程序如 downLoad.jsp。该程序将服务器安装目录下的"实验.txt"文件下载到客户端。语句"response.setHeader("Content-disposition","attachment;filename="+F_N_C);"设置 HTTP 应答头的 Content-disposition 属性的值为""attachment;filename="+F_N_C",它通知客户端浏览器打开"文件下载"对话框将服务器端发送来的 HTTP 数据体作为文件内容保存起来。语句"OutputStream o=response.getOutputStream();"即是获得 HTTP 数据体的字节输出流,通过它将文件的内容发送到客户端。

使用"记事本"输入 downLoad.jsp 程序并存放在应用目录中。注意,downLoad.jsp 程序中,try 语句前的内容须在一行中输入,中间不能有回车换行。否则,回车换行数据会一并发往客户端而作为下载文件的一部分被保存。程序运行后,打开"文件下载"对话框,如图 6-51 所示。

downLoad.jsp:

```
<%@page contentType="text/html;charset=GBK"%><%@page language="java"%>
<%@page import="java.io.*"%><%
    try{
        String fileName="实验.txt";
        File f=new File(fileName);        //要下载的文件,位于 resin 的安装目录中
        FileInputStream in=new FileInputStream(f);
        //防止下载时文件名中有中文出现乱码将其用 UTF-8 编码
        String F_N_C=java.net.URLEncoder.encode(fileName,"UTF-8");
        response.setHeader("Content-disposition","attachment;filename="+F_N_C);
        long fileLength=f.length();
        String length=String.valueOf(fileLength);
        response.setHeader("Content-Length",length);
        OutputStream o=response.getOutputStream();
        byte b[]=new byte[500];
        int n=0;
        while((n=in.read(b))!=-1){
        o.write(b,0,n);
        }
        in.close();
        o.close();
    }catch(Exception ee){}
    %>
```

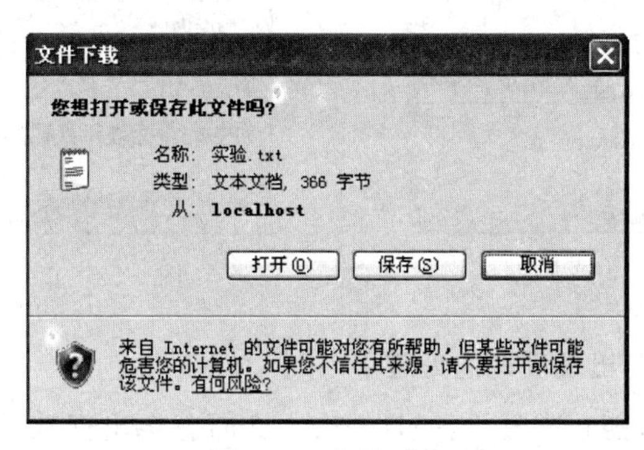

图 6-51 文件下载

6.8 JSP 中汉字乱码处理

对于初学 JSP 的人来说，最头痛的就是辛辛苦苦编写的程序，好不容易调试成功之后，显示的页面中却是乱码。JSP 中可能出现的乱码共有三处，它们是：

(1) JSP 页面显示乱码，如果 JSP 文件开始没有指明代码所使用的编码方式，JSP 在页面中的汉字将变成乱码。

(2) 表单提交中文时出现乱码。表单数据在提交后，接收时必须进行特殊处理，否则

提交上来的数据也是乱码。

(3) 数据库使用时显示乱码,这种乱码的处理方法将在第7章进行讲解。

1. JSP页面显示乱码

JSP页面显示乱码是由于服务器使用的编码方式不同和浏览器对不同的字符显示结果不同导致的。下面的程序是一个最简单的JSP程序,运行时将显示图6-52所示的乱码。

```
<html>
<head>
<title>JSP的中文处理</title>
</head>
<body>
   <%out.print("JSP的页面显示乱码的处理");%>
</body>
</html>
```

解决办法很简单,在JSP页面中指定编码方式即可,一般将编码方式指定为GB2312即可。即在页面的第一行前加上:＜％@ page contentType＝"text/html; charset＝GB2312"％＞,就可以消除乱码。结果如图6-53所示。

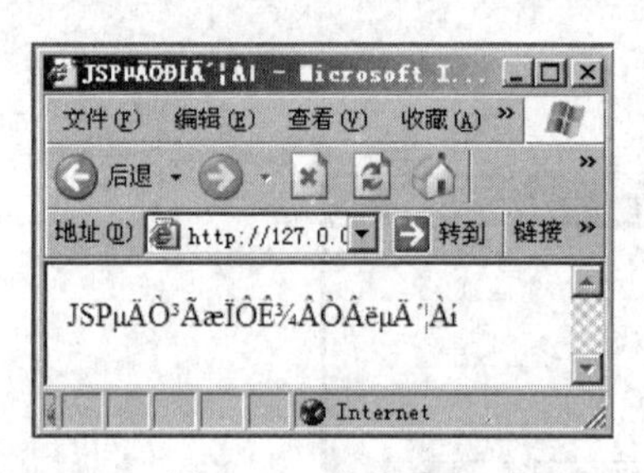

图6-52　乱码显示

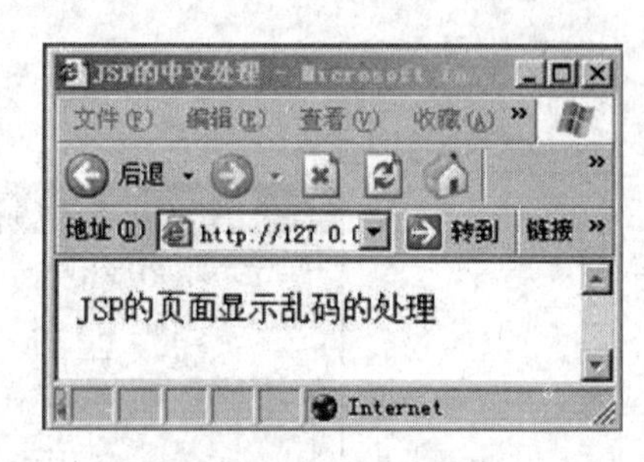

图6-53　正常显示结果

2. 表单提交中文时出现乱码的处理

表单提交英文字符能正常显示,一旦提交中文时就会出现乱码。其原因是浏览器默认使用UTF-8编码方式发送请求,UTF-8编码方式是在互联网上使用最广的一种unicode的实现方式,而汉字显示则使用GB2312编码方式,UTF-8和GB2312编码方式表示字符是不一样的,这样就出现了不能识别字符。

处理方式有以下两种:

第一种方式,通过request.setCharacterEncoding("GB2312")对请求进行统一编码,就实现了中文的正常显示。

例6-14　表单乱码处理的第一种方式示例。

表单提交页面:

```
<html>
  <head>
```

```
    <title>JSP的中文处理1</title>
  </head>
  <body>
    <form name="form1" method="post" action="process.jsp">
        <input type="text" name="name">
        <input type="submit" name="Submit" value="Submit">
    </form>
  </body>
</html>
```

表单处理页面：

```
<%@page contentType="text/html; charset=GB2312"%>
<html>
<head>
<title>JSP的中文处理</title>
</head>
<body><%=request.getParameter("name")%>
</body>
    </html>
```

第二种方式是接受参数时进行编码转换。

表单提交页面：

```
<html>
    <head>
        <title>JSP的中文处理</title>
    </head>
    <body>
        <form name="form1" method="post" action="process.jsp">
        <input type="text" name="name">
        <input type="submit" name="Submit" value="Submit">
        </form>
    </body>
</html>
```

表单处理页面：

```
<%@page contentType="text/html; charset=GB2312"%>
<html>
  <head>
    <title>JSP的中文处理</title>
  </head>
  <body>
    <%String s=new String(request.getParameter("name").get Bytes("ISo-8859-
1"),"GB2312");
    out.print(s)
```

```
    %>
  </body>
</html>
```

除此之外，还有很多处理乱码的方法，读者可以借助互联网及其他工具探索，在此不再一一赘述。

6.9 案例实践

6.9.1 案例需求说明

编程模拟一个简单网上购物过程，首先提醒用户输入名字连接到商场，如图 6-54 所示。

图 6-54 输入姓名页面

单击送出按钮，页面跳转到 first.jsp 页面，让顾客输入要购买的商品，然后单击"发送"按钮，连接到结账处，如图 6-55 所示。

最后跳转到结账处，显示前面用户输入的姓名和商品，如图 6-56 所示。

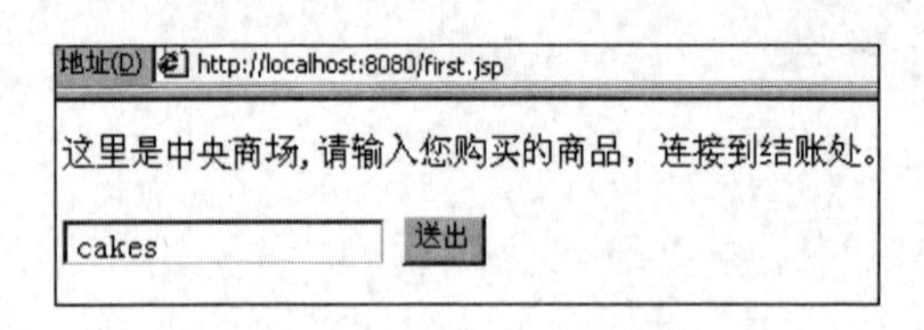

图 6-55 输入商品页面

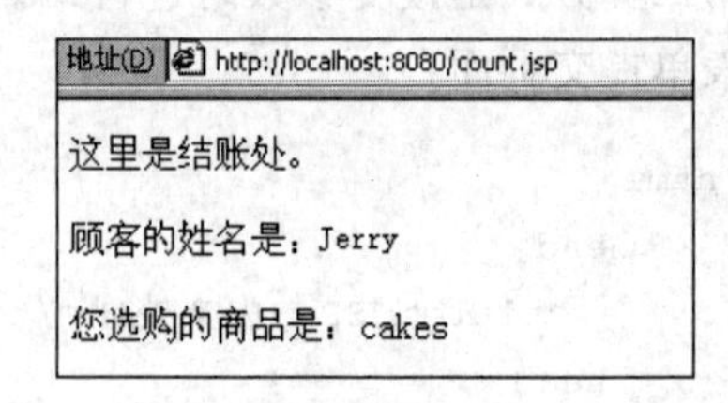

图 6-56 结账处页面

6.9.2 技能训练要点

在电子商务平台开发中，一个重要的关键点就是电子商务平台如何记录下客户端的状态，在以 JSP 为开发技术的动态网页开发中，是使用 Session 内置对象达到这个目的的，本案例主要就 Session 内置对象读写方法及值的传递过程进行训练。

6.9.3 案例实现

本案例涉及三个页面，分别为输入姓名页面、输入商品页面和结账处页面，具体实现代码如下。

输入姓名页面(example.jsp)：

```
<%@page contentType="text/html;charset=GB2312"%>
<html>
<body>
```

```
<%session.setAttribute("custom","顾客");  //将顾客对象加入 Session 中,并指定关
                                              键字为 custom
%>
<p>输入您的名字,连接到中央商场。
<form action="first.jsp" method=post name=form>
<input type="text" name="name1">
<input type="submit" name="submit" value="送出">
</form>
</body>
</html>
```

输入商品页面(first.jsp):

```
<%@page contentType="text/html;charset=GB2312"%>
<html>
<body>
<%String nm=request.getParameter("name1");
  session.setAttribute("name",nm);//将 nm 对象加入 session 中,并指定关键字为 name
%>
<p>这里是中央商场,请输入您购买的商品,连接到结账处。
<form action="count.jsp" method=post name=form>
<input type="text" name="buy">
<input type="submit" name="submit" value="送出">
</form>
</body>
</html>
```

输入结账处页面(count.jsp):

```
<%@page contentType="text/html;charset=GB2312"%>
<%! public String getString(String s)
     {
    if(s==null)
      s="";
    try{
        byte b[]=s.getBytes("ISO-8859-1");
        s=new String(b);
      }
        catch(Exception e){}
    return s;
    }
%>
<html>
<body>
<%String pa=request.getParameter("buy");
  session.setAttribute("goods",pa);//将 nm 对象加入 Session 中,并指定关键字为 name
```

```
%>
<p>这里是结账处。
<%String cus= (String)session.getAttribute("custom");
   String nam= (String)session.getAttribute("name");
   String goo= (String)session.getAttribute("goods");
   nam=getString(nam);
   goo=getString(goo);
%>
<br>
<p><%=cus%>的姓名是:<%=nam%>
<p>您选购的商品是:<%=goo%>
</body>
```

通过以上案例的训练,读者可以清楚地体会到数据在页面与页面之间跳转时的传递过程,学会在页面跳转时如何记录客户端的信息。

本章小结

本章主要讲解了 Web 开发及 JSP 的相关知识,首先对比了静态与动态的 Web 页面,然后对动态 Web 开发语言 JSP 做了系统的介绍,读者通过本章的学习,可以学会 JSP 开发环境安装与配置,掌握 JSP 页面基本结构及运行过程,学会使用 JSP 基本语法和内置对象进行相应的编程,并了解 JSP 编程中的文件操作及汉字乱码处理。

本章习题

一、选择题

1. 可以在以下(　　)标记之间插入 Java 程序片段。

   A. <% 和 %>　　　　B. <% 和 />

   C. </ 和 %>　　　　D. <% 和 !>

2. 可以在以下(　　)标记之间插入变量与方法声明。

   A. <% 和 %>　　　　B. <%! 和 %>

   C. </ 和 %>　　　　D. <% 和 !>

3. 下列(　　)注释为隐藏型注释。

   A. <!-- 注释内容 [<%=表达式 %>] -->

   B. <!-- 注释内容 -->

   C. <%-- 注释内容 --%>

   D. <!--[<%=表达式 %>] -->

4. 下列变量声明在(　　)范围内有效。

```
<%! Date dateTime;
```

```
    int countNum;
%>
```

A. 从定义开始处有效,客户之间不共享

B. 在整个页面内有效,客户之间不共享

C. 在整个页面内有效,被多个客户共享

D. 从定义开始处有效,被多个客户共享

5. 在"<%!"和"%>"标记之间声明的Java的方法称为页面的成员方法,其在(　　)有效。

A. 从定义处之后　　B. 在整个页面内

C. 从定义处之前　　D. 不确定

6. 在"<%="和"%>"标记之间放置(　　),可以直接输出其值。

A. 变量　　B. Java表达式　　C. 字符串　　D. 数字

7. JSP页面可以在"<%="和"%>"标记之间放置Java表达式,直接输出Java表达式的值。组成"<%="标记的各字符之间(　　)。

A. 可以有空格　　B. 不可以有空格

C. 必须有空格　　D. 不确定

8. 下列(　　)不属于JSP动作标记。

A. <jsp: param>　　B. <jsp: plugin>

C. <jsp: useBean>　　D. <jsp: javaBean>

9. Page指令用于定义JSP文件中的全局属性,下列关于该指令用法的描述不正确的是(　　)。

A. <%@ page %>作用于整个JSP页面

B. 可以在一个页面中使用多个<%@ page %>指令

C. 为增强程序的可读性,建议将<%@ page %>指令放在JSP文件的开头,但不是必需的

D. <%@ page %>指令中的属性只能出现一次

10. 对于JSP中的声明<%!　%>的说法错误的是(　　)。

A. 一次可声明多个变量和方法,只要以";"结尾就行

B. 一个声明仅在一个页面中有效

C. 声明的变量将作为局部变量

D. 在该声明中声明的变量将在JSP页面初始化时初始化

11. JSP的Page编译指令的属性Language的默认值是(　　)。

A. Java　　B. C　　C. C#　　D. SQL

12. Include指令用于在JSP页面静态插入一个文件,插入文件可以是JSP页面、HTML网页、文本文件或一段Java代码,但必须保证插入后形成的文件是(　　)。

A. 一个完整的HTML文件　　B. 一个完整的JSP文件

C. 一个完整的 TXT 文件　　　　D. 一个完整的 Java 源文件

13. <jsp：useBean id="bean 的名称" scope="bean 的有效范围"class="包名.类名"/>动作标记中，scope 的值不可以是(　　)。

A. page　　B. request　　C. session　　D. response

14. 要运行 JSP 程序，下列说法不正确的是(　　)。

A. 服务器端需要安装 Servlet 容器，如 Tomcat 等

B. 客户端需要安装 Servlet 容器，如 Tomcat 等

C. 服务器端需要安装 JDK

D. 客户端需要安装浏览器，如 IE 等

15. 下列(　　)可以准确地获取请求页面的一个文本框的输入(文本框的名称为 name)。

A. request.getParameter(name)

B. request.getParameter("name")

C. request.getParameterValues(name)

D. request.getParameterValues("name")

16. 使用 response 对象进行重定向时，使用的方法是(　　)。

A. getAttribute　　　　B. setContentType

C. sendRedirect　　　　D. setAttribute

17. session 对象中用于设定指定名字的属性值，并且把它存储在 session 对象中的方法是(　　)。

A. setAttribute　　　　B. getAttributeNames

C. getValue　　　　D. getAttribute

18. 在 application 对象中用(　　)方法可以获得 application 对象中的所有变量名。

A. getServerInfo　　　　B. nextElements()

C. removeAttribute　　　　D. getRealPath

19. 以下(　　)对象提供了访问和放置页面中共享数据的方式。

A. pageContext　　B. response　　C. request　　D. session

20. 调用 getCreationTime()可以获取 session 对象创建的时间，该时间的单位是(　　)。

A. 秒　　B. 分秒　　C. 毫秒　　D. 微秒

21. 能在浏览器的地址栏中看到提交数据的表单提交方式是(　　)。

A. submit　　B. get　　C. post　　D. out

22. 可以利用 request 对象的(　　)方法获取客户端的表单信息。

A. request.getParameter()　　　　B. request.outParameter()

C. request.writeParameter()　　　　D. request.handlerParameter()

23. JSP 页面程序片中可以使用下列(　　)方法将 strNumx=request.getParamter("ix")得到的数据类型转换为 Double 类型。

A. Double.parseString(strNumx)　　　　B. Double.parseDouble(strNumx)

C. Double. parseInteger(strNumx) D. Double. parseFloat(strNumx)

24. 下列不是JSP内置对象的是( )。

A. request B. applicate C. out D. page

25. 不能在不同用户之间共享数据的方法是( )。

A. 通过session对象 B. 利用文件系统

C. 利用数据库 D. 通过application对象

二、填空题

1. JSP有3种指令,分别是________、________和________。

2. JSP有7项标准的"动作元素",分别是________、________、________、________、________、________和________。

3. Tomcat服务器的默认端口是________。

4. <jsp: param>需要配合________和________动作元素一起使用。

5. JSP标记都是以________或________开头,以________或________结尾。

6. JSP页面的基本构成元素,其中变量和方法声明(Declaration)、表达式(Expression)和Java程序片(Scriptlet)统称为________。

7. response. setHeader("Refresh", "5")的含义是指________页面刷新时间为________。

8. 在JSP中为内置对象定义了4种作用范围,即________、________、________和________。

9. 表单的提交方法包括________和________方法。

10. 表单标记中的________属性用于指定处理表单数据程序url的地址。

11. JSP主要内置对象有________、________、________、________、________、________、out、config和page。

12. 理论上,GET是________,POST是________。

三、简答题

1. 简述JSP的工作原理。

2. 简述page指令、include指令的作用。

3. application对象有什么特点?它与session对象有什么联系和区别?

4. JSP常用基本动作有哪些?简述其作用。

5. 简述include指令和<jsp: include>动作的异同。

6. 有几种方法实现页面的跳转?如何实现?

7. JSP内置对象有哪些?它们的作用是什么?

四、程序题

1. 请编写3个JSP页面:submit. html、test. jsp、include. jsp。

要求:

(1) submit. html文件的作用是利用表单提交用户输入的姓名和邮箱等数据,这些数据提交到 test. jsp 文件。

(2) test. jsp 文件中利用动态标记 include 包含 include. jsp 文件。

(3) include. jsp 文件获取并显示用户在 submit. html 中提交的数据。

2. 应用 Date 函数读取系统当前时间，根据不同的时间段，在浏览器输出不同的问候语，例如 0～12 点之间输出“早上好”，同时把系统的年、月、日、小时、分、秒和星期输出到用户的浏览器。

3. 制作一个用户登录界面，用户输入中文用户名后能够在参数接收页面读取用户输入的中文参数并进行显示。运行结果如图 6-57 所示。

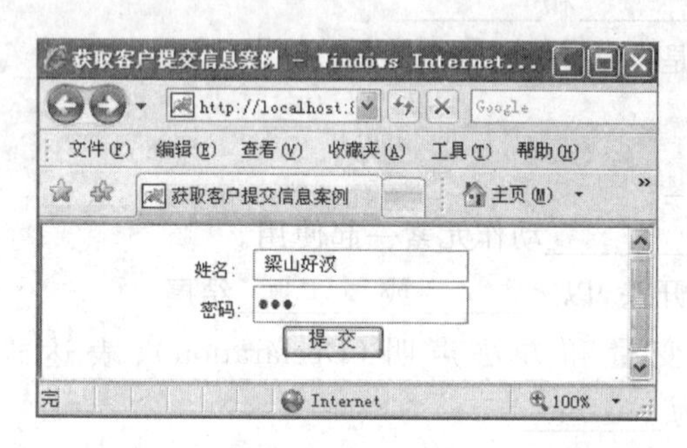

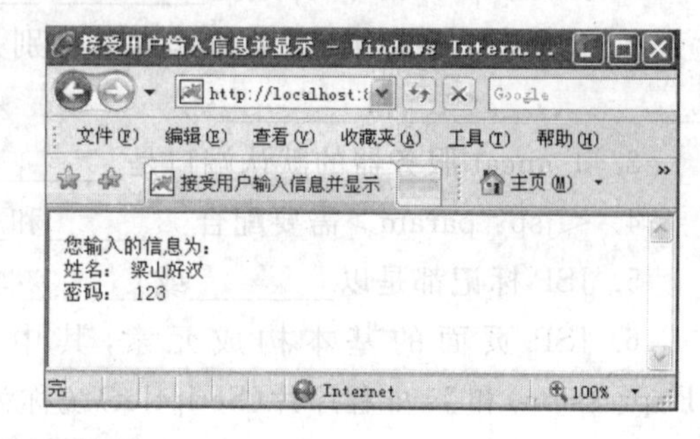

图 6-57 运行结果

4. 设计表单，制作读者选购图书的界面，当读者选中一本图书后，单击“确定”按钮，用“jsp: forward page=”语句将页面跳转到介绍该图书信息页面。文件运行结果如图 6-58 所示。

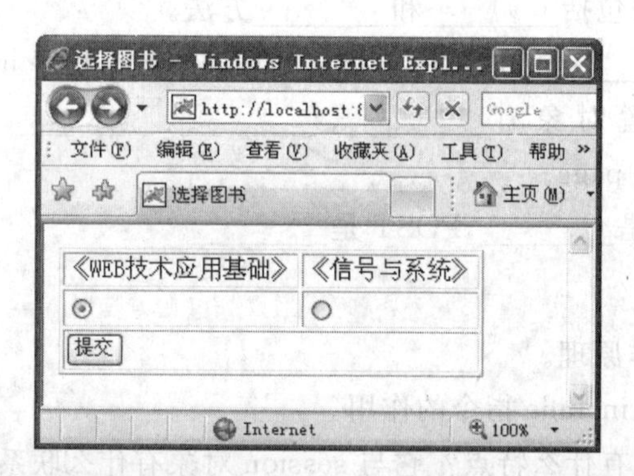

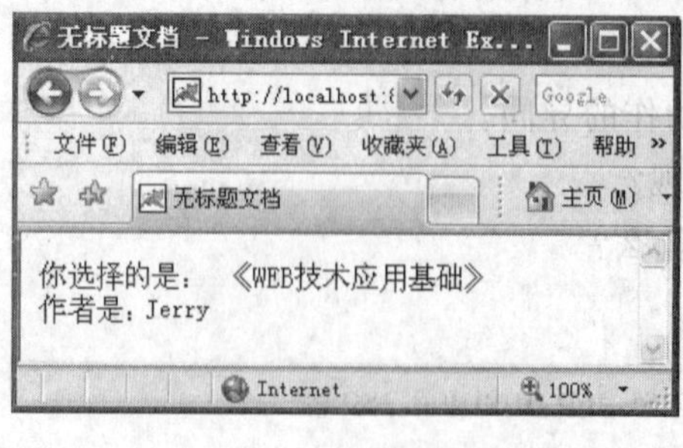

图 6-58 图书选择结果

5. 制作一个购书页面，要求用户输入用户名和密码，并通过下拉菜单选择需要购买的图书，单击“确定”按钮，将信息发往服务器端，服务器端文件接收用户输入并输出用户名和所购图书。文件运行结果如图 6-59 所示。

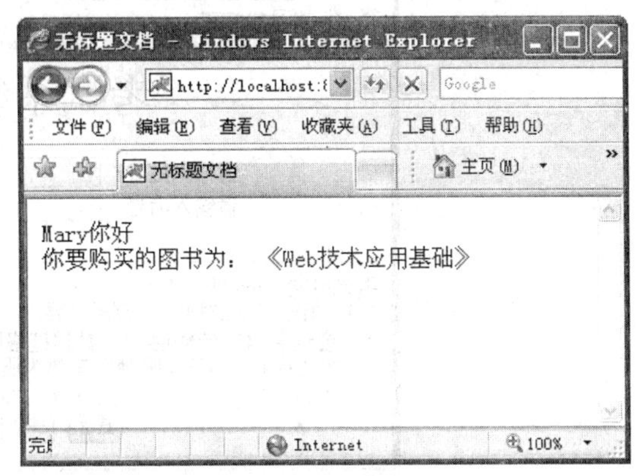

图 6-59　图书购买

6. 设计表单，制作读者选购图书的界面，当读者选中一本图书后，单击“确定”按钮，页面跳转到介绍该图书信息页面，要求使用 response 对象 sendRedirect 方法。文件运行结果如图 6-60 所示。

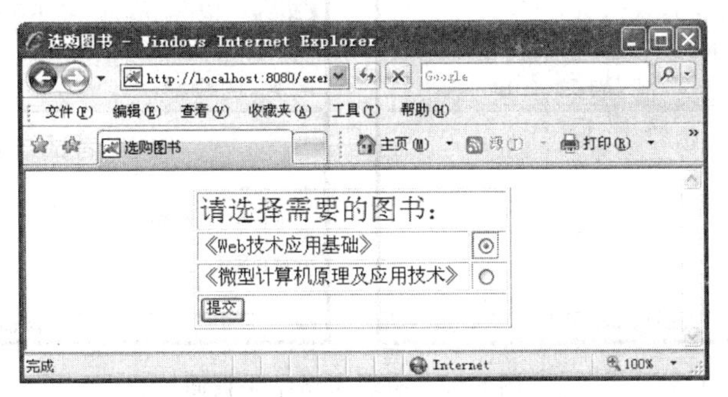

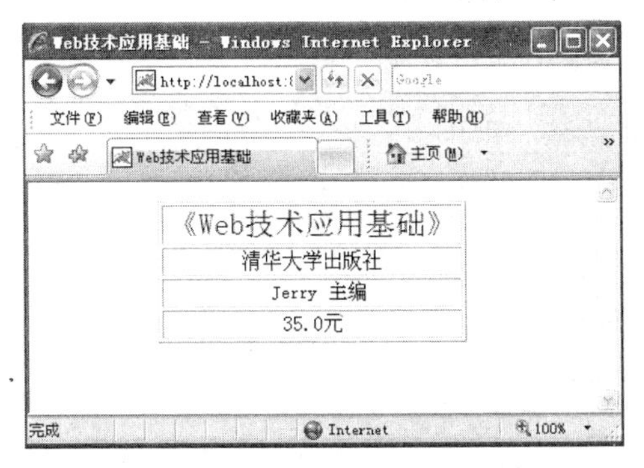

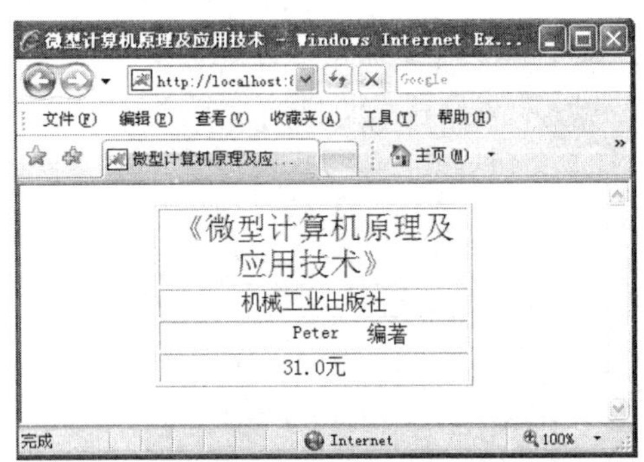

图 6-60　选择和跳转页面

7. 设计网上考试界面如图 6-61 所示，应用 session 对象存储测试数据，当考生完成试题，单击“确定”按钮，将答案与正确答案比较，给出结果和答题所用的时间。

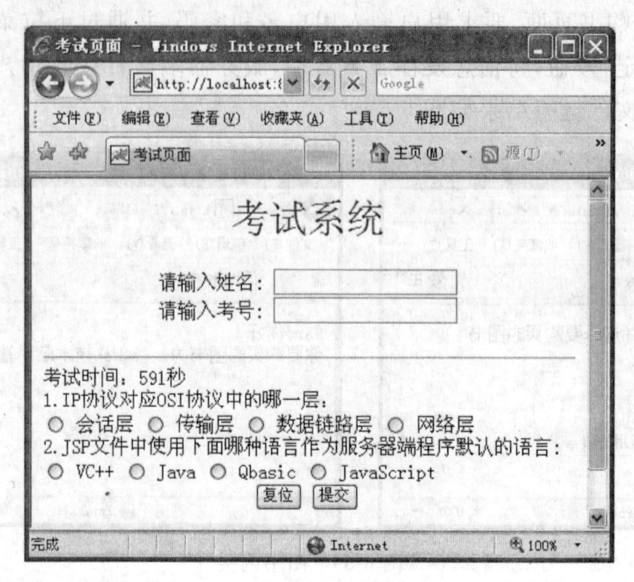

图 6-61 网上考试界面

提交题目后页面及查看考试结果页面如图 6-62 所示。

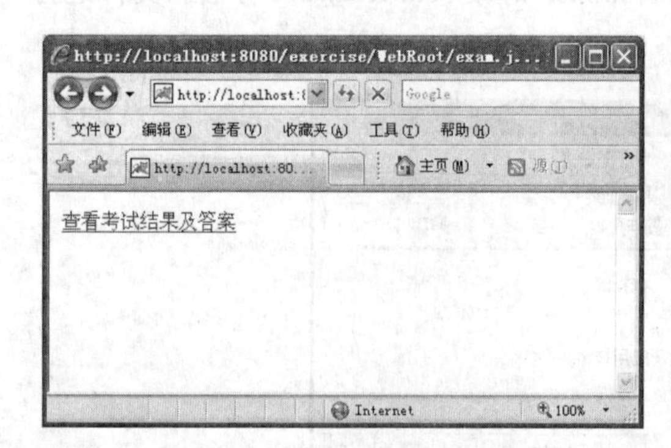

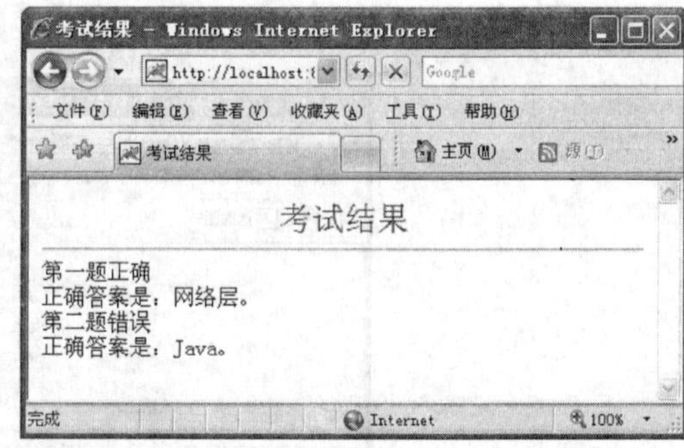

图 6-62 查看考试结果页面

第 7 章　JDBC 数据库连接

应用程序常常需要和数据库交互，需要经常操作数据，应用程序对数据库的操作主要是 4 种：插入记录、删除记录、更新记录、查询符合条件的记录，这 4 种操作常称为 CRUD。现在的数据库主要是关系数据库，常见的关系数据库有 Oracle、DB2、Microsoft SQL Server、MySQL 等。

7.1　MySQL 的安装与配置

MySQL 是一种开放源代码的关系型数据库管理系统，MySQL 数据库系统使用最常用的数据库管理语言——结构化查询语言(SQL)进行数据库的管理。由于其体积小、速度快、总体拥有成本低，尤其是开放源码这一特点，使 MySQL 被广泛地应用在 Internet 上的中小型网站中。

双击安装包中的图标就可以进行 MySQL 的安装。安装完成后，需要配置 MySQL 服务器。具体步骤如下。

步骤 1：选择服务器类型

可选择的服务器类型有 3 种，根据占用内存、磁盘和 CPU 等资源的多少，分为 Developer Machine(开发测试类，MySQL 占用很少资源)、Server Machine(服务器类型，MySQL 占用较多资源)、Dedicated MySQL Server Machine(专门的数据库服务器，MySQL 占用所有可用资源)，根据自己需要的类型选择。此处选择“开发测试类”，如图 7-1 所示。

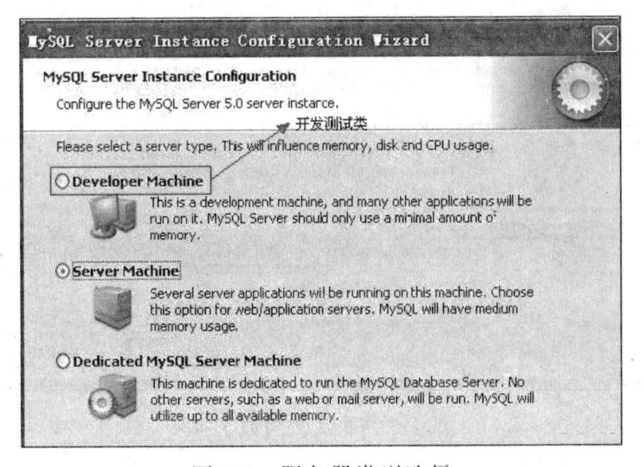

图 7-1　服务器类型选择

步骤 2：选择服务器用途

MySQL 数据库的大致用途，Multifunctional Database（通用多功能型，好）、Transactional Database Only（服务器类型，专注于事务处理，一般）、Non-Transactional Database Only（非事务处理型，较简单）。默认选择 Multifunctional Database，如图 7-2 所示。

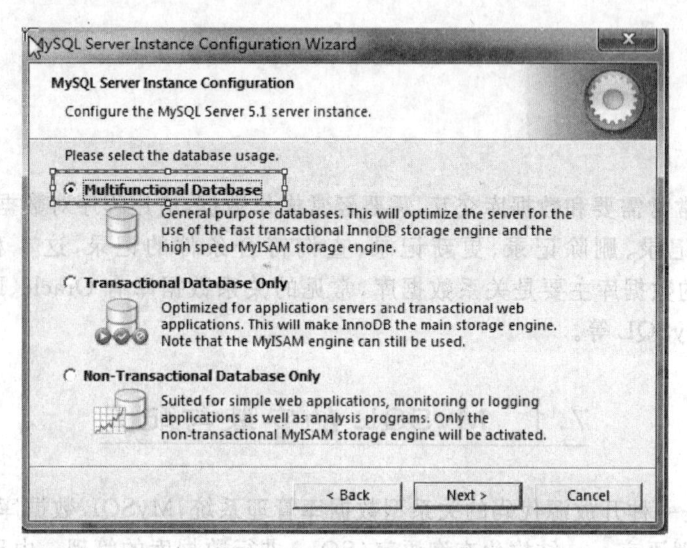

图 7-2 安装类型选择

步骤 3：选择最大允许并发连接数

并发连接数，即可以同时访问 MySQL 的数目，Decision Support（DSS）/OLAP（约 20 个）、Online Transaction Processing（OLTP）（约 500 个）、ManualSetting（手动设置，输入一个数值），这里选 ManualSetting，输入 100，单击 Next 按钮继续；如图 7-3 所示。

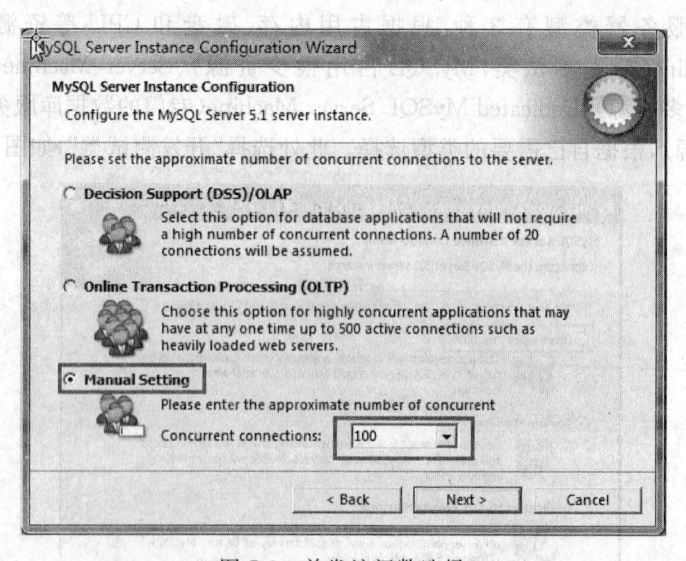

图 7-3 并发访问数选择

步骤 4：选择访问端口

启用 TCP/IP Networking，即 Internet 网络连接，不选此项其他计算机将无法访问，端口号默认的是 3306。这里将图 7-4 中框出的 Add firewall exception for this port 复选框勾选上，以免被防火墙阻拦。

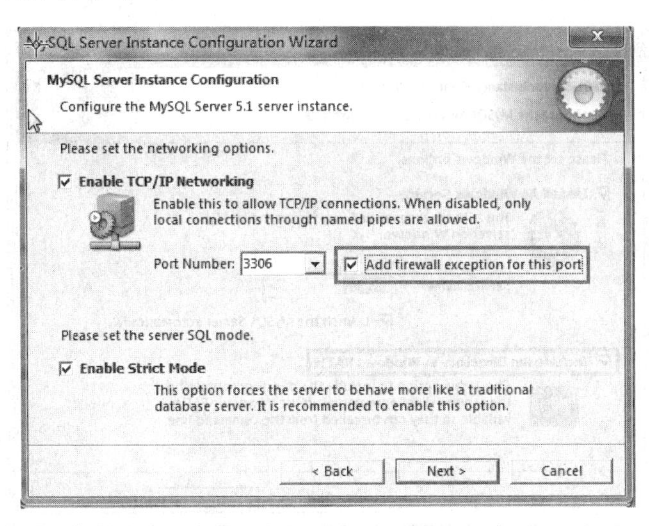

图 7-4 访问端口选择

步骤 5：选择字符集标准

MySQL 对于字符集的指定可以细化到一个数据库、一张表、一列。安装 MySQL 时，可以在配置文件(my.ini)中指定一个默认的字符集，如果没指定，这个值继承自编译时指定；如果字符集的设置选择默认值，那么所有数据库的所有表的所有栏位都用 latin1 存储。然而客户一般都会考虑多语言支持，所以需要将默认值设置 UTF8。这里选择第二项 Best Support For Multilingualism，此项采用的是 UTF8 编码标准，如图 7-5 所示。

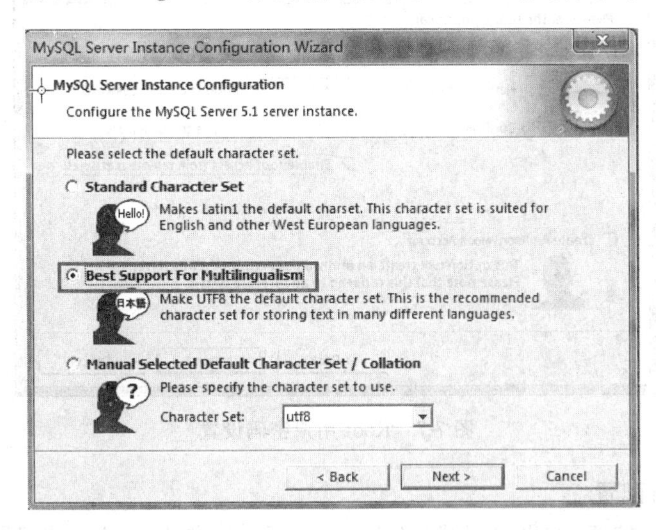

图 7-5 字符集选择

步骤 6：注册环境变量

选中 Install As Windows Service 复选框，Service Name 的值默认即可，同时选中 Include Bin Directory in Windows PATH 复选框，则系统变量中添加安装 Bin 目录，这样方便在命令行模式下运行，如图 7-6 所示。

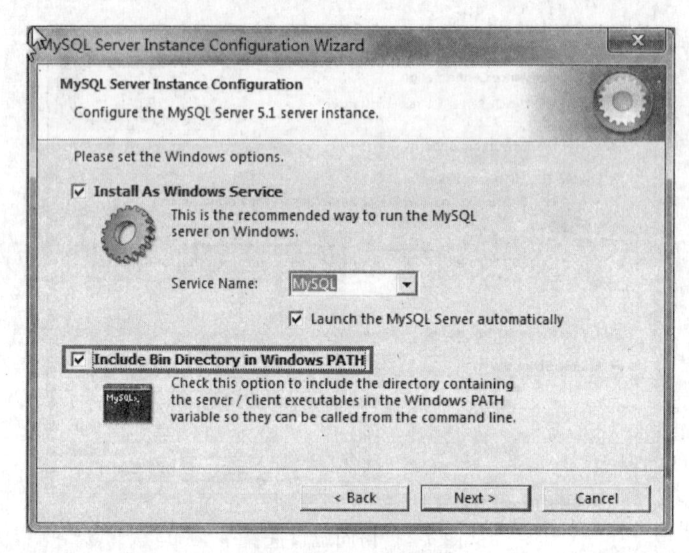

图 7-6 注册环境变量

步骤 7：权限设置

该页面为超级管理员 Root 用户设置访问密码，此处设置为 123456，如图 7-7 所示。

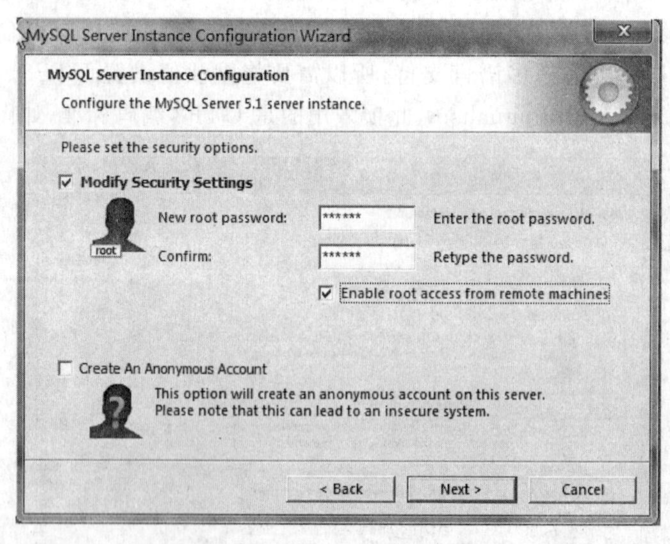

图 7-7 Root 用户密码设置

步骤 8：执行配置

单击 Execute 按钮，如果出现图 7-8 所示的界面，则单击 Finish 按钮即配置成功。

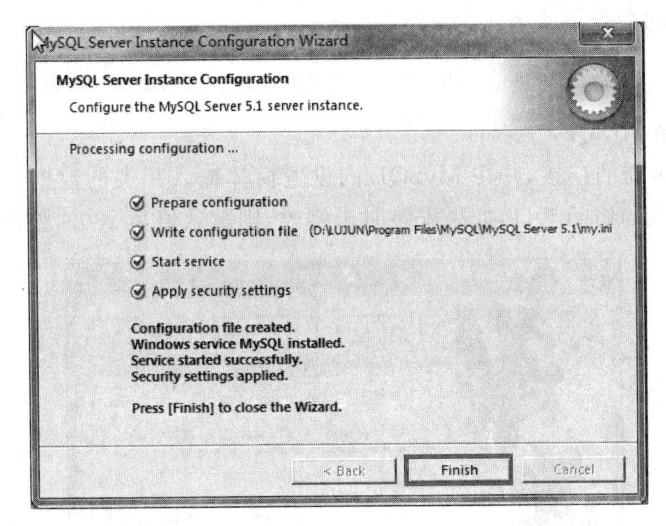

图 7-8　安装成功

7.2　SQLyog 安装与配置

SQLyog 是业界著名的 Webyog 公司出品的一款简洁高效、功能强大的图形化 MySQL 数据库管理工具。使用 SQLyog 可以快速直观的通过网络维护远端的 MySQL 数据库。需要说明的是，MySQL 的管理维护工具非常多，常用的 MySQL 图形化管理工具列举如下，供大家参考。

(1) phpMyAdmin(http://www.phpmyadmin.net/)：开发基于 Web 方式架构在网站主机上的 MySQL 管理工具，支持中文，管理数据库非常方便。不足之处在于对大数据库的备份和恢复不方便。

(2) MySQLDumper(http://www.mysqldumper.de/en/)：MySQL 数据库备份恢复程序，解决了数据库备份和恢复的问题，目前没有中文语言包。

(3) MySQL GUI Tools(http://dev.mysql.com/downloads/gui-tools/)，MySQL 官方提供的图形化管理工具，功能很强大，值得推荐，可惜的是没有中文界面。

(4) Navicat(http://www.navicat.com/)，桌面版 MySQL 数据库管理和开发工具。与 Microsoft SQLServer 的管理器很像，易学易用。Navicat 使用图形化的用户界面，可以让用户更轻松的使用和管理数据库。支持中文，有免费版本提供。

SQLyog 的安装和启动都比较简单，简要操作步骤说明如下：

步骤 1：安装 SQLyog

双击下载的 SQLyog 的 exe 文件，按照相应的提示，step-by-step 进行安装即可。

步骤 2：设置 MySQL 用户

数据库在创建之时，权限为 root，然而每个普通用户并不需要这么高的权限，基于安全考虑也并不能分配这样的权限给使用者，所以在此为 MySQL 增加一个新的用户。

添加新用户的命令格式为：

```
grant select on 数据库.* to 用户名@登录主机 identified by "密码"
```

步骤 3：连接 MySQL

(1) 创建一个新的连接，并在 MySQL 的设置窗体输入相关的数据。注意 Port 是安装 MySQL 时默认的访问端口，如果安装时未修改，则默认值为 3306，如图 7-9 所示。

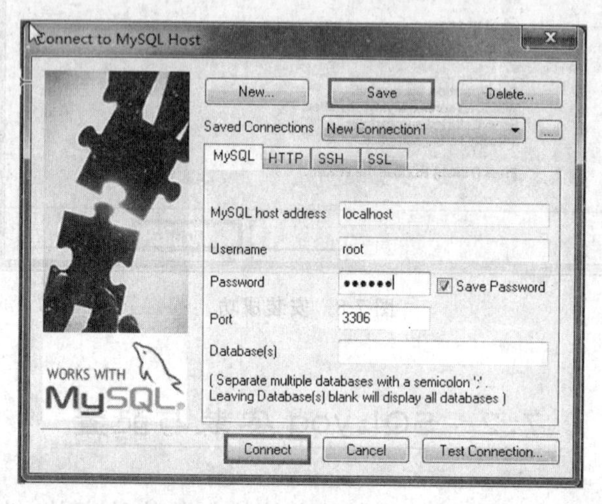

图 7-9　连接 MySQL

(2) 单击 Test Connection 按钮时，将弹出 Connection Info 对话框。如果提示连接失败，请确定输入的用户名、密码或端口号是否正确。

(3) 单击 Connect 按钮完成 SQLyog 与 MySQL 的连接。接下来就可以通过 SQLyog 来进行 MySQL 的相关操作了。SQLyog 的操作界面如图 7-10 所示。

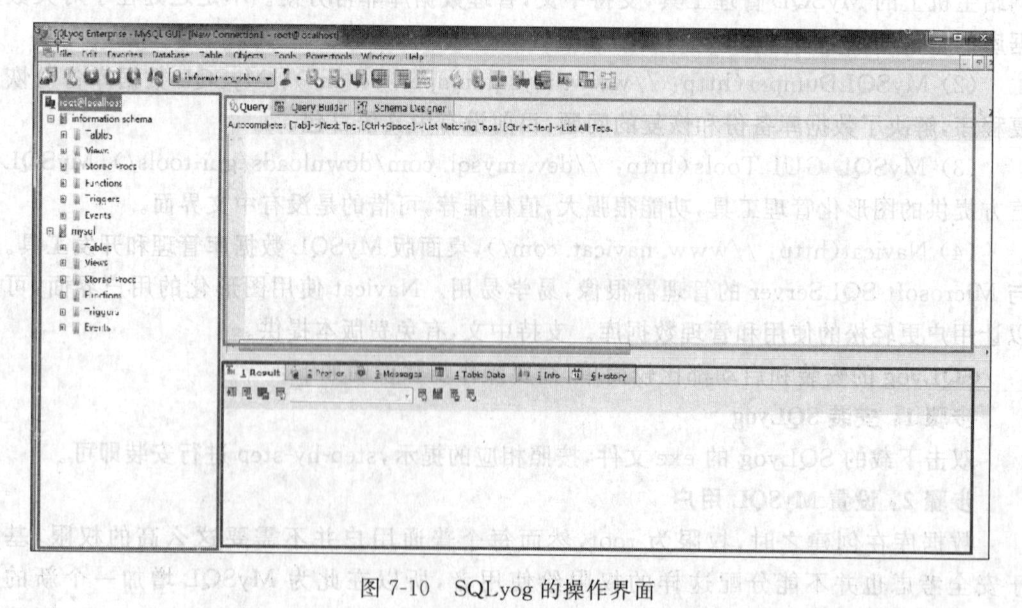

图 7-10　SQLyog 的操作界面

左边的框里显示了数据库的根目录，包括了数据库的各个架构；右上边的框里可以输入我们要操作的 SQL 语句；右下边的框里显示结果。

这样，读者就可以方便地使用菜单和工具栏对数据库进行可视化的操作了。

7.3　JDBC 简介

7.3.1　JDBC 的概念

JDBC 是 Java DataBase Connectivity（Java 数据连接）技术的简称，是一种可用于执行 SQL 语句的 Java API。它由一些 Java 语言编写的类和接口组成；程序员通过使用 JDBC 可以方便地将 SQL 语句传送给几乎任何一种数据库，如图 7-11 所示。

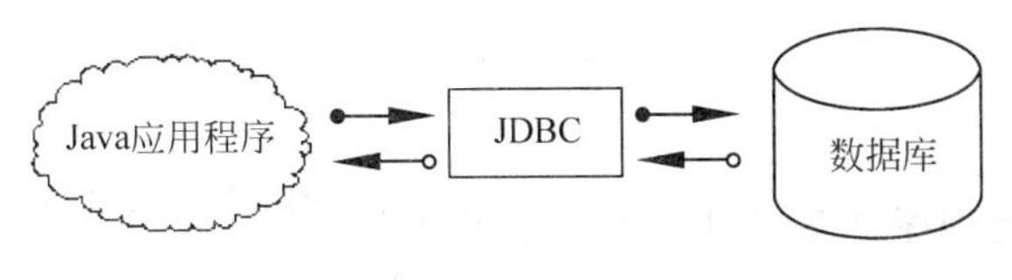

图 7-11　JDBC 作用

JDBC 规范定义了如何操作数据库的一组标准，数据库厂商要实现这些标准来完成真正的数据库连接和操作。这就像 Java 语言中的接口和实现类，JDBC 的标准提供接口，数据库厂商提供实现类。接口只是定义如何做某件事，但是不能真正做；实现类能真正完成接口中定义的操作。这就是 JDBC 的体系结构，如图 7-12 所示。

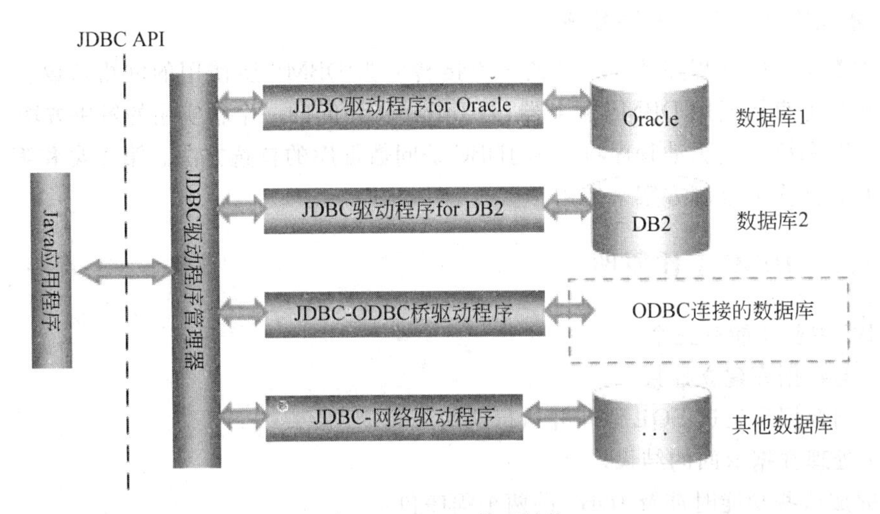

图 7-12　JDBC 体系结构

在 Java 应用程序中，使用 JDBC 的 API 来访问数据库时要在 classpath 中加载某个具体的数据库的 JDBC 驱动，这样不管是什么数据库，只要有驱动，在 Java 程序中使用统一的类和接口就能完成对数据库的操作了。

7.3.2 JDBC驱动类型

JDBC数据库驱动程序的4种类型，分别是JDBC-ODBC桥、本地API、JDBC网络纯Java驱动程序和本地协议纯Java驱动程序。

1. JDBC-ODBC桥驱动程序

该种驱动程序的类型是将JDBC操作转换为ODBC操作，因此在访问数据库的每个客户端都必须安装ODBC驱动程序，这种方式不适合远程访问数据库。如图7-13所示。

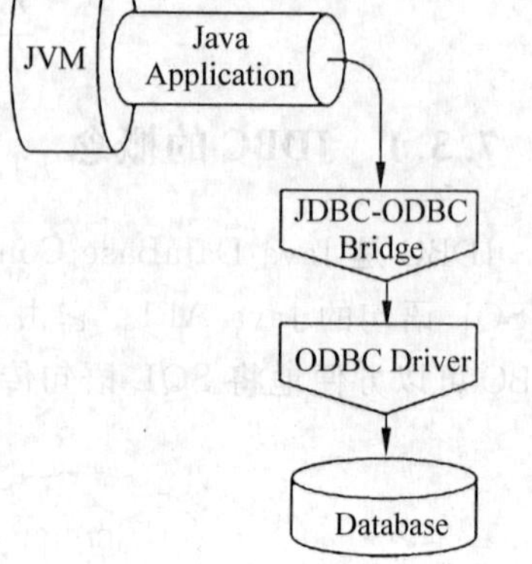

其最大的缺点是增加了ODBC层后导致效率低。其次是一般情况下JDBC-ODBC桥不支持分布式，使其应用受限。

JVM
Java Application
JDBC-ODBC Bridge
ODBC Driver
Database

图7-13 JDBC-ODBC桥驱动程序类型

2. 本地API

这种类型的驱动程序把客户机API上的JDBC调用转换为Oracle、Sybase、Informix、DB2或其他DBMS的调用。

3. JDBC网络纯Java驱动程序

这种驱动程序将JDBC转换为与DBMS无关的网络协议，之后这种协议又被某个服务器转换为一种DBMS协议。这种网络服务器中间件能够将它的纯Java客户机连接到多种不同的数据库上。

4. 本地协议纯Java驱动程序

这种类型的驱动程序将JDBC调用直接转换为DBMS所使用的网络协议。这将允许从客户机上直接调用DBMS服务器，是Intranet访问的一个很实用的解决方法。

第3类和第4类驱动程序将成为JDBC访问数据库的首选方法。第1类和第2类驱动程序有时会作为过渡方案来使用。

7.3.3 JDBC工作原理

JDBC主要功能有三个：

(1) 与数据库建立连接。

(2) 向数据库发送SQL语句并执行这些语句。

(3) 处理数据返回的结果。

在完成这些功能时涉及JDBC的两个程序包：

(1) java.sql——核心包，这个包中的类主要完成数据库的基本操作，如生成连接、执行SQL语句、预处理SQL语句等。

(2) javax.sql——扩展包，主要为数据库的高级操作提供接口和类。

JDBC通过提供一个抽象的数据库接口，使得程序开发人员在编程时可以不用绑定在特定数据库厂商的API上，大大增加了应用程序的可移植性。JDBC常用类和接口如下：

（1）Driver 接口——加载驱动程序。

（2）DriverManager 类——装入所需的 JDBC 驱动程序，编程时调用它的方法来创建连接。

（3）Connection 接口——编程时使用该类对象创建 Statement 对象。

（4）Statement 接口——编程时使用该类对象得到 ResultSet 对象。

（5）ResultSet 类——负责保存 Statement 执行后所产生的查询结果。

JDBC 的基本工作原理就是通过这些 API 来实现与数据库建立连接、执行 SQL 语句、处理结果等操作，如图 7-14 所示。

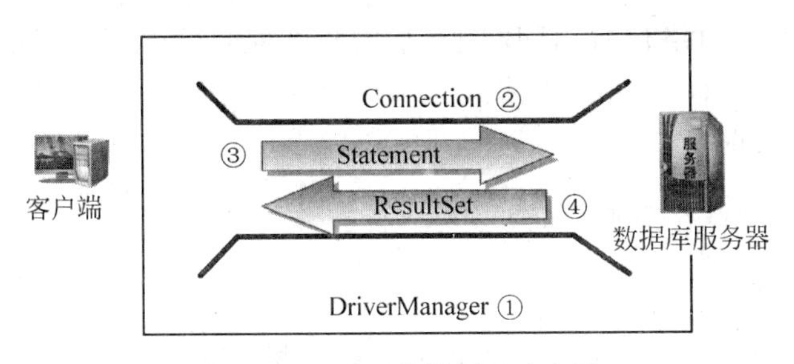

图 7-14　JDBC 工作原理示意图

7.4　JDBC 访问数据库步骤

7.4.1　创建与数据库连接

从编程角度出发，有两个类负责与数据库建立连接：第一个是 DriverManager，它是 JDBC API 提供的为数不多的实际类之一，DriverManager 负责管理已注册驱动程序的集合，实质上就是提取使用驱动程序的细节，这样程序员就不必直接处理它们；第二个类是实际处理的 JDBC Driver 类，它是由独立厂商提供的，负责建立数据库连接和处理所有与数据库的通信。创建数据库连接，分为以下步骤。

1. 加载驱动程序

进行数据库的连接与操作首先要加载驱动程序，以下是几种常用数据库驱动程序的加载方式。

（1）加载 MySQL 数据库驱动：

```
Class.forName("com.mysql.jdbc.Driver");
```

（2）加载 SQL Server 数据库驱动程序：

```
Class.forName("com.microsoft.sqlserver.jdbc.SQLServerDriver");
```

（3）加载 Oracle 数据库驱动程序：

```
Class.forName("oracle.jdbc.driver.OracleDriver");
```

注意：如果使用 Eclipse，需右击，选择 Project→Properties→Java Bulid Path→Libraries→Add External JARS命令，选择驱动jar文件，导入后才能运行。

2. 创建连接对象

如果驱动程序可以正常加载，接下来使用DriverManager类的getConnection(String url,String user,String password)方法连接数据库。该方法得到一个数据库的连接，返回一个Connection对象。该方法需要三个参数：连接地址、用户名、密码。

```
Connection con=DriverManger.getConnection(url,user,password);
```

其中url是数据库的网络位置，JDBC URL的格式是：jdbc：子协议：数据库定位器。例如：

(1) MySQL数据库：

```
jdbc:mysql://机器名/数据库名
```

(2) SQL Server：

```
jdbc:microsoft:sqlserver://机器名:端口号;数据库名
```

(3) Oracle数据库：

```
jdbc:oracle:thin@机器名:端口号:数据库名
```

user和password是访问数据库的用户名和密码。如果使用的数据库是SQL Server且位置在本机上，那么访问的数据库的程序是：

```
String url="jdbc:microsoft:sqlserver://localhost:1433;DatabaseName=pubs";
String user="sa";
String password="sa";
Connection conn=DriverManager.getConnection(url,user,password);
```

user和password分别是sa和sa。

JDBC连接由数据库URL标识；协议是jdbc，表示我们用Java程序连接数据库的协议是jdbc；目前只能是jdbc协议。子协议主要用于识别数据库驱动程序，即不同数据库驱动程序的子协议不同。

注意：数据库打开后必须关闭，释放服务器资源。

例 7-1 编写一个程序，测试数据库连接。

```
test.jsp
<%@page contentType="text/html;charset=gb2312" %>
<%@page import="java.sql.* " %>
<%
Connection conn;
String strConn;
try{
```

```
Class.forName("org.gjt.mm.mysql.Driver");
conn = DriverManager. getConnection ( " jdbc: mysql://localhost/test "," root ",
"123456");
%>
连接 MySQL 数据库成功!
<%
} catch (java.sql.SQLException e){
out.println(e.toString());
}
%>
```

运行结果如图 7-15 所示。

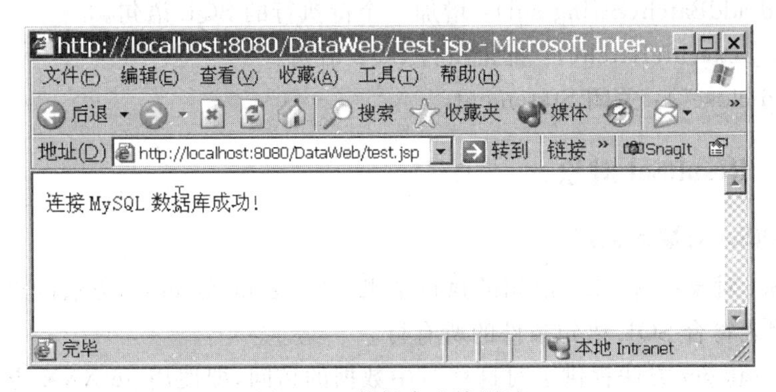

图 7-15 数据库连接测试

7.4.2 通过 JDBC 执行 SQL 语句

数据库成功连接后,如果进行数据库操作,需要使用 Statement 接口完成,此接口可以使用 Connection 接口中提供的 createStatement()方法进行实例化。

java. sql. Statement 对象代表一条发送到数据库执行的 SQL 语句。有三种 Statement 对象:Statement 对象用于执行不带参数的简单 SQL 语句;PreparedStatement 对象用于执行带或不带参数的预编译 SQL 语句;CallableStatement 对象用于执行对数据库存储过程的调用。

Statement 对象将 SQL 语句发送到 DBMS 由 Connection 对象的 createStatement() 方法创建 Statement 对象:

```
Connectioncon=DriverManager.getConnection("url","账号","密码")
Statement stmt=con.createStatement();
```

Statement 接口提供的执行 SQL 语句的常用方法如下,均会抛出 SQLException 异常。

(1) executeQuery():用于 SELECT 语句,产生单个结果集的语句,例如:

```
stmt.executeQuery("SELECT a,b,c FROM Table1");
```

(2) execute()：返回布尔值，用于执行任何 SQL 语句，返回多个结果集、多个更新计数或二者组合的语句。调用格式为：stmt.execute()。

(3) executeUpdate()：用来创建和更新表，用于执行 INSERT、UPDATE 或 DELETE 语句以及 SQL DDL 语句，例如 CREATE TABLE 和 DROP TABLE。INSERT、UPDATE 或 DELETE 语句的效果是修改表中零行或多行中的一列或多列，该方法返回一个整数，指示受影响的行数（即更新计数）。对于 CREATE TABLE 和 DROP TABLE 等不操作行的数据，方法的返回值总为零。例如：

```
String  sql="UPDATE student SET data="+newdata+" WHERE  xm="+"'"+name+"'",
stmt.executeUpdate(sql);
```

(4) void addBatch(String sql)：增加一个待执行的 SQL 语句。

(5) int[] executeBatch()：批量执行 SQL 语句。

(6) void close()：关闭 Statement。

7.4.3 ResultSet 对象

1. ResultSet 对象的使用

ResultSet 对象包含 SQL 语句的执行结果，是 executeQuery()方法的返回值，被称为结果集，它代表符合 SQL 语句条件的所有行。

它通过一套 get 方法提供了对这些行中数据的访问，即使用 getXXX 方法检索数据，例如，getInt()用于检索整型值，getString() 用于检索字符串值等等。

上述 get 方法很多，究竟用哪一个 getXXX()方法，由列的数据类型来决定。为了保证可移植性，应该从左至右获取列值，并且从列号 1 开始，一次性地读取列值。同一种类型的 getXXX()方法是成对出现的，一个是根据列号得到值，另一个是根据列名得到值，getXXX()方法输入的列名不区分大小写，假设 ResultSet 对象 rs 的第二列名为 title，并将值存储为字符串，获取值的代码如下：

```
String s=rs.getString("title");                    //根据列名获得值
String s=rs.getString(2);                          //根据列号获得值
```

如果多个列具有相同的名字，则需要使用列号来索引以确保检索了正确的列值，如果列名已知，但不知其索引，则可用方法 findColumn()得到其列号。

2. 游标

ResultSet 对象自动维护指向其当前数据行的游标。结果集游标可以从第一行移动到最后一行，也可以从最后一行移动到第一行。每调用一次 next()方法，游标向下移动一行。

游标的用处是遍历结果集对象，输出记录，游标最初位于第一行之前，因此第一次调用 next()，将把游标置于第一行上，使它成为当前行。随着每次调用 next()，导致游标向下移动一行，按照从上至下的次序获取 ResultSet 行。使用 select 语句可以查找给定条件的结果，数据库的查询记录使用 ResultSet 进行接收并将结果保存在内存中，需注意，如果查询数据总量过大，则系统可能会出现问题。在 ResultSet 对象或其对应的 Statement

对象关闭之前，游标一直保持有效。

ResultSet 的常用方法如下：

- int getInt(int colunmIndex)——以整数形式按列的编号获取指定列的内容。
- int getInt(String colunmName)——以整数形式按列名称获取指定列的内容。
- Float getFloat(int colunmIndex)——以浮点数形式按列的编号获取指定列的内容。
- Float getFloat (String colunmName)——以浮点数形式按列名称获取指定列的内容。
- String getString(int colunmIndex)——以字符串形式按列的编号获取指定列的内容。
- String getString(String colunmName)——以字符串形式按列名称获取指定列的内容。
- Date getDate(int colunmIndex)——以 Date 形式按列的编号获取指定列的内容。
- Date getDate(String colunmName)——以 Date 形式按列名称获取指定列的内容。
- boolean next()——将指针移动到下一行。
- public boolean previous()——将游标向上移动，该方法返回 boolean 型数据，当移到结果集第一行之前时，返回 false。
- public void beforeFirst——将游标移动到结果集的初始位置，即在第一行之前。
- public void afterLast()——将游标移到结果集最后一行之后。
- public void first()——将游标移到结果集的第一行。
- public void last()——将游标移到结果集的最后一行。
- public boolean isAfterLast()——判断游标是否在最后一行之后。
- public boolean isBeforeFirst()——判断游标是否在第一行之前。
- public boolean ifFirst()——判断游标是否指向结果集的第一行。
- public boolean isLast()——判断游标是否指向结果集的最后一行。
- public int getRow()——得到当前游标所指向行的行号，行号从 1 开始，如果结果集没有行，返回 0。
- public boolean absolute(int row)——将游标移到参数 row 指定的行号。如果 row 取负值，就是倒数的行数，absolute(－1)表示移到最后一行，absolute(－2)表示移到倒数第 2 行。当移动到第一行前面或最后一行的后面时，该方法返回 false。

一般来说，JDBC 类型和 get 方法中的 java 类型有下面的对应关系，如表 7-1 所示。

表 7-1　类型对应关系

JDBC 类型	java 类型
DATALINK	java. net. URL
DATE	java. sql. Date

续表

JDBC 类型	java 类型
TIME	java. sql. Time
BIGINT	long
SMALLINT	short
CHAR，VARCHAR，LONGVARCHAR	String
JAVA_OBJECT	java class
NUMERIC	java,math. BigDecimal
INTEGER	int，Integer
REAL	float，Float
DOUBLE	double，Double
BIT，BOOLEAN	boolean，Boolean
ARRAY	Array
TINYINT	byte
BINARY，VARBINARY，LONGVARBINARY	byte[]

注意：查询所得到的 ResultSet 所有的数据都可以通过 getString()方法获得；查询 SQL 语句在编写时尽量减少使用“select *”，最好明确写出查询列名，方便后期代码编写。

JDBC 操作最后要依次关闭资源对象。关闭 ResultSet、Statement、Connection 等资源，注意关闭顺序与建立顺序相反。此处也可以只写一次关闭连接的方法，一般来说连接关闭，其他的操作都会关闭，但为了养成良好的编码习惯，最好将所有打开的对象全部依次关闭。

7.5 数据库编程应用

7.5.1 JDBC 操作数据库

下面是一个使用 JDBC 技术操作数据库的示例：

```
try {
  Class.forName(JDBC 驱动类);                                    //①注册 JDBC 驱动
      } catch (ClassNotFoundException e) {
          System.out.println("无法找到驱动类");
      }
      try {              ②获得数据库连接                    ③JDBC URL标识要访问的数据库
          Connection con=DriverManager.getConnection(JDBC URL,数据库用户名,密码);
```

```
        Statement stmt=con.createStatement();  //④发送 SQL 操作命令
        ResultSet rs=stmt.executeQuery("SELECT a, b, c FROM Table1");
        while (rs.next()) {
              int x=rs.getInt("a");
                  String s=rs.getString("b");    //⑤SQL 命令执行后得到的结果
                                                   处理
              float f=rs.getFloat("c");
        }
        con.close();                             //⑥释放资源
    } catch (SQLException e) {
        e.printStackTrace();
    }
```

注意：在 Eclipse 中，如 classpath 不能直接使用，需要将 MySQL 的驱动.jar 文件导入或复制到 lib 目录下。

例 7-2　编写一个 JSP 页面，输出电商平台的所有客户列表。

```
customer.jsp:
<%@page contentType="text/html;charset=gb2312" %>
<%@page import="java.sql.* " %>
<%
Connection conn;                                    //连接对象
String strConn;
Statement sqlStmt;                                  //语句对象
ResultSet sqlRst;                                   //结果集对象
try{
Class.forName("org.gjt.mm.mysql.Driver")
conn = DriverManager. getConnection ( " jdbc: mysql://localhost: 3306/shop ",
"root","123456");
sqlStmt=conn.createStatement(java.sql.ResultSet.TYPE_SCROLL_SENSITIVE,java.
sql.ResultSet.CONCUR_ UPDATETABLE);                 //执行 SQL 语句
String sqlQuery="select customerid,address,phone from customer";
sqlRst=sqlStmt.executeQuery (sqlQuery);
%>
<center>顾客信息表</center>
<table border="1" width="100%" bordercolorlight="#CC99FF" cellpadding="2"
bordercolordark="#FFFFFF" cellspacing="0">
<tr>
  <td align="center"> ID</td>
  <td align="center">地址</td>
  <td align="center">电话</td>
</tr>
<%while (sqlRst.next()) {                           //取得下一条记录 %>
<tr><!--显示记录-->
  <td><%=sqlRst.getString("customerid")%></td>
```

```
<td><%=new String(sqlRst.getString("address").getBytes("gb2312"))%></td>
  <td><%=sqlRst.getString("phone")%></td>
</tr>
<%}%>
</table>
<%
//关闭结果集对象
  sqlRst.close();
  //关闭语句对象
  sqlStmt.close ();
  //关闭数据库连接
  conn.close();
} catch (java.sql.SQLException e){
out.println(e.toString());
}
%>
```

程序运行结果如图 7-16 所示。

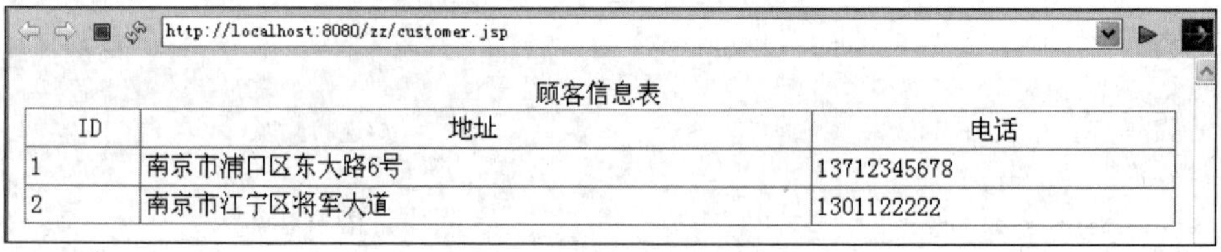

http://localhost:8080/zz/customer.jsp

顾客信息表

ID	地址	电话
1	南京市浦口区东大路6号	13712345678
2	南京市江宁区将军大道	1301122222

图 7-16 结果示意图

程序中 Statement 的原型是：

```
Statement st=con.createStatement(int type, int concurrency);
```

其中 type 的取值决定滚动方式，它可以取：

(1) ResultSet. TYPE_FORWORD_ONLY——表示结果集只能向下滚动。

(2) ResultSet. TYPE_SCROLL_INSENSITIVE——表示结果集可以上下滚动，当数据库变化时，结果集不变。

(3) ResultSet. TYPE_SCROLL_SENSITIVE——表示结果集可以上下滚动，当数据库变化时，结果集同步改变。

concurrency 取值表示是否可以用结果集更新数据库，它的取值是：

(1) ResultSet. CONCUR_READ_ONLY——表示不能用结果集更新数据库的表。

(2) ResultSet. CONCUR_UPDATETABLE——表示能用结果集更新数据库的表。

7.5.2 解决数据库乱码问题

第 6 章提到有时从数据库读取的数据会出现乱码，插入数据库的中文也可能变成乱码，解决方法如下：

首先在数据库连接字符串中加入编码字符集。

```
String Url =" jdbc: mysql://localhost/digitgulf? user = root&password =
123456&useUnicode=true&characterEncoding=GB2312";
```

并在页面中使用如下代码：

```
response.setContentType("text/html;charset=GB2312");
request.setCharacterEncoding("GB2312");
```

实际上，MySQL 的字符集支持(Character Set Support)有两个方面：字符集(Character set)和排序方式(Collation)。对于字符集的支持细化到 4 个层次：服务器(server)、数据库(database)、数据表(table)和连接(connection)。可以分两部分分别设置服务器编码和数据库与连接部分的编码，从而杜绝中文乱码的出现。

1. 服务器编码设置

服务器编码设置方法有两个：

(1) 安装 MySQL 时，会有一个步骤选择编码方式，此时选择 GBK 或 GB2312 即可。如果不选择，默认的编码是 latin1。

(2) 在安装完 MySQL 之后，手动修改其配置文件，如下：

① 修改 MySQL 安装目录下面的 my.ini(MySQL Server Instance Configuration 文件)。设置 default-character-set=GBK(注意，有两处)。

② 修改 data 目录中相应数据库目录下的 db.opt 配置文件：

```
default-character-set=GBK
default-collation=GBK_chinese_ci
```

重启数据库，关闭控制台窗口重新登录数据库即可。

2. 数据库、数据表和连接部分的编码设置

1) 设置数据库和数据表编码

要解决乱码问题，首先必须弄清楚数据库和数据表用什么编码。如果没有指明，将是默认的 latin1。目前中文字符用得最多的是 GB2312、GBK、UTF83 等字符集。下面以 GBK 为例说明如何去指定数据库和数据表的字符集。

创建数据库代码：

```
mysql>CREATE TABLE 'mysqlcode' (
->'id' TINYINT( 255 ) UNSIGNED NOT NULL AUTO_INCREMENT PRIMARY KEY,
->'content' VARCHAR( 255 ) NOT NULL
->) TYPE=MYISAM CHARACTER SET GBK COLLATE GBK_chinese_ci;
Query OK, 0 rows affected, 1 warning (0.03 sec)
```

其中后面的

```
TYPE=MYISAM CHARACTER SET GBK COLLATE GBK_chinese_ci;
```

就是指定数据库的字符集。

当然也可以通过如下指令修改数据库数据表的字符集：

```
alter database mysqlcode default character set 'GBK'.
```

前面已经设置了服务器、数据库和数据表的编码，那么数据库中的编码便都是GBK，中文可以存储进去。但是如果要通过执行insert或select等操作时，仍然会出现中文乱码问题，这是因为还没设置连接(connection)部分的编码，而insert、select等数据库操作都包含与数据库的连接动作。

2）设置连接编码

连接编码设置如下：

```
mysql>SET character_set_client='GBK';
mysql>SET character_set_connection='GBK'
mysql>SET character_set_results='GBK'
```

设置好连接编码，下面便可以成功插入中文了，例如：

```
mysql>insert into mysqlcode values(null,'喜欢 Java Web');
Query OK, 0 rows affected (0.02 sec)
```

其实，上面设置连接编码的三条命令可以简化为一条：

```
mysql>set names 'GBK';
```

设置好了连接编码后，在select查询时，也能正确显示中文：

```
mysql>select * from mysqlcode;
+----+-----------+
| id | content |
+----+-----------+
| 1   |喜欢 Web |
+----+-----------+
1 row in set (0.00 sec)
```

7.5.3 PreparedStatement的应用

PreparedStatement接口是Statement接口的子接口，它直接继承并重载了Statement的方法。PreparedStatement对象并不将SQL语句作为参数提供给这些方法，因为它们已经包含了预编译SQL语句，这也是将其命名冠以Prepared的原因。包含于PreparedStatement对象中的SQL语句可具有一个或多个IN参数。IN参数的值在SQL语句创建时未被指定。相反，该语句为每个IN参数保留一个问号("?")作为占位符。每个问号的值必须在该语句执行之前通过适当的setXXX()方法来提供。

由于PreparedStatement对象已预编译过，所以其执行速度要快于Statement对象。因此多次执行的SQL语句经常创建为PreparedStatement对象，以提高效率。

例7-3 设计注册表单，接受用户输入信息，将信息插入到数据库中(网站用户注册部分功能)。

分析：该例子中需要准备两个页面：一个是提交数据页面 reg.html；另一个是数据库处理页面 reg.jsp。

```
reg.html:
  <body>
    <form action="reg.jsp" method="post">
      姓名:<input type="text" name="uname"><br><br>
      密码:<input type="password" name="upass"><br><br>
      <input type="submit" value="注册">
      <input type="reset" value="取消">
    </form>
  </body>
reg.jsp:
<body>
    <%
        request.setCharacterEncoding("GBK");
        String name=request.getParameter("uname");
        String pass=request.getParameter("upass");
try{
Class.forName("org.gjt.mm.mysql.Driver");
Connection con = DriverManager.getConnection ("jdbc:mysql://localhost:3306/
test","root","123456");
Statement sta=con.createStatement();
sta.executeUpdate("insert into user_table(name,pass) values('"+name+"','"+
pass+"')");
    sta.close();
    con.close();
        }catch(Exception e)
        {
            e.printStackTrace();
        }
    %>
</body>
```

在上面例子中，如果在姓名的 text 框中输入了带单引号的内容，如：

姓名：li'si

就会发现执行出现了操作数据库失败。原因是使用 statement 语句对象，需要一个完整的 SQL 语句，但如果输入的内容中包含单引号，就会造成数据输入的不正确。这种情况的解决办法是可以使用 Statement 的子接口完成语句对象的创建——PreparedStatement。

在 JDBC 应用中，通常会以 PreparedStatement 代替 Statement。也就是说，在熟练掌握 JDBC 编程后，一般情况下不要使用 Statement，这是因为：

(1) 用 PreparedStatement 来代替 Statement 会使代码多出几行,考虑问题更加全面,这样的代码无论从可读性还是可维护性上来说,都比直接用 Statement 的代码高很多档次。

(2) PreparedStatement 是预编译过的,会提高性能。每种数据库都会尽最大努力对预编译语句提供最大的性能优化。因为预编译语句有可能被重复调用,所以语句在被数据库的编译器编译后的执行代码被缓存下来,那么下次调用时只要是相同的预编译语句就不需要编译,只需将参数直接传入编译过的语句执行代码中。

(3) 极大地提高了安全性。使用预编译语句,传入的内容不会和原来的语句发生任何匹配关系,如果全使用预编译语句,就不用对传入的数据做任何过滤。

PreparedStatment 常用方法如下:

- int executeUpdate()——执行设置的预处理 SQL 语句。
- ResultSet executeQuery()——执行数据库查询操作,返回 ResultSet。
- void setInt(int parameterIndex,int x)——指定要设置的索引编号,设置整数内容。
- void setFloat(int parameterIndex,Float x)——指定要设置的索引编号,设置浮点数内容。
- void setString(int parameterIndex,String x)——指定要设置的索引编号,设置字符串内容。
- void setDate(int parameterIndex,Date x)——指定要设置的索引编号,设置 java.sql.Date 型内容。

注意:*setDate()方法中是 java.sql.Date,而不是.java.util.Date 类型*

在使用 PreparedStatement 时,SQL 语句与 Statement 完全相同,但是具体内容采用"?"作为占位符形式出现,后面设置时按照"?"占位符的顺序设置具体的内容。"?"按照从左到右出现的位置其值从 1 开始,以后依次加 1,究竟用哪一个 setXXX()方法,由"?"所表示的参数类型来决定,因为 X 的类型是 java.sql.Types 中的类型,而参数的类型是某种数据库中的数据类型,因此应该保证它们的类型能够相对应。

例 7-4 使用 PreparedStatement 语句对象执行 SQL 语句。

```
<%
        //request.setCharacterEncoding("GBK");
        //String name=request.getParameter("uname");
        //String pass=request.getParameter("upass");
        try{
            Class.forName("org.gjt.mm.mysql.Driver");
            Connection con=DriverManager.getConnection("jdbc:mysql://localhost:
3306/test","root","123456");
PreparedStatement psta=con.prepareStatement("insert into user_table(name,
pass) values(?,?)");                                          //插入操作
            psta.setString(1, name);
            psta.setString(2, pass);
```

```
            psta.executeUpdate(); */
            PreparedStatement psta=con.prepareStatement("select * from user_table");
            ResultSet res=psta.executeQuery();          //查询操作
            while(res.next()){
        %>
        <h1>ID:<%=res.getInt(1) %>,name:<%=res.getString(2) %>,pass:<%=
res.getString(3) %></h1>
        <%
            }
            psta.close();
            con.close();
        }catch(Exception e)
        {
            e.printStackTrace();
        }
    %>
```

注意：在实际开发中，尽量使用 PreparedStatement 去操作数据库，而不要使用 Statement，如不确定查询内容，可使用模糊查询，例如查询所有姓“朱”的人的信息，可将语句改为

```
st.setString(1, "%"+"朱"+"%")
```

在程序中可以用循环语句生成这一系列的语句，从而方便此类 SQL 语句的生成。可以用 PreparedStatement 对象的 public void addBatch() throws SQLException 方法将其加入到一个批次作业。最后用 PreparedStatement 对象的 public int[] executeBatch() throws SQLException 方法一次执行所有加入的批次作业。例如：

```
PrepareStatement p=con.prepareStatement("insert into city values(?)");
for(int i=0;i<aa.length;i++)
{
    p.setString(1,aa[i]);p.addBatch();
}
p.excuetBatch();
```

该段代码可以将数组 aa 中的所有城市名称成批次地加入表 city 中。

7.5.4 JDBC 的其他应用

除了以上应用以外，JDBC 还可以应用于例如投票等统计系统，如下面的例子所述。

例 7-5 编程实现一个网上投票系统。

分析：创建一个数据库 vote，该库含有两个表 goods 和 IP，goods 表存放商品的名字和得票数，IP 表存放投票人的 IP 地址。投票之前，要把商品的名字和初始得票数存入表中，如图 7-17 所示，表 IP 的结构如图 7-18 所示。

name	count
美的电饭锅	0
九阳豆浆机	0
IPhone6	0
三星手机	0
戴尔电脑	0
小鸟电动车	0
(NULL)	(NULL)

图 7-17　Goods 表结构及内容

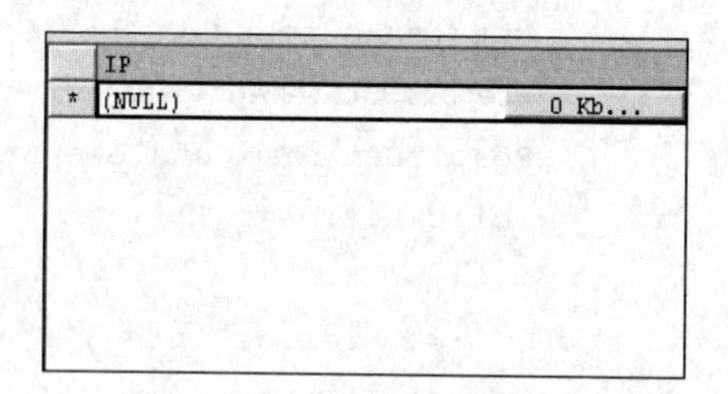

IP	
(NULL)	0 Kb...

图 7-18　IP 表结构及内容

投票系统由两个页面组成：vote. jsp 和 startvote. jsp。vote. jsp 按照 goods 表中的候选商品生成一个投票的表单。

```
vote.jsp:
<%@page contentType="text/html;charset=GB2312" %>
<%@page import="java.sql.*" %>
<HTML>
<BODY>
<%   StringBuffer nameList=new StringBuffer();
     Connection con;
     Statement sql;
     ResultSet rs;
     try{Class.forName("org.gjt.mm.mysql.Driver");
       }
     catch(ClassNotFoundException e){}
     try{
        con=java.sql.DriverManager.getConnection("jdbc:mysql://localhost:
3306/vote","root","123456");
        sql=con.createStatement();
        rs=sql.executeQuery("SELECT * FROM goods");
        nameList.append("<FORM action=startvote.jsp  Method=post>");
        nameList.append("<Table Border>");
        nameList.append("<Table Border>");
        nameList.append("<TR>");
        nameList.append("<TH width=100>"+"商品名称");
        nameList.append("<TH width=50>"+"投票选择");
        nameList.append("</TR>");
        while(rs.next())
          { nameList.append("<TR>");
            String name=rs.getString(1);
            nameList.append("<TD>"+name+"</TD>");
            String s="<Input type=radio name=name value="+name+">";
            nameList.append("<TD>"+s+"</TD>");
            nameList.append("</TR>") ;
          }
        nameList.append("</Table>");
```

```
        nameList.append("<Input Type=submit value=提交>");
       nameList.append("</FORM ");
      con.close();
      out.print(nameList);
     }
    catch(SQLException e1) {}
%>
</BODY>
</HTML>
```

startvote.jsp页面获取vote.jsp页面提交的候选商品的名字。该页面在进行投票之前,首先查询IP表,判断该用户的IP地址是否已经投过票,如果该IP地址没有投过票,就可以参加投票了,投票之后,将投票用户的IP写入数据库的IP表中;如果该IP地址已经投过票,将不允许再投票。我们通过IP地址来防止一台计算机反复投票,但不能有效地限制拨号上网的用户,因为拨号上网的用户的IP是动态分配的,用户可以重新拨号上网获得一个新的IP地址。如果没有投票直接访问startvote.jsp页面,则系统会给出"您没有投票,没有权利看投票结果"的提示。

```
startvote.jsp:
<%@page contentType="text/html;charset=GB2312" %>
<%@page import="java.sql.* " %>
<%@page import="java.io.* " %>
<html>
<body>
<%! //记录总票数的变量:
    int total=0;
    //操作总票数的同步方法:
    synchronized void countTotal()
        { total++;
        }
%>
<%boolean vote=true;//决定用户是否有权投票的变量。
    //得到被选择的候选商品名字:
    String name="";
    name=request.getParameter("name");
      if(name==null)
       {name="?";
       }
    byte a[]=name.getBytes("GB2312");
    name=new String(a);
    //得到投票人的IP地址:
    String IP=(String)request.getRemoteAddr();
    //加载桥接器:
```

```
try{Class.forName("org.gjt.mm.mysql.Driver");
   }
catch(ClassNotFoundException e){}
Connection con=null;
Statement sql=null;
ResultSet rs=null;
//首先查询 IP 表,判断该用户的 IP 地址是否已经投过票:
try {   con = DriverManager. getConnection ( " jdbc: mysql://localhost: 3306/
vote","root","123456");
      sql=con.createStatement();
      rs=sql.executeQuery("SELECT * FROM IP WHERE IP="+"'"+IP+"'");
      int row=0;
      while(rs.next())
        { row++;
        }
      if(row>=1)
        { vote=false;      //不允许投票。
        }
    }
catch(SQLException e)
    { }
if(name.equals("?"))
   { out.print("您没有投票,没有权利看投票结果");
   }
else
  {
   if(vote)
   {  out.print("您投了一票");
      //将总票数加 1:
      countTotal();
      //通过连接数据库,给该候选商品增加一票,
      //同时将自己的 IP 地址写入数据库。
    try
      { rs=sql.executeQuery("SELECT * FROM goods WHERE name="+"'"+name+"'");
        rs.next();
        int count=rs.getInt("count");
        count++;
        String condition="UPDATE goods SET count="+count+" WHERE name="+"'"+
name+"'";
      //执行更新操作(投票计数):
       sql.executeUpdate(condition);
       //将 IP 地址写入 IP 表:
     String to="INSERT INTO IP VALUES"+"("+"'"+IP+"'"+")";
```

```
          sql.executeUpdate(to);
        }
      catch(SQLException e)
        { out.print(""+e);
        }
      //显示投票后表中的记录:
      try{ rs=sql.executeQuery("SELECT * FROM goods");
           out.print("<Table Border>");
           out.print("<TR>");
           out.print("<TH width=100>"+"商品名");
           out.print("<TH width=50>"+"得票数");
           out.print("<TH width=50>"+"总票数:"+total);
           out.print("</TR>");
         while(rs.next())
           {  out.print("<TR>");
              out.print("<TD>"+rs.getString(1)+"</TD>");
              int count=rs.getInt("count");
              out.print("<TD>"+count+"</TD>");
              double b=(count*100)/total;  //得票的百分比。
              out.print("<TD>"+b+"%"+"</TD>");
              out.print("</TR>") ;
           }
          out.print("</Table>");
          con.close();
        }
     catch(SQLException e)
        { }
   }
  else
   {out.print("您已经投过票了");
   }
}
%>
</BODY>
</HTML>
```

注意：在某些动态分配 IP 的计算机上，由于程序得不到 IP 地址，则可能会出现异常，读者可以自行编写获取动态 IP 的程序。运行结果如图 7-19～图 7-21 所示。

http://localhost:8080/zz/startvote.jsp

您没有投票，没有权利看投票结果

图 7-19　投票判断页面

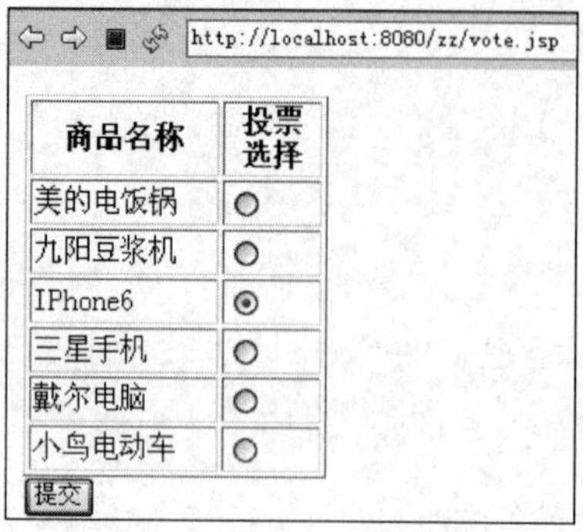

http://localhost:8080/zz/vote.jsp

商品名称	投票选择
美的电饭锅	○
九阳豆浆机	○
IPhone6	◉
三星手机	○
戴尔电脑	○
小鸟电动车	○

提交

图 7-20 投票页面

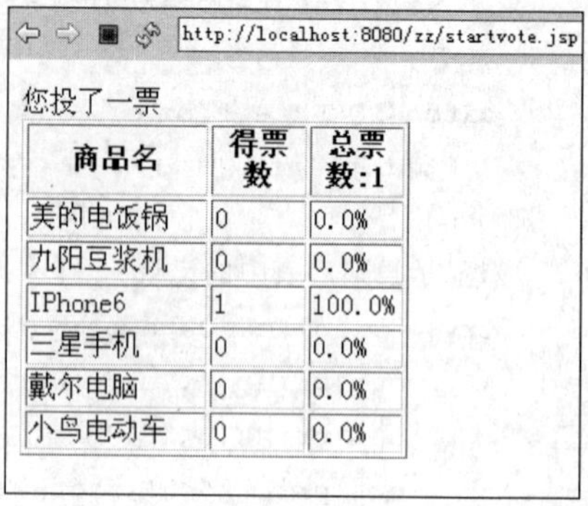

http://localhost:8080/zz/startvote.jsp

您投了一票

商品名	得票数	总票数:1
美的电饭锅	0	0.0%
九阳豆浆机	0	0.0%
IPhone6	1	100.0%
三星手机	0	0.0%
戴尔电脑	0	0.0%
小鸟电动车	0	0.0%

图 7-21 投票成功页面

7.6 数据库连接池

7.6.1 数据库连接池概述

在基于数据库的 Web 系统中，如果在较短的时间内，访问数据库的请求量不大，那么在前面例子中使用的数据库连接方法是可以满足需求的。但随着请求数不断增加，系统的开销越来越大，响应 Web 请求的速度越来越慢，甚至导致系统无法响应 Web 请求。造成这种结果的原因是由于传统数据库访问模式存在下面的一些缺陷：

(1) 每次数据库请求都需要建立一次数据库连接，而每建立一次数据库连接就需要花费 0.05～1s 的时间，这个时间相对于数据库本身的操作时间和软件本身的执行时间来说，是非常漫长的。

(2) 由于没有对连接数据库的连接数量进行控制，因此可能出现超出数据库处理能力的连接数量和处理请求，导致系统的崩溃。

(3) 单独管理每一个连接，并进行使用后的资源回收。在这种方式下，如果某些连接出现了异常，导致无法正常关闭连接，那么将会导致资源的严重浪费甚至数据库服务器的内存泄露。

由于以上的缺点，开发人员设计出一种叫做“连接池”的技术，来处理传统连接方式带来的问题，数据库连接池可以控制连接数据库的数量，避免因为连接过多而使数据库服务器崩溃，还可以缩短连接时间，提高系统访问速度。

7.6.2 数据库连接池的基本原理

在共享资源的开发中，有一个很著名的设计模式：资源池(Resource Pool)。该模式正是为了解决资源的频繁分配、释放所造成的一系列问题而设计的。在数据库领域，这个设计模式很重要的应用就是数据库连接池。

数据库连接池的基本思想就是为数据库连接建立一个“存储池”。数据库建立初期，预先在缓冲池中放入一定数量的连接，当需要建立数据库连接时，只需从“连接池”中申请一个，使用完毕再将该连接作为公共资源保存在"连接池"中，以供其他连接申请使用。在这种情况下，当需要连接时，就不用再重新建立连接，这样就在很大程度上提高了数据库连接处理的速度；同时，还可以通过设定连接池最大连接数来防止系统与数据库的无限制连接；更为重要的是，可以通过连接池管理机制监视数据库的连接的数量以及各连接的使用情况，为系统开发、测试及性能调整提供依据。

连接池的工作原理如图 7-22 所示。

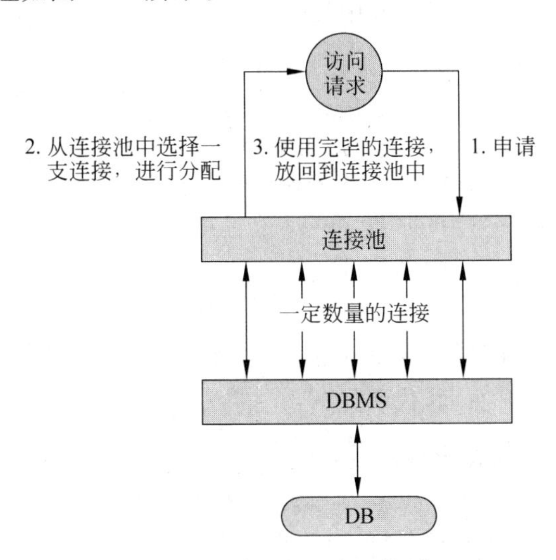

图 7-22 连接池的基本工作原理

除了向连接池请求分配数据库连接之外，由于使用同一个连接的次数不能过多，连接池还负责按照一定的规则释放使用次数较多的连接，并重新生成新的连接实例。保持连接池中所有连接的可用性。

7.6.3 在服务器中配置连接池

数据库连接池配置时，首先将驱动文件复制到服务器(例如 tomcat)安装目录下的 lib 里并添加到 Web 应用项目中去。以 mysql 为例，配置过程和内容如下：

(1) 配置 tomcat 安装目录的 conf 文件夹下的 context. xml 文件，在<context></context>之间添加连接池如下：

```
<resource name="jdbc/mysql"                    //定义数据库连接的名称
  auth="Container"
  type="javax.sql.DataSource"
  driverClassName="com.mysql.jdbc.Driver" //指定 JDBC 驱动器的类
  url="jdbc:mysql://localhost/test"       //表示的是需要连接的数据库的地址和
                                            名称
  username="root"                         //表示登录数据库时使用的用户名
  password="123456"                       //登录数据库的密码
  maxActive="5"                           //表示连接池的最大数据库连接数。设为
```

```
                                          0表示无限制
  maxIdle="30"                          //数据库连接的最大空闲时间。超过此空
                                          闲时间,数据库连接将被标记为不可用,
                                          然后被释放。设为 0 表示无限制
  maxWait="10000" />                    //表示最大建立连接等待时间。如果超过
                                          此时间将接到异常。设为-1表示无限制
```

(2) 在 Web 项目下的 web. xml 中的<web-app></web-app>之间加入 xml 代码:

```
<resource-ref>
   <description>DB Connection</description>
   <res-ref-name>jdbc/mysql</res-ref-name>
   <res-type>javax.sql.DataSource</res-type>
   <res-auth>Container</res-auth>
</resource-ref>
```

(3) 测试数据源

完成上述配置以后,可以使用如下的文件测试数据库连接池的配置是否正确:在 Web 项目下创建测试 JSP 页面,代码如下:

```
<%@page language="java" import="java.util.*" pageEncoding="GBK"%>
<!doctype html public "-//w3c//dtd html 4.0 transitional//en"
  "http://www.w3.org/TR/REC-html40/strict.dtd">
<%@page import="java.sql.*"%>
<%@page import="javax.sql.*"%>
<%@page import="javax.naming.*"%>
<%@page session="false" %>
<html>
<head>
<meta http-equiv="Content-Type" content="text/html; charset=GB2312">
<title></title>
<%
  out.print("测试开始");
  DataSource ds=null;
    try{
  InitialContext ctx=new InitialContext();
    ds=(DataSource)ctx.lookup("java:comp/env/jdbc/mysql");
    Connection conn=ds.getConnection();
    Statement stmt=conn.createStatement();
      //提示:person必须是数据库已建好的表
//这里的数据库是前文提及的 Data Source URL 配置里包含的数据库。
    String strSql=" select * from person";
    ResultSet rs=stmt.executeQuery(strSql);
  while(rs.next()){
     out.print(rs.getString(1));
    }
```

```
out.print("测试结束");
    }
    catch(Exception ex){
        out.print("出现例外,信息是:"+ex.getMessage());
     ex.printStackTrace();
    }
  %>
  </head>
  <body>
</body>
  </html>
```

运行该页面,如果能看到 person 中存储的用户名和密码,则说明成功;由于我们已经将最大数据库连接数设置为 5 个,故当连续刷新测试页面达 6 次后,将会报错"Cannot get a connection, pool exhausted"。

7.7　案例实践

7.7.1　案例需求说明

设计商品数据库,具体如图 7-23 所示。

列名	数据类型	允许空
id	int	☐
name	varchar(50)	☐
model	varchar(50)	☑
price	float	☑
number	int	☑
maker	varchar(50)	☐

图 7-23　数据库具体设计

其中 Id 为主键,自动增量。其他字段所对应名称分别为产品名、类型、价格、库存数量和制造商。主键、产品名、类型和制造商不能为空。在商品数据库中添加具体数据,如图 7-24 所示。

建立查询页面 index.jsp,运行界面如图 7-25 所示。

id	name	model	price	number	maker
1	可口可乐	饮料	2.5	300	可口可乐公司
2	康师傅冰红茶	饮料	2.5	270	康师傅
4	康师傅绿茶	饮料	2.5	55	康师傅
6	雪碧	碳酸饮料	3	433	可口可乐公司
7	康师傅牛肉面	方便面	2	456	康师傅
8	美年达(橙味)	碳酸饮料	3	700	百事公司
9	百事可乐	碳酸饮料	3	450	百事公司
10	哇哈哈	饮料	1.5	200	哇哈哈
11	优乐美	饮料	1	100	优乐美
12	康师傅茉莉清茶	饮料	2.5	55	康师傅
13	康师傅矿泉水	饮用品	1	1000	康师傅
14	康师傅酸梅汤	饮料	3	550	康师傅
16	康师傅香辣面	方便面	2	300	康师傅
17	王老吉	茶饮料	3	60	王老吉公司
NULL	NULL	NULL	NULL	NULL	NULL

图 7-24　数据库数据

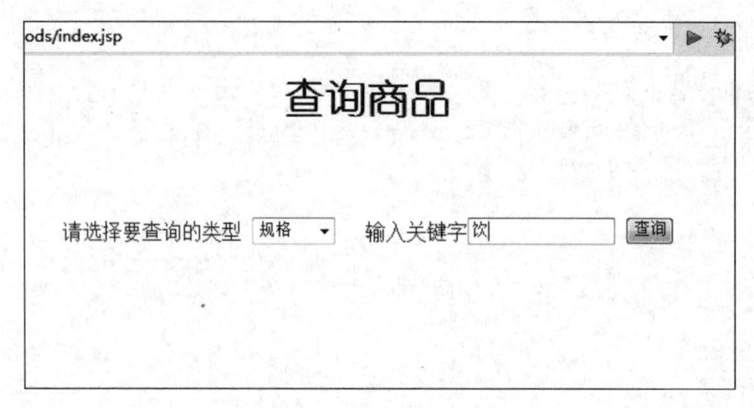

图 7-25 商品查询界面

查询结果需要分页显示，如图 7-26 所示。

http://127.0.0.1:8080/SelectGoods/PageShow.jsp

查询商品列表

商品名称	商品类型	商品价格	库存数量	制造商
可口可乐	饮料	2.5	300	可口可乐公司
康师傅冰红茶	饮料	2.5	270	康师傅
康师傅绿茶	饮料	2.5	55	康师傅
雪碧	碳酸饮料	3.0	433	可口可乐公司
美年达（橙味）	碳酸饮料	3.0	700	百事公司

第1页 共3页 下一页

图 7-26 查询结果分页显示

7.7.2 技能训练要点

电子商务平台开发的重要一步是如何对数据库进行增、删、改、查的操作，本案例的训练要点在于：

(1) 如何创建数据库并输入相应的数据。

(2) 如何使用 JSP 连接数据库并完成增、删、改、查等操作。

(3) 如何在 JSP 页面中完成数据的分页。

7.7.3 案例实现

案例的总体流程是进入查询页面(index.jsp)后选择想通过什么查询类型和关键字进行模糊查询，输入例如产品名、制造商、关键字等，输入结束后提交给 Date.jsp 页面，此页面的目的是实现对 index.jsp 页面表单的数据存储到 Session 当中，页面跳转到 PageShow.jsp 页面。在 PageShow.jsp 页面中，实现了对数据库的模糊查询和分页显示。

实现代码如下：

1. 查询页面(index.jsp)

```
<%@page language="java" import="java.util.* " pageEncoding="GB2312"%>
  <body bgcolor="white">
<center>
    <font size="6" face="幼圆"><b>查询商品</b></font>
    <form action="Date.jsp" method="get">
      <br><br><br>
      请选择要查询的类型
      <select name="mm" size="">
        <option value="name">名称</option>
        <option value="maker">制造商</option>
        <option value="model">规格</option>
        </select>
     
    输入关键字<input type="text" name="key" size="15">
      <input type="submit" value=查询>
  </form>
</center>
  </body>
        </html>
```

2. PageShow.jsp 页面代码

```
<%@page language="java" import="java.sql.* " pageEncoding="GB2312"%>
  <body bgcolor=white>
    <center>
      <table width="600" border="2" cellspacing="1" cellpadding="1">
      <tr align="center">
      <td height="30" align="center"><span class="goodtitle"><font size=6
face="幼圆">查询商品列表</font></span></td>
        </tr>
        </table>
            <table width="600" border="2" cellspacing="0" cellpadding="0"
height="10">
            <tr>
          <td width="120" height="10" align="center">商品名称</td>
          <td width="120" height="30" align="center">商品类型</td>
          <td width="120" height="30" align="center">商品价格</td>
          <td width="120" height="30" align="center">库存数量</td>
          <td width="120" height="30" align="center">制造商</td>
          </tr>
          <%
             String key1=(String)session.getAttribute("key1");
             String key=(String)session.getAttribute("key");
```

```
            int PageSize=5;
            int RecordCount;
            int PageCount;
            int Page=1;
            int i;
            String SPage=request.getParameter("page");
            if(SPage==null){
              Page=1;
              }
              else{
              Page=java.lang.Integer.parseInt(SPage);
              if(Page<1)Page=1;
            }
            String sql="SELECT * FROM Goods WHERE "+key1+" LIKE '%"+key+"%'";
              Class.forName("org.gjt.mm.mysql.Driver");
              Connection
con=DriverManager.getConnection("jdbc:mysql://localhost:3306/vote","root",
"123456");
              Statement stmt=con.createStatement(ResultSet.TYPE_SCROLL_
INSENSITIVE,ResultSet.CONCUR_READ_ONLY);
              ResultSet rs=stmt.executeQuery(sql);
              rs.last();
              RecordCount=rs.getRow();
              PageCount=(int)(RecordCount+PageSize-1)/PageSize;
              if(Page>PageCount)
              Page=PageCount;
              if(PageCount>0){
                rs.absolute((Page-1)*PageSize+1);
                i=0;
                while(i<PageSize&&!rs.isAfterLast()){
            %>
            <tr>
                <td width="120" height="10" align="center"><%=rs.getString
("name")%></td>
                <td width="120" height="10" align="center"><%=rs.getString
("model")%></td>
                <td width="120" height="10" align="center"><%=rs.getFloat
("price")%></td>
                <td width="120" height="10" align="center"><%=rs.getInt
("number")%></td>
                <td width="120" height="10" align="center"><%=rs.getString
("maker")%></td>
            </tr>
            <%
```

```
            rs.next();
            i++;
            }
            }
            %>
            </table>
            <hr>
            <h5>
            <div align="center">
              第<%=Page %>页      共<%=PageCount %>页
              <%
                if(Page<PageCount){
              %>
              <a href="PageShow.jsp?page=<%=Page+1%>">下一页</a>
              <%
                }
                if(Page>1){ %>
                <a href="PageShow.jsp?page=<%=Page-1 %>">上一页</a>
                <%
                 }
                 %>

                 </div>
                 </h5>
          </center>
  </body>
</html>
```

通过本案例的操作，读者可以充分熟悉如何通过JDBC连接数据库并对数据库做增、删、改、查等相应的操作，学会如何在JSP中实现分页的功能。

本章小结

本章对JDBC连接数据库的知识进行了简单的介绍，读者通过本章的学习可以了解数据库MySQL及管理工具SQLyog的安装与配置，了解JDBC概念、工作原理及相关的驱动类型，掌握JDBC访问数据库步骤并学会使用JDBC连接数据库编写相应的应用程序。

本章习题

一、选择题

1. JDBC中负责处理驱动的调入并产生对新的数据库连接支持的接口是(　　)。

A. DriverManager　B. Connection　C. Statement　D. ResultSet

2. JDBC 提供 3 个接口来实现 SQL 语句的发送，其中执行简单不带参数 SQL 语句的是(　　)。

A. Statement 类　B. PreparedStaternent 类

C. CallableStatement 类　D. DriverStatement 类

3. Staternent 类提供 3 种执行方法，用来执行更新操作的是(　　)。

A. executeQuery()　B. executeUpdate()

C. execute()　D. query()

4. 下面(　　)项不是 JDBC 的工作任务。

A. 与数据库建立连接

B. 操作数据库，处理数据库返回的结果

C. 在网页中生成表格

D. 向数据库管理系统发送 SQL 语句

5. 下面(　　)不是加载驱动程序的方法。

A. 通过 DriverManager. getConnection 方法加载

B. 调用方法 Class. forName

C. 通过添加系统的 jdbc. drivers 属性

D. 通过 registerDriver 方法注册

6. 关于分页显示，下列(　　)是不正确的。

A. 只编制一个页面是不可能实现分页显示的

B. 采用 1～3 个页面都可以实现分页显示

C. 分页显示中，记录集不必在页面跳转后重新生成

D. 分页显示中页面显示的记录数可以随用户输入调整

7. DriverManager 类的 getConnection(String url, String user, String password)方法中，参数 url 的格式为 jdbc：＜子协议＞：＜子名称＞，下列(　　)url 是不正确的。

A. "jdbc：mysql：//localhost：80/数据库名"

B. "jdbc：odbc：数据源"

C. "jdbc：oracle：thin@host：端口号：数据库名"

D. "jdbc：sqlserver：//172.0.0.1：1443;DatabaseName＝数据库名"

8. 在 JDBC 中，下列(　　)接口不能被 Connection 创建。

A. Statement　B. PreparedStatement

C. CallableStatement　D. RowsetStatement

9. 下面是加载 JDBC 数据库驱动的代码片段：

```
try{
    Class.forName("sun.jdbc.odbc.JdbcOdbcDriver");
}
catch(ClassNotFoundException e){
    out.print(e);
```

```
}
```

该程序加载的是(　　)驱动。

A. JDBC-ODBC 桥连接　　B. 部分 Java 编写本地

C. 本地协议纯 Java　　D. 网络纯 Java

10. 下面是创建 Statement 接口并执行 executeUpdate 方法的代码片段：

```
conn=DriverManager.getConnection("jdbc:odbc:book","","");
stmt=conn.createStatement();
String strsql="insert into book values('TP003', 'JAVA ','Flora','清华大学出版社',
35)";
n=stmt.executeUpdate(strsql);
```

代码执行成功后 n 的值为(　　)。

A. 1　　B. 0　　C. －1　　D. 一个整数

11. 下列代码生成了一个结果集：

```
conn=DriverManager.getConnection(uri,user,password);
stmt=conn.createStatement(ResultSet.TYPE_SCROLL_SENSITIVE,
ResultSet.CONCUR_READ_ONLY);
rs=stmt.executeQuery("select * from book");
```

下面(　　)对该 rs 描述正确。

A. 不能用结果集中的数据更新数据库中的表

B. 能用结果集中的数据更新数据库中的表

C. 执行 update 方法能更新数据库中的表

D. 不确定

12. 下列代码生成了一个结果集：

```
conn=DriverManager.getConnection(uri,user,password);
stmt=conn.createStatement(ResultSet.TYPE_SCROLL_SENSITIVE,
ResultSet.CONCUR_READ_ONLY);
rs=stmt.executeQuery("select * from book");
```

下面(　　)对该 rs 描述是正确的。

A. 数据库中表数据变化时结果集中数据不变

B. 数据库中表数据变化时结果集中数据同步更新

C. 执行 update 方法能与数据库中表的数据同步更新

D. 不确定

13. 下列代码生成了一个结果集：

```
conn=DriverManager.getConnection(uri,user,password);
stmt=conn.createStatement(ResultSet.TYPE_SCROLL_SENSITIVE,
ResultSet.CONCUR_READ_ONLY);
rs=stmt.executeQuery("select * from book");
```

```
rs.first();
```

下面(　　)对该rs描述是正确的。

A. rs. isFirst()为真　　B. rs. ifLast()为真

C. rs. isAfterLast()为真　　D. rs. isBeforeFirst()为真

14. 下列代码生成了一个结果集:

```
conn=DriverManager.getConnection(uri,user,password);
stmt=conn.createStatement(ResultSet.TYPE_SCROLL_SENSITIVE,
ResultSet.CONCUR_READ_ONLY);
rs=stmt.executeQuery("select * from book");
rs.first();rs. previous();
```

下面(　　)对该rs描述是正确的。

A. rs. isFirst()为真　　B. rs. ifLast()为真

C. rs. isAfterLast()为真　　D. rs. isBeforeFirst()为真

15. 下列代码生成了一个结果集:

```
conn=DriverManager.getConnection(uri,user,password);
stmt=conn.createStatement(ResultSet.TYPE_SCROLL_SENSITIVE,
ResultSet.CONCUR_READ_ONLY);
rs=stmt.executeQuery("select * from book");
rs.last();
rs.next();
```

下面(　　)对该rs描述是正确的。

A. rs. isFirst()为真　　B. rs. ifLast()为真

C. rs. isAfterLast()为真　　D. rs. isBeforeFirst()为真

16. 给出了如下的查询条件字符串

```
String condition="insert book values(?,?,?,?,?)";
```

下列(　　)接口适合执行该SQL查询。

A. Statement　　B. PrepareStatement

C. CallableStatement　　D. 不确定

二、填空题

1. JDBC的英文全称是________,中文含义是________。

2. 简单地说,JDBC能够完成下列三件事:与一个数据库建立连接(connection)、________、________。

3. JDBC主要由两部分组成:一部分是访问数据库的高层接口,即通常所说的________;另一部分是由数据库厂商提供的使Java程序能够与数据库连接通信的驱动程序,即________。

4. 目前,JDBC驱动程序可以分为四类:________、________、________、________。

5. 数据库的连接是由JDBC的________管理的。

6. 下面的代码建立 MySQL 数据库的连接，请填空：

```
try{ Class.forName("________");
   }
```

创建连接的代码如下：

```
try{ //和数据库建立连接
  conn=
    DriverManager.getConnection(
      "________//localhost:3306/booklib","root","");
        ...
      conn.close();
    }
catch(Exception e){
      out.println(e.toString());
    }
```

7. 查询结果集 ResultSet 对象是以统一的行列形式组织数据的，执行"ResultSet rs=stmt.executeQuery ("select bid,name,author,publish,price from book");"语句，得到的结果集 rs 第一列对应________；而每一次 rs 只能看到________行，要再看到下一行，必须使用________方法移动当前行。ResultSet 对象使用________方法获得当前行字段的值。

8. stmt 为 Statement 对象，执行"String sqlStatement="delete from book where bid='tp1001' ";"语句后，删除数据库表的记录需要执行"stmt.executeUpdate (________);"语句。

9. 下面代码是使用数据库连接池获得连接的代码片段：

```
Connection conn;
Context initCtx=new InitialContext();
Context ctx=(Context)initCtx.lookup("java:comp/env");
//获取连接池对象
Object obj=(Object)ctx.lookup("jdbc/dataBook");
//类型转换
javax.sql.DataSource ds=(javax.sql.DataSource)obj;
//得到连接
conn=ds.________;
```

三、简答题

1. 什么是 JDBC？它在访问数据库时起的作用是什么？
2. 简述 JDBC 连接数据库的基本步骤。
3. JDBC 中提供的两种实现数据查询的方法分别是什么？

四、程序题

建立一个 JSP 文件，通过 JDBC 连接数据库，然后执行如下操作：

- 在雇员表 emp 中插入几行测试数据(英文数据，日期格式为 YYYY-MM-DD)。
- 查看表中的数据。

• 修改表中的某条记录。
• 删除表中的某条记录。

具体要求如下：

(1) 启动 MySQL 的命令行管理工具，用 MySQL 的建库语句建立一个名为 company 的数据库。

(2) 在 company 库中建立雇员表 emp，表的数据项及数据类型如下所示：

```
empno int(4) not null primary key,
ename varchar(10),
job varchar(10),
hiredate datetime,
salary double
```

(3) 文件 jdbcAdd.jsp 实现在 emp 表中插入两条记录并查看插入后表中的数据，文件运行结果如图 7-27 所示。

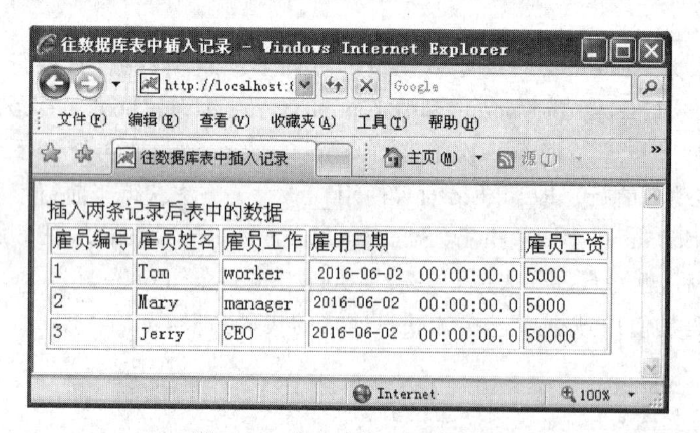

图 7-27　往表中插入两条记录

(4) 文件 jdbcUpdate.jsp 实现将 emp 表中编号为 2 的记录的工资修改为 6000，并查看插入后表中的数据，文件运行结果如图 7-28 所示。

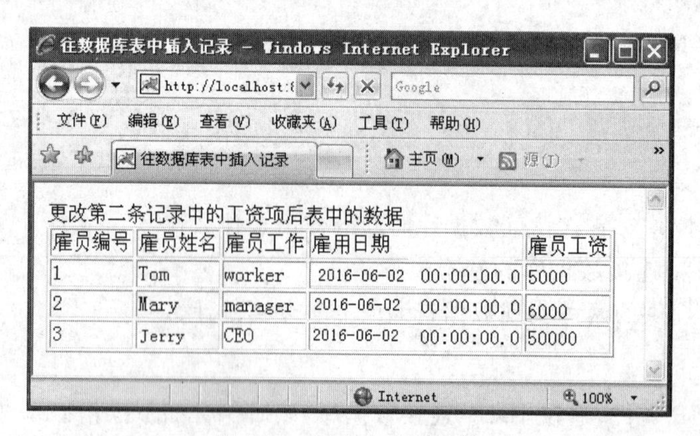

图 7-28　修改表中的数据

(5) 文件 jdbcDelete.jsp 实现将 emp 表中编号为 1 的记录删除,并查看插入后表中的数据,文件运行结果如图 7-29 所示。

图 7-29　删除表中的记录

第 8 章　服务器功能扩展技术——JavaBean 与 Servlet

8.1　JavaBean 概述

JavaBean 是一种 Java 类，通过封装属性和方法成为具有某种功能或者处理某个具体业务的对象，简称 Bean。JavaBean 是一个可重复使用的、基于 Java 的软件组件，将 JavaBean 与 JSP 语言元素一起使用，可以很好地实现后台业务逻辑和前台表示逻辑的分离，使得 JSP 页面更加可读、易维护。

JavaBean 的数据成员属性都是具有 private 或 protect 型成员变量，从组件外只能通过与该属性相关的一对访问方法来设置或读取属性的值。这对访问方法即 getter 方法（读取器）和 setter（设置器）方法，符合下面设计规则的任何 Java 类都是一个 JavaBean：

(1) 对于数据类型 protype 的每个可读属性，Bean 必须有下面签名的一个方法：

```
public proptype getProperty() { }
```

(2) 对于数据类型 protype 的每个可写属性，Bean 必须有下面签名的一个方法：

```
public setProperty(proptype x) { }
```

(3) 定义一个不带任何参数的构造函数。

JavaBean 是基于 Java 语言的，具有以下特点：

(1) 可以实现代码的重复利用，因此可以缩短开发时间。

(2) 易编写、易维护、易使用。

(3) 可以在任何安装了 Java 运行环境的平台上使用，而不需要重新编译，为 JSP 的应用带来了更多的可扩展性。

8.2　与 JvavBean 相关的 JSP 动作组件

JSP 页面中与 JavaBean 有关的标记有三个，分别是<jsp：useBean>、<jsp：setProperty>和<jsp：getProperty>。其中<jsp：useBean>声明一个具有一定生存范围及一个唯一 id 的 JavaBean 的实例，JSP 页面通过 id 识别 JavaBean，并可通过 id

.method类似的语句来操作JavaBean。

例如，下面的标记在应用程序作用域中，声明了类型Student的id为s1的Bean：

```
<jsp:useBean id="s1" class="Student" scope="application"/>
```

其中id属性是在整个页面引用Bean的唯一值，在所定义的范围中确认Bean的变量，使之能在后面的程序中使用此变量名分辨不同的Bean，这个变量名区分大小写，必须符合所使用的脚本语言的规定，这个规定在Java语言规范已经写明。

<jsp: useBean>利用Scope属性来声明JavaBean的生存范围，Scope的取值范围有4种，即：page、request、session、application，Bean只有在它定义的范围里才能使用，在它的活动范围外将无法访问到它，默认值是page。

class属性是JavaBean的类名，即Bean的.class文件的路径和文件名。

type属性是引用此对象的变量的类型，如果使用type属性的同时没有使用class或beanName，Bean将不会被实例化。注意package和class的名称区分大小写。

<jsp: setProperty>用来设定一个已被创建的Bean组件的属性值，用法如下：

```
< jsp: setProperty   name =" beanId " property =" propertyName " value =
"propertyValue"/>
```

其中name属性对应着JavaBean组件的id值，property属性指明要设定属性值的属性名，value为设定的属性值，这个值可以是字符串也可以是表达式。

```
<jsp:setProperty  name="s1"  property="classno" value="56789"/>
```

其说明如表8-1所示。

表8-1　setProperty属性说明

属　性	说　明
name	Bean实例的名称，它必须已经被<jsp: useBean>标记进行了定义。注意在<jsp: setProperty>中的名字必须与<jsp: useBean>标记中的名字一样
property	正在被设置值的Bean属性的名字，如果property属性有值"*"，标记就会在请求对象中浏览所有的参数去寻找所匹配的请求参数的名称，并且在Bean中输入属性名称和类型。请求中的值被赋给每个所匹配的Bean属性，除非请求参数有值，否则不会改变Bean的属性
param	当从请求参数中设置Bean的属性时，Bean的属性名称不必与请求参数中所定义的名称相同。用这个属性来定义请求参数的名称，要用它的值来设置Bean的属性。如果没有定义param值，就认为请求参数的名称与Bean属性的名称相同。如果没有该名称的请求参数，或者它的值为" "，则这个动作对Bean没有影响
value	要赋给Bean属性的值。它可以是一个请求时的属性，或者可以接受一个表达式作为它的值(一个标记不能够同时具有param和value属性)

<jsp: setProperty>标准标记与在前面部分中介绍的<jsp: useBean>动作一起被使用，来设置Bean的属性值。比如对于一个位于mypackage包下的Student的Bean，具体匹配过程如图8-1所示。

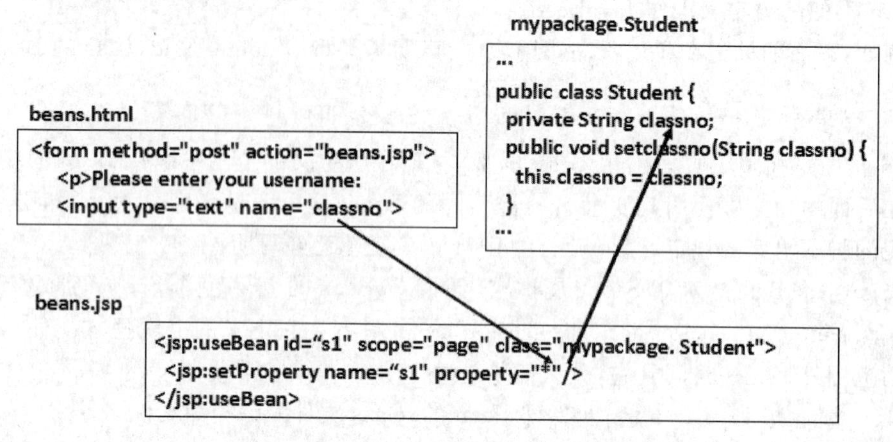

图 8-1 JSP 元素与 JavaBean 变量匹配过程

“*”代表所有的，即匹配所有 beans. html 页面中控件名称与 Javabean 中变量名字一样的项。

<jsp: getProperty>用来返回一个已被创建的 Bean 组件的属性值，它访问属性的值，并且把该值转换为 String，然后输出到客户的输出流当中。用法如下：

```
<jsp:getProperty name="beanId" property="propertyName" />
```

其中，name 属性对应 JavaBean 组件的 id 值，property 属性指明要获取的 JavaBean 属性名称，这两个属性都是必需的。

8.3 JavaBean 与 JSP 的结合应用

JavaBean 需要与 JSP 页面结合在一起使用，具体用法如下例所述。

例 8-1 使用 JavaBean 与 JSP 结合实现一个简单的计数器程序。

程序分析：本例程共包含三个文件：JavaBean—counter. java 文件，JSP—counter. jsp 文件、counter1. jsp 文件。其中，counter. java 主要用来进行计数器的计数操作，counter. jsp 和 counter1. jsp 文件主要用来显示网页的计数。

counter. java 文件：

```
package count;
public class counter {
int count=0;                                   //初始化 JavaBean 的成员变量
public counter() {                             //Class 构造函数
}
public int getCount() {                        //属性 Count 的 Get 方法
count++;                                       //计数操作，每次请求都进行计数器加 1
return this.count;
}
```

```
public void setCount(int count) {          //属性 Count 的 Set 方法
this.count=count;
}
}
```

上面程序是 JavaBean 的编写，下面编写 counter. jsp 文件来使用该 JavaBean：

```
<HTML>
   <HEAD>
      <TITLE>counter </TITLE>
   </HEAD>
   <BODY>
      <H1>JBuilder Generated JSP </H1>
      <!-初始化 counter 这个 Bean,实例为 bean0-->
      <jsp:useBean id="bean0" scope="application" class="count.counter" />
<%  out.println("The Counter is : "+bean0.getCount()+"<BR>");
%>
</BODY>
</HTML>
```

该程序中使用 out. println 方法显示当前的属性 count 的值，也就是计数器的值，下面的 counter1. jsp 将使用另一种方法：

counter1. jsp 文件：

```
<HTML>
<HEAD>
<TITLE>counter </TITLE>
</HEAD>
<BODY>
<H1>JBuilder Generated JSP </H1>
<!-初始化 counter 这个 Bean,实例为 bean0-->
<jsp:useBean id="bean0" scope="application" class="count.counter" />
<!-使用 jsp:getProperty 标记得到 count 属性的值,也就是计数器的值-->
The Counter is :
<jsp:getProperty name="bean0" property="count" /><BR>
</BODY>
</HTML>
```

从这个例子不难看出 JSP 和 JavaBean 应用的一般操作方法，首先在 JSP 页面中要声明并初始化 JavaBean，这个 JavaBean 有一个唯一的 id 标志，还有一个生存范围 scope（设置为 application 是为了实现多个用户共享一个计数器的功能，如果要实现单个用户的计数功能，可以修改 scope 为 session），最后还要制定 JavaBean 的 class 来源 count . counter：

```
<jsp:useBean id="bean0" scope="application" class="count.counter" />
```

接着就可以使用 JavaBean 提供的 public 方法或者直接使用<jsp：getProperty>标记来得到 JavaBean 中属性的值：

```
out.println("The Counter is : "+bean0.getCount()+"<BR>");
```

或者：

```
<jsp:getProperty name="bean0" property="count" />
```

这样就可以运行程序了，然后多刷新几次，注意观察计数器的变化。

JavaBean 在 JSP 程序中常用来封装业务逻辑、数据库操作等等，可以很好地实现业务逻辑和前台程序的分离，使得系统具有更好的健壮性和灵活性。比如说，电子商务平台中的一个购物车程序，要实现购物车中添加商品的功能，就可以写一个购物车操作的 JavaBean，建立一个 public 的 AddItem 成员方法，前台 JSP 文件里面直接调用这个方法。如果后来又考虑添加商品的时候需要判断库存是否有货物，没有货物不得购买，在这个时候就可以直接修改 JavaBean 的 AddItem 方法，加入处理语句来实现，这样就完全不用修改前台 JSP 程序了。当然，也可以把这些处理操作完全写在 JSP 程序中，不过这样的 JSP 页面可能就有成百上千行，只看代码就是一个头疼的事情，更不用说修改了。读者如果使用 ASP 开发过程序，相信对这种情况会深有体会。

由此可见，通过 JavaBean 可以很好地实现业务逻辑的封装，使得程序易于维护。在使用 JSP 开发应用程序时一个很好的习惯就是多使用 JavaBean。

例 8-2 使用 JavaBean 实现一个简单的购物车。

编写一个购物车 Bean(Car.java)实现添加商品到购物车、列出购物车中的商品以及删除货物等功能，页面 car.jsp 使用该购物车 Bean，页面 add.jsp 用来添加商品，页面 selectRemovedGoods .jsp 及 removeWork .jsp 用来删除购物车中的物品。

用 JavaBean 程序 Car.java 实现购物车。哈希表(Hashtable list)对象代表购物车，存放客户选择的各种商品。用方法 list.put(item，str)将商品放入购物车。通过循环获得购物车中所有商品的信息。实现购物车的代码如下：

(1) Car.java。

```
package com.jsp;
import java.util.*;
import java.io.*;
public class Car implements Serializable
{  Hashtable list=new Hashtable();
  String item="Welcome!";
  int mount=0;
  String unit=null;
  public void Car()
  {  }
public void setitem(String item)
    { this.item=item;
    }
```

```
public void getitem( )
    { return item;
    }
  public void setunit(String  unit)
    { this.unit=unit;
    }
public void getunit( )
    { return unit;
    }
  public void setmount(int mount)
    { this.mount=mount;
    }
public void getmount( )
    { return mount;
    }
  public void add()                   //添加商品到购物车
    { String str="Name: "+item+"  Mount:"+mount+"  Unit:"+unit;
      list.put(item,str);
    }
public Hashtable  list()              //列出购物车中的商品
    { return list;
    }
public void  delete(String s)         //删除货物    { list.remove(s);
    }
}
```

(2) car.jsp。

```
<%@page contentType="text/html;charset=GB2312" %>
<%@page import="java.util.* " %>
<HTML>
<BODY><Font size=10>
<jsp:useBean id="car1" class="com.jsp.Car" scope="session">
</jsp:useBean>
<P>您好,这里是中央商场,选择您要购买的商品添加到购物车:
<%String str=response.encodeRedirectURL("add.jsp");
%>
<P>您的购物车中有如下商品:
<%Hashtable list=car1.list();
   Enumeration enum=list.elements();
     while(enum.hasMoreElements())
          { String goods=(String)enum.nextElement();
              byte b[]=goods.getBytes("ISO-8859-1");
              goods=new String(b);
              out.print("<BR>"+goods);
```

```
    }
%>
<%String str1=response.encodeRedirectURL("selectRemovedGoods.jsp");
%>
<FORM action="<%=str1%>" method=post name=form>
<Input type=submit value="修改购物车中的货物">
</FORM>
</FONT>
</BODY>
</HTML>
```

JSP页面程序显示购物车中已有的商品并让客户继续选择。语句"<jsp: useBean id="car1" class="com.jsp.Car" scope="session">"表示引用JavaBean，其中，"id="car1""表示Bean在该页面的引用对象名为car1；"class="com.jsp.Car""表示该Bean的Java类文件名为Car，即Car.class文件，它存放在JavaBean的部署目录下的子目录com.jsp包中；"scope="session""表示与jsp相互连接的页面也有语句"<jsp: useBean id="car1" class="com.jsp.Car" scope="session">"，则它们使用相同的Bean实例，或者说，此时具有相同sessionID的页面共享一个Bean实例(共用一个购物车)，相反地，不同用户的sessionID也不同，不会出现取的物品放入他人购物车中的情况。

实现的购物车主界面页面如图8-2所示。

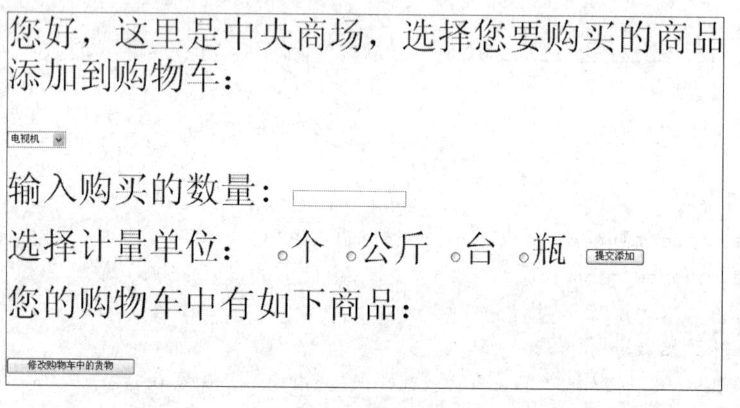

图8-2 购物车主界面

(3) add.jsp程序显示购物车中已有的商品并让客户继续选择需要添加的商品。

add.jsp:

```
<%@page contentType="text/html;charset=GB2312" %>
<%@page import="java.util.*" %>
<HTML>
<BODY><Font size=10>
<jsp:useBean id="car1" class="com.jsp.Car" scope="session">
</jsp:useBean>
<jsp:setProperty  name="car1"  property="*"  />
```

```
<%car1.add();
%>
<P>您的购物车中有如下商品:
<%Hashtable list=car1.list();
  Enumeration enum=list.elements();
   while(enum.hasMoreElements())
        { String goods=(String)enum.nextElement();
            byte b[]=goods.getBytes("ISO-8859-1");
            goods=new String(b);
            out.print("<BR>"+goods);
        }
%>
<%String str=response.encodeRedirectURL("car.jsp");
%>
<BR><FORM action="<%=str%>" method=post name=form>
<Input type=submit value="继续购物">
</FORM>
<%String str1=response.encodeRedirectURL("selectRemovedGoods.jsp");
%>
<BR><FORM action="<%=str1%>" method=post name=form>
<Input type=submit value="修改购物车中的货物">
</FORM>
</FONT>
</BODY>
</HTML>
```

显示及添加商品的页面如图 8-3 所示。

图 8-3 添加商品界面

(4) 删除购物车中的商品。

selectRemovedGoods.jsp:

```
<%@page contentType="text/html;charset=GB2312" %>
<%@page import="java.util.*" %>
<HTML>
<BODY><Font size=10>
<jsp:useBean id="car1" class="com.jsp.Car" scope="session">
```

```
</jsp:useBean>
<P>选择从购物车中删除的商品:
<%String str=response.encodeRedirectURL("removeWork.jsp");
%>
<FORM action="<%=str%>" method=post name=form2>
      <Select name="deleteitem" size=1>
          <Option value="TV">电视机
          <Option value="apple">苹果
          <Option value="coke">可口可乐
          <Option value="milk">牛奶
          <Option value="tea">茶叶
     </Select>
   <Input type=submit value="提交删除">
</FORM>
<P>您的购物车中有如下商品:
<%Hashtable list=car1.list();
   Enumeration enum=list.elements();
   while(enum.hasMoreElements())
        { String goods=(String)enum.nextElement();
            byte b[]=goods.getBytes("ISO-8859-1");
            goods=new String(b);
            out.print("<BR>"+goods);
        }
%>
<%String str1=response.encodeRedirectURL("car.jsp");
%>
<FORM action="<%=str1%>" method=post name=form>
<Input type=submit value="继续购物">
</FORM>
</FONT>
</BODY>
</HTML>
```

删除商品的页面如图 8-4 所示。

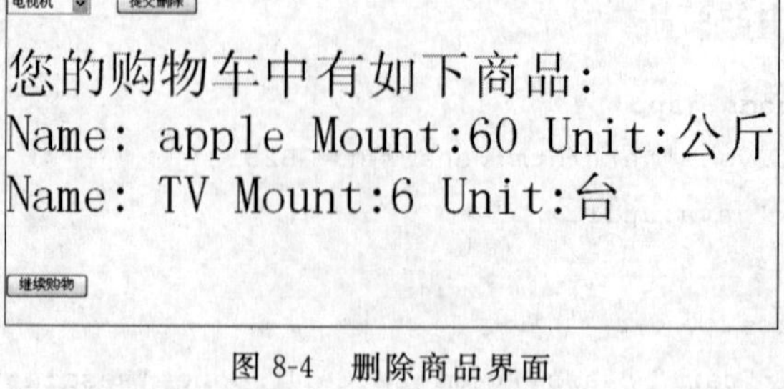

选择从购物车中删除的商品:

电视机 提交删除

您的购物车中有如下商品:
Name: apple Mount:60 Unit:公斤
Name: TV Mount:6 Unit:台

继续购物

图 8-4 删除商品界面

removeWork.jsp:

```
<%@page contentType="text/html;charset=GB2312" %>
<%@page import="java.util.* " %>
<HTML>
<BODY><Font size=10>
<jsp:useBean id="car1" class="com.jsp.Car" scope="session">
</jsp:useBean>
<%String name=request.getParameter("deleteitem");
    if(name==null)
      {name="";
      }
byte c[]=name.getBytes("ISO-8859-1");
  name=new String(c);
  car1.delete(name);
  out.print("您删除了货物:"+name);
%>

<P>购物车中现在的货物:
<%Hashtable list=car1.list();
  Enumeration enum=list.elements();
   while(enum.hasMoreElements())
       { String goods=(String)enum.nextElement();
           byte b[]=goods.getBytes("ISO-8859-1");
           goods=new String(b);
           out.print("<BR>"+goods);
       }
%>
<%String str1=response.encodeRedirectURL("car.jsp");
%>
<FORM action="<%=str1%>" method=post name=form>
<Input type=submit value="继续购物">
</FORM>
<%String str=response.encodeRedirectURL("selectRemovedGoods.jsp");
%>
<FORM action="<%=str%>" method=post name=form1>
<Input type=submit value="修改购物车中的货物">
</FORM>
```

删除后的页面如图 8-5 所示。

在实际程序项目开发过程中，涉及的更多的还是和数据库相关的操作，在电商平台的开发过程中使用比较频繁，不管是注册 E-mail、有奖调查、购买物品或者加入社区等等都会涉及 JSP 和 JavaBeans 对数据库的操作。

例 8-3　使用 JavaBean 建立数据库连接，在 JSP 中显示电商平台的员工基本信息。

程序分析：新建一个数据库 shop，其字段包含 id、name、sex、age、jiguang、

您删除了货物：TV
购物车中现在的货物：
Name: apple Mount:60 Unit:公斤
继续购物
修改购物车中的货物

图 8-5　删除结果界面

department，分别表示员工的工号、姓名、性别、年龄、籍贯和部门。

(1) 首先编程实现一个 JavaBean：MyDbBean。

```
package com.DataBase;
import java.sql.*;
public class MyDbBean
{
    private Statement stmt=null;
    ResultSet rs=null;
    private Connection conn=null;
    private String url;
     public MyDbBean() { }                          //构造函数
    //根据 url 参数,加载驱动程序,建立连接
    public void getConn(String dbname, String uid, String pwd) throws Exception
    {
        try
        {
            url="jdbc:mysql://localhost:3306/"+dbname;
            Class.forName("org.gjt.mm.mysql.Driver").newInstance();
            conn=DriverManager.getConnection(url, uid, pwd);
        }
        catch (Exception ex)
        {
            System.err.println("aq.executeQuery: "+ex.getMessage());
        }
    }
    //执行查询类的 SQL 语句,有返回集
    public ResultSet executeQuery1(String sql)
    {
        rs=null;
        try
        {
         stmt = conn.createStatement(ResultSet.TYPE_SCROLL_INSENSITIVE,
ResultSet.CONCUR_READ_ONLY);
```

```
            rs=stmt.executeQuery(sql);
        }
        catch(SQLException ex)
        {
            System.err.println("aq.executeQuery:"+ex.getMessage());
        }
        return rs;
    }
    //执行更新类的 SQL 语句,无返回集
    public void executeUpdate2(String sql)
    {
        stmt=null;
        rs=null;
        try
        {
         stmt = conn. createStatement (ResultSet. TYPE _ SCROLL _ INSENSITIVE,
ResultSet.CONCUR_READ_ONLY);
            stmt.executeQuery(sql);
            stmt.close();
            conn.close();
        }
        catch(SQLException ex)
        {
            System.err.println("aq.executeQuery: "+ex.getMessage());
        }
    }
    //关闭对象
    public void closeStmt()
    {
        try{   stmt.close();   }
        catch(SQLException ex)
        {
            System.err.println("aq.executeQuery: "+ex.getMessage());
        }
    }
    public void closeConn()
    {
        try{   conn.close();   }
        catch(SQLException ex)
        {
            System.err.println("aq.executeQuery: "+ex.getMessage());
        }
    }
}
```

（2）创建电商平台员工管理列表主页面。

```
<%@page contentType="text/html" pageEncoding="UTF-8"%>
<%@page import="java.sql.*" %>
<!DOCTYPE HTML PUBLIC "-//W3C//DTD HTML 4.01 Transitional//EN"
   "http://www.w3.org/TR/html4/loose.dtd">
   <jsp:useBean id="testbean" scope="session" class="com.DataBase.MyDbBean" />
<html>
    <head>
        <meta http-equiv="Content-Type" content="text/html; charset=UTF-8">
        <title>电商平台员工管理系统</title>
     </head>
   <%!    String url,sql; %>
   <%! int i;%>
   <body bgcolor="#ffffff">
      <div align="center"><font color="#000000" size="5">员工管理系统 </font>
</div>
      <table width="75%" border="1" cellspacing="1" cellpadding="1" align="center">
      <tr>
        <td width=16%align=center>工号</td>
        <td width=16%align=center>姓名</td>
        <td width=8%align=center>性别</td>
        <td width=8%align=center>年龄</td>
        <td width=16%align=center>籍贯</td>
        <td width=12%align=center>部门</td>
        <td width=12%align=center>更改</td>
        <td width=12%align=center>删除</td>
    </tr>
    <%
      //调用 getConn 方法与数据库建立连接
      testbean.getConn("shop", "root","123456");
      sql="select * from user";
      ResultSet  rs=testbean.executeQuery1(sql);//查询数据库
        while(rs.next()){
    %>
      <tr>
        <td width=16%align=center><%=rs.getString(1)%></td>
        <td width=16%align=center><%=rs.getString(2)%></td>
        <td width=8%align=center><%=rs.getString(3)%></td>
        <td width=8%align=center><%=rs.getInt(4)%></td>
        <td width=16%align=center><%=rs.getString(5)%></td>
        <td width=12%align=center><%=rs.getString(6)%></td>
        <td width=12%align=center><a href="change.jsp?id=<%=rs.getString(1)%>">
修改</a></td>
```

```
        <td width=12%align=center><a href="del.jsp?id=<%=rs.getString(1)%>">
删除</a></td>
      </tr>
      <%
       }
        rs.close();
        testbean.closeStmt();
        testbean.closeConn();
    %>
</table>
<div align="center"><a href="insert.jsp">添加新记录 </a></div>
</body>
</html>
```

运行效果如图 8-6 所示。

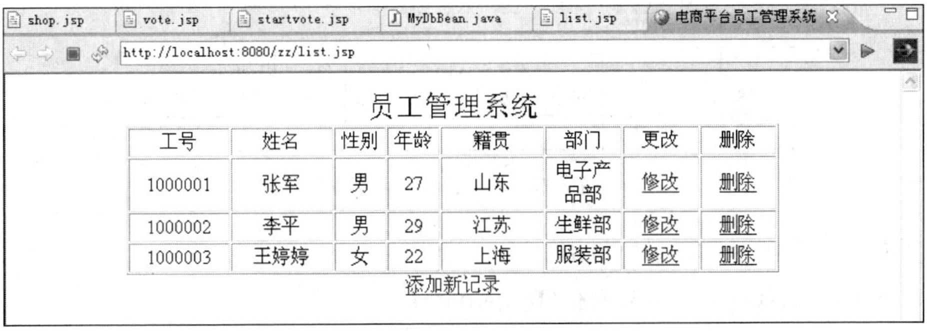

shop.jsp | vote.jsp | startvote.jsp | MyDbBean.java | list.jsp | 电商平台员工管理系统

http://localhost:8080/zz/list.jsp

员工管理系统

工号	姓名	性别	年龄	籍贯	部门	更改	删除
1000001	张军	男	27	山东	电子产品部	修改	删除
1000002	李平	男	29	江苏	生鲜部	修改	删除
1000003	王婷婷	女	22	上海	服装部	修改	删除

添加新记录

图 8-6 员工列表显示

添加新记录页面及修改和删除的功能读者可以自行完成。

8.4 Servlet 概述

Servlet 是使用应用程序接口(API)及相关类和方法的 Java 程序,是服务器端的一个扩展技术,Servlet 程序在服务器端运行并隐藏在 Servlet 容器里。Servlet 与传统的从命令行启动的 Java 应用程序不同,Servlet 是由 Web 服务器(如 Tomcat)进行加载及运行的,该 Web 服务器必须包含支持 Servlet 的 Java 虚拟机。

Servlet 通过扩展服务器的功能响应客户端的请求,动态地生成 Web 页面。Servlet 技术是使用 Java 进行 Web 应用编程的基础,也是 JSP 的基础。实际上,所有的 JSP 程序都是由 Web 服务器转换成 Servlet 程序执行的。Servlet 程序与客户交互时,至关重要的就是 Web 容器,Web 容器负责处理客户请求,把请求传送给 Servlet 并把结果返回给客户端,主要有两大功能:一是提供编写 Servlet 程序所需要的 API;另外就是提供驻留并执行 Servlet 程序的环境。

8.5 Servlet的生命周期

Servlet 的生命周期定义了一个 Servlet 如何被加载、初始化,以及它怎样接收请求、响应请求、提供服务的全过程。在编写代码时,Servlet 生命周期由接口 javax. servlet. Servlet 定义。所有的 Java Servlet 必须直接或间接地实现 javax. servlet. Servlet 接口,这样才能在 Servlet 引擎上运行。Servlet 引擎提供网络服务,响应 MIME 请求,运行 Servlet 容器。javax. servlet. Servlet 接口定义了一些方法,在 Servlet 的生命周期中,这些方法会在特定时间按照一定的顺序被调用,如图 8-7 所示。

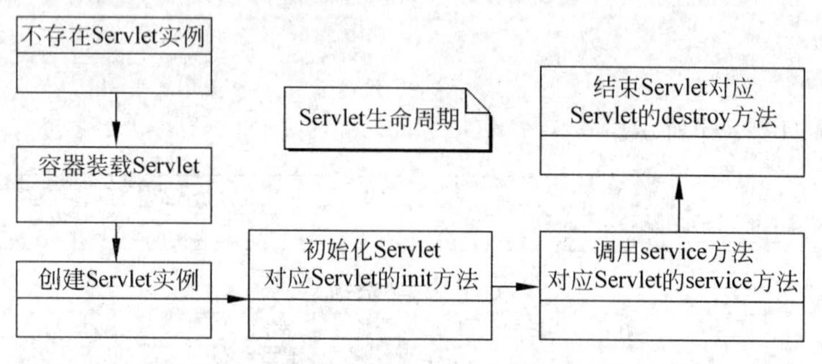

图 8-7 Servlet 的生命周期

下面详细地对 Servlet 进行讲解。

1. Servlet 加载(Load)和实例化(Instantiated)

Servlet 引擎负责实例化和加载 Servlet,这个过程可以在 Servlet 引擎加载时执行,也可以在 Servlet 响应请求时执行,还可以在两者之间的任何时候执行。

2. Servlet 初始化(Initialized)

Servlet 引擎加载好 Servlet 后,必须要初始化它。初始化 Servlet 一般可以从数据库里读取初始数据,建立 JDBC Connection,或者建立对其他有价值的资源的引用。

在初始化阶段,Init( )方法被调用。这个方法在 javax. servlet. Servlet 接口中定义。Init( )方法以一个 Servlet 配置文件(ServletConfig)为参数。Servlet configuration 对象由 Servlet 引擎实现,可以让 Servlet 从中读取一些 name-value 对的参数值。Servlet Config 对象还可以让 Servlet 接受一个 Servlet Context 对象。

3. Servlet 处理请求

Servlet 被初始化以后,就处于能响应请求的就绪状态。每个对 Servlet 的请求由一个 Servlet Request 对象代表。Servlet 给客户端的响应由一个 Servlet Response 对象代表。当客户端有一个请求时,Servlet 引擎将 ServletRequest 和 ServletResponse 对象都转发给 Servlet,这两个对象以参数的形式传给 Service 方法。这个方法由 javax. servlet. Servlet 定义并由具体的 Servlet 实现。

4. Servlet 释放

Servlet 引擎没有必要在 Servlet 生命周期的每一段时间内都保持 Servlet 的状态。Servlet 引擎可以随时随地地使用或释放 Servlet。因此,不能依赖 Servlet class 或其成员存储信息。当 Servlet 引擎判断一个 Servlet 应当被释放时(比如说 Engine 准备 Shut down 或需要回收资源),Engin 必须让 Servlet 能释放其正在使用的任何资源,并保存持续性的状态信息。这些可以通过调用 Servlet 的 destroy 方法实现。

注意:在 Servlet Engine 释放一个 Servlet 以前,必须让其完成当前实例的 service 方法或是等到 timeout(如果 Engine 定义了 timeout)。当 Engine 释放一个 Servlet 以后,Engine 将不能再将请求转发给它,Engine 必须彻底释放该 Servlet 并将其标明为可回收的。

8.6 Servlet 体系的常用类和接口

1. Servlet 实现相关接口

(1) public interface Servlet,这个接口是所有 Servlet 必须直接或间接实现的接口。它定义了以下方法:

- init(ServletConfig config)方法——用于初始化 Servlet。
- destory()方法——销毁 Servlet。
- getServletInfo()方法——获得 Servlet 的信息。
- getServletConfig()方法——获得 Servlet 配置相关信息。
- service(ServletRequest req, ServletResponse res)方法——应用程序运行的逻辑入口点。

(2) public abstract class GenericServlet 提供了对 Servlet 接口的基本实现。它是一个抽象类。它的 service()方法是一个抽象的方法,GenericServlet 的派生类必须直接或间接实现这个方法。

(3) public abstract class HttpServlet 类是针对使用 HTTP 协议的 Web 服务器的 Servlet 类。

HttpServlet 类实现了抽象类 GenericServlet 的 service()方法,在这个方法中,其功能是根据请求类型调用合适的 do 方法。do 方法的具体实现是由用户定义的 Servlet 根据特定的请求/响应情况作具体实现。也就是说,必须实现以下方法中的一个。

- doGet:如果 Servlet 支持 HTTP GET 请求,用于 HTTP GET 请求。
- doPost:如果 Servlet 支持 HTTP POST 请求,用于 HTTP POST 请求。
- 其他 do 方法:用于 HTTP 其他方式请求。

2. 请求、响应及其他接口

(1) public interface HttpServletRequest 接口中最常用的方法就是获得请求中的参数,实际上,内置对象 request 就是实现该接口类的一个实例。

(2) public interface HttpServletResponse 接口代表了对客户端的 HTTP 响应,实际

上,内置对象 response 就是实现该接口类的一个实例。

(3) 其他接口。会话跟踪接口(HttpSeesion)、Servlet 上下文接口(ServletContext)、等与 HttpServletRequest 接口类似,不再重复介绍。但有一点需要读者注意,JSP 与 Servlet 中内置对象相似,但二者获取内置对象的方法略有不同,表 8-2 就是这两种技术的简单比较。

表 8-2 JSP 与 Servlet 的简单比较

	请求对象	响应对象	会话跟踪	上下文内容对象
JSP	request,容器产生,直接使用	response,容器产生,直接使用	session,容器产生,直接使用	application,容器产生,直接使用
servlet	request,容器产生,直接使用	response,容器产生,直接使用	HttpSeesion session = request. getSeesion()	用 getServletContext()方法获取

3. RequestDispatcher 接口

RequestDispatcher 接口代表 Servlet 协作,它可以把一个请求转发到另一个 Servlet 或 JSP。该接口主要有两个方法。

(1) forward(ServletRequest,ServletResponse response):把请求转发到服务器上的另一个资源。

(2) include(ServletRequest,ServletResponse response):把服务器上的另一个资源包含到响应中。

RequestDispatcher 接口的 forward 处理请求转发,在 Servlet 中是一个很有用的功能,由于该种请求转发属于 request 范围,所以应用程序往往用这种方法实现由 Servlet 向 JSP 页面或另一 Servlet 传输程序数据。其核心代码如下:

```
...
request.setAttribute("key", 任意对象数据);
RequestDispatcher dispatcher=null;
dispatcher=getServletContext().getRequestDispatcher("目的地 JSP 页面或另一
servlet");
dispatcher.forward(request, response);
...
```

在以上代码中,RequestDispatcher 的实例化由上下文的 getRequestDispatcher 方法实现,在目的地 JSP 页面或另一 Servlet 中,用户程序可以用 request. setAttribute ("key")来获取传递的数据。另外,需要注意的是,利用 RequestDispatcher 接口的 forward 处理请求转发,其作用类似于 JSP 中的<jsp: forward>动作标记,属于服务器内部跳转,实际上,JSP 中的<jsp: forward>动作标记的底层实现就是利用 RequestDispatcher 技术。

4. 过滤

过滤包括 Filter、FilterChain、FilterConfig 等接口,这些在 Web 应用中是很有用的技

术。例如,通过过滤可以完成统一编码(中文处理技术)、认证等工作。

5. 简单的 Servlet 编程

创建并运行一个 HTTP Servlet,通常涉及以下几个步骤:

(1) 导入编写 Servlet 需要的基本包,扩展 HttpServlet 抽象类。

(2) 重载适当的方法。根据实际情况重写继承自 HTTPservlet 的 doGet() 或 doPost()等方法。

(3) 如果有 HTTP 请求,获取该请求。用 HttpServletRequest 对象来检索 HTML 表单所提交的数据或 URL 上的查询字符串。HttpServletRequest 对象含有特定的方法以得到客户端提供的信息,如 getParameterNames()、getParameter()、getParameterValues()等方法。

(4) 生成 HTTP 响应。用 println()方法将 HTML 脚本打印输出,即动态生成页面,由 HttpServletResponse 对象生成响应,并将它返回到发出请求的客户机上。它的方法允许设置"请求"标题和"响应"主体。"响应"对象还含有 getWriter()方法以返回一个 PrintWriter 对象。使用 PrintWriter 的 print()和 println()方法以编写 Servlet 响应来返回给客户机。或者,直接使用 out 对象输出有关 HTML 文档内容。

(5) 使用部署文件 web. xml 配置 Servlet,作为客户请求的一部分,用户请求 URL 必须映射到一个特定的 Servlet。在每一个 Web 应用程序路径的 WEB-INF 下存在一个 web. xml 配置文件,用来设定 Web 应用程序的配置。开发者将一个 Servlet 类通过 web. xml 进行配置后即可映射到一个 URL,此后可通过使用这个 URL 来访问该 Servlet。

例 8-4　一个简单的 Servlet 程序的编写、部署和调用。

Servlet 可以方便地与 Web 页面进行交互,首先创建一个 HTML 页面 TestServlet .html,其源代码如下:

```
<html>
<head>
<title>Test HTML</title>
</head>
<body>
<form action="/myjsp/servlet/TestServlet">
请输入姓名:
<Input type="text" name="myname"><br>
您的兴趣:
<select name="love">
<option value="Sleep">Sleep</option>
<option value="Dance">Dance</option>
<option value="Travel">Travel</option>
</select><br>
<Input type="submit" name="mysubmit"><br>
<Input type="reset" value="重新来过"><br>
```

```
</form>
</body>
</html>
```

该页面的显示效果如图8-8所示。

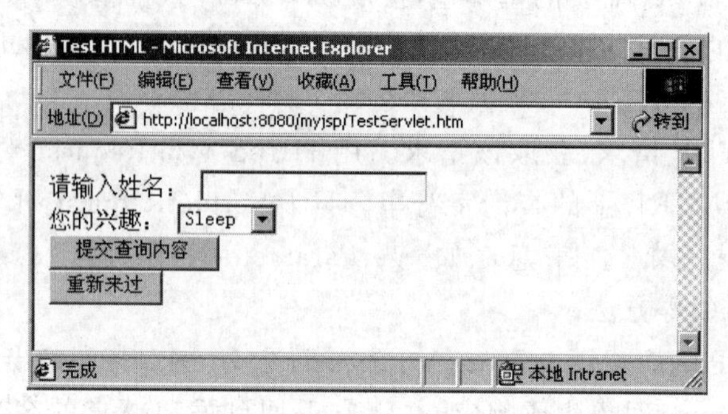

图 8-8 使用 Servlet 和 Web 页面交互

接下来编写和 HTML 页面交互的 Servlet,文件名为 TestServlet. java,其源代码如下:

```
import java.io.*;
import javax.servlet.*;
import javax.servlet.http.*;
public class TestServlet extends HttpServlet
{
//重写 doPost 方法
public void doPost (HttpServletRequest req, HttpServletResponse res) throws
ServletException, IOException
{res.setContentType("text/html;charset=gb2312");  //首先设置头信息
PrintWriter out=res.getWriter();                  //用 writer 方法返回响应数据
out.println("<html><head></head><body>");
out.println("name:"+req.getParameter("myname")+"<br>");
out.println("love:"+req.getParameter("love")+"<br>");
out.println("</body></html>");
out.close();
}
//重写 doGet 方法
public void doGet (HttpServletRequest req, HttpServletResponse res) throws
ServletException,IOException{
doPost(req,res);
}
}
```

从上面代码可以知道,如果某个类要成为 Servlet,则它应该从 HttpServlet 继承,根据数据是通过 GET 还是 POST 发送,确定覆盖 doGet、doPost 方法之一或全部。doGet 和 doPost 方法都有两个参数,分别为 HttpServletRequest 类型和 HttpServletResponse

类型。

HttpServletRequest 提供访问有关请求信息的方法，例如表单数据、HTTP 请求头等等。HttpServletResponse 除了提供用于指定 HTTP 应答状态(200、404 等)、应答头(Content-Type、Set-Cookie 等)的方法之外，最重要的是它提供了一个用于向客户端发送数据的 PrintWriter。对于简单的 Servlet 来说，它的大部分工作是通过 println 语句生成向客户端发送的页面。

要想编译 Servlet 并使其运行，还需要修改 Web. xml 中的内容，在 Web. xml 中添加以下内容：

```
<Web-app>
<servlet>
<servlet-name>TestServlet</servlet-name>
<servlet-class>servlet/TestServlet</servlet-class>
</servlet>
<servlet-mapping>
<servlet-name>TestServlet</servlet-name>
<url-pattern>/myjsp/servlet/TestServlet </url-pattern>
</servlet-mapping>
</Web-app>
```

这样，Servlet 就可以运行了，在图 8-8 所示的页面中输入信息后，单击“提交查询内容”按钮，请求被发送给 Servlet。页面显示效果如图 8-9 所示。

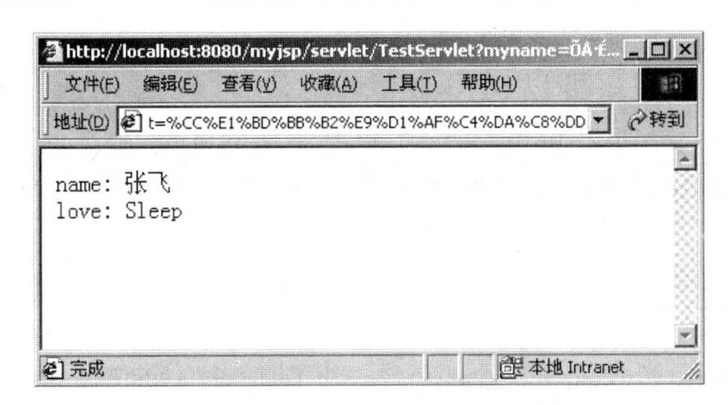

图 8-9　处理 Web 页面请求的 Servlet 页面

在 web. xml 文件中，标记<servlet>要先于标记<servlet-mapping>定义。在标记<servlet>中，属性 servlet-class 定义 Servlet 程序实际的包名和类名，属性 servlet-name 定义代表为该 Servlet 命名一个名字，可以是任意的标识符；标记<servlet-mapping>中定义对用户所命名的 Servlet(属性 servlet-name 设置的)的 URL 调用模式(属性 url-pattern 定义)，如上例的程序，它的 URL 调用模式是：http：//localhost：8080/myjsp/servlet/TestServlet。

在现实编程过程中，很多读者会混淆 Servlet 程序与 Applet 程序，实际上，Servlet 程序与 Applet 程序相似，只不过 Applet 程序在客户端的浏览器中运行，必须继承 Applet 类；而 Servlet 程序在服务器端运行，它必须实现 javax. servlet. Servlet 接口。

大多数 Servlet 程序都是处理 HTTP 响应的，为了简化 Servlet 程序的编写，Servlet API 提供了支持 HTTP 协议的 javax. servlet. http. HttpServlet 类，也就是说，HttpServlet 对象适合运行在与客户端采用 HTTP 协议通信的 Servlet 容器或者 Web 服务器中。在开发 Web 应用程序时，用户编写的 Servlet 程序继承 HttpServlet 类即可。

8.7 Servlet 会话

会话状态的维持是开发 Web 应用所必须面对的问题，有多种方法可以来解决这个问题，如使用 Cookies、隐藏表单域或直接把状态信息加到 URL 中等。Servlet 本身也提供了一个 Httpsession 接口来支持会话状态的维持，在这里主要介绍基于这个接口的会话状态的管理。

Servlet 中使用 Session 对象的流程为：得到 Session 对象(调用 HttpServletRequest . getsession()方法得到该对象)，操作并查看 Session 对象，在会话中保存数据，最后关闭该 Session 对象。在 Servlet 中使用 Session 的具体过程如下：

(1) 使用 HttpServletRequest 的 getsession 方法得到当前存在的 Session，如果当前没有定义 Session，则创建一个新的 Session，也可以使用方法 getsession(true)。

(2) 写 Session 变量。可以使用方法 Httpsession. setAttribute(name, value)来向 Session 中存储一个信息。也可以使用 Httpsession. putValue(name, value)，但这个方法已经过时了。

(3) 读 Session 变量。可以使用方法 Httpsession. getAttribute(name)来读取 Session 中的一个变量值，如果 name 是一个没有定义的变量，那么返回的是 null。需要注意的是，从 getAttribute 读出的变量类型是 Object，必须使用强制类型转换。

例如：

```
String uid= (String) session.getAttribute("uid");
```

(4) 关闭 Session，当使用完 Session 后，可以使用 session. invalidate()方法关闭 Session。但是这并不是严格要求的。因为 Servlet 引擎在一段时间之后会自动关闭 Seesion。例如：

```
HttpSession session=request.getSession(true);      //参数 true 是在没有 Session
                                                     时创建一个新的对象
Date created=new Date(session.getCreationTime()); //得到 Session 对象创建的
                                                     时间
out.println("ID "+session.getId()+"<br>");    //得到该 Session 的 id,并打印
out.println("Created: "+created+"<br>");      //打印 Session 创建时间
session.setAttribute("UID","12345678");       //在 Session 中添加变量 UID=12345678
session.setAttribute("Name","Tom");           //在 Session 中添加变量 Name=Tom
```

例 8-5 使用 html 与 Servlet 相结合完成用户注册、用户登录、用户密码重置等功能。

程序分析：在编写程序的过程中读者需要了解 Session 等对象的使用；需要注意用户注册和登录时会话的作用，可以设计如图 8-10 所示的关系图。

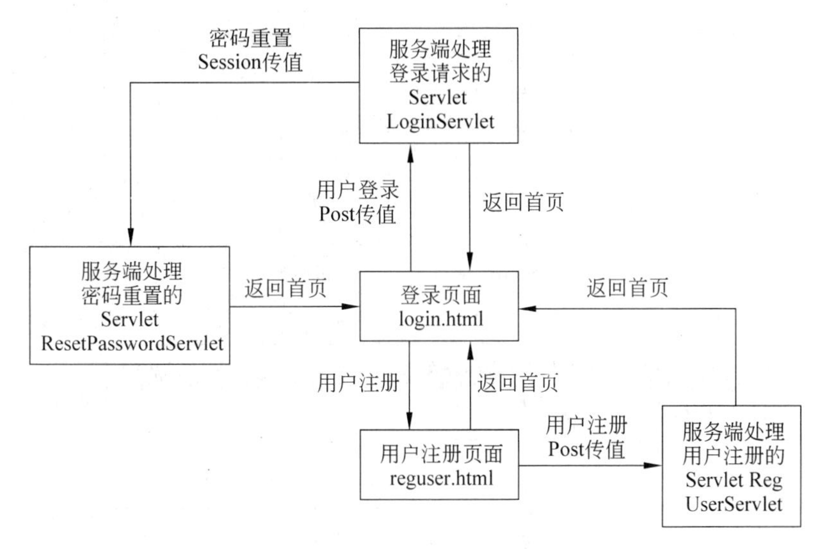

图 8-10　页面与 Servlet 之间的关系

用户登录页面 login. html 示意图如图 8-11 所示。

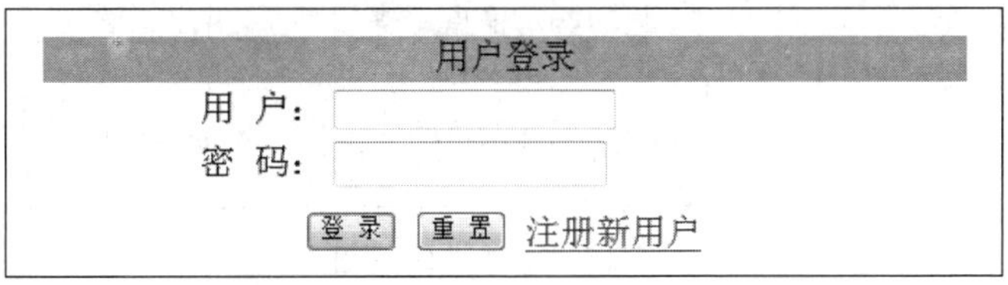

用户登录
用　户：
密　码：
登 录　重 置　注册新用户

图 8-11　登录页面 login. html 示意

用户注册页面 reguser. html 示意图如图 8-12 所示。

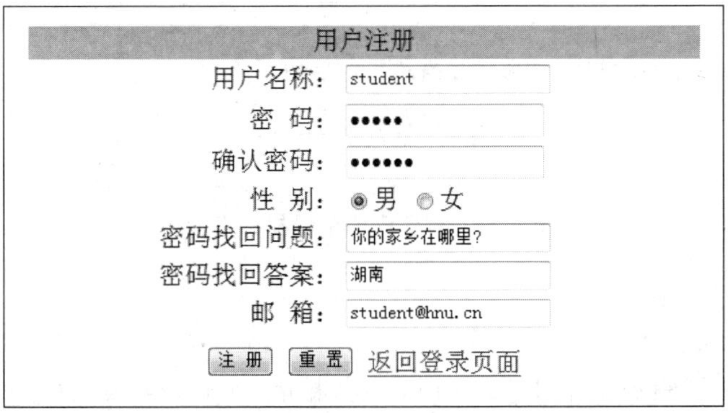

用户注册
用户名称：student
密　码：●●●●●
确认密码：●●●●●●
性　别：◉男 ○女
密码找回问题：你的家乡在哪里?
密码找回答案：湖南
邮　箱：student@hnu.cn
注 册　重 置　返回登录页面

图 8-12　用户注册页面 reguser. html 示意

用户登录成功后 LoginServlet 显示的页面示意图如图 8-13 所示。

登录用户名、密码错误，LoginServlet 显示的页面示意图如图 8-14 所示。

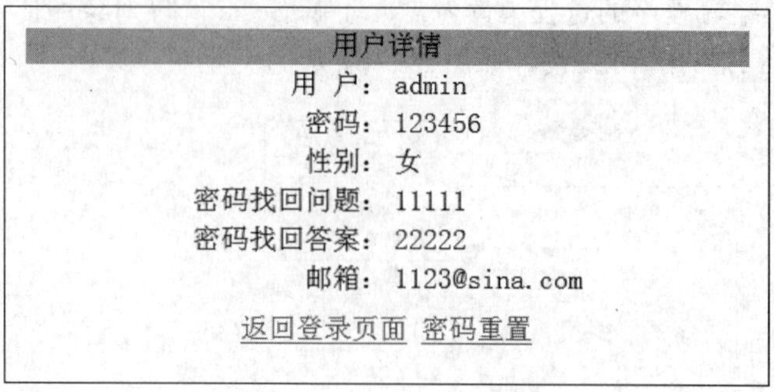

用户详情
用 户：admin
密码：123456
性别：女
密码找回问题：11111
密码找回答案：22222
邮箱：1123@sina.com
返回登录页面 密码重置

图 8-13 用户登录成功页面

提示信息
用户名、密码错误！
返回登录页面

图 8-14 错误显示页面

用户成功登录后重置密码，ResetPasswordServlet 显示的页面示意图如图 8-15 所示。

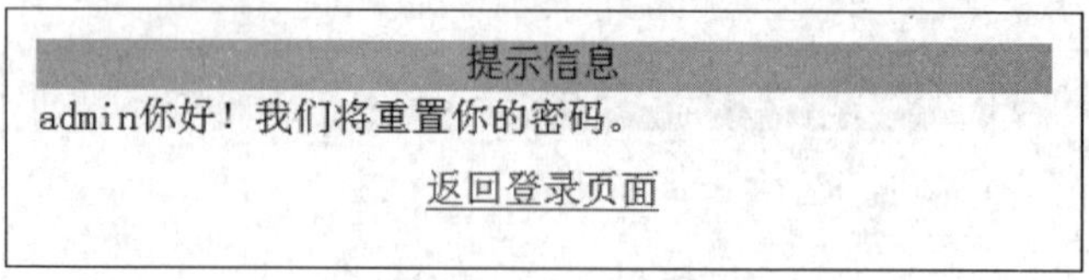

提示信息
admin你好！我们将重置你的密码。
返回登录页面

图 8-15 重置密码页面

用户如果没有登录成功而去直接访问密码重置页面，ResetPasswordServlet 显示的页面示意图如图 8-16 所示。

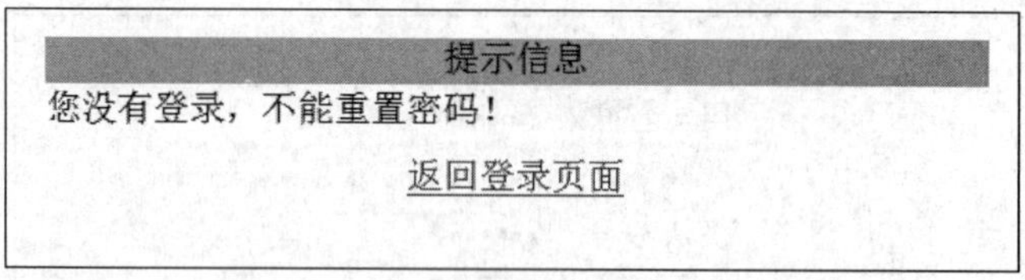

提示信息
您没有登录，不能重置密码！
返回登录页面

图 8-16 重置密码错误提示页面

具体实现步骤如下：

步骤 1：创建数据表

在 MySQL 中创建数据库 db_example 及数据表 tb_users，表结构如图 8-17 所示。

步骤 2：添加 JDBC 访问架包，添加 DataVaseUtil 类。

在编辑工具中完成上述工作后，项目包结构如图 8-18 所示。

步骤 3：reguser.html 页面设计。

在 reguser.html 页面的<header></header>加入如下 JavaScript 代码，进行输入

	Field Name	Datatype	Len	Default	PK?	Not Null?	Unsigned?	Auto Incr?	Zerofill?	Comment
*	username	varchar	50		☑	☑	☐	☐	☐	用户名
	password	varchar	50		☐	☑	☐	☐	☐	密码
	sex	varchar	50		☐	☑	☐	☐	☐	性别
	email	varchar	50		☐	☑	☐	☐	☐	邮件
	question	varchar	100		☐	☐	☐	☐	☐	问题
	answer	varchar	100		☐	☐	☐	☐	☐	答案
					☐	☐	☐	☐	☐	

图 8-17 数据库表结构

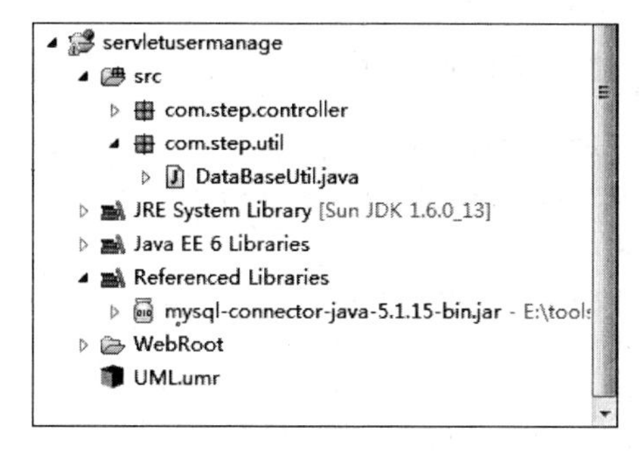

图 8-18 项目结构图

数据的客户端验证。

```
<script type="text/javascript">
        function reg(form){
            if(form.username.value==""){
                alert("用户不能为空!");
                return false;
            }
            if(form.password.value==""){
                alert("密码不能为空!");
                return false;
            }
            if(form.repassword.value==""){
                alert("确认密码不能为空!");
                return false;
            }
            if(form.password.value !=form.repassword.value){
                alert("两次密码输入不一致!");
                return false;
            }
            if(form.question.value==""){
                alert("密码找回问题不能为空!");
                return false;
            }
            if(form.answer.value==""){
                alert("密码找回答案不能为空!");
```

```
            return false;
        }
        if(form.email.value==""){
            alert("电子邮箱不能为空！");
            return false;
        }
    }
</script>
```

在 reguser.html 的主体内容如下，请特别注意 form 中的写法：

```
<form action="RegUserServlet" method="post" onsubmit="return reg(this);">
<table align="center" border="0" width="500">
<tr>
        <td align="center" colspan="2"  bgcolor=RGB(188,188,125)>用户注册</td>
    </tr>
    <tr>
        <td align="right">用户编号:</td>
        <td><input type="text" name="usercode" />    </td></tr>
    <tr>
        <td align="right">密 码:</td>
        <td><input type="password" name="password" class="box"></td></tr>
    <tr>
        <td align="right">确认密码:</td>
        <td><input type="password" name="repassword" class="box"></td></tr>
    <tr>
        <td align="right">性 别:</td>
        <td><input type="radio" name="sex" value="男" checked="checked">男
<input type="radio" name="sex" value="女">女</td></tr>
    <tr>
        <td align="right">密码找回问题:</td>
        <td><input type="text" name="question" class="box"></td></tr>
    <tr>
        <td align="right">密码找回答案:</td>
        <td><input type="text" name="answer" class="box"></td></tr>
    <tr>
        <td align="right">邮 箱:</td>
        <td><input type="text" name="email" class="box"></td></tr>
    <tr>
        <td colspan="2" align="center" height="40">
            <input type="submit" value="注 册">
            <input type="reset" value="重 置">
            <a href="login.html">返回登录页面</a>
        </td></tr>
    </table>
```

```
</form>
```

步骤4：RegUserServlet类的设计

新建Servlet。RegUserServlet用于相应reguser.html提交的请求，其核心内容如下：

```
public void doPost(HttpServletRequest request, HttpServletResponse response)
    throws ServletException, IOException {
        //设置request与response的编码
        response.setContentType("text/html");
        request.setCharacterEncoding("GBK");
        //获取表单中属性值
        String username=request.getParameter("username");
        String password=request.getParameter("password");
        String sex=request.getParameter("sex");
        String question=request.getParameter("question");
        String answer=request.getParameter("answer");
        String email=request.getParameter("email");
        response.setContentType("text/html");
        response.setCharacterEncoding("gbk");
        PrintWriter out=response.getWriter();
        //实际完成程序,需要你自己处理页面显示
        //判断数据库是否连接成功
        Connection conn=DataBaseUtil.createConn();
        if (conn !=null) {
            try {
                //插入注册信息的SQL语句(使用?占位符)
                String sqlstr = " insert into tb _ user (username, password, sex,
question,answer,email) "+"values(?,?,?,?,?,?)";
                //准备查询参数
                Object sqlParam[]={username,password,sex,question,answer,email};
                //输出注册结果信息
                if(DataBaseUtil.execUpdate(sqlstr, sqlParam, conn))
                    {out.println(username+"注册成功!");}
                else
                    {out.println(username+"注册失败!");}
            } catch (Exception e) {
                e.printStackTrace();
                out.println(e.getMessage());
            }
        } else {
            //发送数据库连接错误提示信息
            response.sendError(500, "数据库连接错误!");
        }
        out.flush();
```

```
            out.close();
        }
```

步骤 5：login. html 页面和 LoginServlet 类的设计

login. html 页面与上一个演练几乎完全一样，只是添加了一个跳转到 reguser. html 的超链接。LoginServlet 类的设计与上一演练有区别，它需要连接到数据库去验证用户名密码是否正确，如果能成功登录，还需要写 Session。以下为 LoginServlet 类的核心代码。

```
//获取表单中属性值
        String username=request.getParameter("username");
        String password=request.getParameter("password");
        //创建连接
        Connection conn=DataBaseUtil.createConn();
        //插入注册信息的 SQL 语句(使用?占位符)
         String sqlstr="select sex,email,question,answer from tb_user where
username=? and password=?";
        //准备查询参数
        Object sqlParam[]={username,password};
        //执行查询
        ResultSet rs=DataBaseUtil.execQuery(sqlstr, sqlParam, conn);
        try {
            if(rs.next())
            {
                //获取 Session 对象,把 username 存入 Session 中
                HttpSession session=request.getsession();
                session.setAttribute("username", username);
                //以下省略从数据库中读取用户信息,并显示在页面上
                out.println("<a href='login.html'>返回登录页面</a>");
                out.println("<a href='ResetPasswordServlet'>密码重置</a>");
            }
            else
            {
                //以下省略显示提示信息
                out.println("<a href='login.html'>返回登录页面</a>");
            }
            rs.close();
        } catch (SQLException e) {
            //以下省略发生数据库访问错误时的提示信息
            out.println("<a href='login.html'>返回登录页面</a>");
        }
```

步骤 6：ResetPasswordServlet 类的设计

这个 Servlet 类需要处理的是其 doGet 方法。其核心代码如下：

```
//以下读取 Session 判断是否已经登录
Httpsession session=request.getsession();
String username=(String)session.getAttribute("username");
if ((username==null)||username.equals(""))
{
    //未从 Session 中获取用户名,表示用户未登录
    //...
}
else
{
    //从 Session 中获取了正确的用户名,则需要重置该用户的密码
}
```

8.8 案例实践

8.8.1 案例需求说明

采用 JSP+Servlet+JavaBean 实现一个简单的购物车模型,首先预置几种商品,单击“购买”选购相应的货物,如图 8-19 所示。

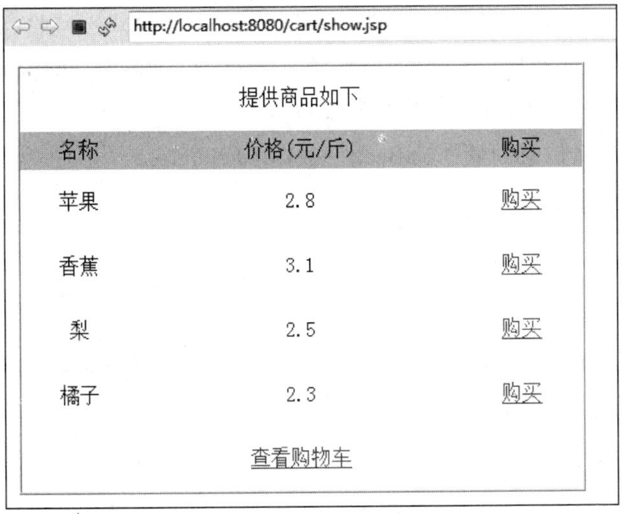

http://localhost:8080/cart/show.jsp

提供商品如下

名称	价格(元/斤)	购买
苹果	2.8	购买
香蕉	3.1	购买
梨	2.5	购买
橘子	2.3	购买

查看购物车

图 8-19 提供商品页面

单击“苹果”后面的购买链接后,查看购物车就会发现“苹果”已经出现在购物车中,如果要增加购买的数量,则可以多单击几次“购买”链接,每多单击一次数量就会加 1,购物车效果图如图 8-20 所示。

在购物车页面可以选择继续购物,也可以选择移除某一条目或清空整个购物车。

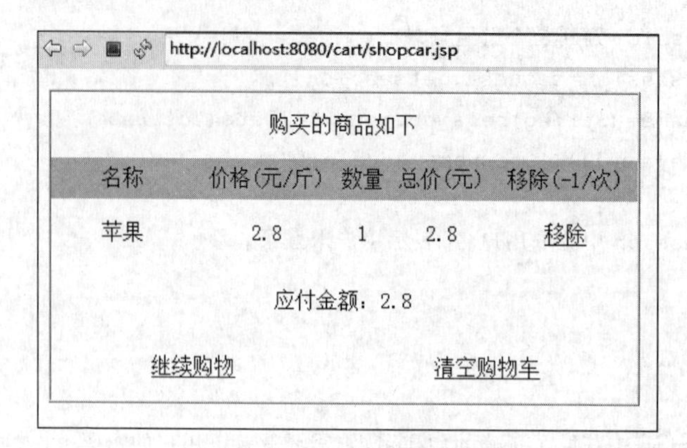

图 8-20 购物车页面

8.8.2 技能训练要点

本案例主要训练 JSP、JavaBean、Servlet 的结合使用，JSP＋JavaBean＋Servlet 模式适合开发复杂的 Web 应用。在这种模式下，JSP 负责数据显示，JavaBean 负责封装数据，Servlet 负责处理用户请求，使程序各个模块之间层次清晰。

8.8.3 案例实现

实现思路：show.jsp 页面中将表单提交给 Servlet，Servlet 接收、处理表单数据并将数据存放在 Session 对象中，并将页面跳转至 shopcar.jsp，在 shopcar.jsp 页面中读取 Session 数据，形成列表并显示，具体实现代码如下。

1. 创建封装商品信息的值 JavaBean——GoodsSingle

```
package com.valuebean;
public class GoodsSingle {
    private String name;                    //保存商品名称
    private float price;                    //保存商品价格
    private int num;                        //保存商品购买数量
    public String getName() {
        return name;
    }
    public void setName(String name) {
        this.name=name;
    }
    public int getNum() {
        return num;
    }
    public void setNum(int num) {
        this.num=num;
    }
```

```
    public float getPrice() {
        return price;
    }
    public void setPrice(float price) {
        this.price=price;
    }
}
```

2. 创建工具 JavaBean——MyTools 实现字符型数据转换为整型及乱码处理

```
package com. toolbean;
import java.io.UnsupportedEncodingException;
public class MyTools {
    public static int strToint(String str){     //将 String 型数据转换为 int 型数据
                                                  的方法
        if(str==null||str.equals(""))
            str="0";
            int i=0;
        try{
            i=Integer.parseInt(str);             //把 str 转换成 int 类型的变量
        }catch(NumberFormatException e){
              //try-catch 就是监视 try 中的语句,如果抛出 catch 中声明的异常类型
            i=0;
            e.printStackTrace();                 //把 Exception 的详细信息打印出来
        }
        return i;
    }
    public static String toChinese(String str){  //进行转码操作的方法
        if(str==null)
            str="";
        try {
            str=new String(str.getBytes("ISO-8859-1"),"GB2312");
        } catch (UnsupportedEncodingException e) {
            str="";
            e.printStackTrace();
        }
        return str;
    }
}
```

3. 创建购物车 JavaBean——ShopCar 实现添加、删除等购物车功能

```
package com.toolbean;
import java.util.ArrayList;
import com. valuebean.GoodsSingle;
```

```
public class ShopCar {
    private ArrayList buylist=new ArrayList();          //用来存储购买的商品
    public void setBuylist(ArrayList buylist) {
        this.buylist=buylist;
    }
    /**
     * @功能 向购物车中添加商品
     * @参数 single 为 GoodsSingle 类对象,封装了要添加的商品信息
     */
    public void addItem(GoodsSingle single){
        if(single!=null){
            if(buylist.size()==0){                      //如果 buylist 中不存在任何商品
                GoodsSingle temp=new GoodsSingle();
                temp.setName(single.getName());
                temp.setPrice(single.getPrice());
                temp.setNum(single.getNum());
                buylist.add(temp);                      //存储商品
            }
            else{                                       //如果 buylist 中存在商品
                int i=0;
                for(;i<buylist.size();i++){
                    //遍历 buylist 集合对象,判断该集合中是否已经存在当前要添加的商品
                    GoodsSingle temp=(GoodsSingle)buylist.get(i);
                                                        //获取 buylist 集合中当前元素
                    if(temp.getName().equals(single.getName())){
          //判断从 buylist 集合中获取的当前商品的名称是否与要添加的商品的名称相同
                        //如果相同,说明已经购买了该商品,只需要将商品的购买数量加 1
                        temp.setNum(temp.getNum()+1);//将商品购买数量加 1
                        break;                          //结束 for 循环
                    }
                }
                if(i>=buylist.size()){                  //说明 buylist 中不存在要添加的商品
                    GoodsSingle temp=new GoodsSingle();
                    temp.setName(single.getName());
                    temp.setPrice(single.getPrice());
                    temp.setNum(single.getNum());
                    buylist.add(temp);                  //存储商品
                }
            }
        }
    }
    /**
     * @功能 从购物车中移除指定名称的商品
     * @参数 name 表示商品名称
```

```
     */
    public void removeItem(String name){
    for(int i=0;i<buylist.size();i++){     //遍历 buylist 集合,查找指定名称的商品
    GoodsSingle temp=(GoodsSingle)buylist.get(i); //获取集合中当前位置的商品
        if(temp.getName().equals(name)){   //如果商品的名称为 name 参数指定的名称
                if(temp.getNum()>1){        //如果商品的购买数量大于 1
                    temp.setNum(temp.getNum()-1); //则将购买数量减 1
                    break;                  //结束 for 循环
                }
                else if(temp.getNum()==1){ //如果商品的购买数量为 1
                    buylist.remove(i);      //从 buylist 集合对象中移除该商品
                }
            }
        }
    }
}
```

4. 创建实例首页面 index.jsp,初始化商品信息

```
<%@page contentType="text/html;charset=GB2312"%>
<jsp:forward page="/index"/>
```

5. 创建处理用户访问首页面请求的 Servlet——IndexServlet

```
package com. servlet;
import java.io.IOException;
import java.util.ArrayList;
import javax.servlet.ServletException;
import javax.servlet.http.HttpServlet;
import javax.servlet.http.HttpServletRequest;
import javax.servlet.http.HttpServletResponse;
import javax.servlet.http.Httpsession;
import com. valuebean.GoodsSingle;
public class IndexServlet extends HttpServlet {
    private static ArrayList goodslist=new ArrayList();
    protected void doGet(HttpServletRequest request, HttpServletResponse
response) throws ServletException, IOException {
        doPost(request,response);
    }
    protected void doPost(HttpServletRequest request, HttpServletResponse
response) throws ServletException, IOException {
        Httpsession session=request.getsession();
        session.setAttribute("goodslist",goodslist);
        response.sendRedirect("show.jsp");
    }
```

```
    static{                                                    //静态代码块
        String[] names={"苹果","香蕉","梨","橘子"};
        float[] prices={2.8f,3.1f,2.5f,2.3f};
        for(int i=0;i<4;i++){
            GoodsSingle single=new GoodsSingle();
            single.setName(names[i]);
            single.setPrice(prices[i]);
            single.setNum(1);
            goodslist.add(single);
        }
    }
}
```

6. show.jsp 显示商品信息

```
<%@page contentType="text/html;charset=GB2312"%>
<%@page import="java.util.ArrayList" %>
<%@page import="com.valuebean.GoodsSingle" %>
<%  ArrayList goodslist=(ArrayList)session.getAttribute("goodslist");  %>
<table border="1" width="450" rules="none" cellspacing="0" cellpadding="0">
    <tr height="50"><td colspan="3" align="center">提供商品如下</td></tr>
    <tr align="center" height="30" bgcolor="lightgrey">
        <td>名称</td>
        <td>价格(元/斤)</td>
        <td>购买</td>
    </tr>
    <%  if(goodslist==null||goodslist.size()==0){ %>
    <tr height="100"><td colspan="3" align="center">没有商品可显示!</td></tr>
    <%
        }
        else{
            for(int i=0;i<goodslist.size();i++){
                GoodsSingle single=(GoodsSingle)goodslist.get(i);
    %>
    <tr height="50" align="center">
        <td><%=single.getName()%></td>
        <td><%=single.getPrice()%></td>
        <td><a href="doCar?action=buy&id=<%=i%>">购买</a></td>
    </tr>
    <%
            }
        }
    %>
<tr height="50">
    <td align="center" colspan="3"><a href="shopcar.jsp">查看购物车</a>
```

```
</td>
</tr>
</table>
```

7. 创建处理用户购买、移除、清空购物车请求的 Servlet Servlet——BuyServlet

```
package com.servlet;
import java.io.IOException;
import java.util.ArrayList;
import javax.servlet.ServletException;
import javax.servlet.http.HttpServlet;
import javax.servlet.http.HttpServletRequest;
import javax.servlet.http.HttpServletResponse;
import javax.servlet.http.Httpsession;
import com. toolbean.MyTools;
import com.toolbean.ShopCar;
import com.valuebean.GoodsSingle;
public class BuyServlet extends HttpServlet {
    protected void doGet(HttpServletRequest request, HttpServletResponse
response) throws ServletException, IOException {
        doPost(request,response);
    }
    protected void doPost(HttpServletRequest request, HttpServletResponse
response) throws ServletException, IOException {
        String action=request.getParameter("action");       //获取 action 参数值
        if(action==null)
            action="";
        if(action.equals("buy"))                //触发了"购买"请求
            buy(request,response);              //调用 buy()方法实现商品的购买
        if(action.equals("remove"))             //触发了"移除"请求
            remove(request,response);           //调用 remove()方法实现商品的移除
        if(action.equals("clear"))              //触发了"清空购物车"请求
            clear(request,response);            //调用 clear()方法实现购物车的清空
    }
    //实现购买商品的方法
    protected void buy(HttpServletRequest request, HttpServletResponse
response) throws ServletException, IOException {
        Httpsession session=request.getsession();
        String strId=request.getParameter("id");
        //获取触发"购买"请求时传递的 id 参数,该参数存储的是商品在 goodslist
          对象中存储的位置
        int id=MyTools.strToint(strId);
        ArrayList goodslist=(ArrayList)session.getAttribute("goodslist");
        GoodsSingle single=(GoodsSingle)goodslist.get(id);
        ArrayList buylist=(ArrayList)session.getAttribute("buylist");
```

```
                                //从 Session 范围内获取存储了用户已购买商品的集合对象
        if(buylist==null)
            buylist=new ArrayList();
        ShopCar myCar=new ShopCar();
    myCar.setBuylist(buylist); //将 buylist 对象赋值给 ShopCar 类实例中的属性
    myCar.addItem(single);      //调用 ShopCar 类中 addItem()方法实现商品添加操作
        session.setAttribute("buylist",buylist);
        response.sendRedirect("show.jsp");//将请求重定向到 show.jsp 页面
    }
    //实现移除商品的方法
     protected void remove (HttpServletRequest request, HttpServletResponse
response) throws ServletException, IOException {
        Httpsession session=request.getsession();
        ArrayList buylist=(ArrayList)session.getAttribute("buylist");
        String name=request.getParameter("name");
        ShopCar myCar=new ShopCar();
        myCar.setBuylist(buylist);//将 buylist 对象赋值给 ShopCar 类实例中属性
        myCar.removeItem(MyTools.toChinese(name));
                        //调用 ShopCar 类中 removeItem ()方法实现商品移除操作
        response.sendRedirect("shopcar.jsp");
    }
    //实现清空购物车的方法
    protected void clear(HttpServletRequest request, HttpServletResponse
response) throws ServletException, IOException {
        Httpsession session=request.getsession();
        ArrayList buylist=(ArrayList)session.getAttribute("buylist");
        //从 Session 范围内获取存储了用户已购买商品的集合对象
        buylist.clear();            //清空 buylist 集合对象,实现购物车清空的操作
        response.sendRedirect("shopcar.jsp");
    }
}
```

8. 在 web.xml 文件中配置 Servlet

```
<?xml version="1.0" encoding="UTF-8"?>
<web-app>
    <!--配置 IndexServlet -->
    <servlet>
        <servlet-name>indexServlet</servlet-name>
    <servlet-class>com.yxq.servlet.IndexServlet</servlet-class>
    </servlet>
    <servlet-mapping>
        <servlet-name>indexServlet</servlet-name>
        <url-pattern>/index</url-pattern>
    </servlet-mapping>
```

```
    <!--配置 BuyServlet -->
    <servlet>
        <servlet-name>buyServlet</servlet-name>
        <servlet-class>com.yxq.servlet.BuyServlet</servlet-class>
    </servlet>
    <servlet-mapping>
        <servlet-name>buyServlet</servlet-name>
        <url-pattern>/doCar</url-pattern>
    </servlet-mapping>
</web-app>
```

9. 创建页面 shopcar.jsp 购物车

```
<%@page contentType="text/html;charset=GB2312"%>
<%@page import="java.util.ArrayList" %>
<%@page import="com. valuebean.GoodsSingle" %>
<%
    //获取存储在 Session 中用来存储用户已购买商品的 buylist 集合对象
    ArrayList buylist=(ArrayList)session.getAttribute("buylist");
    float total=0;                                      //用来存储应付金额
%>
<table border="1" width="450" rules="none" cellspacing="0" cellpadding="0">
    <tr height="50"><td colspan="5" align="center">购买的商品如下</td></tr>
    <tr align="center" height="30" bgcolor="lightgrey">
        <td width="25%">名称</td>
        <td>价格(元/斤)</td>
        <td>数量</td>
        <td>总价(元)</td>
        <td>移除(-1/次)</td>
    </tr>
    <%    if(buylist==null||buylist.size()==0){ %>
    <tr height="100"><td colspan="5" align="center">您的购物车为空!</td></tr>
    <%
        }
        else{
            for(int i=0;i<buylist.size();i++){
                GoodsSingle single=(GoodsSingle)buylist.get(i);
                String name=single.getName();       //获取商品名称
                float price=single.getPrice();      //获取商品价格
                int num=single.getNum();            //获取购买数量
                float money=((int)((price*num+0.05f)*10))/10f;
                                        //计算当前商品总价,并四舍五入
                total+=money;                       //计算应付金额
    %>
    <tr align="center" height="50">
```

```
        <td><%=name%></td>
        <td><%=price%></td>
        <td><%=num%></td>
        <td><%=money%></td>
        <td><a href="doCar?action=remove&name=<%=single.getName()%>">移除
</a></td>
    </tr>
    <%
            }
        }
    %>
    <tr height="50" align="center"><td colspan="5">应付金额:<%=total%></td>
</tr>
    <tr height="50" align="center">
        <td colspan="2"><a href="show.jsp">继续购物</a></td>
        <td colspan="3"><a href="doCar?action=clear">清空购物车</a></td>
    </tr>
</table>
```

本章小结

本章主要介绍了 Web 项目程序开发过程中关于动态页面的开发的扩展技术,涉及 JavaBean 和 Servlet,主要讲解了它们的主要概念、组成元素、生命周期、编写方法等内容,读者通过本章的学习,会进一步加深对 Web 项目程序开发的理解,在熟练使用 JSP 的基础上配合使用 JavaBean 和 Servlet,开发出功能更为强大的 Web 项目程序。

本章习题

一、选择题

1. 有关 JavaBean 的说法不正确的是(　　)。
   A. JavaBean 其实就是一个 Java 类
   B. 应用 JavaBean 可以将表示层和业务逻辑层分开
   C. 编写 JavaBean 和编写普通的 Java 类要求一样
   D. JavaBean 降低了 JSP 程序的复杂度,同时也增加了软件的可重用性
2. 以下不属于 JavaBean 作用范围的是(　　)。
   A. request　　B. session　　C. application　　D. scope
3. JSP 中 JavaBean 是通过指令标记(　　)来访问的。
   A. <%@ page%>　　B. <jsp: useBean>
   C. <jsp: setProperty>　　D. <jsp: getProperty>

4. 用于获取 Bean 属性的动作是（　　）。

A. <jsp：uscBean>　　B. <jsp：getProperty>

C. <jsp：setProperty>　　D. <jsp：forward>

5. 用于为其他动作提供附加信息的动作是(　　)。

A. <jsp：includc>　　B. <jsp：plugin>

C. <jsp：pararn>　　D. <jsp：useBean>

6. 不是 JavaBean 属性的项为(　　)。

A. constrained 属性　　B. id 属性

C. bound 属性　　D. simple 属性

7. 在 JSP 页面中使用<jsp：setProperty name="bean 的名字" property=" * " />格式，以表单参数为 Bean 属性赋值，property=" * "格式要求 Bean 的属性名字(　　)

A. 必须和表单参数类型一致　　B. 必须和表单参数名称一一对应

C. 必须和表单参数数量一致　　D. 名称不一定对应

8. JSP 页面通过(　　)来识别 Bean 对象，可以在程序片段中通过 xx. method 形式来调用 Bean 中的 set 和 get 方法。

A. name　　B. class　　C. id　　D. classname

9. JavaBean 可以通过相关 JSP 动作指令进行调用。下面(　　)不是 JavaBean 可以使用的 jsp 动作指令。

A. <jsp：useBean>　　B. <jsp：setProperty>

C. <jsp：getProperty>　　D. <jsp：setParameter>

10. 关于 JavaBean，下列(　　)是不正确的。

A. JavaBean 的类必须是具体的和公共的，并且具有无参数的构造器

B. JavaBean 的类属性是私有的，要通过公共方法进行访问

C. JavaBean 和 Servlet 一样，使用之前必须在项目的 web. xml 中注册

D. JavaBean 属性和表单控件名称能很好地耦合，得到表单提交的参数

11. 下面(　　)不在 Servlet 的工作过程中。

A. 服务器将请求信息发送至 Servlet

B. 客户端运行 Applet

C. Servlet 生成响应内容并将其传给服务器

D. 服务器将动态内容发送至客户端

12. 下列(　　)不是 Servlet 中使用的方法。

A. doGet()　　B. doPost()　　C. service()　　D. close()

13. 下面 Servlet 的(　　)方法载入时执行，且只执行一次，负责对 Servlet 进行初始化。

A. service()　　B. init()　　C. doPost()　　D. destroy()

14. 部署 Servlet，下面(　　)描述是错误的。

A. 必须为 Tomcat 编写一个部署文件

B. 部署文件名为 web. xml

C. 部署文件在 Web 服务目录的 WEB-INF 子目录中

D. 部署文件名为 Server. xml

15. 假设在 MyServlet 应用中有一个 MyServlet 类，在 web. xml 文件中对其进行如下配置：

```
<servlet>
    <servlet-name>mysrvlet </servlet-name>
    <servlet-class>com.wgh.MyServlet </servlet -class>
</servlet>
<servlet-mapping>
    <servlet -name>myservlet </servlet-name>
    <servlet-pattern>/welcome </url-pattern>
</servlet-mapping>
```

则以下选项可以访问到 MyServlet 的是(　　)。

A. http：//localhost：8080/MyServlet

B. http：//localhost：8080/myservlet

C. http：//localhost：8080/com/wgh/MyServlet

D. http：//localhost：8080/welcome

二、填空题

1. 在 Web 服务器端使用 JavaBean 将原来页面中程序片完成的功能封装到 JavaBean 中，这样能很好地实现________。

2. JavaBean 中用一组 set 方法设置 Bean 的私有属性值，get 方法获得 Bean 的私有属性值。set 和 get 方法名称与属性名称之间必须对应，也就是：如果属性名称为 xxx，那么 set 和 get 方法的名称必须为________和________。

3. 用户在实际 Web 应用开发中，编写 Bean 除了要使用 import 语句引入 Java 的标准类，可能还需要自己编写的其他类。用户自己编写的被 Bean 引用的类称为________。

4. 创建 JavaBean 的过程和编写 Java 类的过程基本相似，可以在任何 Java 的编程环境下完成________。

5. 布置 JavaBean 要在 Web 服务目录的 WEB-INF\classes 文件夹中建立与________对应的子目录，用户要注意目录名称的大小写。

6. 使用 Bean 首先要在 JSP 页面中使用________指令将 Bean 引入。

7. 要想在 JSP 页面中使用 Bean，必须首先使用________动作标记在页面中定义一个 JavaBean 的实例。

8. Servlet API 的两个包分别是________和________。

9. javax. servlet. Servlet 接口定义了三个用于 Servlet 生命周期的方法，它们是________、________、________方法。

10. 一般编写一个 Servlet 就是编写一个________的子类，该类实现响应用户的________、________等请求的方法，这些方法是________、________等 doXXX 方法。

11. 使用 cookie 的基本步骤为：创建 cookie 对象，________，________，设置 cookie

对象的有效时间。

12. Servlet 中使用 Session 对象的步骤为：调用________得到 Session 对象，查看 Session 对象，在会话中保存数据。

13. response 对象实现_HttpServletResponse ________接口，可对客户的请求作出动态响应，向客户端发送数据。

14. 使用 Servlet 处理表单提交时，两个最重要的方法是________和________。

15. Serlvet 接口只定义了一个服务方法，就是________。

三、简答题

1. 什么是 JavaBean? 使用 JavaBean 的优点是什么?
2. 一个标准的 JavaBean 需要具备哪些条件?
3. 什么是 Servlet? Servlet 的技术特点是什么? Servlet 与 JSP 有什么区别?
4. 创建一个 Servlet 通常分为哪几个步骤?
5. 运行 Servlet 需要在 web. xml 文件中进行哪些配置?
6. 简述 Servlet 的生命周期。
7. 简述 Httpsession 接口的功能和使用方法。

四、程序题

1. 创建一个名为 Bookinfo 的 JavaBean，要求该 JavaBean 具有 name、price、stock 和 author 简单属性，属性类型为 Srring。

2. 制作一个页面，如图 8-21 所示，在本页面设置表单提交后页面的背景颜色，文字的大小、字体和颜色。表单提交后转向的页面使用本页面的设置进行显示。要求应用 JavaBean 完成。

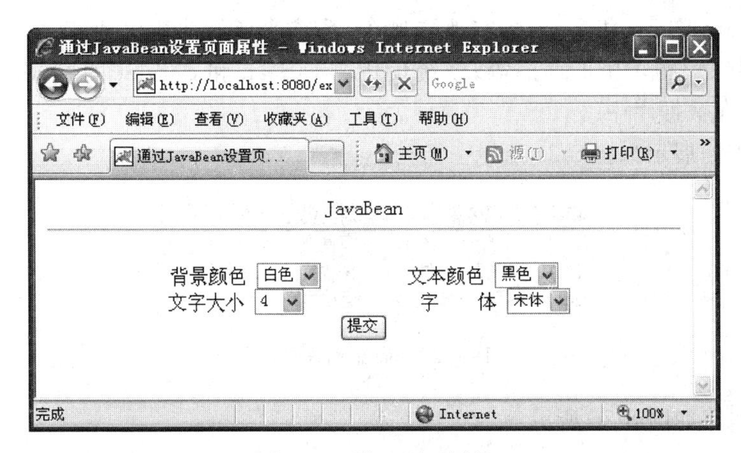

图 8-21　设置页面属性

3. 请编写两个网页，其功能是提供表单，允许用户选择自己想要的计算机配件，选择完成后显示确定的配置，并计算出总价。要求必须使用 JavaBean 编写。效果如图 8-22 所示。

4. 编写图 8-23 所示的 HTML 文件，利用 Servlet 的 doPost 方法实现 Form 表单内容的读取。

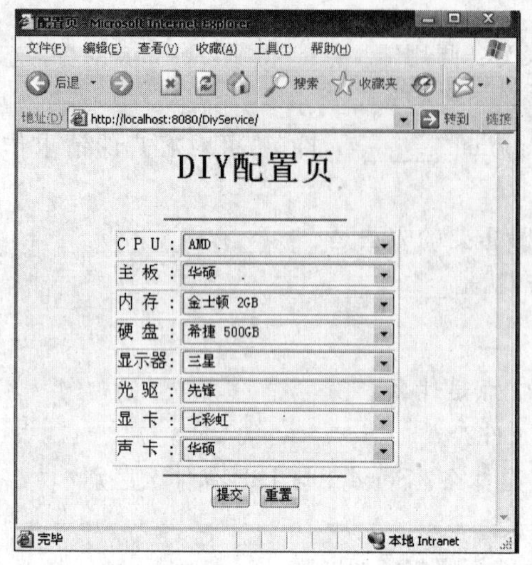

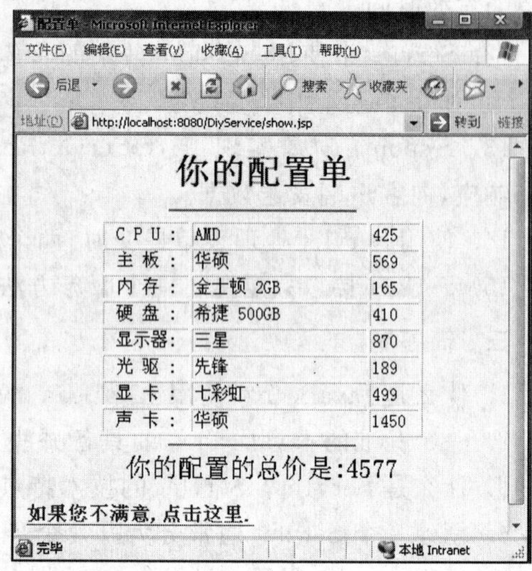

图 8-22　JavaBean 应用

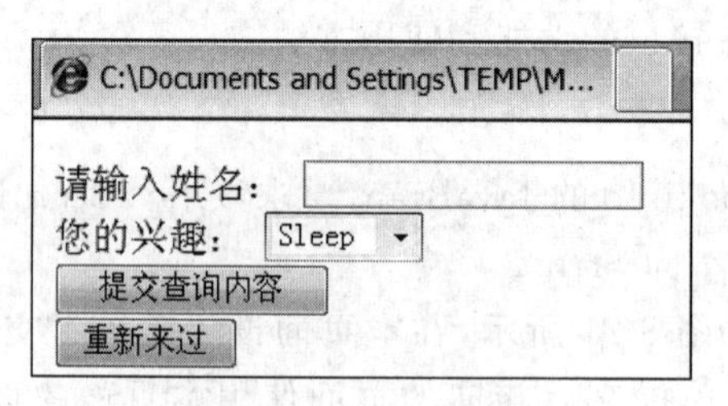

图 8-23　Servlet 应用

5. 使用 JavaBean 和 Servlet 实现购物车，系统实现的功能包括商品列表的展示、添加购物车、删除购物车中的商品等；系统使用 JavaBean 和 Servlet 的方式对各层进行实现，商品须放在数据库中。

商品列表的展示如图 8-24 所示。

商品号	商品名称	商品价格	商品类型	操作
201103	瓜子	15.6	零食类	添加到购物车
201104	沐浴露	39.6	化妆品	添加到购物车
201105	篮球	105.0	运动类	添加到购物车

图 8-24　商品列表展示

添加购物车如图 8-25 所示。

您的商品如下：

商品编号	商品名称	商品价格	商品类型	商品数量	操作
201103	瓜子	15.6	零食类	2	删除
201104	沐浴露	39.6	化妆品	1	删除
201105	篮球	105.0	运动类	1	删除

返回购物车继续购物

图 8-25　添加购物车页面

删除购物车中的商品如图 8-26 所示。

您的商品如下：

商品编号	商品名称	商品价格	商品类型	商品数量	操作
201103	瓜子	15.6	零食类	2	删除
201104	沐浴露	39.6	化妆品	1	删除

返回购物车继续购物

图 8-26 删除购物车商品页面

第 9 章 Web 项目开发实例

9.1 JSP 开发模式

利用 JSP 来开发 Web 应用程序，主要有两种开发模式。

9.1.1 JSP＋JavaBean 模式

在这一模式中，JSP 页面负责处理请求和输出响应结果，并将其中发生的一些业务逻辑交给 JavaBean 处理。该模式最大的特点就是将一次请求的响应过程完全交给一个 JSP 页面负责，通过使用该模式可以实现页面的显示和页面的业务逻辑分离，但是大量使用此模式可能带来一个副作用，那就是会导致在页面里面嵌入大量的 Java 控制代码，大量的内嵌代码使得页面变得庞大，同时也非常复杂。当页面的功能实现后交给美工或者页面内容设计人员进行包装时，问题就变得严重了。所以大型的项目里，这种方法将会导致页面的维护困难。

9.1.2 Servlet＋JSP＋JavaBean 模式

在介绍第二种开发模式之前，可以先来了解一下 MVC 模式。MVC(模型-视图-控制器)是 20 世纪 80 年代为 Smalltalk-80 编程语言发明的一种软件设计模式，它是一种分离业务逻辑与显示界面的设计方法，它强制性地使应用程序的输入、处理和输出分开。

MVC 应用程序被分成三个核心部件：模型、视图、控制器，它们各自处理自己的任务。MVC 设计模式如图 9-1 所示。

其中，视图是用户看到并与之交互的界面。在 MVC 模式下，视图并不处理数据。实际上，界面的每一部分都只能包含采集数据的功能，并把数据传递给设计模式中的其他组成部分进行处理；模型表示业务数据和业务规则。在 MVC 的三个部件中，模型拥有最多的处理任务，它是真正完成任务的代码。模型通常被称为“业务逻辑”；控制器接收用户的输入并调用模型和视图去完成用户的需求。所以当单击 Web 页面中的超链接和发送 HTML 表单时，控制器本身不输出任何内容和做任何处理。它只是接收请求并决定调用哪个模型构件去处理请求，然后确定用哪个视图来显示模型处理返回的数据。采用 MVC 模式构建的系统具有极高的可维护性、可扩展性、可移植性和组

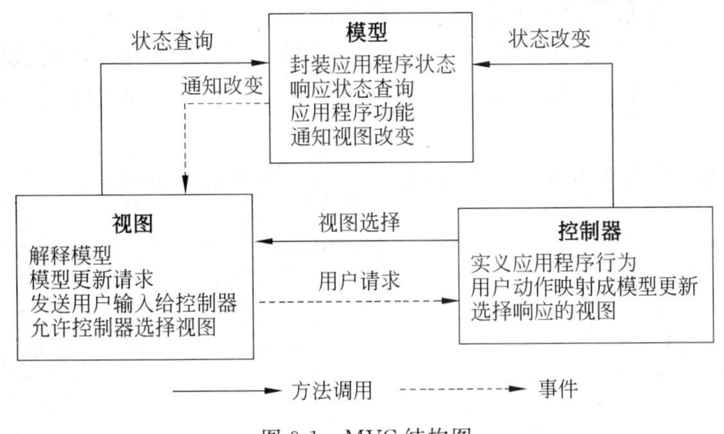

图 9-1　MVC 结构图

件的可复用性。

Servlet＋JSP＋JavaBean 技术借鉴了 MVC 模式来实现显示内容与业务逻辑的完全分离，它综合采用由 Servlet 处理请求和控制业务流程，JSP 输出响应结果，JavaBean 负责具体的业务数据和业务规则。在该模式中，Servlet 不再担负生成显示内容的任务，而 JSP 也只是简单地从 Servlet 控制的 JavaBean 对象中检索数据，然后将结果插入 JSP 的预定义模板，从而使不懂 Java 代码的普通 HTML 设计人员完全可以编写和维护 JSP 页面。在实际的项目开发过程中，页面设计者可以方便地使用普通的 HTML 工具开发 JSP 页面，Servlet 和 JavaBean 适合后端开发者使用。开发 Servlet 和 JavaBean 需要的工具是 Java 集成开发环境，对技术的要求也更为专业一些。

此模式可以更加明显地把显示和业务逻辑分离，使得代码比 JSP＋JavaBean 模式更容易管理，适合大型项目的开发。

9.2　“吃遍天下”美食团购网站的设计与实现

9.2.1　系统分析与设计

本项目综合使用本书中所讲到静态页面和动态页面的开发技术以及数据库的访问技术来构建一个完整的美食团购网站系统。项目设定的目标为：

（1）系统须提供友好的用户界面，使得顾客、商家在这个平台上进行交易，管理员在这个平台上进行管理操作。

（2）系统采用友好的页面以及多种便捷检索方式，方便管理员管理以及商家和顾客的使用。

（3）系统应有良好效率和可扩充性，以保证操作的高效运行和方便未来新业务的加入。

根据系统开发目的，系统分为顾客登录、商家登录、管理员登录三个登录模块。顾客通过浏览商品来选购所需团购产品，也可对商品发表评论。同时商家可以通过发布产品、查看订单来进行产品的管理。管理员可以管理商铺、产品和用户。

顾客部分包括查看、购买、评论等功能。商家部分可以完成浏览产品、发布产品、查看订单、购买、评论等功能。管理员部分包括审批店铺、管理用户、管理店铺经营项目、管理商品等功能。

根据高内聚、低耦合的设计要求,该系统的功能模块划分如图 9-2 所示。

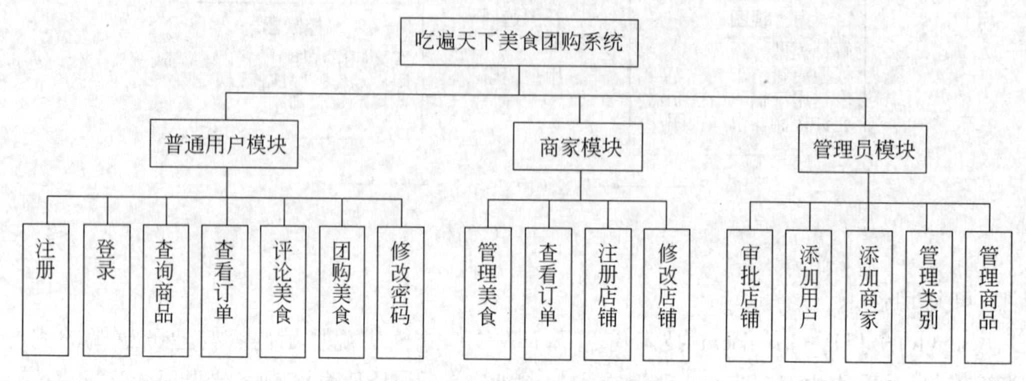

图 9-2 美食购物系统模块划分图

用户模块主要包含以下页面:

(1) 团购网站首页——整体风格,通过连接数据库显示美食类别和可团购美食数据。

(2) 查询页面——通过关键字及条件查找所需要的信息。

(3) 商品信息页面——总体显示团购商品信息。

(4) 商家信息页面——显示商家信息。

(5) 登录验证页面——当客户进行登录时进行数据验证。

(6) 注册页面——提供用户的注册。

(7) 订单显示页面——显示已生成订单。

(8) 密码修改页面——修改用户密码。

(9) 发布评论页面——对产品进行评论。

商家模块主要包含以下页面:

(1) 商品信息管理页面——对商品信息进行添加与修改。

(2) 店铺信息管理页面——对商店的资料进行修改。

(3) 用户团购订单页面——查看客户所团购的美食的信息。

(4) 商家注册页面——进行商家的注册。

管理员模块主要包含以下页面:

(1) 注册用户页面——帮助生成用户。

(2) 店铺注册页面——帮助注册店铺。

(3) 店铺审批页面——审批店铺,使其可以发布商品。

(4) 所有用户团购美食页面——用于在管理员功能模块显示所有团购的产品信息。

(5) 商品类别管理页面——添加、修改、删除商品类别。

9.2.2　数据库设计

本系统数据库使用 MySQL,建立数据库,在其中建五张表,具体结构如下:

(1) 用户数据库(users)表格主要用于存放顾客和商家以及店铺的信息。具体表格设计如表 9-1 所示。

表 9-1　用户数据库(users)

列　　名	数 据 类 型	是否允许空	说　　明
ID	bigint(20) unsigned	主键	编号
userName	varchar(50)	否	用户名
userPassword	varchar(50)	否	密码
email	varchar(50)	是	电子邮件
sex	int(4)	否	性别
identityID	varchar(20)	否	身份证
shopName	varchar(100)	是	店名
shopIntro	text	是	店铺介绍
Shopper	varchar(100)	是	店主
realName	varchar(20)	是	真名
mainFields	bigint(20) unsigned	否	业务类别
Telephone	varchar(20)	是	电话
createDate	date	否	创建时间
sysRole 1	int(4) unsigned	是	系统角色
tag	int(4)	否	标记

(2) 商品数据库(goods)表格是用来存放商家发布的产品信息的数据库,具体表格设计如表 9-2 所示。

表 9-2　商品信息库(goods)

列　　名	数 据 类 型	是否允许空	说　　明
ID	bigint(20) unsigned	主键	编号
title	varchar(100)	是	名称
description	text	是	产品介绍
issuer	bigint(20) unsigned	否	商家用户编号
goodsField	bigint(20) unsigned	否	产品类别
linkMan	varchar(50)	是	联系人

续表

列　　名	数据类型	是否允许空	说　　明
telephone	varchar(20)	是	电话
goodsURL	varchar(50)	是	产品图片地址
Price	bigint(20) unsigned	否	市场价格
tPrice	bigint(20) unsigned	否	团购价格
createDate	date	否	创建时间
goodsType	int(4) unsigned	是	产品类型
tag	int(4)	否	标记

(3) 产品类别(goodsField)表格是用来存放美食产品的分类,具体表格设计如表 9-3 所示。

表 9-3　产品类别(goodsField)

列　　名	数据类型	是否允许空	说　　明
ID	bigint(20) unsigned	主键	编号
name	varchar(100)	是	类型名称
tag	int(4)	否	标记

(4) 用户评论(discussion)表格是用来存放用户对于产品的评论内容的,具体表格设计如表 9-4 所示。

表 9-4　用户评论(discussion)

列　　名	数据类型	是否允许空	说　　明
ID	bigint(20) unsigned	主键	编号
goodsID	bigint(20) unsigned	否	产品编号
authorID	bigint(20) unsigned	否	用户编号
authorName	varchar(100)	是	用户名
content	text	是	内容
createDate	date	否	发表时间
disType	int(4) unsigned	是	评论类型
tag	int(4)	否	标记

(5) 用户团购(buy)表格是用来存放用户所团购的美食的,具体表格设计如表 9-5 所示。

表 9-5 用户团购表(buy)

列 名	数据类型	是否允许空	说 明
ID	bigint(20) unsigned	主键	编号
userID	bigint(20) unsigned	否	用户编号
goodsID	bigint(20) unsigned	否	产品编号
tag	int(4)	否	标记

通过建立一系列表格,可以很方便快捷地满足对数据存放的要求,不存在冗余,从而最终实现对数据的高效管理与利用。

9.2.3 系统实现

1. 系统初步设置

主页面如图 9-3 所示,这是一个经典的框架结构,左侧可以显示所有的美食类别,主框架中可以显示美食类别、美食名称、市场价格、团购价格以及所属店铺。

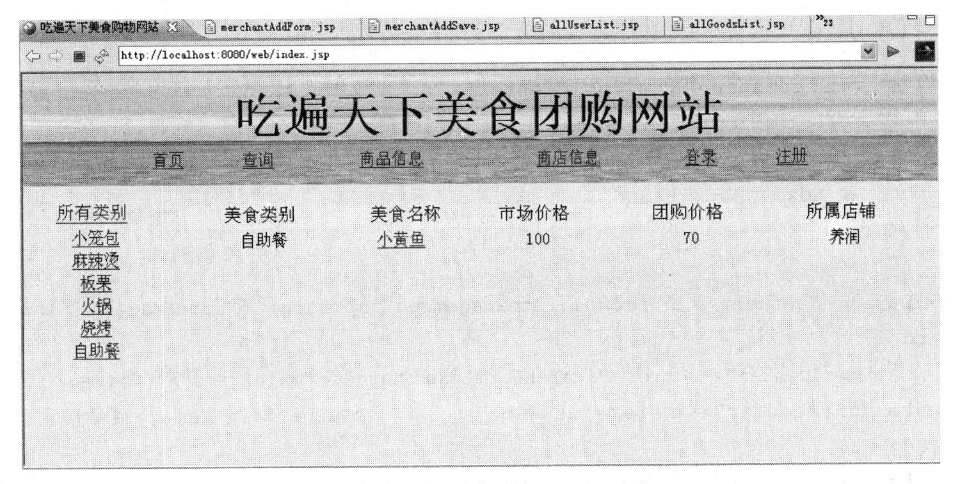

图 9-3 系统主页面

上面框架的菜单中除了注册和登录功能以外还包含查询、商品信息和商店信息。该模块为全网站的导航页,显示美食类别和可团购的美食数据。实现方式是:在 JSP 文件中引入相关 JavaBean 文件后,通过实例化 JavaBean 中的类来实现与数据库的连接和信息读取。通过代码连接数据库并得到一个数据记录集对象 rs,通过 rs 对象可以查看数据库记录。

主页面 index.jsp 的具体实现代码:

```
<%@page language="java" contentType="text/html; charset=GB2312"
    pageEncoding="GB2312"%>
<html>
<head>
```

```
<meta http-equiv="Content-Type" content="text/html; charset=GB2312">
<title>吃遍天下美食团购网站</title>
</head>
<frameset rows="110, * " cols=" * " frameborder="NO" border="0" framespacing="0">
<frame name="topFrame" scrolling="NO" noresize src="anonymity_top.jsp">
<frame name="mainFrame" src="firstmanagement.jsp" scrolling="AUTO">
</frameset>
<noframes>
<center><font size="5" color="#FF0000"><b>该页面要求浏览器支持框架集!</b>
</font>
</center>
</noframes>
</html>
```

topFrame 框架中是页面 anonymity_top.jsp,其关键代码如下:

```
<body background="1.jpg">
<div align="center">
<table width="80%">
    <tr>
        <td colspan="8" align="center">
        <font size="9"><b>吃遍天下美食团购网站</b></font>
        <br>
        </td>
    </tr>
    <tr>
<td align="center"><a href="firstmanagement.jsp"target="mainFrame">首页</a>
</td>
<td align="center"><a href="searchForm.jsp" target="mainFrame">查询</a></td>
<td align="center"><a href="showGoods.jsp" target="mainFrame">商品信息</a>
</td>
<td align="center"><a href="showMerchant.jsp" target="mainFrame">商店信息
</a></td>
<td align="center"><a href="userLogin.jsp" target="mainFrame">登录</a></td>
<td align="center"><a href="reg.jsp" target="mainFrame">注册</a></td>
    </tr>
</table>
</div>
</body>
```

mainFrame 框架中是页面 firstmanagement.jsp,其关键代码如下:

```
<html>
<head>
<meta http-equiv="Content-Type" content="text/html; charset=GB2312">
<title>吃遍天下美食团购网站</title>
```

```
</head>
<frameset cols="140, * " frameborder="NO" border="1" framespacing="1" rows=" * ">
    <frame name="first_left" scrolling="AUTO" src="first_left.jsp">
    <frame name="first_main" src="first.jsp" scrolling="AUTO">
  </frameset>
<noframes>
<center><font size="5" color="#FF0000"><b>该页面要求浏览器支持框架集!</b>
</font>
</center>
</noframes>
</html>
```

其中,first_left 的页面是 first_left.jsp,其关键代码如下:

```
<%@ page language="java" contentType="text/html; charset=GB2312" import=
"java.sql.*,com.tuan.*" pageEncoding="GB2312"%>
<jsp:useBean scope="page" id="goodsField" class="com.tuan.goodsField" />
<jsp:useBean scope="page" id="executeWay" class="com.tuan.executeWay" />
<html>
<head>
<meta http-equiv="Content-Type" content="text/html; charset=GB2312">
<title>吃遍天下美食团购网站</title>
</head>
<body bgcolor="A0FFFF">
<tr>
<table width="98%" style="text-align:center">
            <tr>
                <td align="center"><font size="4"><a href="first.jsp" target
="first_main">所有类别</a></font></td>
            </tr>
        <%
        ResultSet rs=goodsField.showAllFields();
        while(rs.next())
        {
        %>
            <tr>
                <td> <a href=first_1.jsp?ID=<%=rs.getLong("ID")%>
target="first_main"><%=rs.getString("name")%></a></td>
            </tr>
        <%
        }
        %>
        </table>
        </tr>
</body>
</html>
```

在这个页面中使用了美食项目属性及操作的 Java Bean——goodsField. java,并连接了数据库(连接数据库的 JavaBean 为 OpenDB. java),使用 goodsField. showAllFields()获取到所有美食的结果集,并通过 while 循环将其输出。其具体实现过程包括以下几段代码。

(1) 连接数据库的代码(OpenDB. java):

```
package com.tuan;
import java.sql.*;
public class OpenDB
{
    String userName="root";
    String userPassword="123456";
    private String driverName="org.gjt.mm.mysql.Driver";
    private String url=
                "jdbc:mysql://localhost/tuan?useUnicode=
                true&characterEncoding=GB2312";
    Connection dbConn;
    public OpenDB()
    {
    }
    public Connection getConnection()
    {
        try
        {
            Class.forName(driverName);
            dbConn=DriverManager.getConnection(url,userName,userPassword);
        }
        catch(Exception ex)
        {
            System.out.println(ex.toString());
            dbConn=null;
        }
        return dbConn;
    }
}
```

(2) 美食项目属性及操作的 JavaBean(com. tuan. goodsField. java)的代码。

```
package com.tuan;
import java.sql.*;
public class goodsField extends executeWay
{
    public long ID;
    public String name;
    public int tag;
```

```
 private String strSql;
  public goodsField()
 {
     super();
     ID=0;
     name="";
     tag=0;
     strSql="";
}
public boolean add()
{
     strSql="insert into goodsField ";
     strSql=strSql+"(";
     strSql=strSql+"name,";
     strSql=strSql+"tag";
     strSql=strSql+") ";
     strSql=strSql+"values(";
     strSql=strSql+"'"+name+"',";
     strSql=strSql+"'"+tag+"'";
     strSql=strSql+")";
     boolean isAdd=super.exeSqlUpdate(strSql);
     return isAdd;
}
public boolean delete(String webID)
{
     strSql="delete from 'goodsField' where ID='";
     strSql=strSql+webID+"'";
     boolean isDelete=super.exeSqlUpdate(strSql);
     return isDelete;
}
  public boolean updateField(String webID)
{
    strSql="update goodsField set ";
    strSql=strSql+"name="+"'"+name+"'";
    strSql=strSql+" where ID='"+webID+"'";
    boolean updateField=super.exeSqlUpdate(strSql);
            return updateField;
}
  public boolean  init(String webID)
 {
     strSql="select * from 'goodsField' where ID=";
     strSql=strSql+"'"+webID+"'";
     try
     {
```

```
            ResultSet rs=super.exeSqlQuery(strSql);
            if (rs.next())
            {
                ID=rs.getLong("ID");
                name=rs.getString("name");
                tag=rs.getInt("tag");
                return true;
            }
            else
            {
               return false;
            }
        }
        catch(Exception ex)
        {
            System.out.println(ex.toString());
            return false;
        }

    }
    public ResultSet showAllFields()
    {
        strSql="select * from 'goodsField' where tag!=-1";
        ResultSet rs=null;
        try
        {
           rs=super.exeSqlQuery(strSql);
        }
        catch(Exception ex)
        {
            System.out.println(ex.toString());
        }
        return rs;
     }
}
```

其中,goodsField 作为 executeWay 的子类,则 executeWay.java 的源代码如下:

```
package com.tuan;
import java.sql.*;
public class executeWay extends OpenDB
{
    private Connection dbConn;
    private Statement stmt;
    private ResultSet rs;
```

```
private int errNum;
private String errDesc;
public executeWay()
{
    dbConn=super.getConnection();
    stmt=null;
    rs=null;
    errNum=0;
    errDesc="";
}
public boolean exeSqlUpdate(String strSql)
{
    try
    {
        stmt=dbConn.createStatement();
        stmt.executeUpdate(strSql);
        this.errNum=0;
        return true;
    }
    catch(Exception ex)
    {
        this.errNum=-1;
        this.errDesc=ex.toString();
        return false;
    }
    finally
    {
    }
}
    public ResultSet exeSqlQuery(String strSql)
{
    try
    {
        stmt=dbConn.createStatement();
        rs=stmt.executeQuery(strSql);
        this.errNum=0;
    }
    catch(Exception ex)
    {

        this.errNum=-1;
        this.errDesc=ex.toString();
        rs=null;
    }
```

```
        finally
        {

        }
        return rs;
    }
    public int getErrNum()
    {
        return errNum;
    }
    public String getErrDesc()
    {
        return errDesc;
    }
}
```

主页面是一个经典的框架结构，其中 first_main 的页面是 first.jsp，使用了如前所述的商品操作的 JavaBean 和连接数据库的 JavaBean，其关键代码如下：

```
<%@page language="java" contentType="text/html; charset=GB2312" import=
                    "java.sql.*,com.tuan.*"  pageEncoding="GB2312"%>
<jsp:useBean scope="page" id="goods" class="com.tuan.goods" />
<jsp:useBean scope="page" id="user" class="com.tuan.user" />
<jsp:useBean scope="page" id="executeWay" class="com.tuan.executeWay" />
        ...
        <table width="98%" style="text-align:center">
            <tr bgcolor="#F0F0F0">
                <td align="center"><font size="4">美食类别</font></td>
                <td align="center"><font size="4">美食名称</font></td>
                <td align="center"><font size="4">市场价格</font></td>
                <td align="center"><font size="4">团购价格</font></td>
                <td align="center"><font size="4">所属店铺</font></td>
            </tr>
        <%
        ResultSet rs=goods.showGoods();
while(rs.next())
{
    String strSql1="select name from goodsField where ID='"+rs.getLong("goodsField")
+"'";
    String strSql2="select * from users where ID='"+rs.getLong("issuer")+"'";
    ResultSet rs1=executeWay.exeSqlQuery(strSql1);
    ResultSet rs2=executeWay.exeSqlQuery(strSql2);
    rs1.first();
    rs2.first();
        %>
```

```
        <tr>
            <td> <%=rs1.getString("name")%></td>
            <td> <a href=goodsShow.jsp?ID=<%=rs.getLong("ID")%>
target=_blank><%=rs.getString("title")%></a></td>
            <td> <%=rs.getLong("price")%></td>
            <td> <%=rs.getLong("tprice")%></td>
            <td> <%=rs2.getString("shopName")%></td>
```

这个页面中涉及美食商品属性的 Java Bean——com. tuan. goods. java，其源代码如下：

```
package com.tuan;
import java.sql.*;
import java.text.*;
public class goods extends executeWay
{
    public long ID;
    public String title;
    public String description;
    public long issuer;
    public long goodsField;
    public String linkMan;
    public String goodsURL;
    public long price;
    public long tprice;
    public String telephone;
    public String createDate;
    public int goodsType;
    public int tag;
    private String strSql;
    private SimpleDateFormat dateFormatter;
    public goods()
    {
        super();
        dateFormatter=new SimpleDateFormat("yyyy-MM-dd");
        ID=0;
        title="";
        description="";
        issuer=0;
        linkMan="";
        goodsURL="";
        telephone="";
        goodsField=0;
        price=0;
        tprice=0;
        createDate=dateFormatter.format(new java.util.Date());
```

```
        goodsType=1;
        tag=0;
        strSql="";

    }
    public boolean add()
    {
        strSql="insert into goods ";
        strSql=strSql+"(";
        strSql=strSql+"title,";
        strSql=strSql+"description,";
        strSql=strSql+"issuer,";
        strSql=strSql+"goodsField,";
        strSql=strSql+"linkMan,";
        strSql=strSql+"goodsURL,";
        strSql=strSql+"price,";
        strSql=strSql+"tprice,";
        strSql=strSql+"telephone,";
        strSql=strSql+"createDate,";
        strSql=strSql+"goodsType,";
        strSql=strSql+"tag";
        strSql=strSql+") ";
        strSql=strSql+"values(";
        strSql=strSql+"'"+title+"',";
        strSql=strSql+"'"+description+"',";
        strSql=strSql+"'"+issuer+"',";
        strSql=strSql+"'"+goodsField+"',";
        strSql=strSql+"'"+linkMan+"',";
        strSql=strSql+"'"+goodsURL+"',";
        strSql=strSql+"'"+price+"',";
        strSql=strSql+"'"+tprice+"',";
        strSql=strSql+"'"+telephone+"',";
        strSql=strSql+"'"+createDate+"',";
        strSql=strSql+"'"+goodsType+"',";
        strSql=strSql+"'"+tag+"'";
        strSql=strSql+")";
        boolean isAdd=super.exeSqlUpdate(strSql);
        return isAdd;
    }
    public boolean modifyGoodsInfo(String webID)
    {
        strSql="update goods set";
        strSql=strSql+" title="+"'"+title+"',";
        strSql=strSql+" description="+"'"+description+"',";
```

```
        strSql=strSql+" issuer="+"'"+issuer+"',";
        strSql=strSql+" goodsField="+"'"+goodsField+"',";
        strSql=strSql+" linkMan="+"'"+linkMan+"',";
        strSql=strSql+" goodsURL="+"'"+goodsURL+"',";
        strSql=strSql+" price="+"'"+price+"',";
        strSql=strSql+" tprice="+"'"+tprice+"',";
        strSql=strSql+" telephone="+"'"+telephone+"',";
        strSql=strSql+" createDate="+"'"+createDate+"',";
        strSql=strSql+" goodsType="+"'"+goodsType+"',";
        strSql=strSql+" tag="+"'"+tag+"'";
        strSql=strSql+" where ID='"+webID+"'";
        System.out.println(strSql);
        boolean isUpdate=super.exeSqlUpdate(strSql);
        return isUpdate;
    }
    public boolean delete(String webID)
    {
        strSql="delete from 'goods' where ID='";
        strSql=strSql+webID+"'";
        boolean isDelete1=super.exeSqlUpdate(strSql);
        System.out.println(strSql);
        strSql="delete from 'discussion' where goodsID='";
        strSql=strSql+webID+"'";
        boolean isDelete2=super.exeSqlUpdate(strSql);
        System.out.println(strSql);
        strSql="delete from 'buy' where goodsID='";
        strSql=strSql+webID+"'";
        boolean isDelete3=super.exeSqlUpdate(strSql);
        System.out.println(strSql);
                boolean isDelete=isDelete3&&isDelete2&&isDelete1;
                return isDelete;
    }
    public boolean  init(String webID)
    {
        strSql="select * from 'goods' where ID=";
        strSql=strSql+"'"+webID+"'";
        try
        {
            ResultSet rs=super.exeSqlQuery(strSql);
            if (rs.next())
            {
                ID=rs.getLong("ID");
                title=rs.getString("title");
                description=rs.getString("description");
```

```
                issuer=rs.getLong("issuer");
                goodsField=rs.getLong("goodsField");
                linkMan=rs.getString("linkMan");
                goodsURL=rs.getString("goodsURL");
                price=rs.getLong("price");
                tprice=rs.getLong("tprice");
                telephone=rs.getString("telephone");
                createDate=rs.getString("createDate");
                goodsType=rs.getInt("goodsType");
                tag=rs.getInt("tag");
                 return true;
            }
            else
            {
               return false;
            }
        }
        catch(Exception ex)
        {
            System.out.println(ex.toString());
            return false;
        }
    }
    public ResultSet showGoodsByMerchant(String webID)
    {
        strSql="select * from 'goods' where tag!=-1 and issuer='"+webID+"'";
        ResultSet rs=null;
        try
        {
            rs=super.exeSqlQuery(strSql);
          }
        catch(Exception ex)
        {
            System.out.println(ex.toString());
        }
        return rs;
    }
    public ResultSet showGoods()
    {
        strSql="select * from 'goods' where tag!=-1 and goodsType=2";
        ResultSet rs=null;
        try
        {
            rs=super.exeSqlQuery(strSql);
```

```
        }
        catch(Exception ex)
        {
            System.out.println(ex.toString());
        }
        return rs;
    }
    public ResultSet showGoods1(String webID)
    {
        strSql="select * from 'goods' where tag!=-1 and goodsField=";
        strSql=strSql+"'"+webID+"'";
        ResultSet rs=null;
          try
        {
            rs=super.exeSqlQuery(strSql);
        }
        catch(Exception ex)
        {
            System.out.println(ex.toString());
        }
        return rs;
    }
}
```

2. 系统用户角色设置

系统的用户类型分为三种：普通用户、商家和管理员。在数据库中，以 sysRole 字段来区分三种用户的身份，值为 0 代表"管理员"，值为 1 代表"普通用户"，值为 2 代表"商家"。具体实现效果如图 9-4 所示，当用户拥有账号后即可登录系统，在用户输入完用户名与密码后，单击"登录"按钮就可将登录表单中的数据提交给服务器了，具体实现与用户

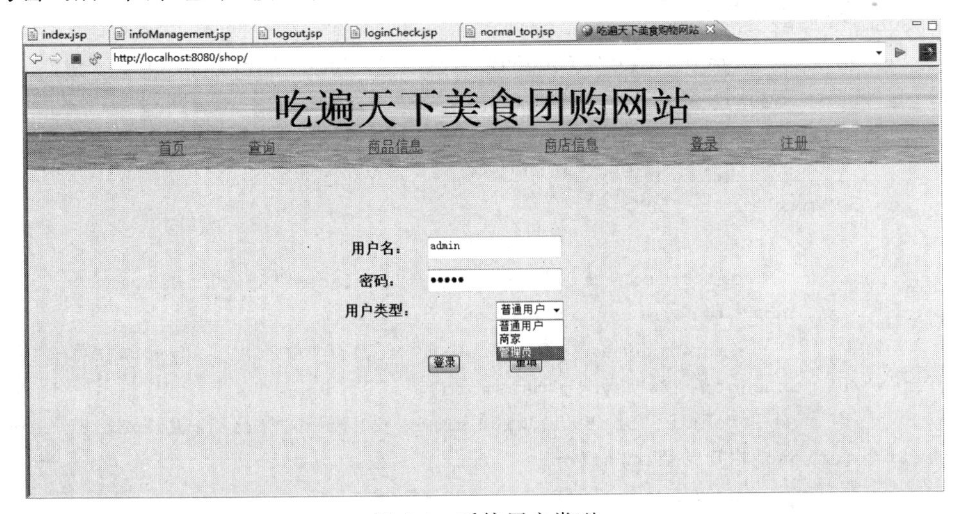

图 9-4　系统用户类型

注册模块相类似。提交后的信息通过登录验证页面 logincheck. jsp 进行检查,看信息是否与数据库中相符,如果相符则转入用户登录后的主页面 normal_index. jsp,如果不相符则给出提示信息并转回登录页面。

其关键代码如下(userLogin. jsp):

```
<script ID=clientEventHandlersJS LANGUAGE=javascript>
<!--
function form1_onsubmit()
{
    if (form1.txtloginName.value=="")
    {
        alert("请填写用户名!");
        form1.txtloginName.focus();
        return false;
    }
    if (form1.txtpassword.value=="")
    {
        alert("请填写密码!");
        form1.txtpassword.focus();
        return false;
    }
}
function userRegister()
{
    window.open("userRegister.jsp");
}
//-->
</script>
   <form name=form1 method="post" target="_top" action="loginCheck.jsp"
onSubmit="return form1_onsubmit()">
            <font color="#000099" size="3" face="Arial, Helvetica, sans-
serif"><strong>用户名:</strong></font>
            <td width="155">
            <input name="txtloginName" style="HEIGHT: 20px; WIDTH: 150px"
size="50" maxlength="50">
         </td>
            <font color="#000099" size="3" face="Arial, Helvetica, sans-
serif"><strong>密码:</strong></font>
             <input name="txtpassword" style="HEIGHT: 20px; WIDTH: 150px"
size="20" maxlength="20" type="password">
            <font color="#000099" size="3" face="Arial, Helvetica, sans-
serif"><strong>用户类型:</strong></font>
           <td colspan="2">
               <select name="userType">
```

```
                    <option value="1" selected>普通用户</option>
                    <option value="2">商家</option>
                    <option value="0">管理员</option>
                </select>
        <input type="submit" name="btnSubform" value="登录">  
    
        <input type="reset" name="reset" value="重填">
        </div>
    </form>
```

由 form 的 action 属性可知，单击“登录”按钮以后数据由 loginCheck.jsp 页面接收和处理，loginCheck.jsp 页面的源代码如下：

```
<body bgcolor="A0FFFF">
<jsp:useBean id="user" scope="session" class="com.tuan.user" />
<%
    String userName=request.getParameter("txtloginName");
    String userPassword=request.getParameter("txtpassword");
    String sysRole=request.getParameter("userType");
    if (user.isValidUser(userName,userPassword,sysRole))
    {
        if(sysRole.compareTo("0")==0)
        {
            response.sendRedirect("admin/admin_index.jsp");
        }
        if(sysRole.compareTo("1")==0)
        {
            response.sendRedirect("normal_index.jsp");
        }
        if(sysRole.compareTo("2")==0)
        {
            response.sendRedirect("merchant/merchant_index.jsp");
        }
    }
    else
    {
    %>
        <center><font size="5" color="#FF0000"><b>登录失败,请检查您的用户名和
密码</b></font></center>
        <br><br>
          <center><input type="button" name="goback" value="返回" onClick=
"javascript:window.history.go(-1)"></center>
    <%
    }
    %>
```

```
</body>
```

其中有关用户的 JavaBean(com. tuan. user. java)的源代码如下：

```
package com.tuan;
import java.sql.*;
import java.text.*;
public class user extends executeWay
{
    public long ID;
    public String userName;
    public String userPassword;
    public String email;
    public int sex;
    public String identityID;
    public String shopName;
    public String shopIntro;
    public String shopper;
    public String realName;
    public long mainFields;
    public String telephone;
    public String createDate;
    public int sysRole;
    public int tag;
    private String strSql;
    private SimpleDateFormat dateFormatter;
    public user()
    {
        dateFormatter=new SimpleDateFormat("yyyy-MM-dd");
        ID=0;
        userName="";
        userPassword="";
        realName="";
        sex=0;
        shopName="";
        shopper="";
        mainFields=0;
        shopIntro="";
        telephone="";
        identityID="";
        sysRole=0;
        email="";
        createDate=dateFormatter.format(new java.util.Date());
        tag=0;
        strSql="";
```

```
}
public boolean add()
{
    strSql="insert into users ";
    strSql=strSql+"(";
    strSql=strSql+"userName,";
    strSql=strSql+"userPassword,";
    strSql=strSql+"email,";
    strSql=strSql+"sex,";
    strSql=strSql+"identityID,";
    strSql=strSql+"shopName,";
    strSql=strSql+"shopIntro,";
    strSql=strSql+"shopper,";
    strSql=strSql+"realName,";
    strSql=strSql+"mainFields,";
    strSql=strSql+"telephone,";
    strSql=strSql+"createDate,";
    strSql=strSql+"sysRole,";
    strSql=strSql+"tag";
    strSql=strSql+") ";
    strSql=strSql+"values(";
    strSql=strSql+"'"+userName+"',";
    strSql=strSql+"'"+userPassword+"',";
    strSql=strSql+"'"+email+"',";
    strSql=strSql+"'"+sex+"',";
    strSql=strSql+"'"+identityID+"',";
    strSql=strSql+"'"+shopName+"',";
    strSql=strSql+"'"+shopIntro+"',";
    strSql=strSql+"'"+shopper+"',";
    strSql=strSql+"'"+realName+"',";
    strSql=strSql+"'"+mainFields+"',";
    strSql=strSql+"'"+telephone+"',";
    strSql=strSql+"'"+createDate+"',";
    strSql=strSql+"'"+sysRole+"',";
    strSql=strSql+"'"+tag+"'";
    strSql=strSql+")";
    System.out.println(strSql);
    boolean isAdd=super.exeSqlUpdate(strSql);
    return isAdd;
}
public boolean modifyUserInfo(String webID)
{
    strSql="update users set";
    strSql=strSql+" userName="+"'"+userName+"',";
```

```
        strSql=strSql+" email="+"'"+email+"',";
        strSql=strSql+" sex="+"'"+sex+"',";
        strSql=strSql+" identityID="+"'"+identityID+"',";
        strSql=strSql+" shopName="+"'"+shopName+"',";
        strSql=strSql+" shopIntro="+"'"+shopIntro+"',";
        strSql=strSql+" shopper="+"'"+shopper+"',";
        strSql=strSql+" realName="+"'"+realName+"',";
        strSql=strSql+" mainFields="+"'"+mainFields+"',";
        strSql=strSql+" telephone="+"'"+telephone+"',";
        strSql=strSql+" createDate="+"'"+createDate+"',";
        strSql=strSql+" sysRole="+"'"+sysRole+"',";
        strSql=strSql+" tag="+"'"+tag+"'";
        strSql=strSql+" where ID='"+webID+"'";
        System.out.println(strSql);
        boolean isUpdate=super.exeSqlUpdate(strSql);
        return isUpdate;
    }
     public boolean updatekey(String webID,String webUserPassword)
    {
        strSql="update users set ";
        strSql=strSql+"userPassword="+"'"+webUserPassword+"'";
        strSql=strSql+" where ID='"+webID+"'";
        boolean isUpdatekey=super.exeSqlUpdate(strSql);
        return isUpdatekey;
    }
    public boolean delete(String webID)
    {
        strSql="delete from 'users' where ID='";
        strSql=strSql+webID+"'";
        boolean isDelete1=super.exeSqlUpdate(strSql);
        strSql="delete from 'goods' where issuer='";
        strSql=strSql+webID+"'";
        boolean isDelete2=super.exeSqlUpdate(strSql);
        strSql="delete from 'discussion' where authorID='";
        strSql=strSql+webID+"'";
        boolean isDelete3=super.exeSqlUpdate(strSql);
        strSql="delete from 'attention' where userID='";
        strSql=strSql+webID+"'";
        boolean isDelete4=super.exeSqlUpdate(strSql);
        boolean isDelete=isDelete1&&isDelete2&&isDelete3&&isDelete4;
        return isDelete;
    }
    public boolean  init(String webID)
    {
```

```
        strSql="select * from 'users' where ID=";
        strSql=strSql+"'"+webID+"'";
        try
        {
            ResultSet rs=super.exeSqlQuery(strSql);
            if (rs.next())
            {
                ID=rs.getLong("ID");
                userName=rs.getString("userName");
                userPassword=rs.getString("userPassword");
                realName=rs.getString("realName");
                sex=rs.getInt("sex");
                identityID=rs.getString("identityID");
                shopName=rs.getString("shopName");
                shopIntro=rs.getString("shopIntro");
                email=rs.getString("email");
                shopper=rs.getString("shopper");
                mainFields=rs.getLong("mainFields");
                telephone=rs.getString("telephone");
                createDate=rs.getString("createDate");
                sysRole=rs.getInt("sysRole");
                tag=rs.getInt("tag");
                return true;
            }
            else
            {
                return false;
            }
        }
        catch(Exception ex)
        {
            System.out.println(ex.toString());
            return false;
        }
    }
    public boolean isValidUser(String webUserName,String webUserPassword,String
webRole)
    {
        strSql="select * from 'users' ";
        strSql=strSql+" where userName='"+webUserName+"'";
        strSql=strSql+"  and userPassword='"+webUserPassword+"'";
        strSql=strSql+"  and sysRole='"+webRole+"'";
        try
        {
```

```
                ResultSet rs=super.exeSqlQuery(strSql);
                if (rs.next())
                {
                    ID=rs.getLong("ID");
                    userName=rs.getString("userName");
                    userPassword=rs.getString("userPassword");
                    realName=rs.getString("realName");
                    sex=rs.getInt("sex");
                    identityID=rs.getString("identityID");
                    shopName=rs.getString("shopName");
                    shopIntro=rs.getString("shopIntro");
                    email=rs.getString("email");
                    shopper=rs.getString("shopper");
                    mainFields=rs.getLong("mainFields");
                    telephone=rs.getString("telephone");
                    createDate=rs.getString("createDate");
                    sysRole=rs.getInt("sysRole");
                    tag=rs.getInt("tag");
                    return true;
                }
                else
                {
                    return false;
                }
            }
            catch(Exception ex)
            {
                return false;
            }
            finally
            {
            }
        }
        public boolean isExist(String webUserName)
        {
            strSql="select * from 'users' ";
            strSql=strSql+" where userName='"+webUserName+"'";
            try
            {
                ResultSet rs=super.exeSqlQuery(strSql);
                if (rs.next())
                {
                    return true;
                }
```

```
            else
            {
                return false;
            }
        }
        catch(Exception ex)
        {
            return false;
        }
        finally
        {
        }
    }
    public boolean enable(String webID)
    {
        strSql="update users set tag=1 where ID='";
        strSql=strSql  +webID+"'";
        boolean isEnable=super.exeSqlUpdate(strSql);
        return isEnable;
    }
    public boolean  disable(String webID)
    {
        strSql="update users set tag=-1 where ID='";
        strSql=strSql+webID+"'";
        boolean isDisable=super.exeSqlUpdate(strSql);
        return isDisable;
    }
    public ResultSet showAllUsers()
    {
        strSql="select * from 'users' where tag!=-1 and sysRole=1";
        ResultSet rs=null;
        try
        {
            rs=super.exeSqlQuery(strSql);

        }
        catch(Exception ex)
        {
             System.out.println(ex.toString());
        }
        return rs;
    }
    public ResultSet showAllMerchants(String webTag)
    {
```

```
        strSql="select * from 'users' where tag='"+webTag+"' and sysRole=2
order by ID desc";
        ResultSet rs=null;
        try
        {
           rs=super.exeSqlQuery(strSql);
        }
        catch(Exception ex)
        {
            System.out.println(ex.toString());
        }
        return rs;
    }
}
```

在程序中对比 sysRole 与 0、1、2 的值，从而决定转向哪一个用户的页面，如果在判断 sysRole.compareTo("0")==0，即说明 sysRole 的值为 0，则系统转向管理员页面。以下将详细解释系统管理员模块的功能及实现。

3. 系统管理员模块实现

管理员页面包含“商店管理”、“用户管理”、“商品管理”、“团购订单信息”、“美食类别管理”、“修改密码”等功能，具体效果如图 9-5 所示。

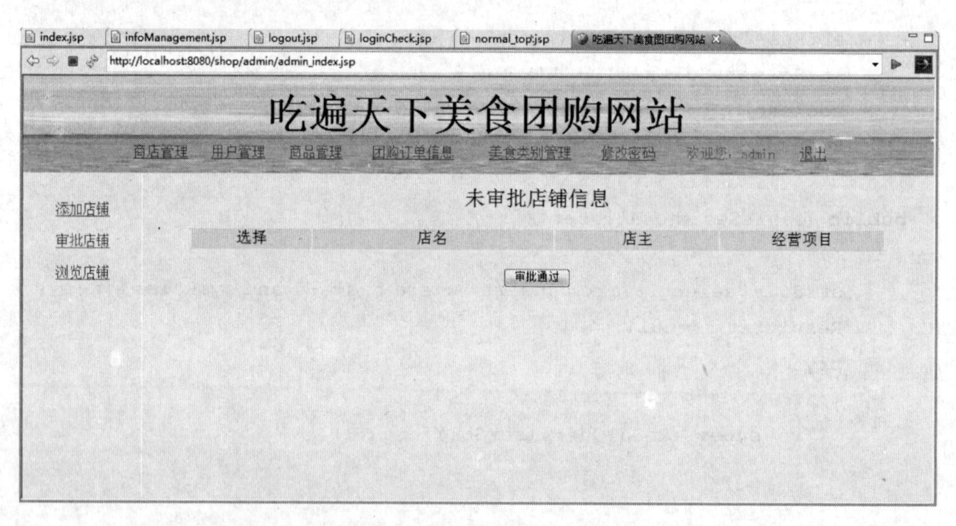

图 9-5 管理员登录主页面

在本系统的操作过程中，需要管理员来添加美食的类别，管理员可以在“美食类别管理”中添加相应的美食类别，单击“添加”按钮，如图 9-6 所示。

美食项目添加的关键实现代码如下(goodsFieldAddForm.jsp)：

```
function chkForm()
{
```

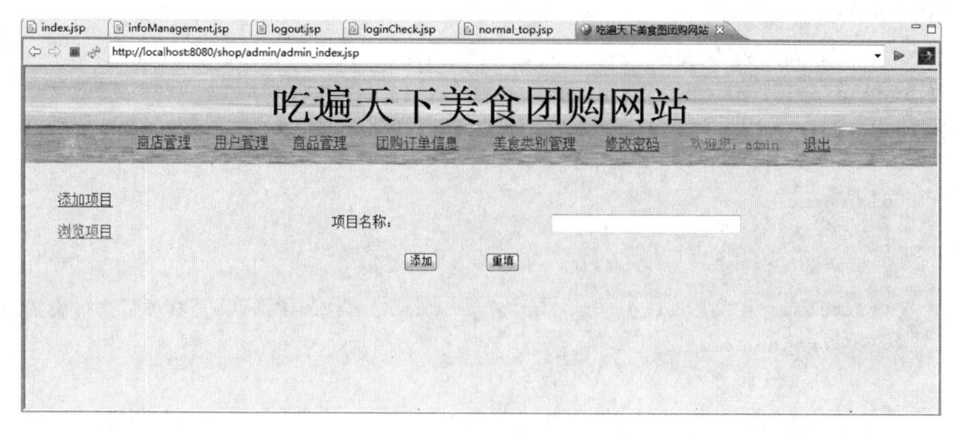

图 9-6　添加美食项目

```
        if(form1.name.value==""){
            alert("请输入美食项目名称");
            form1.name.focus();
            return false;
        }
          return true;
    }
    <form name="form1" method="post" action="goodsFieldAddSave.jsp" onsubmit=
"return chkForm()">
        <table width="90%">
          <TBODY>
            <TR>
              <td width="30%" align="right">项目名称:</td>
              <td  width="70%"><input name="name" type="text" size=30>
              </td>
            </TR>
            <tr>
            <INPUT type=submit value="添加" name=Submit>
            <input type="reset" name="reset" value="重填">
```

由 form 的 action 属性值可知,页面 goodsFieldAddSave.jsp 用来接收和处理填入的数据,其关键代码如下:

```
<%
    request.setCharacterEncoding("GB2312");
    goodsField.name=request.getParameter("name");
    goodsField.tag=0;
    if(goodsField.add())
    {
%>
            <font color="#0000FF" size="5"><b>美食项目添加成功</b></font>
```

```
        <br>
        <input type=button name=closewin value="继续添加" onclick=
"javascript:window.location='goodsFieldAddForm.jsp'">
<%
    }
    else
    {
%>
    <td colspan="2" align="center"><font color="red"><b>美食项目添加失败,请重
试!</b></font></td>
        <br>  .
        <input type=button name=Goback1 value="返回" onclick="javascript:
window.history.go(-1)">
<%
    }
%>
```

添加完美食项目后效果如图 9-7 所示。

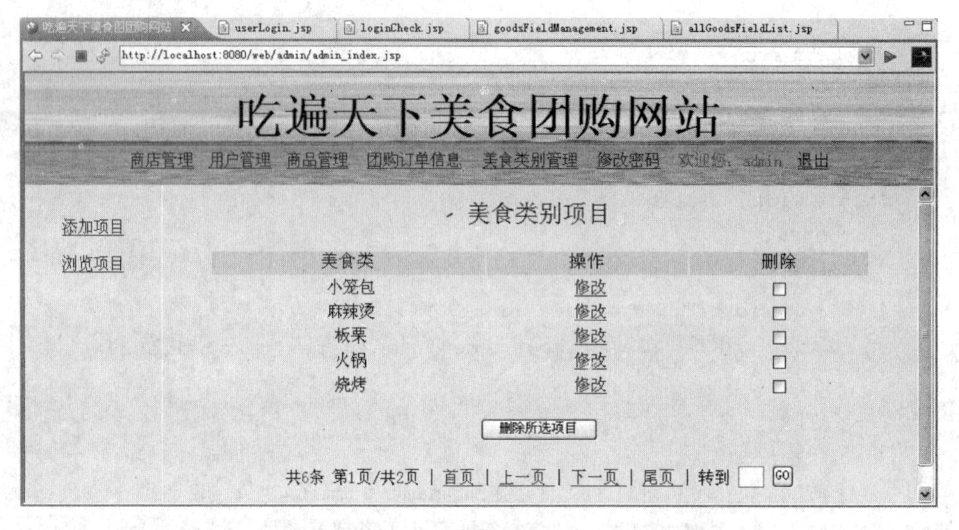

图 9-7 美食项目示意

具体代码如下(allGoodsFieldList.jsp):

```
<%@page language="java" contentType="text/html; charset=GB2312"
import="java.sql.*,com.tuan.*"
    pageEncoding="GB2312"%>
<jsp:useBean scope="page" id="goodsField" class="com.tuan.goodsField" />
<%
    int count=0;
    int totalPageCount=0;
    int perPageCount=5;
```

```
    int currentPage=1;
    String pageId=request.getParameter("page");
    if(pageId!=null)
        {
            currentPage=Integer.parseInt(pageId);
            //out.println(pageId);
        }
%>
<!DOCTYPE html PUBLIC "-//W3C//DTD HTML 4.01 Transitional//EN"
"http://www.w3.org/TR/html4/loose.dtd">
<html>
<head>
<meta http-equiv="Content-Type" content="text/html; charset=GB2312">
<title>吃遍天下美食团购网站</title>
</head>
<body bgcolor="A0FFFF">
<div align=center>
<p align="center"><font size="5">美食类别项目</font></p>
        <table width="90%" border=0 style="text-align:center">
        <form name="form1" action="goodsFieldDelete.jsp" method="post">
        <input type=hidden name="page" value=<%=currentPage%>>
            <tr bgcolor="#DFDFDF">
                <td align="center"><font size="4">美食类</font></td>
                <td align="center"><font size="4">操作</font></td>
                <td align="center"><font size="4">删除</font></td>
            </tr>
        <%
            ResultSet rs=goodsField.showAllFields();
            rs.last();//移到末尾
            count=rs.getRow();//取得总查询数
            totalPageCount=(count+perPageCount -1)/perPageCount;
            if(currentPage>totalPageCount || currentPage<=0)
                {
                    currentPage=1;
                }
            int  currentIndex=(currentPage -1) * perPageCount+1;
            if(count>0)
                {
                    rs.absolute(currentIndex);
                %>
            <tr>
                <td> <%=rs.getString("name")%></td>
                <td> <a href=goodsFieldModifyForm.jsp?ID=<%=rs.getLong
("ID")%>target=_self>修改</a></td>
```

```
                <td align=center>
                <input type=checkbox name=deleteID value=<%=rs.getLong("ID")%>>
                </td>
            </tr>
                <%
                    int i=1;
                    while(rs.next())
                    {
                %>
                    <tr>
                        <td> <%=rs.getString("name")%></td>
                        <td> <a href=goodsFieldModifyForm.jsp?ID=<%=rs.
getLong("ID")%>target=_self>修改</a></td>
                        <td align=center><input type=checkbox name=deleteID
value=<%=rs.getLong("ID")%>></td>
                    </tr>
                <%
                    i++;
                    if(i>  perPageCount-1) break;
                }
            }
        %>
        <tr>
            <td colspan=5 align=center><br>
                <input type=submit name=delete value=删除所选项目>
            </td>
        </tr>
            </table>
<br>
        <table width="90%" border=0>
        <tr align="right" valign="top">
        <td colspan="4" align="right">
        <%
        String firstLink,lastLink,preLink,nextLink;
        firstLink="allGoodsFieldList.jsp?page=1";
        lastLink="allGoodsFieldList.jsp?page="+totalPageCount;
        if(currentPage>1)
        {
            preLink="allGoodsFieldList.jsp?page="+(currentPage-1);
        }
        else
        {
            preLink=firstLink;
        }
```

```
        if(currentPage <=totalPageCount-1)
        {
            nextLink="allGoodsFieldList.jsp?page="+(currentPage+1);
        }
        else
        {
            nextLink=lastLink;
        }
        %>
      <form method="post" action="allGoodsFieldList.jsp">
        <p align=center>共<font color="#0000FF"><%=count %></font>条 第
<font color="#0000FF"><%=currentPage %></font>页/共<font color="#0000FF">
<%=totalPageCount %></font>页 | <a href=<%=firstLink%>>首页 </a>| <a href=
<%=preLink%>>上一页 </a>| <a href=<%=nextLink%>>下一页 </a>| <a href=<%=
lastLink%>>尾页 </a>| 转到
          <input type="text" name=page  size=2><input type="submit" name=
submit value=GO></p>
        </form>
        </td>
        </tr>
        </table>
    </div>
    </body>
    </html>
```

在程序中涉及了分页的操作，要把页面显示方式设计成这样的方式，通常需要用到这几个基本要素：每个页面所显示的记录数、一共有多少个页面、目前显示第几页以及总的记录数。具体思路是：如果要显示哪个页面，就要先算出来每个页面第一条记录是所有记录中的第几条记录，假设每页的第一条记录是总记录中的第 position 条记录，那么 position=(ShowPage−1)×PageSize+1。例如，每页显示三条记录，如果要显示第一页，就要计算出第一页中的第一条记录是总的记录中的第一条记录；如果要显示第二页，就要计算出第二页中的第一条记录是总的记录中的第四条记录；如果要显示第三页，就要计算出第一页中的第一条记录是总的记录中的第九条记录。以此类推。

4. 商家模块实现

一旦管理员设定好美食项目，商家就可以针对各个美食项目建立各自的商店，商家的注册页面如图 9-8 所示。

输完用户名后单击“下一步”按钮即可以到详细信息输入界面。本步骤中的经营项目只能选择管理员添加过的项目，效果如图 9-9 所示。

其中“经营项目”的关键代码如下：

```
<TD width="20%" align=right vAlign=top>经营项目:</TD>
    <TD width="80%" align=left>
```

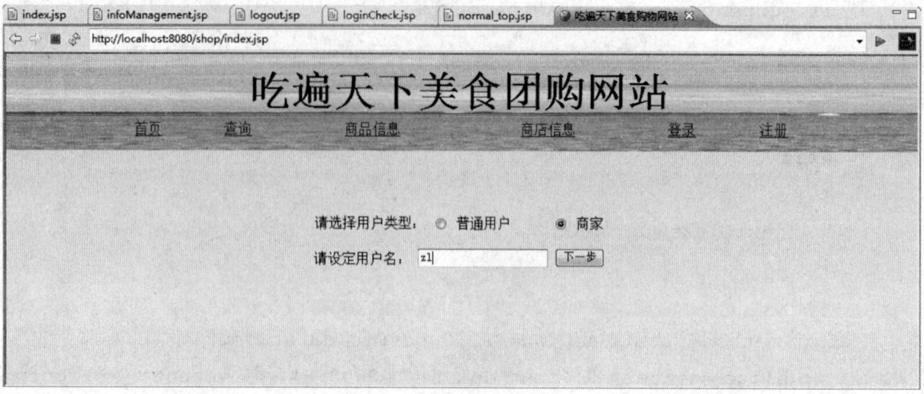

index.jsp　infoManagement.jsp　logout.jsp　loginCheck.jsp　normal_top.jsp　吃遍天下美食购物网站

http://localhost:8080/shop/index.jsp

吃遍天下美食团购网站

首页　查询　商品信息　商店信息　登录　注册

请选择用户类型：　普通用户　商家

请设定用户名：　z1　下一步

图 9-8　商家注册页面

index.jsp　infoManagement.jsp　logout.jsp　loginCheck.jsp　normal_top.jsp　吃遍天下美食购物网站

http://localhost:8080/shop/index.jsp

吃遍天下美食团购网站

首页　查询　商品信息　商店信息　登录　注册

经营项目：小笼包

小笼包
麻辣烫
板栗
火锅
烧烤
自助餐

商店名称：
用户名：
密　码：
确认密码：
店主名：
商店介绍：
真实姓名：
性别：男　女
联系电话：
身份证号码：
电子邮件：

注 册　重填

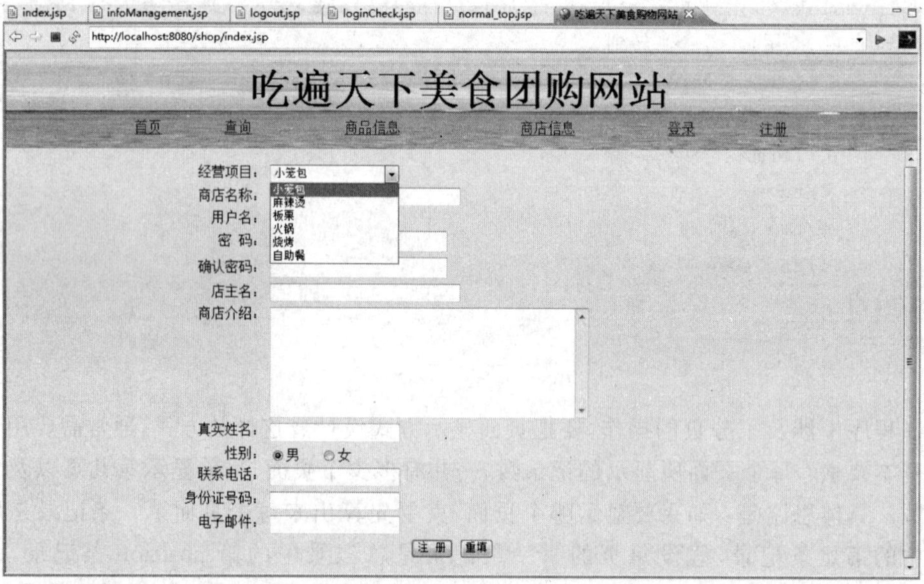

图 9-9　商家注册详细信息

```
<select style="WIDTH: 150px" id=mainFields name="mainFields">
    <%
        ResultSet rs=goodsField.showAllFields();
        while(rs.next())
        {
            %>
<option value=<%=rs.getLong("ID")%>><%=rs.getString("name")%></option>
            <%
            }
        %>
    </select>
</TD>
```

其余页面代码请读者自行完成。

商家填完详细信息需等待管理员审核后才能生效，具体效果如图 9-10 和图 9-11 所示。

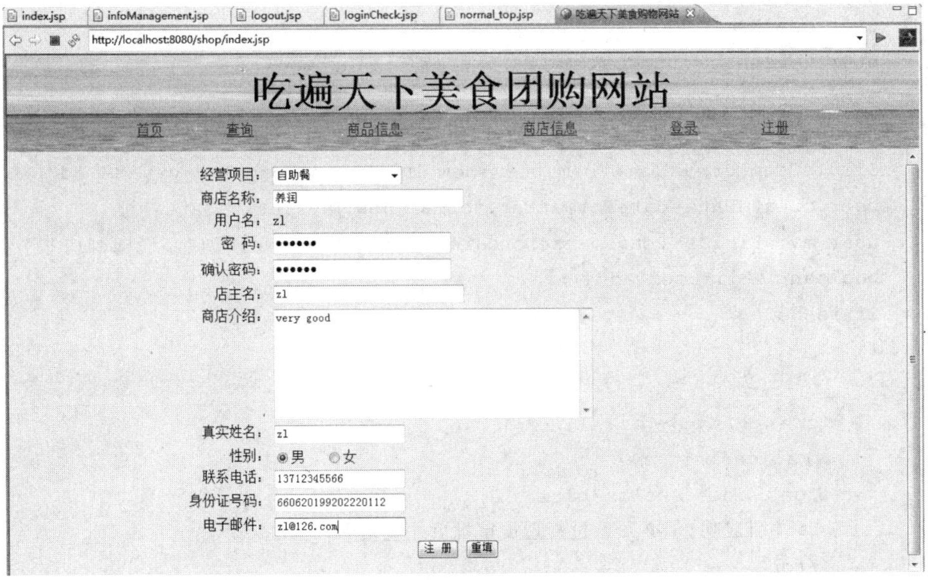

图 9-10　详细信息填写页面

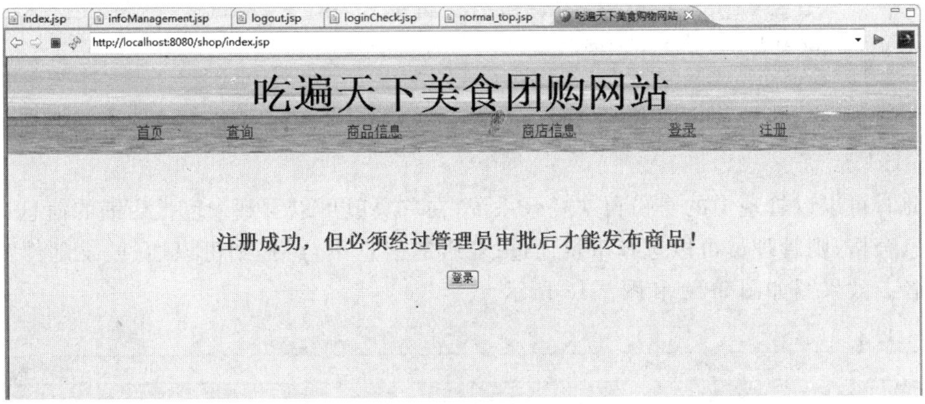

图 9-11　注册成功

关键实现代码如下：

```
jsp:useBean scope="page" id="user" class="com.tuan.user" />
<%
    request.setCharacterEncoding("GB2312");
    user.userName=request.getParameter("userName");
    user.userPassword=request.getParameter("userPassword");
    user.email=request.getParameter("email");
    user.sex=Integer.parseInt(request.getParameter("sex"));
```

```
    user.identityID=request.getParameter("identityID");
    user.shopName=request.getParameter("shopName");
    user.shopIntro=request.getParameter("shopIntro");
    user.shopper=request.getParameter("shopper");
    user.realName=request.getParameter("realName");
    user.telephone=request.getParameter("telephone");
    user.sysRole=2;
    user.tag=0;
    SimpleDateFormat dateFormatter=new SimpleDateFormat("yyyy-MM-dd");
    user.createDate=dateFormatter.format(new java.util.Date());
    user.mainFields=Long.parseLong(request.getParameter("mainFields"));
    boolean isAdd=user.add();
    if(isAdd)
    {
        %>
        <br><br><br><br>
        <p align=center>
        <font size=5 color=blue>
        <b>注册成功,但必须经过管理员审批后才能发布商品!</b>
        </font>
        </p>
        <p align=center>
        <input type=button name=btnlogin value=登录 onclick="javascript:
window.location='userLogin.jsp'">
        </p>
        <%
    }
```

此时可以以管理员的身份再次登录系统,在首页就可以看到未审批店铺的信息,若店铺信息合格,则管理员可以选择审批通过;若店铺信息不合格,则可以通过“发邮件”通知申请者。效果图如图 9-12 和图 9-13 所示。

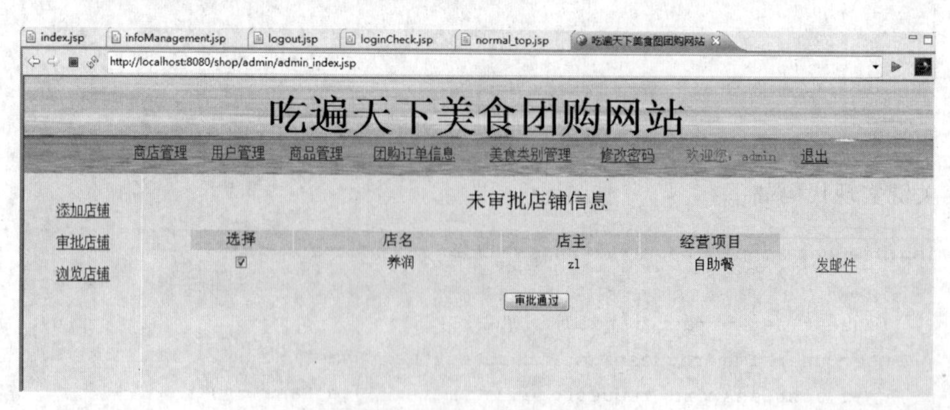

图 9-12 店铺审批页面

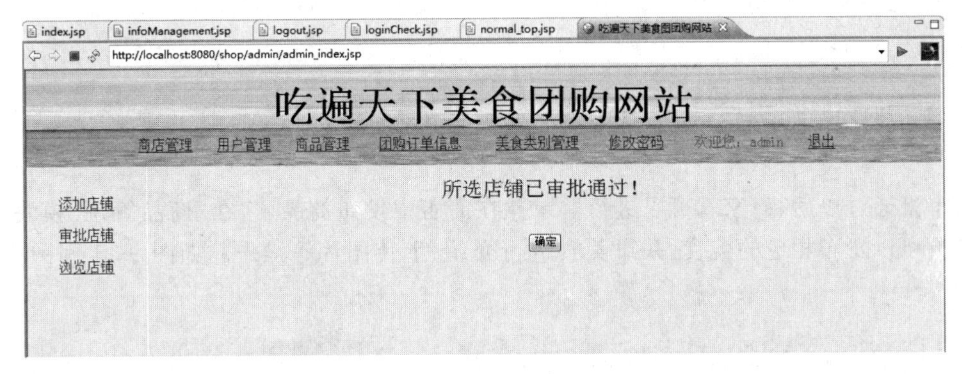

图 9-13　审批成功页面

实现关键代码如下：

```
<jsp:useBean scope="page" id="user" class="com.tuan.user" />
<jsp:useBean scope="page" id="executeWay" class="com.tuan.executeWay" />
<p align="center"><font size="5">未审批店铺信息</font></p>
<form name=form1 action=merchantAdmit.jsp method=post>
    <table width="90%" border=0 style="text-align:center">
    <tr bgcolor="#DFDFDF">
    <td align="center" width="15%"><font size="4">选择</font></td>
    <td align="center" width="30%"><font size="4">店名</font></td>
    <td align="center" width="20%"><font size="4">店主</font></td>
    <td align="center" width="20%"><font size="4">经营项目</font></td>
            </tr>
        <%
            ResultSet rs=user.showAllMerchants("0");
            while(rs.next())
            {
                String strSql1="select name from goodsField where ID='"+rs.
getLong("mainFields")+"'";
                ResultSet rs1=executeWay.exeSqlQuery(strSql1);
                rs1.first();
                %>
                    <tr>
                        <td align="center"><input type=checkbox name=admitID
value=<%=rs.getLong("ID")%>></td>
                        <td> <%=rs.getString("shopName")%></td>
                        <td> <%=rs.getString("shopper")%></td>
                        <td> <%=rs1.getString("name")%></td>
                        <td> <a href='../sendMail.jsp?receiver=<%=rs.
getString("userName")%>' target="_self">发邮件</a></td>
                    </tr>
                <%
```

```
        }
    %>
    </table>
    <p align=center><input type=submit name=pass value="审批通过"></p>
        </form>
```

审批通过以后，商家就可以进行登录并在商店中发布商品了，在“商品管理”模块中，管理员可以发布相应的美食，并对美食进行介绍、上传图片等操作。如图 9-14 和图 9-15 所示。

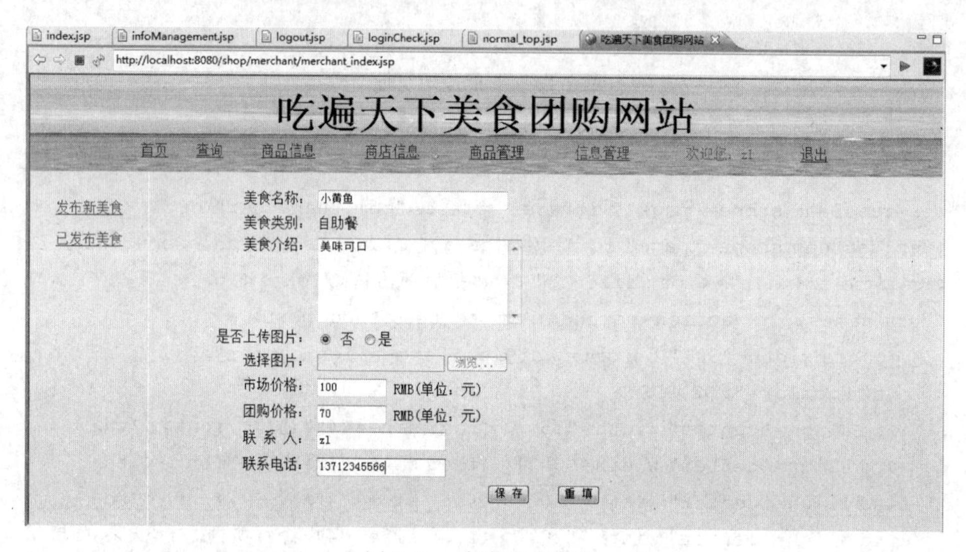

图 9-14　商家发布美食

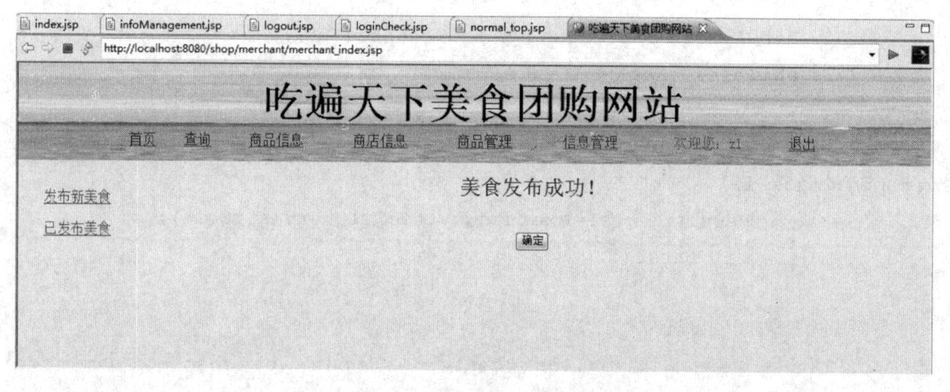

图 9-15　发布成功页面

其关键代码如下：

```
<SCRIPT language=javascript>
<!--
function isReUpload_onclick()
{
```

```
    if(form1.isReUpload[0].checked)          //不传
    {
        form1.file.disabled=true;
    }
    if(form1.isReUpload[1].checked)          //上传
    {
        form1.file.value="";
        form1.file.disabled=false;
    }
}
</SCRIPT>
<jsp:useBean scope="page" id="goodsField" class="com.tuan.goodsField" />
<%
    String strGoodsID=((com.tuan.user)session.getAttribute("user")).
mainFields+"";
    goodsField.init(strGoodsID);
%>
<FORM name="form1" onreset="return confirm('确定要清空当前表单吗?');"
        onsubmit="return infocheck();" action="goodsAddSave.jsp" method=
"post" enctype="multipart/form-data">
<TR>
        <TD align=right width="17%">美食名称:</TD>
        <TD align=left width="83%">
        <input type="text" name="title" size="30">
        </TD>
            </TR>
...
<TR>
        <TD vAlign=top align=right>是否上传图片:</TD>
        <TD align=left><input type="radio" checked=true value=0 name=
"isReUpload" LANGUAGE=javascript onclick="return isReUpload_onclick()">
            否
            <input type="radio"  value=1 name="isReUpload"  LANGUAGE=javascript
onclick="return isReUpload_onclick()">是</TD>
      </TR>
      <TR>
        <TD vAlign=top align=right>选择图片:</TD>
        <TD align=left><input type="file" disabled=true name="file"></TD>
      </TR>
...
<TR>
        <TD colSpan=2>
        <INPUT type=submit value="保 存" name=submit>   
 <INPUT type=reset value="重 填" name=reset></TD>
```

```
        </TR>
</FORM>
```

5. 普通用户模块的实现

普通用户注册需要用户输入用户名、密码、性别和电子邮箱，读者可以根据需要对注册信息做相应的修改，页面如图 9-16～图 9-18 所示。

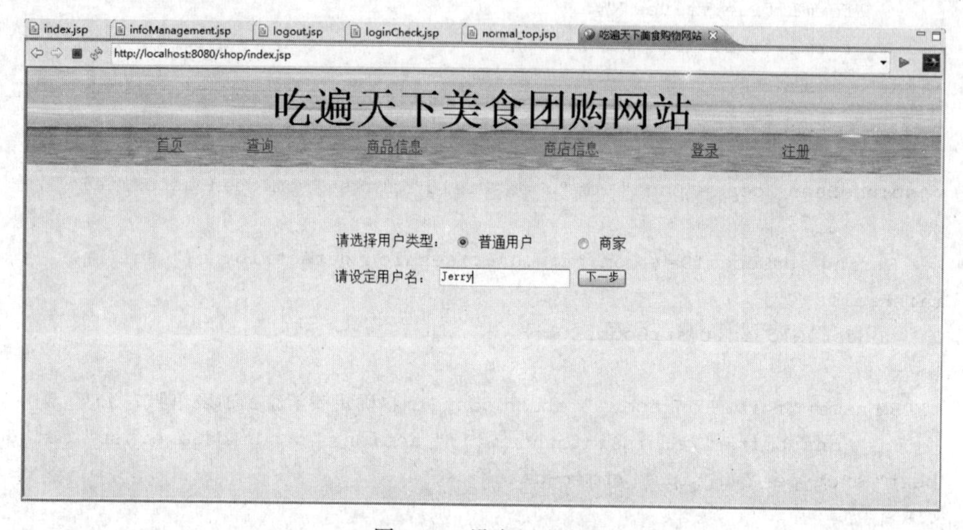

图 9-16　设定用户名

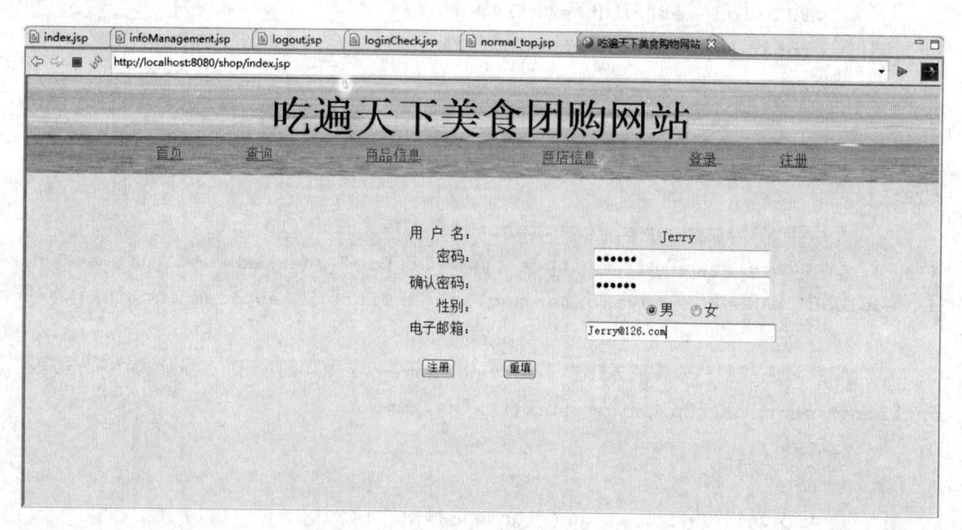

图 9-17　详细信息输入页面

本部分注册代码读者可以参照商家模块的注册代码自行完成。注册成功后，用户登录就可以看到所有的美食，如图 9-19 和图 9-20 所示。

该功能只需要连接数据库并从数据库中取出相应的值并显示在页面上，相关实现代码读者可以自行完成。

在用户登录的主页面上还有“查询”功能，用户可以根据美食类别、美食名称、价格查

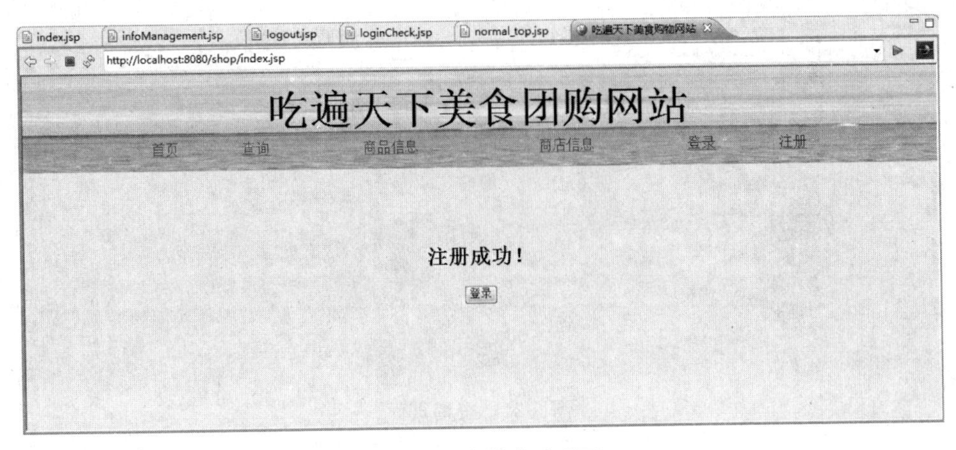

图 9-18 注册成功页面

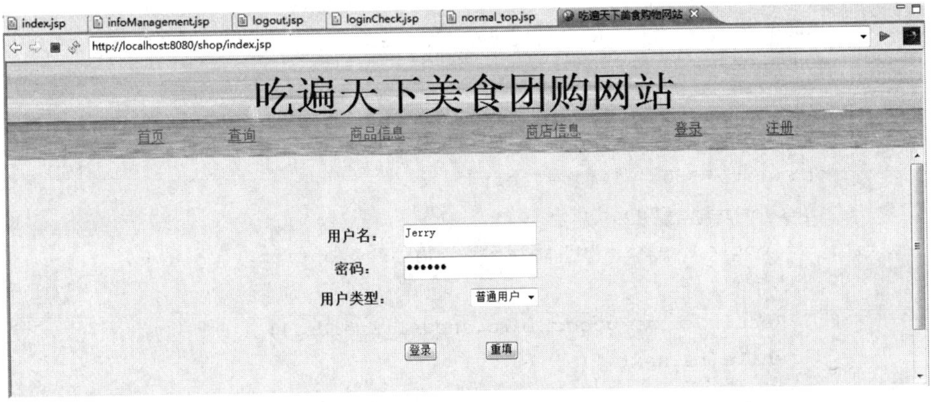

index.jsp infoManagement.jsp logout.jsp loginCheck.jsp normal_top.jsp 吃遍天下美食购物网站

http://localhost:8080/shop/index.jsp

吃遍天下美食团购网站

首页 查询 商品信息 商店信息 登录 注册

用户名: Jerry

密码: ••••••

用户类型: 普通用户

登录 重填

图 9-19 普通用户登录

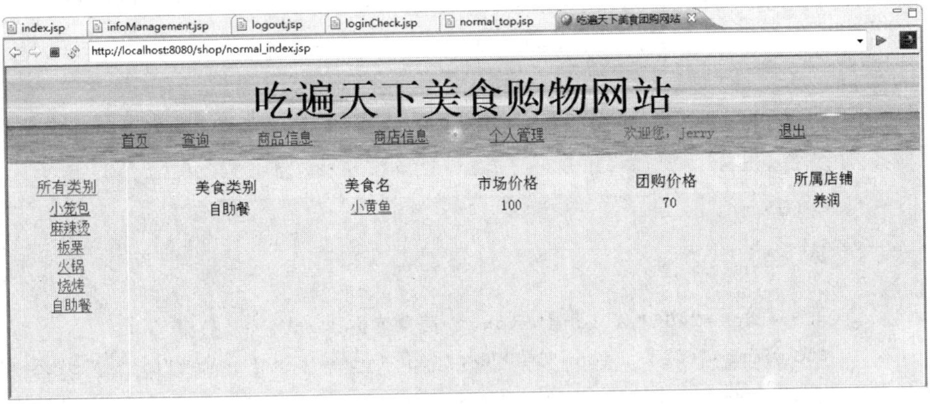

index.jsp infoManagement.jsp logout.jsp loginCheck.jsp normal_top.jsp 吃遍天下美食团购网站

http://localhost:8080/shop/normal_index.jsp

吃遍天下美食购物网站

首页 查询 商品信息 商店信息 个人管理 欢迎您, Jerry 退出

所有类别	美食类别	美食名	市场价格	团购价格	所属店铺
小笼包	自助餐	小黄鱼	100	70	养润
麻辣烫					
板栗					
火锅					
烧烤					
自助餐					

图 9-20 普通用户主页面

询相应的美食,也可以根据店铺名称、美食类别、和店主查询相应的店铺,或者进行模糊查询。具体界面实现如图 9-21 所示。

关键代码如下:

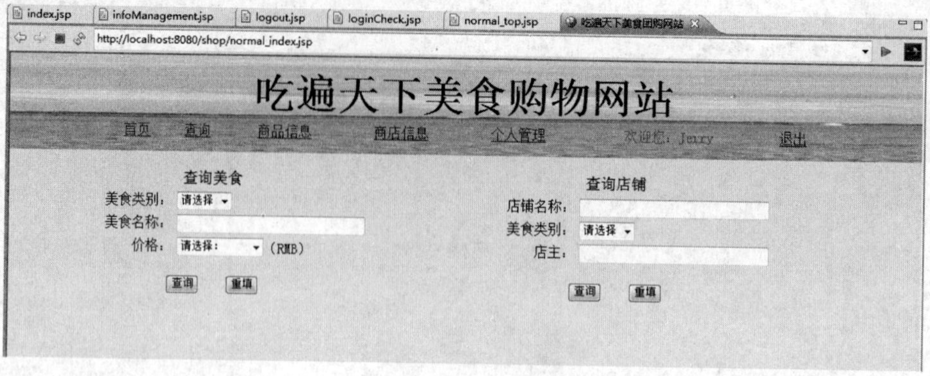

图 9-21 查询页面

```
<form name="form1" action="showGoods.jsp" method="post">
    <font size="4">
        查询美食
        </font><br>
<tr>
        <td width="40%" align="right">美食类别:</td>
        <td width="60%" align="left">
        <select name="goodsField">
            <option value="0" selected>请选择</option>
        <%
            ResultSet rs=goodsField.showAllFields();
            while(rs.next())
            {
        %>
                <option value=<%=rs.getLong("ID")%>><%=rs.getString("name")%>
</option>
        <%
            }
        %>
        </select>
        </td>
    </tr>
    <tr>
        <td width="40%" align="right">美食名称:</td>
        <td width="60%" align="left"><input type="text" name="title" size="30">
</td>
    </tr>
    <tr>
        <td width="40%" align="right">价格:</td>
        <td width="60%" align="left">
        <select name="tprice">
```

```
        <option value="0" selected>请选择:</option>
        <option value="1">0--100</option>
        <option value="2">100--500</option>
        <option value="3">500--2000</option>
        <option value="4">2000--5000</option>
        <option value="5">5000--10000</option>
        <option value="6">10000--</option>
        </select>(RMB)</td>
    </tr>
    <tr>
        <td colspan="2" align="center"><br>
        <input type="submit" name="submit1" value="查询">   
        <input type="reset" name="reset1" value="重填">
        </td>
    </tr>
    </form>
```

由 form 的 action 属性可知，单击“查询”按钮以后数据由 showGoods.jsp 页面接收和处理，showGoods.jsp 页面的源代码如下：

```
<%@page language="java" contentType="text/html; charset=GB2312"
import="java.sql.*,com.tuan.*" pageEncoding="GB2312"%>
<jsp:useBean scope="page" id="executeWay" class="com.tuan.executeWay" />
<%
    request.setCharacterEncoding("GB2312");
    int count=0;
    int totalPageCount=0;
    int perPageCount=5;
    int currentPage=1;
    String pageId=request.getParameter("page");
    if(pageId!=null)
        {
            currentPage=Integer.parseInt(pageId);
        }
    String title=request.getParameter("title");
    String tprice=request.getParameter("tprice");
    String strGoodsField=request.getParameter("goodsField");
    long goodsField=0;
    String strField="";
    if(strGoodsField !=null && strGoodsField !="")
    {
        goodsField=Long.parseLong(strGoodsField);
    }
    else
    {
```

```
            strGoodsField="0";
        }
        if(goodsField>0)
        {
            strField=" and goodsField="+goodsField;
        }
        String strPrice="";
        int intPrice=0;
        if(tprice !=null)
        {
            intPrice=Integer.parseInt(tprice);
        }
        switch(intPrice)
        {
            case 1: strPrice=" and tprice <100 ";
                    break;
            case 2: strPrice=" and tprice <=500 and tprice>100 ";
                    break;
            case 3: strPrice=" and tprice <=2000 and tprice>500 ";
                    break;
            case 4: strPrice=" and tprice <=5000 and tprice>2000 ";
                    break;
            case 5: strPrice=" and tprice <=10000 and tprice>5000 ";
                    break;
            case 6: strPrice=" and tprice>10000 ";
                    break;
        }
        if(title==null)
        {
            title="";
        }
        title=title.trim();
        String strSql =" select * from goods where title like '%"+ title +"% '"+
strPrice+" "+strField;
    %>
    <html>
    <head>
    <meta http-equiv="Content-Type" content="text/html; charset=GB2312">
    <title>吃遍天下美食团购网站</title>
    </head>
    <body bgcolor="A0FFFF">
    <div align=center>
    <p align="center"><font size="5">最新团购信息</font></p>
        <table width="90%" style="text-align:center">
```

```
        <tr bgcolor="#DFDFDF">
            <td align="center"><font size="4">美食类别</font></td>
            <td align="center"><font size="4">美食名称</font></td>
            <td align="center"><font size="4">市场价格</font></td>
            <td align="center"><font size="4">团购价格</font></td>
            <td align="center"><font size="4">所属店铺</font></td>
            <td align="center"><font size="4">发布时间</font></td>
        </tr>
    <%
        ResultSet rs=executeWay.exeSqlQuery(strSql);
        rs.last();//移到末尾
        count=rs.getRow();//取得总查询数
        totalPageCount=(count+perPageCount -1)/perPageCount;
                if(currentPage>totalPageCount || currentPage<=0)
                {
                    currentPage=1;
                }
        int  currentIndex=(currentPage -1) * perPageCount+1;
        if(count>0)
            {
            rs.absolute(currentIndex);
            String strSql1="select name from goodsField where ID='"+rs.getLong
("goodsField")+"'";
             String strSql2="select * from users where ID='"+rs.getLong
("issuer")+"'";
            ResultSet rs1=executeWay.exeSqlQuery(strSql1);
            ResultSet rs2=executeWay.exeSqlQuery(strSql2);
            rs1.first();
            rs2.first();
            %>
    <tr>
            <td> <%=rs1.getString("name")%></td>
            <td> <a href=goodsShow.jsp?ID=<%=rs.getLong("ID")%>
target=_blank><%=rs.getString("title")%></a></td>
            <td> <%=rs.getLong("price")%></td>
            <td> <%=rs.getLong("tprice")%></td>
            <td> <%=rs2.getString("shopName")%></td>
            <td> <%=rs.getString("createDate")%></td></td>
        </tr>
            <%
                int i=1;
                while(rs.next())
                {
                    strSql1="select name from goodsField where ID='"+rs.
```

```
getLong("goodsField")+"'";
                        strSql2="select * from users where ID='"+rs.getLong
("issuer")+"'";
                        rs1=executeWay.exeSqlQuery(strSql1);
                        rs2=executeWay.exeSqlQuery(strSql2);
                        rs1.first();
                        rs2.first();
                %>
                    <tr>
                        <td> <%=rs1.getString("name")%></td>
                        <td> <a href=goodsShow.jsp?ID=<%=rs.getLong
("ID")%>target=_blank><%=rs.getString("title")%></a></td>
                        <td> <%=rs.getLong("price")%></td>
                        <td> <%=rs.getLong("tprice")%></td>
                        <td> <%=rs2.getString("shopName")%></td>
                        <td> <%=rs.getString("createDate")%></td>
                    </tr>
                <%
                    i++;
                    if(i>  perPageCount-1) break;
                }
            }
        %>
        </td>
            </tr>
        </table>
<br>
        <table width="90%" border=0>
            <TR height="20">
            <TD  width="25%"  height="20" align="center" valign="top">
            共<font color="#0000FF"><%=count %></font>条
            第<font color="#0000FF"><%=currentPage %></font>页/共
            <font color="#0000FF"><%=totalPageCount %></font>页
            </TD>
            <TD  width="10%" height="20"  align="center" valign="top">
            <form name="form1" action="showGoods.jsp" method="post">
            <input type="hidden" name="title" value="<%=title%>">
            <input type="hidden" name="price" value="<%=intPrice%>">
            <input type="hidden" name="goodsField" value="<%=strGoodsField%>">
            <input type="hidden" name="page" value="1">
            <input type="submit" name="sub1" value="首页">
            </form>
            </TD>
            <TD  width="10%"  height="20" align="center" valign="top">
```

```
    <form name="form2" action="showGoods.jsp" method="post">
    <input type="hidden" name="title" value="<%=title%>">
    <input type="hidden" name="price" value="<%=intPrice%>">
    <input type="hidden" name="goodsField" value="<%=strGoodsField%>">
    <input type="hidden" name="page" value="<%=currentPage-1%>">
    <input type="submit" name="sub2" value="上一页">
    </form>
    </TD>
    <TD  width="10%"  height="20" align="center" valign="top">
    <form name="form3" action="showGoods.jsp" method="post">
    <input type="hidden" name="title" value="<%=title%>">
    <input type="hidden" name="price" value="<%=intPrice%>">
    <input type="hidden" name="goodsField" value="<%=strGoodsField%>">
    <input type="hidden" name="page" value="<%=currentPage+1%>">
    <input type="submit" name="sub3" value="下一页">
    </form>
    </TD>
    <TD width="10%"  height="20" align="center" valign="top">
    <form name="form4" action="showGoods.jsp" method="post">
    <input type="hidden" name="title" value="<%=title%>">
    <input type="hidden" name="price" value="<%=intPrice%>">
    <input type="hidden" name="goodsField" value="<%=strGoodsField%>">
    <input type="hidden" name="page" value="<%=totalPageCount%>">
    <input type="submit" name="sub4" value="尾页">
    </form>
    </TD>
    <TD  width="20%" height="20" valign="top" align="center">
    <form name="form5" action="showGoods.jsp" method="post">
    <input type="hidden" name="title" value="<%=title%>">
    <input type="hidden" name="price" value="<%=intPrice%>">
    <input type="hidden" name="goodsField" value="<%=strGoodsField%>">
       到第<input type="text" name="page" size="3">页  
    <input type="submit" name="sub5" value="GO">
    </form>
    </TD>
    </TR>
  </table>
  </div>
</body>
</html>
```

在普通用户主页面(见图 9-22)中,单击相应的美食名称即可以弹出图 9-23 所示的窗口,在此窗口中可以查看美食商品所有的详细信息,并可以对该美食商品发表留言。

图 9-22 普通用户主页面

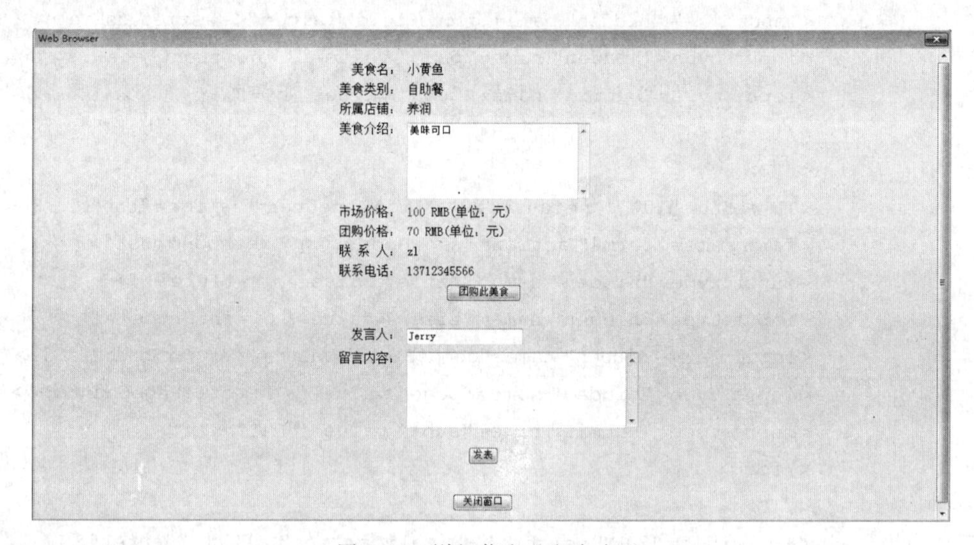

图 9-23 详细信息及留言窗口

关键实现代码如下：

```
<jsp:useBean scope="page" id="goodsField" class="com.tuan.goodsField" />
<jsp:useBean scope="page" id="goods" class="com.tuan.goods" />
<jsp:useBean scope="page" id="user" class="com.tuan.user" />
<jsp:useBean scope="page" id="executeWay" class="com.tuan.executeWay" />
<%
    String strID=request.getParameter("ID");
    goods.init(strID);
    goodsField.init(goods.goodsField+"");
    user.init(String.valueOf(goods.issuer));
%>
<body bgcolor="A0FFFF">
<div align="center">
    <%
```

```
        if(goods.goodsURL.indexOf(".")>0)
        {
        %>
        <p align="center">
        <a href=showPhoto.jsp?photo=<%=goods.goodsURL%>target=_self>
        <img width="200" height="150" src="./uploadPhotos/<%=goods.goodsURL%>"
 border="0">
        </a>
        </p>
        <%
        }
    %>
<TABLE cellSpacing=1 cellPadding=3 width="90%" align=center   border=0>
        <TBODY>
        <tr>
          <td align=right width="40%">美食名:</td>
          <td align=left width="60%"><%=goods.title%></td>
          </tr>
        <tr>
          <td align=right>美食类别:</td>
          <td align=left><%=goodsField.name%>
          </td></tr>
        <tr>
          <td align=right>所属店铺:</td>
          <td align=left><%=user.shopName%>
          </td></tr>
        <tr>
          <td vAlign=top align=right>美食介绍:</td>
          <td align=left><textarea name=description rows=6 id="descriptions"
style="WIDTH: 233px"><%=goods.description%></textarea></td>
        </tr>
        <tr>
          <td vAlign=top align=right>市场价格:</td>
          <td align=left><font color="#0000FF"><%=goods.price%></font>RMB
(单位:元)   
        </tr>
        <tr>
          <td vAlign=top align=right>团购价格:</td>
          <td align=left><font color="#0000FF"><%=goods.tprice%></font>RMB
(单位:元)   
        </tr>
        <tr>
          <td vAlign=top align=right>联 系 人:</td>
          <td align=left><%=goods.linkMan%></td></tr>
```

```
        <tr>
          <td vAlign=top align=right>联系电话:</td>
          <td align=left><%=goods.telephone%></td></tr>
          <tr>
          <td vAlign=top align=center colspan=2>
          <input type=button name=attention value="团购此美食" onclick=
"javascript:window.location='buySave.jsp?ID=<%=strID%>'">
          </td>
          </tr>
       </TABLE>
       <br>
       <%
       String strSql="select * from 'discussion' where tag!=-1 and goodsID=
'"+strID+"' order by createDate desc";
        ResultSet rs=executeWay.exeSqlQuery(strSql);
        while(rs.next())
        {
        %>
            <table cellSpacing=1 cellPadding=3 width="90%" align=center
border=0>
            <tr>
            <td width="40%" vAlign=top align=right><span>发言人:</span></td>
            <td width="60%"align=left><%=rs.getString("authorName") %></td>
            </tr>
            <tr>
            <td width="40%" vAlign=top align=right><span>发表时间:</span></td>
            <td width="60%"align=left><%=rs.getString("createDate") %></td>
          </tr>
          <tr>
            <td width="40%" vAlign=top align=right><span>留言内容:</span></td>
            <td width="60%"align=left> <%=rs.getString("content") %></td>
          </tr>
            </table>
        <%}%>
        <form name=form1 method="post" action="discussionSave.jsp">
        <table cellSpacing=1 cellPadding=3 width="90%" align=center   border=0>
        <input type=hidden name="goodsID" value=<%=strID%>>
           <tr>
           <td width="20%" vAlign=top align=right><span>发言人:</span></td>
           <td width="80%" align=left>
           <input type="text" name="authorName"
           <%
           com.tuan.user user2=(com.tuan.user)session.getAttribute("user");
           if(user2 !=null)
```

```
            out.println(" value="+user2.userName+" readonly=true");%>>
            </td>
          </tr>
          <tr>
            <td width="40%" vAlign=top align=right><span></span>留言内容:
</span></td>
            <td width="60%" align=left><TEXTAREA name="content" rows=6 cols=
40></TEXTAREA></td>
          </tr>
            </table>
            <p align=center><input type="submit" name=submit1 value="发表"></p>
            </form>
        <br>
        <p align=center>
        <input type=button name=closewin onclick="javascript:window.close()"
value="关闭窗口"></p></div>
</body>
```

同理,在商店信息模块中可以显示所有商店的名称(见图 9-24),当用户单击相应的商店名称时就会弹出图 9-25 所示的页面,其实现代码读者可以参照"商品信息"模块部分代码自行完成。

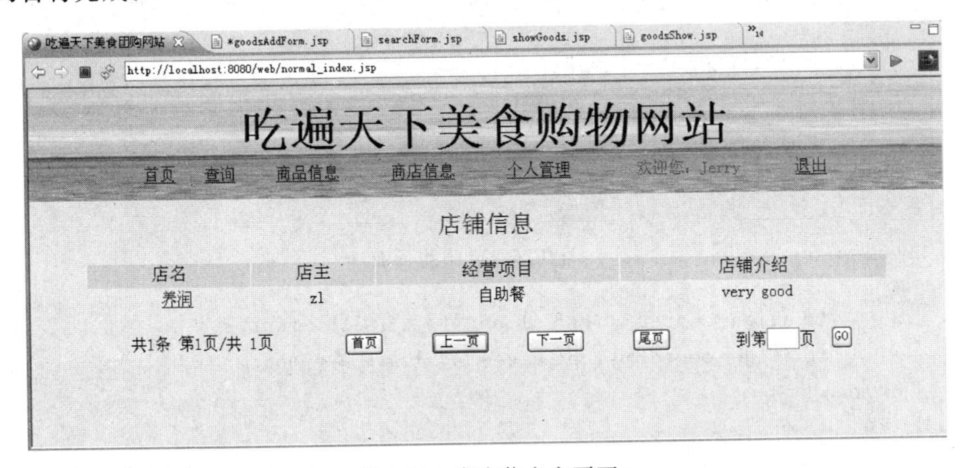

图 9-24 商店信息主页面

用户单击"个人管理"可以查看"我的团购"、"留言记录"以及进行"修改密码"等操作。其中"我的团购"页面如图 9-26 所示,关键代码如下:

```
<p align="center"><font size="5">已团购美食</font></p>
<form name=form1 method=post target=_self id=form1 onsubmit="checkDel()">
<table width=90%border=0>
    <tr bgcolor="#DFDFDF">
        <td align=center><font size="4">选择</font></td>
        <td align=center><font size="4">美食名称</font></td>
```

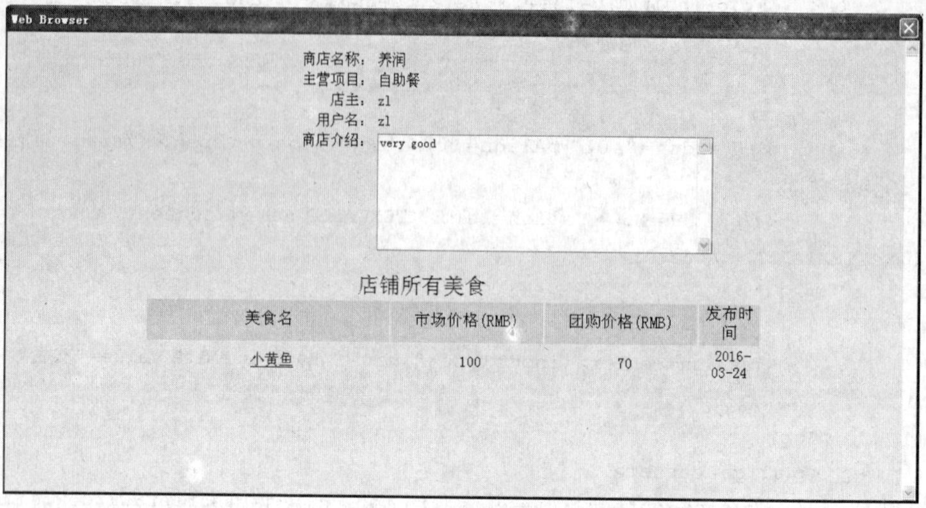

图 9-25 商店详细信息

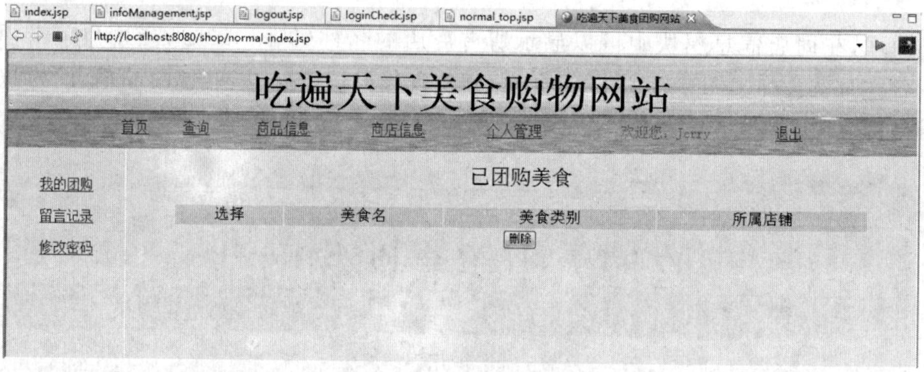

图 9-26 已团购页面

```
        <td align=center><font size="4">美食类别</font></td>
        <td align=center><font size="4">所属店铺</font></td>
    </tr>
    <%
        String strID=((com.tuan.user)session.getAttribute("user")).ID+"";
        ResultSet rs=buy.showAllbuys(strID);
        while(rs.next())
        {
            String strSql="select g.title,gf.name,u.shopName from goods g,
 goodsField gf,users u where g.goodsField=gf.ID and g.issuer=u.ID and g.ID="+
rs.getLong("goodsID");
            ResultSet rs1=executeWay.exeSqlQuery(strSql);
            if(rs1.next())
            {
        %>
```

```
            <tr align=center>
            <td>
            <input type=checkbox name=selAttention value=<%=rs.getLong("ID")%>>
            </td>
            <td>
            <a href=goodsShow.jsp?ID=<%=rs.getLong("ID")%>target=_blank>
            <%=rs1.getString("g.title")%>
            </a>
            </td>
            <td>
            <%=rs1.getString("gf.name")%>
            </td>
            <td>
            <%=rs1.getString("u.shopName")%>
            </td>
            </tr>
        <%
            }
        }
    %>
</table>
<input type=submit name=submit value=删除>
</form>
```

“留言记录”的关键代码如下：

```
<body bgcolor="A0FFFF">
<jsp:useBean id="discussion" scope="page" class="com.tuan.discussion"/>
<jsp:useBean id="executeWay" scope="page" class="com.tuan.executeWay"/>
<jsp:useBean id="goods" scope="page" class="com.tuan.goods"/>
<div align=center>
<p align="center"><font size="5">所发布留言</font></p>
<form name=form1 method=post target=_self id=form1 onsubmit="checkDel()">
<table width=90%border=0>
    <tr bgcolor="#DFDFDF">
        <td align=center><font size="4">选择</font></td>
        <td align=center><font size="4">留言内容</font></td>
        <td align=center><font size="4">商品对象</font></td>
        <td align=center><font size="4">留言时间</font></td>
    </tr>
    <%
        String strID=((com.tuan.user)session.getAttribute("user")).ID+"";
        ResultSet rs=discussion.showDiscussions(strID);
        while(rs.next())
        {
```

```
            goods.init(rs.getString("goodsID"));
        %>
            <tr align=center>
            <td>
            <input type=checkbox name=selDiscussion value=<%=rs.getLong("ID")%>>
            </td>
            <td>
            <%=rs.getString("content")%>
            </td>
            <td>
            <a href=goodsShow.jsp?ID=<%=rs.getLong("ID")%>target=_blank>
            <%=goods.title%>
            </a>
            </td>
            <td>
            <%=rs.getString("createDate")%>
            </td>
            </tr>
        <%
        }
    %>
</table>
<input type=submit name=submit value=删除>
</form>
```

“留言记录”中涉及的JavaBean——discussion.java的代码如下：

```
package com.tuan;
import java.sql.*;
import java.text.*;
public class discussion extends executeWay
{
    public long ID;
    public long goodsID;
    public long authorID;
    public String authorName;
    public String content;
    public String createDate;
    public int disType;
    public int tag;
    private String strSql;
    private SimpleDateFormat dateFormatter;
    public discussion()
    {
        super();
```

```
        dateFormatter=new SimpleDateFormat("yyyy-MM-dd");
        ID=0;
        goodsID=0;
        authorName="";
        content="";
        authorID=0;
        createDate=dateFormatter.format(new java.util.Date());
        disType=1;
        tag=0;
        strSql="";
    }
    public boolean add()
    {
        strSql="insert into discussion ";
        strSql=strSql+"(";
        strSql=strSql+"goodsID,";
        strSql=strSql+"authorID,";
        strSql=strSql+"authorName,";
        strSql=strSql+"content,";
        strSql=strSql+"createDate,";
        strSql=strSql+"disType,";
        strSql=strSql+"tag";
        strSql=strSql+") ";
        strSql=strSql+"values(";
        strSql=strSql+"'"+goodsID+"',";
        strSql=strSql+"'"+authorID+"',";
        strSql=strSql+"'"+authorName+"',";
        strSql=strSql+"'"+content+"',";
        strSql=strSql+"'"+createDate+"',";
        strSql=strSql+"'"+disType+"',";
        strSql=strSql+"'"+tag+"'";
        strSql=strSql+")";
        boolean isAdd=super.exeSqlUpdate(strSql);
        return isAdd;
    }
    public boolean delete(String webID)
    {

        strSql="delete from 'discussion' where ID='";
        strSql=strSql+webID+"'";
        boolean isDelete=super.exeSqlUpdate(strSql);
        return isDelete;
    }
    public boolean  init(String webID)
```

```
        {
            strSql="select * from 'discussion' where ID=";
            strSql=strSql+"'"+webID+"'";
            try
            {
                ResultSet rs=super.exeSqlQuery(strSql);
                if (rs.next())
                {
                    ID=rs.getLong("ID");
                    goodsID=rs.getLong("goodsID");
                    authorID=rs.getLong("authorID");
                    authorName=rs.getString("authorName");
                    content=rs.getString("content");
                    createDate=rs.getString("createDate");
                    disType=rs.getInt("disType");
                    tag=rs.getInt("tag");
                    return true;
                }
                else
                {
                   return false;
                }
            }
            catch(Exception ex)
            {
                System.out.println(ex.toString());
                return false;
            }
        }
    public ResultSet showDiscussions(String authorID)
        {
            strSql="select * from 'discussion' where tag!=-1 and authorID='"+
authorID+"'";
            ResultSet rs=null;
            try
            {
               rs=super.exeSqlQuery(strSql);

            }
            catch(Exception ex)
            {
                System.out.println(ex.toString());

            }
```

```
            return rs;
    }
    public ResultSet showAllDiscussions()
    {
            strSql="select * from 'discussion' where tag!=-1";
            ResultSet rs=null;
            try
            {
                rs=super.exeSqlQuery(strSql);

            }
            catch(Exception ex)
            {
                System.out.println(ex.toString());

            }
            return rs;
    }
}
```

“修改密码”页面如图 9-27 所示。

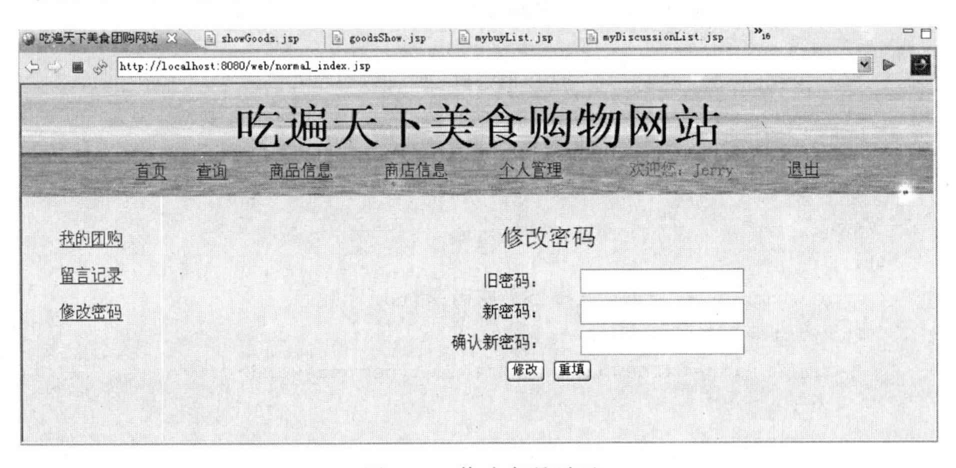

图 9-27 修改密码页面

关键实现代码如下：

```
<SCRIPT language=javascript>
<!--
function checkform()
{
    if(FORM1.txtoldpasswd.value=="")
    {
        alert("旧密码不能为空.");
        FORM1.txtoldpasswd.focus();
```

```
            return false;
        }
        if(FORM1.txtnewpasswd.value=="")
        {
            alert("新密码不能为空.");
            FORM1.txtnewpasswd.focus();
            return false;
        }
        if (FORM1.txtnewpasswd.value!=FORM1.txtcfpasswd.value)
        {
              alert("两次输入密码不一致.");
              FORM1.txtnewpasswd.focus();
              return false;
        }
        return true ;
    }
    //-->
    </SCRIPT>
    <form name = FORM1 method = post action = modifyPasswordSave.jsp   onSubmit =
"return checkform()">
    <p align=center><font size=5>修改密码</font></p>
        <tr>
          <td  width=50%align=right>旧密码:</td>
          <td width=50%>
            <input name=txtoldpasswd size=23 type=password>
             </td>
        </tr>
        <tr>
          <td  width=50%align=right>新密码:</td>
          <td width=50%>
            <input name=txtnewpasswd size=23 type=password>
            </td>
        </tr>
        <tr>
          <td  width=50%align=right>确认新密码:</td>
          <td width=50%>
            <input name=txtcfpasswd size=23 type=password>
            </td>
        </tr>
        <tr>
          <td colspan=2>
            <p align=center>
              <input name=submit type=submit value=修改>
              <input name=reset type=reset value=重填>
```

modifyPasswordSave.jsp 的关键代码如下：

```
<body bgcolor="A0FFFF">
<jsp:useBean id="user" scope="page" class="com.tuan.user"/>
<center>
<%
    String strID=String.valueOf(((com.tuan.user)session.getAttribute("user")).
ID);
    user.init(strID);
    if(0==user.userPassword.compareTo(request.getParameter("txtoldpasswd")))
    {
        String strUserpassword=request.getParameter("txtnewpasswd");
        if(user.updatekey(strID,strUserpassword))
        {
            %>
                <font color="blue" size=4><b>密码修改成功!</b></font>
                    <br><br>
                <input type=button name=Goback value="确定" onclick="javascript:
window.history.go(-1)">
            <%
        }
        else
        {
            %>
            <font color="red" size=4><b>密码修改失败,请稍后再试!</b></font>
                    <br><br>
            <input type=button name=Goback value="返回" onclick="javascript:
window.history.go(-1)">
            <%
        }
    }
    else
    {
        %>
        <font color="red" size=4><b>密码错误,请输入正确旧密码!</b></font>
                    <br><br>
         <input type=button name=Goback value="返回" onclick="javascript:
window.history.go(-1)">
            <%
    }
%>
```

商家和管理员的密码管理也可以按上述代码来实现。

6. 管理员相关维护工作

管理员可以对该购物平台进行维护，主要体现在“商店管理”、“用户管理”、“商品管理”、“团购订单管理”、“美食类别管理”等。

1）商店管理

“商店管理”包含“添加店铺”、“审批店铺”、“浏览店铺”等功能，店铺的审批和浏览前面已经介绍过，管理员添加店铺的页面如图 9-28 所示。

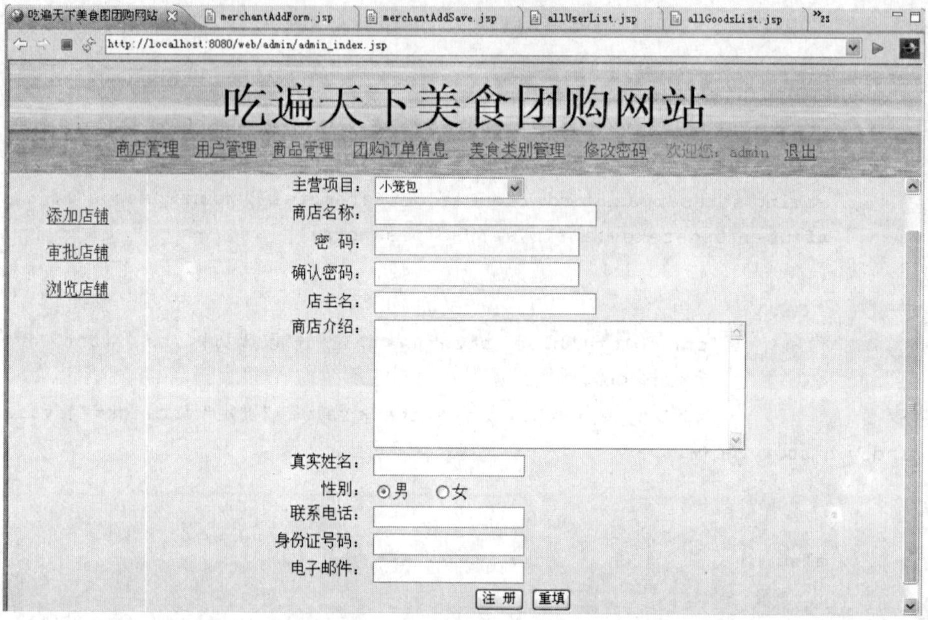

图 9-28 添加店铺页面

页面表单的设计读者可以自行完成，处理该表单内容的关键代码如下：

```
<jsp:useBean scope="page" id="user" class="com.tuan.user" />
<%
    request.setCharacterEncoding("GB2312");
    String strUsername=request.getParameter("userName");
    if(!user.isExist(strUsername))
    {
        user.userName=strUsername;
        user.userPassword=request.getParameter("userPassword");
        user.email=request.getParameter("email");
        user.sex=Integer.parseInt(request.getParameter("sex"));
        user.identityID=request.getParameter("identityID");
        user.shopName=request.getParameter("shopName");
        user.shopIntro=request.getParameter("shopIntro");
        user.shopper=request.getParameter("shopper");
        user.realName=request.getParameter("realName");
        user.telephone=request.getParameter("telephone");
        user.sysRole=2;
        user.tag=1;
```

```
        SimpleDateFormat dateFormatter=new SimpleDateFormat("yyyy-MM-dd");
        user.createDate=dateFormatter.format(new java.util.Date());
        user.mainFields=Long.parseLong(request.getParameter("mainFields"));
        boolean isAdd=user.add();
        if(isAdd)
        {
            %>
            <br><br>
            <p align=center>
            <font size=5 color=blue>
            <b>用户添加成功</b>
            </font>
            </p>
            <p align=center>
            <input type=button name=btnlogin value=登录 onclick="javascript:
window.location='allMerchantList.jsp'">
            </p>
            <%
        }
        else
        {
            %>
            <br><br>
            <p align=center>
            <font size=5 color=red>
            <b>用户添加失败,请稍后再试!</b>
            </font>
            </p>
            <p align=center>
            <input type=button name=btnlogin value=返回 onclick=javascript:
window.history.go(-1)>
            </p>
    <%
        }
    }
    else
    {
        %>
            <br><br>
            <p align=center>
            <font size=5 color=red>
            <b>该用户名已经存在!</b>
            </font>
            </p>
```

```
        <p align=center>
        <input type=button name=btnlogin value=返回 onclick=javascript:
window.history.go(-1)>
        </p>
    <%
    }
    %>
```

2）用户管理

用户管理模块分为两个功能：一个是“添加用户”，另一个是“用户管理”，管理员可以手动添加用户，具体实现界面如图 9-29 所示。

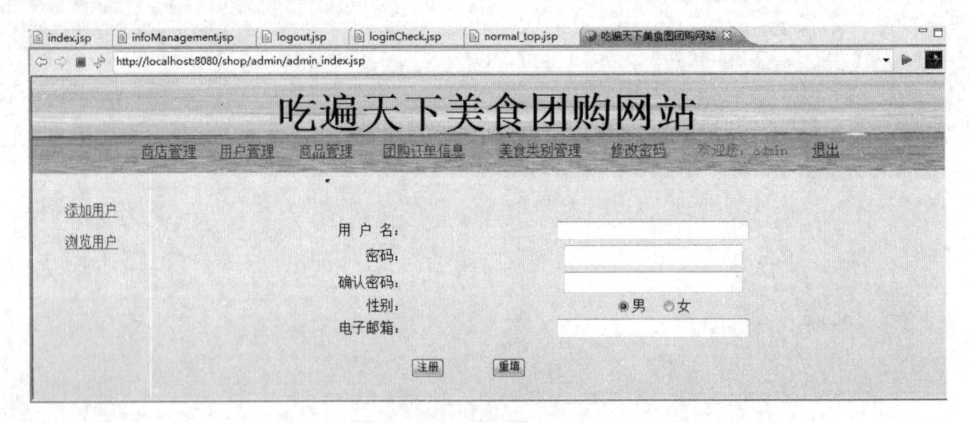

图 9-29 添加用户页面

具体代码读者可以参考“添加店铺”模块的代码自行实现。

“浏览用户”可以展示所有用户的列表，并可以删除某一普通用户，具体实现效果如图 9-30 所示。

图 9-30 用户管理页面

关键实现代码如下：

```
<jsp:useBean scope="page" id="goods" class="com.tuan.goods" />
<jsp:useBean scope="page" id="user" class="com.tuan.user" />
<jsp:useBean scope="page" id="executeWay" class="com.tuan.executeWay" />
<%
    int count=0;
    int totalPageCount=0;
    int perPageCount=5;
    int currentPage=1;
    String pageId=request.getParameter("page");
    if(pageId!=null)
        {
            currentPage=Integer.parseInt(pageId);
        }
%>
<p align="center"><font size="5">普通用户信息</font></p>
        <table width="90%" border=0 style="text-align:center">
        <form name="form1" action="userDelete.jsp" method="post">
        <input type=hidden name="page" value=<%=currentPage%>>
        <input type=hidden name="toURL" value="allUserList.jsp">
            <tr bgcolor="#DFDFDF">
                <td align="center"><font size="4">用户名</font></td>
                <td align="center"><font size="4">密码</font></td>
                <td align="center"><font size="4">Email</font></td>
                <td align="center"><font size="4">删除</font></td>
            </tr>
        <%
            ResultSet rs=user.showAllUsers();
            rs.last();
            count=rs.getRow();
            totalPageCount=(count+perPageCount -1)/perPageCount;
            if(currentPage>totalPageCount || currentPage<=0)
                {
                    currentPage=1;
                }
            int  currentIndex=(currentPage -1) * perPageCount+1;
            if(count>0)
                {
                    rs.absolute(currentIndex);
                %>
            <tr>
                <td> <%=rs.getString("userName")%></td>
                <td> <%=rs.getString("userPassword")%></td>
                <td> <%=rs.getString("email")%></td>
                <td align=center>
```

```
                <input type=checkbox name=deleteID value=<%=rs.getLong("ID")%>>
                </td>
            </tr>
                <%
                    int i=1;
                    while(rs.next())
                    {
                %>
                    <tr>
                        <td> <%=rs.getString("userName")%></td>
                        <td> <%=rs.getString("userPassword")%></td>
                        <td> <%=rs.getString("email")%></td>
                        <td align=center><input type=checkbox name=deleteID
value=<%=rs.getLong("ID")%>></td>
                    </tr>
                <%
                    i++;
                    if(i>  perPageCount-1) break;
                }
            }
        %>
        <tr>
            <td colspan=5 align=center><br>
                <input type=submit name=delete value=删除所选用户>
            </td>
        </tr>
            </form>
        </table>
<br>
        <table width="90%" border=0>
        <tr align="right" valign="top">
            <td colspan="4" align="right">
            <%
        String firstLink,lastLink,preLink,nextLink;
        firstLink="allUserList.jsp?page=1";
        lastLink="allUserList.jsp?page="+totalPageCount;
        if(currentPage>1)
        {
            preLink="allUserList.jsp?page="+(currentPage-1);
        }
        else
        {
            preLink=firstLink;
        }
```

```
        if(currentPage <=totalPageCount-1)
        {
            nextLink="allUserList.jsp?page="+(currentPage+1);
        }
        else
        {
            nextLink=lastLink;
        }
    %>
    <form method="post" action="allUserList.jsp">
                                        //"allUserList.jsp"为本页面名称
        <p align=center>共<font color="#0000FF"><%=count %></font>条 第<font
color="#0000FF"><%=currentPage %></font>页/共<font color="#0000FF"><%=
totalPageCount %></font>页 | <a href=<%=firstLink%>>首页 </a>| <a href=<%=
preLink%>>上一页 </a>| <a href=<%=nextLink%>>下一页 </a>| <a href=<%=lastLink%>>
尾页 </a>| 转到
          <input type="text" name=page  size=2><input type="submit" name=submit
value=GO></p>
        </form>
            </td>
          </tr>
        </table>
```

3）商品管理

在“商品管理”模块管理员可以对所有美食信息进行查看和修改，具体实现效果图如图 9-31 所示。

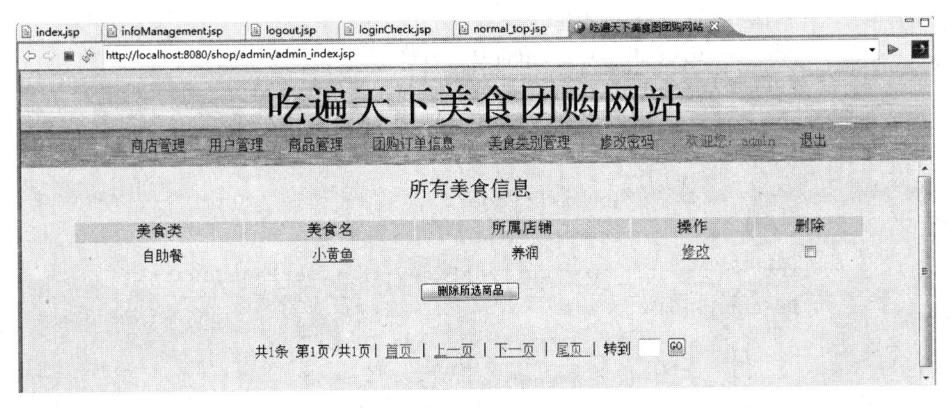

图 9-31 商品管理页面

关键实现代码如下：

```
<jsp:useBean scope="page" id="goods" class="com.tuan.goods" />
<jsp:useBean scope="page" id="executeWay1" class="com.tuan.executeWay" />
<jsp:useBean scope="page" id="executeWay2" class="com.tuan.executeWay" />
```

```
<%
    int count=0;
    int totalPageCount=0;
    int perPageCount=5;
    int currentPage=1;
    String pageId=request.getParameter("page");
    if(pageId!=null)
        {
            currentPage=Integer.parseInt(pageId);
        }
%>
<p align="center"><font size="5">所有美食信息</font></p>
<form name=form1 action=goodsDelete.jsp method=post>
        <input type=hidden name="page" value=<%=currentPage%>>
        <table width="90%" border=0 style="text-align:center">
            <tr bgcolor="#DFDFDF">
                <td align="center"><font size="4">美食类</font></td>
                <td align="center"><font size="4">美食名称</font></td>
                <td align="center"><font size="4">所属店铺</font></td>
                <td align="center"><font size="4">操作</font></td>
                <td align="center"><font size="4">删除</font></td>
            </tr>
            <tr>
            <td>
        <%
            ResultSet rs=goods.showGoods();
            rs.last();//移到末尾
            count=rs.getRow();//取得总查询数
            totalPageCount=(count+perPageCount -1)/perPageCount;
                        if(currentPage>totalPageCount || currentPage<=0)
                        {
                            currentPage=1;
                        }
            int  currentIndex=(currentPage -1) * perPageCount+1;
            if(count>0)
                {
                rs.absolute(currentIndex);
                String strSql1="select name from goodsField where ID='"+rs.getLong
("goodsField")+"'";
                 String strSql2="select * from users where ID='"+rs.getLong
("issuer")+"'";
                ResultSet rs1=executeWay1.exeSqlQuery(strSql1);
                ResultSet rs2=executeWay1.exeSqlQuery(strSql2);
                rs1.first();
```

```
            rs2.first();
            %>
        <tr>
            <td> <%=rs1.getString("name")%></td>
            <td> <a href=../goodsShow.jsp?ID=<%=rs.getLong("ID")%>
target=_blank><%=rs.getString("title")%></a></td>
            <td> <%=rs2.getString("shopName")%></td>
            <td> <a href=goodsModifyForm.jsp?ID=<%=rs.getLong("ID")%>>
修改</a></td>
            <td align=center><input type=checkbox name=deleteID value=<%=
rs.getLong("ID")%>></td>
        </tr>
            <%
                int i=1;
                while(rs.next())
                {
                    strSql1="select name from goodsField where ID='"+rs.
getLong("goodsField")+"'";
                     strSql2="select * from users where ID='"+rs.getLong
("issuer")+"'";
                    rs1=executeWay1.exeSqlQuery(strSql1);
                    rs2=executeWay1.exeSqlQuery(strSql2);
                    rs1.first();
                    rs2.first();
            %>
                <tr>
                    <td> <%=rs1.getString("name")%></td>
                    <td> <a href=../goodsShow.jsp?ID=<%=rs.getLong
("ID")%>target=_blank><%=rs.getString("title")%></a></td>
                    <td> <%=rs2.getString("shopName")%></td>
                    <td> <a href=goodsModifyForm.jsp?ID=<%=rs.
getLong("ID")%>>修改</a></td>
                    <td align=center><input type=checkbox name=deleteID
value=<%=rs.getLong("ID")%>></td>
                </tr>
            <%
                i++;
                if(i>  perPageCount-1) break;
            }
        }
    %>
    </td>
        </tr>
        <tr>
```

```
            <td colspan=5 align=center><br><input type=submit name=delete
value=删除所选商品></td>
        </tr>
        </table>
        </form>
<br>
        <table width="90%" border=0>
        <tr align="right" valign="top">
            <td colspan="4" align="right">
            <%
        String firstLink,lastLink,preLink,nextLink;
        firstLink="allGoodsList.jsp?page=1";
        lastLink="allGoodsList.jsp?page="+totalPageCount;
        if(currentPage>1)
        {
            preLink="allGoodsList.jsp?page="+(currentPage-1);
        }
        else
        {
            preLink=firstLink;
        }
        if(currentPage <=totalPageCount-1)
        {
            nextLink="allGoodsList.jsp?page="+(currentPage+1);
        }
        else
        {
            nextLink=lastLink;
        }
       %>
       <form method="post" action="allGoodsList.jsp">
                                                   //"allGoodsList.jsp"为本页面名称
        <p align=center>共<font color="#0000FF"><%=count %></font>条 第<font
color="#0000FF"><%=currentPage %></font>页/共<font color="#0000FF"><%=
totalPageCount %></font>页| <a href=<%=firstLink%>>首页 </a>| <a href=<%=
preLink%>>上一页</a>| <a href=<%=nextLink%>>下一页</a>| <a href=<%=lastLink%>>
尾页 </a>| 转到
          <input type="text" name=page  size=2><input type="submit" name=
submit value=GO></p>
        </form>
            </td>
            </tr>
        </table>
```

本章小结

本章采用JSP、JavaBean、JavaScript以及数据库访问技术构建一个完整的美食购物系统,着重讲解各个功能模块的实现、三种不同的角色权限划分、JavaBean的使用以及数据库的访问技术。读者可以根据前面章节的讲解对本项目程序进行改写,以进一步完善其功能,丰富其界面。

本章习题

改写本章实现的美食购物系统,试利用MVC模式开发,加入Servlet,由Servlet处理请求和控制业务流程,JSP输出界面显示,JavaBean负责具体的业务数据和业务逻辑。

附录A CSS样式表属性

1. 字体属性

字体属性说明如表 A-1 所示。

表 A-1 字体属性说明

属　性	属性含义	属　性　值
font-style	字体风格	normal,italic,oblique
font-variant	字体变化	normal,small-caps
font-weight	字体的粗细	normal,bold,bolder,lighter 等
font-size	字体的大小	数值,百分比或 smaller,larger。数值的单位可以是 in(英寸),cm(厘米),mm(毫米),pc(打印机的字体大小),pt(像素),1in=2.54cm=25.4mm=72pt=6pc;百分比是相对默认值而言;smaller:比当前文字的默认值小一号;larger:比当前文字的默认值大一号
font-family	使用的字体	所有字体,如黑体,隶书
font	以上属性的综合表示	如:font:italic normal bolder 24pt 宋体

2. 颜色和背景属性

颜色和背景属性说明如表 A-2 所示。

表 A-2 颜色和背景属性说明

属　性	属性含义	属　性　值	举　例
color	前景色	颜色值	h1{color:black} h2{color:#0099ff} h3{color:rgb(206,82,28)}
background-color	背景色	颜色值、transparent	body{ background-color:red} p{ background-color:transparent}
background-image	背景图像	统一资源定位器 URL	body{background-image:url(bg.jpg)} p{ background-image:url (http://www.sohu.combg.jpg)}

续表

属 性	属性含义	属 性 值	举 例
background-repeat	背景图像的重复方式	repeat no-repeat repeat-x repeat-y	body{background-repeat: no-repeat}
background-attachment	背景图像是否随页面滚动。默认值为 sroll	sroll fixed	body{background-attachment: fixed}
background-position	指定背景图像的位置	数值、百分比或 top、left、right、bottom、center	body{background-position: 20% 40%} body { background-position: bottom left }
background	背景属性综合表示	背景色、背景图像、重复方式、背景位置	body{background: red url(bg.jpg) no-repeat left 30pt}

3. 文本属性

文本属性说明如表 A-3 所示。

表 A-3 文本属性说明

属 性	属性含义	属 性 值
letter-spacing	设定字符之间的距离	数值或 normal
line-height	设定相邻两行的间距	数值、百分比或 normal
text-decoration	设定文本的修饰效果	none(默认值)、underline(下画线)、overline(上画线)、line-through(删除线)、blink(闪烁)
text-align	设置文本横向对齐方式	left、right、center、justify
vertical-align	设置文本纵向对齐方式	baseline 默认值、super 上标、sub 下标、top 上对齐、middle 居中、bottom 下对齐、text-top 文字上对齐、text-bottom 文字下对齐
text-indent	设定文本行首的缩进方式	数值或百分比

4. 容器属性

CSS 的容器属性包括边距、填充距、边框和宽度、高度等,这些属性很多,下面分类介绍。

边距属性说明如表 A-4 所示。

表 A-4 边距属性说明

属 性	属性含义	属 性 值
margin-top	设置内容与上边界的距离	数值或百分比
margin-right	设置内容与右边界的距离	数值或百分比

续表

属　　性	属性含义	属　性　值
margin-bottom	设置内容与下边界的距离	数值或百分比
margin-left	设置内容与左边界的距离	数值或百分比
margin	以上属性的综合表示	顺序是上、右、下、左，如果只给出 1 个值，则应用于 4 个边界；如果只给出 2 个或 3 个值，则未显式给出值的边用其对边的设定值

填充距属性说明如表 A-5 所示。

表 A-5　填充距属性说明

属　　性	属性含义	属　性　值
padding-top	设置内容与标记块上边界的距离	数值或百分比
padding -right	设置内容与标记块右边界的距离	数值或百分比
padding -bottom	设置内容与标记块下边界的距离	数值或百分比
padding -left	设置内容与标记块左边界的距离	数值或百分比
padding	以上属性的综合表示	顺序是上、右、下、左，如果只给出 1 个值，则应用于 4 个边界；如果只给出 2 个或 3 个值，则未显式给出值的边用其对边的设定值

边框属性说明如表 A-6 所示。

表 A-6　边框属性说明

属　　性	属性含义	属　性　值
border-top-width	设置上边框的宽度	thin、medium、thick、数值
border-right-width	设置右边框的宽度	thin、medium、thick、数值
border-bottom-width	设置下边框的宽度	thin、medium、thick、数值
border-left-width	设置左边框的宽度	thin、medium、thick、数值
border-width	设置上、右、下、左边框的宽度，如果只给出 1 个值，则应用于 4 个边界；如果只给出 2 个或 3 个值，则未显式给出值的边用其对边的设定值	thin、medium、thick、数值
border-top-color	设置上边框的颜色	颜色
border-right-color	设置右边框的颜色	颜色
border-bottom-color	设置下边框的颜色	颜色
border-left-color	设置左边框的颜色	颜色

续表

属性	属性含义	属性值
border-color	设置上、右、下、左边框的颜色，如果只给出1个值，则应用于4个边界；如果只给出2个或3个值，则未显式给出值的边用其对边的设定值	颜色
border-style	设定元素边框的样式	none(默认值)、dotted、dashed、solid、double、groove、ridge、inset、offset
border-top	设置上边框的宽度、样式、颜色	—
border-right	设置右边框的宽度、样式、颜色	—
border-bottom	设置下边框的宽度、样式、颜色	—
border-left	设置左边框的宽度、样式、颜色	—
border	设置边框的宽度、样式、颜色	—

高度及其他属性说明如表 A-7 所示。

表 A-7 高度及其他属性说明

属性	属性含义	属性值
width	设置宽度	auto、百分比、数值
height	设置高度	auto、数值
float	设置文字围绕(浮动)于标记周围的方式	left：标记靠左，设置文字围绕在标记右边；right：标记靠右，设置文字围绕在标记左边；none：以默认位置显示
clear	清除元素浮动	none：不取消浮动；left：文字左侧不能有浮动标记；right：文字右侧不能有浮动元素；both：文字两侧都不能有浮动元素

5. 列表属性

列表属性说明如表 A-8 所示。

表 A-8 列表属性说明

属性	属性含义	属性值
list-style-type	列表项的符号	无序表 disc：实心圆点 circle：空心圆点 square：小方块 有序表 decimal：阿拉伯数字 lower-roman：小写罗马数字 upper-roman：大写罗马数字 lower-alpha：小写英文字母 upper-alpha：大写英文字母 none：不设定

续表

属　性	属 性 含 义	属　性　值
list-style-image	用图像代替列表项的符号	url
list-style-position	列表项的缩进位置	inside：缩进 outside：不缩进
list-style	综合设置	列表项的符号缩进位置

6. 定位属性

定位属性说明如表 A-9 所示。

表 A-9　定位属性说明

属　性	属 性 含 义	属　性　值
position	定位方式(绝对、相对)	absolute：位置设置为 absolute 的元素,可定位于相对于包含它的元素的指定坐标。此元素的位置可通过 left、top、right 以及 bottom 属性规定 relative：位置被设置为 relative 的元素,可将其移至相对于其正常位置的地方,因此"left：20"会将元素移至元素正常位置左边 20 个像素的位置 static：默认。位置设置为 static 的元素,它始终会处于页面流给予的位置(static 元素会忽略任何 top、bottom、left 或 right 声明) fixed：位置被设置为 fixed 的元素,可定位于相对于浏览器窗口的指定坐标。此元素的位置可通过 left、top、right 以及 bottom 属性规定 不论窗口滚动与否,元素都会留在那个位置
left、top	与窗口左端、上端的距离	auto、数值、百分比
width、height	宽和高	auto、数值、百分比
overflow	内容超出时的处理方式	visible：可见 hidden：不可见 scroll：滚动 auto：自动
z-index	三维空间	auto、整数
visibility	可见性	visible：可见 hidden：不可见 inherit：继承

7. 鼠标属性

鼠标属性说明如表 A-10 所示。

表 A-10 鼠标属性说明

属　　性	属性含义	属　性　值
cursor	鼠标的形状	auto：按默认状态自行改变 crosshair：十字形 default：默认方式 hand：手形 move：双箭头十字形 e-resize：横向双箭头 ne-resize：朝右上方双箭头 nw-resize：朝左上方双箭头 n-resize：竖立双箭头 se-resize：朝左上方双箭头 sw-resize：朝右上方双箭头 s-resize：竖立双箭头 w-resize：横向双箭头 text：文本 I 形 wait：等待漏斗形 help：帮助问号形

8. 显示属性

显示属性说明如表 A-11 所示。

表 A-11 显示属性说明

属　　性	属性含义	属　性　值
display	设置显示方式	none：不显示 block：显示为块，前后会带有换行符 inline：默认。显示为内联元素，元素前后没有换行符

附录 B JavaScript 常用内建对象和预定义函数

一、常用内建对象

1. Array 数组对象

(1) 创建 Array 数组对象实例。语法格式如下：

```
var 数组名=new Array([元素个数]);
```

例如：

```
var a1=new Array();                //创建数组对象实例 a1,元素个数不定
var a2=new Array(8);               //创建数组对象实例 a2,元素个数 8
```

(2) 数组元素的引用。语法格式如下：

```
数组名[下标值]
```

例如：

```
a1[0]="JavaScript";                //为 a1 数组的 0 号元素赋字符串值 JavaScript
a2[2]=a1[0];                       //为 a2 数组的 2 号元素赋 a1[0]的值
```

数组元素的下标值是从 0 开始的,若数组有 8 个元素,则其下标值是 0～7。

(3) Array 数组对象的特点。

- 数组元素的数据类型不要求一致。可以给一个数组的不同元素赋不同数据类型的值。例如：

```
a1[0]="JavaScript";                //为 a1 数组的 0 号元素赋字符串值 JavaScript
a1[1]=123;                         //为 a1 数组的 1 号元素赋数值 123
```

数组元素可以是对象。当数组元素是数组对象时,可以得到二维数组。例如：

```
var a1=new  Array(10);
for(j=0;j<10;j++){a1[j]=new  Array(6);}
```

这就创建了一个 10×6 的二维数组。

• 数组长度可以动态变化。

例如：

```
var a1=new  Array(10);
```

若要将 a1 增加到 20 个元素，则只要执行语句“a1[19]=1;”即可。

• 数组的创建和赋值可一步完成。例如：

```
var a1=new  Array(12,21,23,56,15);
```

这就创建了一个 5 个元素的数组，其值是 12,21,23,56,15。

(4) Array 数组对象的属性和方法分别如表 B-1 和表 B-2 所示。

表 B-1　Array 数组对象的属性说明

属　　性	说　　明
length	数组元素的个数

表 B-2　Array 数组对象的方法说明

方　　法	说　　明
concat(数组 1，数组 2，…)	合并多个数组并返回结果
join()	联结数组元素为一字串并返回结果
pop()	返回并删除数组的最后一个元素
push(元素 1，元素 2，…)	在数组的最后增加新元素并返回新的数组元素的个数
reverse()	逆转数组中的各元素，即将第一个元素换为最后一个，最后一个元素换为第一个
shift()	返回并删除数组的第一个元素
slice(start,end)	返回 start 到 end 位置的数组中的元素
sort()	排序
splice(start,FLAG,element1，element2,…)	A1.splice(0,0，"11"，"22")；从 A1[0]开始插入 11 和 22 A1.splice(0,1，"11"，"22")；从 A1[0]开始先删除一个元素再插入 11 和 22 A1.splice(1,2，"11"，"22")；从 A1[1]开始先删除 2 个元素再插入 11 和 22
toString()	将数组元素转换为字串并返回结果
unshift()	从数组的开头增加新元素并返回新的数组元素的个数

2. String 对象

在 JavaScript 中每个字符串都是对象。

(1) 创建 String 对象实例，语法如下：

```
var String 对象实例名=字符串;
```

或

```
[var] String 对象实例名=new String(字符串);
```

例如：

```
var S1="JavaScript";
var S2=new  String("JavaScript");
```

（2）String 对象的属性和方法的说明分别如表 B-3 和表 B-4 所示。

表 B-3 String 对象的属性说明

属 性	说 明
length	字符串中字符的个数

表 B-4 String 对象的方法说明

方 法	说 明
anchor(锚点名)	创建 HTML 锚点。例如： var txt="Hello world!"; document.write(txt.anchor("myanchor")); 形成的 HTML 文档是 <a name="myanchor">Hello world!</a>;
big()	用比默认大一些的字号显示。例如： var txt="Hello world!"; document.write(txt.big());
bold()	字体加粗
charAt(index)	返回 index 位置的字符
charCodeAt(index)	返回 index 位置字符的 Unicode 码
concat(字串 1，数组 2，…)	合并字符串。例如： var s1="Hello";var s2=" world!";var s3="!"; var s4=s1. concat(s2, s3);
fixed()	teletype 字体
fontcolor(color)	指定字符串颜色 color。例如： var str="Hello world!"; document.write(str.fontcolor("Red"));
fontsize(size)	指定字符串字号 size。例如： var str="Hello world!"; document.write(str.fontsize(12));
String. fromCharCode（U1，U2，…）	将 Unicode 码转为字符串。例如： document.write(String.fromCharCode(65,66,67));
indexOf(searchvalue，index)	从 index 位置开始搜索 searchvalue，返回匹配的位置。例如： var str="Hello world!"; var i1=str. indexOf("wo",0);

续表

方　　法	说　　明
italics()	Italics(斜)字体
lastIndexOf(searchvalue,index)	从 index 位置开始搜索 searchvalue,返回最后匹配的位置。例如: var str="Hello world! Hello world!"; var i1=str. lastIndexO ("wo",0);
link()	将字符串显示为超链接。例如: var str="Free Web Tutorials!"; document. write(str. link("http://www. w3schools. com")); 形成的 HTML 文档是 <a herf=" http://www. w3schools. com""> Free Web Tutorials! </a>;
match(searchvalue)	在字符串中搜索 searchvalue,若匹配返回 searchvalue
replace(/findstring/[i],newstring)	用 newstring 替换 findstring,i 不区分大小写。例如: var str="Visit Microsoft!"; document. write(str. replace(/microsoft/i, "W3Schools"));
search(/searchstring/[i])	在字符串中搜索 searchvalue,若匹配返回位置,无匹配返回−1。i 不区分大小写。例如: var str="Visit W3Schools!" var i=str. search(/W3Schools/);
slice(start[,end])	返回从 start 位置开始到 end 结束的字符串
small()	用比默认小一些的字号显示
split(separator[,howmany])	返回一数组,元素是用分隔符 separator 分隔字符串后的值,howmany 是分隔的次数。例如: var str="How are you doing today?"; document. write(str. split(" ")+" "); document. write(str. split("")+" "); var s2=str. split(" ",3); document. write(s2[0]+" "); document. write(s2[1]+" "); document. write(s2[2]+" "); 输出的结果是 How,are,you,doing,today? H,o,w,,a,r,e,,y,o,u,,d,o,i,n,g,,t,o,d,a,y,? How are you
strike()	删除线。例如: document. write("Hello world!". strike()); 输出的结果是 ~~Hello world!~~
sub()	下标

续表

方法	说明
substr(start[,length])	返回从 start 位置开始截取 length 个字符的字符串。例如： document.write("Hello world!".substr(0,5)); 输出的结果是 Hello
substring(start[,stop])	返回从 start 位置开始到 stop 结束的字符串。例如： document.write("Hello world!".substring(6,7)); 输出的结果是 w
sup()	上标
toLowerCase()	返回小写字符串
toUpperCase()	返回大写字符串

3. Math 对象

Math 对象封装了常用的数学常数和运算公式，如圆周率 PI、10 的自然对数、三角函数、对数函数等。Math 对象是"静态对象"，它本身就是一个实例，不能用 new 创建 Math 对象实例，直接通过对象名 Math 引用。例如，求 2 的 2 次方：

```
var p1=Math.pow(2,2);
```

(1) Math 对象的属性说明如表 B-5 所示。

表 B-5 Math 对象的属性说明

属性	说明
E	常数 e，自然对数的底，近似值为 2.718。例如：var E1=Math.E;
LN2	2 的自然对数，近似值为 0.693e
LN10	10 的自然对数，近似值为 2.302
LOG2E	以 2 为底 E 的对数，即 $\log_2 e$，近似值为 1.442
LOG10E	以 10 为底 E 的对数，即 $\log_{10} e$，近似值为 0.434
PI	圆周率，近似值为 3.142
SQRT1_2	0.5 的平方根，近似值为 0.707
SQRT2	2 的平方根，近似值为 1.414

(2) Math 对象的方法说明如表 B-6 所示。

表 B-6 Math 对象的方法说明

方法	说明
abs(x)	返回 x 的绝对值。例如：var a1=Math.abs(-126);

续表

方　法	说　明
acos(x)	返回 x 的反余弦值
asin(x)	返回 x 的反正弦值
atan(x)	返回 x 的反正切值
atan2(y,x)	从圆的 x 轴逆时针测量时，以弧度为单位计算并返回点 y/x 的角(其中 0,0 表示圆心)。返回值介于正 PI 和负 PI 之间
ceil(x)	返回大于或等于 x 的最小整数值
cos(x)	返回 x 的余弦值
exp(x)	返回 e 的 x 次方
floor(x)	返回小于或等于 x 的最小整数值
log(x)	返回 x 的自然对数
max(x,y)	返回 x 和 y 之间的大者
min(x,y)	返回 x 和 y 之间的小者
pow(x,y)	返回 x 的 y 次方
random()	返回 0～1 之间的随机数。例如：var a1=Math.random();
round(x)	返回 x 四舍五入后的整数
sin(x)	返回 x 的正弦值
sqrt(x)	返回 x 的平方根
tan(x)	返回 x 的正切值

4. Number 对象

Number 对象也是"静态对象"，它本身就是一个实例，不能用 new 创建 Math 对象实例，直接通过对象名 Number 引用。所有的数值都是 Number 对象。

(1) Number 对象的属性说明如表 B-7 所示。

表 B-7　Number 对象的属性说明

属　性	说　明
MAX_VALUE	返回可用 JavaScript 表示的最大的数，约等于 1.79E+308
MIN_VALUE	返回可用 JavaScript 表示的最接近 0 的数，约等于 5.00E−324
NaN	一个特殊值，此值指示算术表达式返回了非数字值。例如，被 0 除返回 NaN
NEGATIVE_INFINITY	返回比 JavaScript 可表示的最小负数(−Number.MAX_VALUE) 更小的值，即负无穷大
POSITIVE_INFINITY	返回比 JavaScript 中能够表示的最大的数 (Number.MAX_VALUE) 更大的值，即正无穷大

(2) Number 对象的方法说明如表 B-8 所示。

表 B-8 Number 对象的方法说明

方 法	说 明
toExponential([fractionDigits])	返回一个以指数记数法表示的数字的字符串。fractionDigits：可选项，小数点后数字位数，必须在 0<=fractionDigits<=20 之间。例如： s2=232.345634565； document.write(s2+" ")； document.write(s2.toExponential(4)+" ")； 输出的结果是 232.345634565 2.3235e+2
toFixed([fractionDigits])	返回一个字符串，表示一个以定点表示法表示的数字
toLocaleString()	以字符串值的形式返回一个值
toPrecision([precision])	返回一个字符串，其中包含一个以指数记数法或定点记数法表示的，具有指定数字位数的数字。precision：可选，有效位数，必须在 0<=precision<=20 之间

另外，Number 对象可以将字符型数字转换为数值型。例如：

```
var n1=12+Number("36");          //n1 的结果是 48
```

5. Boolean 对象

创建 Boolean 对象实例，语法如下：

```
var 对象实例名=Boolean(boolValue);
```

Boolean 对象实例只有两个值：true 或 false。如果 boolValue 被省略或者为 false、0、null、NaN 或空字符串，Boolean 对象的初始值则为 false。否则，初始值为 true。例如：

```
var B1=new Boolean()              //B1 的值为 false
var B2=new Boolean(6)             //B2 的值为 true
```

由于 Boolean 对象与 Boolean 数据类型互用，所以很少需要显式构造 Boolean 对象。在大多数情况下应使用 Boolean 数据类型。

6. Function 对象

Function 对象提供了另一种定义和使用函数的方法。利用 Function 对象定义函数对象实例的语法如下：

```
var Fname=new Function([param1,param2,...,]body);
```

其中，Fname 是函数名，[param1，param2，...，]是形式参数，它们可以没有。Body 是字符串形式的函数体。

Function 构造函数允许脚本在运行时创建函数，因此脚本具有更大的灵活性，但它也会减慢代码的执行速度。为了避免减慢脚本速度，应尽可能少地使用 Function 构造函数。传递到 Function 构造函数的参数(除最后一个参数之外的所有参数)将用作新函数的参数。传递到构造函数的最后一个参数解释为函数体的代码。例如：

```
var F1=new Function("FF","document.write(FF+\"Script\");");
```

以后就可以调用它：

```
F1("Java");
```

则会输出：

```
JavaScript
```

Function 对象的属性如表 B-9 所示。

表 B-9　Function 对象的属性说明

属　　性	说　　明
arguments	这是一数组对象，其元素是传递给该函数的实参数值
length	当创建一个函数的实例时，函数的 length 属性被初始化为该函数中定义的参数数目

7. Date 对象

Date 对象封装了许多有关设置、获得和处理日期和时间的方法，但没有任何属性。

(1) 创建 Date 对象实例。语法如下：

```
[var] Date 对象实例名=new  Date ([dateVal]);
```

dateVal 有多种形式，常用如下的形式，例如：

```
var D1=new Date ();                     //将当前时间指定给 D1
var D2=new Date (2006,5,1);             //将 2006 年 5 月 1 日 0 时 0 分 0 秒指定给 D2
var D3=new Date (2006,5,1,10,2,50);     //将 2006 年 5 月 1 日 10 时 2 分 50 秒指定给 D3
var D4=new Date("May 1,2006 10:2:50"); //将 2006 年 5 月 1 日 10 时 2 分 50 秒指定给 D4
```

(2) Date 对象的方法说明如表 B-10 所示。

表 B-10　Date 对象的方法说明

方　　法	说　　明
getDate()	返回值是一个 1～31 之间的整数，表示 Date 对象实例中日期的天数
getDay()	返回值是一个 0～6 的整数，该整数表示星期几。例如： x=new Array("Sunday","Monday","Tuesday","Wednesday","Thursday", "Friday","Saturday"); document.write("今天是："+x[new Date().getDay()]+" ");
getFullYear()	返回值是一个 4 位数，表示 Date 对象实例中日期的年份
getHours()	返回 Date 对象中的小时值

续表

方　法	说　明
getMilliseconds()	返回 Date 对象中的毫秒值
getMinutes()	返回 Date 对象中的分钟值
getMonth()	返回一个 0～11 的整数,指示 Date 对象中的月份值,该值比月份小 1
getSeconds()	返回一个 0～59 的整数,该整数是 Date 对象中的秒值
getTime()	返回一个整数值的毫秒数,该数表示 Date 对象中的时间值与 1970 年 1 月 1 日 8 时的时间值之差
getTimezoneOffset()	返回一个整数值,表示当前计算机上的时间和 GMT 时间之间相差的分钟数(GMT 时间是基于格林尼治时间的标准时间,也称 UTC 时间)
getUTCDate()	返回 Date 对象实例中日期的以 UTC 时间计算的天数
getUTCDay()	返回值是一个 0～6 的整数,表示 Date 对象实例中 UTC 时间的星期几
getUTCFullYear()	返回值是一个 4 位数,表示 Date 对象实例中 UTC 时间的年份
getUTCHours()	返回 Date 对象中的 UTC 时间的小时值
getUTCMilliseconds()	返回 Date 对象中的 UTC 时间的毫秒值
getUTCMinutes()	返回 Date 对象中的 UTC 时间的分钟值
getUTCMonth()	返回一个 0～11 的整数,指示 Date 对象中的 UTC 时间的月份值,该值比月份小 1
getUTCSeconds()	返回一个 0～59 的整数,该整数是 Date 对象中的 UTC 时间的秒值
getVarDate()	返回 Date 对象中的 VT_DATE 值。当同 COM 对象、ActiveX®对象或其他用 VT_DATE 形式接收及返回日期值的对象(如 VisualBasic 和 VBScript)交互时,使用 getVarDate 方法
getYear()	若年份是 1900—1999,返回值是一个两位数整数,该值是 Date 对象实例的年份与 1900 年之间的差。而对于该段时间之外的年份,将返回一个 4 位数年份。例如,1996 年的返回值是 96,而 1825 和 2025 年则原样返回
parse(dateVal)	返回一个整数值,此整数表示 dateVal 中所提供的日期与 1970 年 1 月 1 日午夜之间相差的毫秒数。parse 是静态方法,通过对象名直接调用。例如: Date. parse("10 Jan 2000"); Date. parse("10 Jan 2000 8:9:9");
setDate(numDate)	将 Date 对象实例中的天数设为 numDate
setFullYear(numYear [,numMonth[,numDate]])	将 Date 对象实例中的年份设为 numYear。可选 numMonth: 月份、numDate: 天数
setHours(numHours [,numMin[,numSec [,numMilli]]])	将 Date 对象实例中的小时设为 numHours。可选 numMin: 分钟、numSec: 秒、numMilli: 毫秒

续表

方　法	说　明
setMilliseconds(numMilli)	将 Date 对象实例中的毫秒设为 numMilli
setMinutes(numMinutes [,numSeconds[,numMilli]])	将 Date 对象实例中的分钟设为 numMinutes。可选 numSeconds：秒、numMilli：毫秒
setMonth(numMonth [,dateVal])	将 Date 对象实例中的月份设为 numMonth。可选 dateVal：天数
setSecond(snumSeconds [,numMilli])	将 Date 对象实例中的秒设为 numSeconds。可选 numMilli：毫秒
setTime(milliseconds)	设置 Date 对象中的日期和时间值。milliseconds：自 UTC 1970 年 1 月 1 日午夜之后经过的毫秒数
setUTCDatenumDate)	使用 UTC 时间设置 Date 对象中的日期
setUTCFullYear (numYear [,numMonth[,numDate]])	使用 UTC 时间，将 Date 对象实例中的年份设为 numYear。可选 numMonth：月份、numDate：天数
setUTCHours (numHours [,numMin[,numSec [,numMilli]]])	使用 UTC 时间，将 Date 对象实例中的小时设为 numHours。可选 numMin：分钟、numSec：秒、numMilli：毫秒
setUTCMilliseconds (numMilli)	使用 UTC 时间，将 Date 对象实例中的毫秒设为 numMilli
function setUTCMinutes (numMinutes[,numSeconds [,numMilli]])	使用 UTC 时间，将 Date 对象实例中的分钟设为 numMinutes。可选 numSeconds：秒、numMilli：毫秒
setUTCMonth (numMonth [,dateVal])	使用 UTC 时间，将 Date 对象实例中的月份设为 numMonth。可选 dateVal：天数
setUTCSeconds (numSeconds[,numMilli])	使用 UTC 时间，将 Date 对象实例中的秒设为 numSeconds。可选 numMilli：毫秒
setYear(numYear)	这个方法已经过时，请改用 setFullYear 方法
toDateString()	以一种方便、易读的格式，以字符串形式返回一个日期。例如，返回的形式为：Wed Oct 25 2006
toGMTString()	返回值的格式是这样的：05 Jan 1996 00:00:00 GMT。toGMTString 方法已经过时。推荐改用 toUTCString 方法
toLocaleDateString()	以本地区域设置中的默认格式，以字符串值的形式返回一个日期。例如，返回的形式为：2006 年 10 月 25 日
toLocaleString()	以本地区域设置中的默认格式，以字符串值的形式返回一个日期和时间。例如，返回的形式为：2006 年 10 月 25 日 12:58:35
toLocaleTimeString()	以本地区域设置中的默认格式，以字符串值的形式返回时间。例如，返回的形式为：12:58:35

续表

方　法	说　明
toTimeString()	以字符串值形式返回时间。例如,返回的形式为：13:07:56 UTC+0800
toUTCString()	以字符串值的形式返回一个日期和时间。例如,返回的形式为：Wed, 25 Oct 2006 05:12:14 UTC
UTC(year,month,day [,hours[,minutes[,seconds [,ms]]]])	返回从 UTC 1970 年 1 月 1 日午夜到所提供日期之间的毫秒数

二、预定义函数

预定义函数就是 JavaScript 已经定义好的函数,可以在程序中作为函数直接调用。

1. eval 函数

eval 函数的语法格式如下：

```
eval(codeString)
```

其中,codeString 是一字符串,该字符串的内容是一个合法表达式,eval 分析并运行该表达式。例如：

```
var mydate;
eval("mydate=new Date()");
var mydate1=eval("7+8");
```

2. isFinite 函数

isFinite 函数的语法格式如下：

```
isFinite(number)
```

说明：如果 number 是一个 finite 数,则返回 true,否则返回 false。

例如：

```
document.write(isFinite(5-2)+"<br>");                //true
document.write(isFinite(0)+"<br>");                  //true
document.write(isFinite("Hello")+"<br>");            //false
document.write(isFinite("2005/12/12")+"<br>");       //false
```

3. isNaN 函数

isFinite 函数的语法格式如下：

```
isNaN(number)
```

说明：如果 number 是一个数,则返回 false,否则返回 true。

例如：

```
document.write(isFinite(5-2)+"<br>");              //false
document.write(isFinite(0)+"<br>");                //false
document.write(isFinite("Hello")+"<br>");          //true
document.write(isFinite("2005/12/12")+"<br>");     //true
```

4. parseFloat 函数

parseFloat 函数的语法格式如下：

```
parseFloat(string)
```

说明：parseFloat 函数将字符串形式的浮点数 string 转换为数值型的数。

例如：

```
if(isNaN(parseFloat("5e18"))){
    document.write("不是浮点数");
}else{
    document.write("是浮点数");
}
```

5. parseInt 函数

parseInt 函数的语法格式如下：

```
parseInt(string[,radix])
```

说明：parseInt 函数将字符串形式的整型数 string 转换为数值型的数。radix 为基数，表示 string 的进制，如：8 表示八进制，16 表示十六进制，默认时为十进制。

例如：

```
parseInt("10")              结果 10
parseInt("10.00")           结果 10
parseInt("10.33")           结果 10
parseInt("34 45 66")        结果 34(只取第一个字符串)
parseInt(" 60 ")            结果 60
parseInt("40 years")        结果 40
parseInt("He was 40")       结果 NaN
parseInt("10",10)           结果 10
parseInt("010")             结果 8
parseInt("10",8)            结果 8
parseInt("0x10")            结果 16
parseInt("10",16)           结果 16
```

附录 C　JavaScript 事件

1. 鼠标和按键事件

鼠标和按键事件说明如表 C-1 所示。

表 C-1　鼠标和按键事件说明

事　件	描　述
onClick	鼠标单击事件,在标记对象控制的范围内的鼠标单击
onDblClick	鼠标双击事件,在标记对象控制的范围内的鼠标双击
onMouseDown	在标记对象控制的范围内,鼠标上的按钮被按下
onMouseUp	在标记对象控制的范围内,鼠标上的按钮被按下后,松开时激发的事件
onMouseOver	在标记对象控制的范围内,鼠标移到标记对象上时激发的事件
onMouseMove	在标记对象控制的范围内,鼠标移动时触发的事件
onMouseOut	在标记对象控制的范围内,鼠标离开标记对象上时激发的事件
onKeyPress	在可接受文本输入的标记对象控制的范围内,键盘上的某个键被按下并且释放时触发的事件
onKeyDown	在可接受文本输入的标记对象控制的范围内,键盘上的某个键被按下时触发的事件
onKeyUp	在可接受文本输入的标记对象控制的范围内,键盘上的某个键被按下后释放时触发的事件

2. 页面相关事件

页面相关事件说明如表 C-2 所示。

表 C-2　页面相关事件说明

事　件	描　述
onAbort	图片在下载时被用户中断
onBeforeUnload	当前页面要被关闭之前触发的事件,一般用在＜body＞标记中
onError	当前页面因为某种原因而出现的错误,如脚本错误与外部数据引用的错误,一般用在＜body＞标记中

续表

事　件	描　述
onLoad	页面载入浏览器时触发的事件，一般用在<body>标记中
onMove	浏览器的窗口被移动时触发的事件
onResize	当浏览器的窗口大小被改变时触发的事件
onScroll	浏览器的滚动条位置发生变化时触发的事件
onStop	浏览器的停止按钮被按下时触发的事件或者正在下载的文件被中断
onUnload	当前页面关闭时触发的事件一般用在<body>标记中

3. 表单相关事件

表单相关事件说明如表 C-3 所示。

表 C-3　表单相关事件说明

事　件	描　述
onBlur	当前标记对象失去焦点时触发的事件
onChange	当前元素失去焦点并且元素的内容发生改变而触发的事件
onFocus	标记对象获得焦点时触发的事件
onReset	当表单中 RESET 的属性被激发时触发的事件
onSubmit	一个表单被提交时触发的事件

4. 编辑事件

编辑事件说明如表 C-4 所示。

表 C-4　编辑事件说明

事　件	描　述
onBeforeCopy	被选择内容将要复制到系统的剪贴板前触发的事件
onBeforeCut	被选择内容将要剪切到系统的剪贴板前触发的事件
onBeforeEditFocus	在聚焦被编辑的内容之前触发的事件
onBeforePaste	系统剪贴板中的内容将要粘贴到标记对象之前触发的事件
onBeforeUpdate	粘贴系统剪贴板中的内容时触发的事件
onChange	内容发生变化
onContextMenu	按下鼠标右键时触发的事件
onCopy	被选择的内容被复制后触发的事件
onCut	被选择的内容被剪切时触发的事件
onDrag	对象被拖动时触发的事件

续表

事　件	描　述
onDragEnd	当鼠标拖动结束时触发的事件,即鼠标的按钮被释放了
onDragEnter	当对象被鼠标拖动的对象进入其容器范围内时触发的事件
onDragLeave	鼠标拖动的对象离开其容器范围内时触发的事件
onDragOver	鼠标拖动的对象越过容器范围内时触发的事件
onDragStart	鼠标拖动对象时触发的事件
onDrop	拖动后,释放鼠标键时触发的事件
onLoseCapture	失去鼠标移动所形成的选择焦点时触发的事件
onPaste	粘贴时触发的事件
onSelect	当文本内容被选择时触发的事件
onSelectStart	当文本内容选择将开始发生时触发的事件

参 考 文 献

[1] 张志峰. JSP程序设计与项目实训教程[M]. 北京：清华大学出版社，2012.
[2] 王刚. Web前端开发技术实践指导教程[M]. 北京：人民邮电出版社，2013.
[3] 王娜. Java Web项目开发案例教程[M]. 北京：清华大学出版社，2014.
[4] ShopNC产品部. 高性能电子商务平台构建[M]. 北京：机械工业出版社，2015.
[5] 孙利. Java Web案例教程[M]. 北京：电子工业出版社，2015.
[6] 邱俊涛. 轻量级Web应用开发[M]. 北京：人民邮电出版社，2015.